# Outros mundos

# Outros mundos

## UMA JORNADA PELOS MUNDOS EXTINTOS DA TERRA

THOMAS HALLIDAY

*Tradução*
Claudio Carina

*Revisão técnica*
Elver Mayer

**CRÍTICA**

Copyright © Thomas Halliday, 2022
Copyright da tradução © Claudio Carina, 2024
Todos os direitos reservados.
Título original: *Otherlands: A World in the Making*

*Coordenação editorial:* Sandra Espilotro
*Preparação:* Estênio Augusto Marcondes
*Revisão:* Ana Cecília Água de Melo e Ana Maria Barbosa
*Revisão técnica:* Elver Mayer
*Diagramação:* Negrito Produção Editorial
*Design de capa:* Lucas Heinrich
*Ilustração de capa:* Chris Wormell
*Adaptação de capa:* Isabella Teixeira

Dados Internacionais de Catalogação na Publicação (CIP)
Angélica Ilacqua CRB-8/7057

Halliday, Thomas
  Outros mundos : Uma jornada pelos mundos extintos da Terra / Thomas Halliday ; tradução de Claudio Carina. - São Paulo : Planeta do Brasil, 2024.
  384 p. : il.

ISBN 978-85-422-2880-9
Título original: Otherlands: A World in the Making

1. Paleontologia 2. História I. Título II. Carina, Claudio

24-4241                                                      CDD 560

Índice para catálogo sistemático:
1.Paleontologia

Ao escolher este livro, você está apoiando o manejo responsável das florestas do mundo

2024
Todos os direitos desta edição reservados à
EDITORA PLANETA DO BRASIL LTDA.
Rua Bela Cintra, 986, 4º andar – Consolação
São Paulo – SP – CEP 01415-002
www.planetadelivros.com.br
faleconosco@editoraplaneta.com.br

# SUMÁRIO

*Lista de mapas*........................................... 7
*Tabela de tempos*....................................... 9
*Introdução: A casa de milhões de anos*.................... 11

1. Degelo: Planície do Norte, Alasca, EUA — Pleistoceno .... 23
2. Origens: Kanapoi, Quênia — Plioceno ................. 43
3. Dilúvio: Gargano, Itália — Mioceno .................. 61
4. Terra natal: Tinguiririca, Chile — Oligoceno ............ 77
5. Ciclos: Ilha Seymour, Antártida — Eoceno ............. 97
6. Renascimento: Hell Creek, Montana, EUA — Paleoceno... 115
7. Sinais: Yixian, Liaoning, China — Cretáceo............. 133
8. Fundação: Suábia, Alemanha — Jurássico .............. 151
9. Contingência: Madygen, Quirguistão — Triássico ........ 169
10. Estações: Moradi, Nigéria — Permiano ................ 185
11. Combustível: Mazon Creek, Illinois, EUA — Carbonífero.. 199
12. Colaboração: Rhynie, Escócia, Reino Unido — Devoniano.. 215
13. Profundezas: Yaman-Kasy, Rússia — Siluriano........... 233
14. Transformação: Soom, África do Sul — Ordoviciano...... 249
15. Consumidores: Chengjiang, Yunnan, China — Cambriano.. 265
16. Emergência: Montes Ediacara, Austrália — Ediacarano .... 283
    Epílogo: Uma cidade chamada Esperança............... 301

*Notas* .................................................. 321
*Agradecimentos* ..................................... 353
*Autorizações* ........................................ 359
*Índice remissivo* .................................... 361

# LISTA DE MAPAS

1. Hemisfério norte, 20 mil anos atrás .................. 24
2. Terra no Plioceno, 4 milhões de anos atrás ............. 44
3. Bacia do Mediterrâneo, 5,33 milhões de anos atrás........ 62
4. Terra no Oligoceno, 32 milhões de anos atrás............ 78
5. Antártida e o oceano Austral, 41 milhões de anos atrás..... 98
6. América do Norte, 66 milhões de anos atrás............. 116
7. Terra no Cretáceo Inferior, 125 milhões de anos atrás...... 134
8. Arquipélago Europeu, 155 milhões de anos atrás ......... 152
9. Terra no Triássico, 225 milhões de anos atrás ........... 170
10. Pangeia e Tétis, 253 milhões de anos atrás .............. 186
11. Terra no Carbonífero, 309 milhões de anos atrás ......... 200
12. O Velho Continente Vermelho, 407 milhões de anos atrás .. 216
13. Terra no Siluriano, 435 milhões de anos atrás............ 234
14. Hemisfério sul, 444 milhões de anos atrás .............. 250
15. Terra no Cambriano, 520 milhões de anos atrás .......... 266
16. Terra no Ediacarano, 550 milhões de anos atrás .......... 284

| ÉON | ERA | PERÍODO | ÉPOCA | DATAS |
|---|---|---|---|---|
| FANEROZOICO | CENOZOICO | Quaternário | Pleistoceno* | 2,58 milhões – 12 mil anos |
| | | Neogeno | Plioceno | 5.333 – 2,58 milhões de anos (mda) |
| | | | Mioceno | 23,03 – 5.333 mda |
| | | Paleogeno | Oligoceno | 33,9 – 23,03 mda |
| | | | Eoceno | 56 – 33,9 mda |
| | | | Paleoceno | 66 – 56 mda |
| | MESOZOICO | Cretáceo | | 145 – 66 mda |
| | | Jurássico | | 201,3 – 145 mda |
| | | Triássico | | 251,9 – 201,3 mda |
| | PALEOZOICO | Permiano | | 298,9 – 251,9 mda |
| | | Carbonífero | | 358,9 – 298,9 mda |
| | | Devoniano | | 419,2 – 358,9 mda |
| | | Siluriano | | 443,8 – 419,2 mda |
| | | Ordoviciano | | 485,4 – 443,8 mda |
| | | Cambriano | | 541 – 485,4 mda |
| PROTEROZOICO | NEOPROTEROZOICO | Ediacarano | | 635 – 541 mda |

* Apesar de constar no original apenas uma época correspondente ao período Quaternário, defende-se atualmente a divisão do Quaternário em duas épocas, Pleistoceno e Holoceno. (N.E.)

INTRODUÇÃO
# A CASA DE MILHÕES DE ANOS

*"Que ninguém diga que o passado está morto.
O passado é todo sobre nós e o que somos."*
— Oodgeroo Noonuccal, *The Past*

*"Que tempestade me arremessa neste mar
profundo de eras passadas, não sei."*
— Ole Worm

Estou olhando pela janela, vendo campos cultivados, casas e parques, na direção de um lugar que há centenas de anos é conhecido como World's End [Fim de Mundo]. Tem esse nome porque no passado era bem longe de Londres, uma cidade que cresceu e o absorveu. Mas até não muito tempo atrás era realmente o fim do mundo. Aqui o solo foi sedimentado na última era do gelo, uma mistura pedregosa depositada por rios que outrora corriam para o Tâmisa. Com o avanço das geleiras, os rios desviaram seu curso, e o Tâmisa agora deságua no mar, mais de 160 quilômetros ao sul de onde costumava passar. Das montanhas escarpadas, de argila compactada pelo peso do gelo, é quase possível remover mentalmente as sebes, os jardins, os postes de iluminação, e imaginar outra paisagem, um mundo frio à beira de um manto de gelo estendendo-se ao longe por centenas de quilômetros. Sob o cascalho gelado se assenta a argila Londres, na qual até mesmo antigos habitantes desta terra estão preservados — crocodilos, tartarugas marinhas e parentes primitivos dos cavalos. A paisagem em que viviam era formada por florestas de mamoeiros e palmeiras do mangue, com águas ricas em ervas marinhas e vitórias-régias gigantes, um paraíso tropical.

Os mundos do passado às vezes podem parecer inimaginavelmente distantes. A história geológica da Terra remonta a cerca de 4,5 bilhões de anos. A vida existe neste planeta há cerca de 4 bilhões de anos, e formas de vida maiores que organismos unicelulares, talvez há 2 bilhões de anos. As paisagens que existiram ao longo do tempo geológico, reveladas pelos registros paleontológicos, são variadas e às vezes bem diferentes do mundo de hoje. O geólogo e escritor escocês Hugh Miller, refletindo sobre a dimensão do tempo geológico, disse que todos os anos da história humana "não chegam ao ontem do planeta, muito menos tocam nas miríades de eras que se estendem no passado". Este ontem é longo. Se os 4,5 bilhões de anos da história da Terra fossem condensados em um só dia, como num filme, mais de 3 milhões de anos de imagens passariam a cada segundo. Veríamos ecossistemas surgindo e tombando rapidamente, com as espécies que constituem suas partes vivas se desenvolvendo e se extinguindo. Veríamos continentes à deriva, condições climáticas mudando num piscar de olhos, eventos súbitos e dramáticos aniquilando comunidades longevas com consequências devastadoras. O evento de extinção em massa que eliminou os pterossauros, os plesiossauros e todos os dinossauros não avianos ocorreria 21 segundos antes do fim. A história escrita humana começaria nos últimos dois milésimos de segundo.[1]

No início do último milésimo de segundo desse passado condensado, um complexo de templos mortuários foi construído no Egito, próximo à atual cidade de Luxor, local do sepultamento do faraó Ramsés II. Olhar para trás, para a edificação do Ramesseum, é um mero vislumbre do vertiginoso precipício do tempo geológico profundo, apesar de essa construção ser bem conhecida como um proverbial lembrete da impermanência. O Ramesseum é o local que inspirou o poema "Ozymandias", de Percy Bysshe Shelley, que contrasta as palavras bombásticas de um faraó todo-poderoso com uma paisagem que, quando o poema foi escrito, era nada mais do que areia.[2]

Quando li esse poema pela primeira vez eu não sabia do que se tratava, e presumi erroneamente que Ozymandias fosse o nome de algum dinossauro. Era um nome longo e incomum, e foi difícil decifrar sua pronúncia. A linguagem descritiva usada no poema era de tirania e poder, de pedra e de reis. O modelo, em suma, se ajustava aos livros ilustrados da minha infância sobre a vida na Pré-História. Em "*Encontrei um viajante vindo de terra antiga que disse: duas enormes pernas de pedra sem corpo erguem-se do deserto*",* imaginei um revestimento de argamassa sendo aplicado aos restos de alguma terrível fera da Pré-História. Um verdadeiro rei-lagarto tirano, talvez, agora desfeito em ossos e fragmentos de ossos nas terras áridas da América do Norte.

Nem tudo que se desfaz está perdido. O trecho "*no pedestal leem-se estas palavras: 'Meu nome é Ozymandias, rei dos reis; Contemplai minhas obras, ó Poderosos, e desesperai!' Nada perdura ao seu lado*".** pode ser visto como o tempo rindo por último de um governante arrogante, mas o mundo daquele faraó *continua sendo lembrado*. A estátua é uma prova de sua existência; o conteúdo das palavras, os detalhes do seu estilo, são pistas do seu contexto. Lido desta forma, "Ozymandias" nos apresenta uma maneira de pensar sobre organismos fossilizados e os ambientes em que viveram. Abstraindo-se a arrogância, o poema pode ser lido como uma forma de perceber a realidade do passado a partir dos remanescentes que perduram no presente. Até um fragmento pode contar uma história por si mesmo, como evidência de algo além das areias planas e solitárias, de alguma outra coisa que esteve aqui. De um mundo que não mais existe, mas ainda discernível, insinuado pelo que está entre as rochas.

O Ramesseum era originalmente conhecido por um nome que se traduz como "A casa de milhões de anos", um epíteto que poderia ser facilmente atribuído à Terra. O passado do nosso planeta também se esconde sob o solo. Mostra as cicatrizes da sua formação e as mudanças da sua crosta, e é também um mortuário, memorializando seus habitantes nas rochas, com fósseis no lugar de lápides, máscaras e corpos.[3]

---

\* I met a traveller from an antique land who said: two vast and trunkless legs of stone stand in the desert.
\*\* on the pedestal these words appear: "My name is Ozymandias, king of kings; Look on my works, ye Mighty, and despair!".

Esses mundos, essas outras paragens, não podem ser visitados — pelo menos não no sentido físico. Você nunca poderá visitar os ambientes por onde caminharam os titânicos dinossauros, nem andar no mesmo solo ou nadar nas mesmas águas. A única maneira de vivenciá-los é pelas rochas, lendo as marcas na areia cristalizada e imaginando uma Terra desaparecida.

Este livro é uma exploração da Terra como ela era, das mudanças ocorridas ao longo da sua história e das soluções que a vida encontrou para se adaptar, ou não. Em cada capítulo, tendo os registros fossilíferos como guia, visitaremos um local diferente do passado geológico para observar as plantas e os animais, mergulhar na paisagem e aprender o que pudermos sobre nosso mundo a partir desses ecossistemas extintos. Ao visitar locais extintos com a mentalidade de um viajante, como em um safári, espero fazer uma ponte entre o presente e o passado distante. Quando uma paisagem se torna visível, se faz presente, é mais fácil ter uma noção das formas, muitas vezes já familiares, pelas quais os organismos vivem, competem, acasalam, comem e morrem.

Selecionei um local para cada era geológica, até a última das "cinco grandes" extinções em massa, 66 milhões de anos atrás, que juntas constituem o Cenozoico, a nossa era. Precedendo essa extinção em massa, foi escolhido um local para cada era geológica (que compreende vários períodos), desde os primórdios da vida multicelular no Ediacarano, mais de 500 milhões de anos atrás. Alguns lugares foram escolhidos por sua biologia notável, alguns pelo ambiente incomum, outros por estarem tão bem preservados que nos apresentam uma visão extraordinariamente nítida de como a vida existiu e interagiu no passado.

Qualquer viagem precisa começar em casa, e o percurso dessa jornada partirá dos dias atuais para recuar no tempo. Começaremos nos arredores relativamente próximos das eras glaciais do Pleistoceno, quando as geleiras solidificaram grande parte da água do mundo na forma de gelo, baixando o nível do mar em todo o planeta, e continuaremos retrocedendo cada vez mais no tempo. A vida e a geografia se tornarão cada vez menos familiares. Os períodos geológicos da era Cenozoica nos levarão aos primeiros dias da humanidade, passando pela maior cachoeira que já existiu na Terra e uma Antártida temperada e verdejante, até a extinção em massa do final do Cretáceo.

Na sequência, vamos conhecer os habitantes do Mesozoico e do Paleozoico, visitar florestas dominadas por dinossauros, um recife de vidro de milhares de quilômetros de comprimento e um deserto encharcado por monções. Veremos como os organismos se adaptam a ecologias inteiramente novas, locomovendo-se na terra e no ar, e como a vida, ao criar novos ecossistemas, abre a chance de uma diversidade cada vez maior.

Depois de uma breve visita ao Proterozoico, cerca de 550 milhões de anos atrás, no éon geológico anterior ao nosso, retornaremos à nossa Terra, a dos dias atuais. As paisagens do mundo moderno estão mudando rapidamente, graças às perturbações causadas pelo homem. Tomando como referência as radicais convulsões ambientais do passado geológico, o que podemos esperar que aconteça no futuro próximo e no mais distante?

Não é fácil conduzir experimentos planetários para determinar quais mudanças podem ocorrer em escala continental numa atmosfera de alto teor de carbono, nem temos tempo suficiente para vermos por nós mesmos os efeitos de longo prazo do colapso do ecossistema global antes de serem amenizados. Nossas previsões devem se basear em modelos precisos de como o mundo funciona. Mas o dinamismo da Terra ao longo da história geológica pode ser um laboratório natural. As respostas às perguntas de longo prazo só podem ser obtidas observando-se períodos em que a Terra do passado reflete o que esperamos da Terra do futuro. Houve cinco grandes extinções em massa, afastamentos e reagrupamentos de massas continentais, mudanças na química e na circulação oceânica e atmosférica, todas acrescentando dados à nossa compreensão de como a vida na Terra funciona em escalas de tempo geológico.

Sobre o nosso planeta, podemos fazer perguntas. A biologia do passado não é apenas uma curiosidade a ser observada com um olhar perplexo, nem como algo estranho e de outro mundo. Princípios ecológicos que se aplicam às atuais florestas tropicais e ao mundo dos liquens da tundra também se aplicam aos ecossistemas do passado. Apesar de o elenco ser diferente, a peça teatral é a mesma.

Considerado isoladamente, um fóssil pode ser uma lição fantástica sobre variação anatômica, sobre forma e função e sobre o que um organismo pode fazer com ajustes simples com uma caixa de ferramentas de desenvolvimento geral. Mas assim como as estátuas da Antiguidade se situavam no contexto de uma cultura, nenhum fóssil, seja animal, vegetal, fungo ou micróbio, jamais existiu isoladamente. Todos viviam nos limites de um ecossistema, uma interação entre uma miríade de espécies e o meio ambiente, um emaranhado de vida, de clima e de química também dependente da rotação da Terra, da posição dos continentes, dos minerais no solo ou na água e das restrições impostas pelos antigos habitantes de uma área. Recriar os mundos em que os fósseis se acumularam, onde os animais viveram, é um desafio que os paleontólogos vêm tentando abordar desde o século XVIII; tais abordagens têm se tornado mais intensas e detalhadas durante as últimas décadas.

Avanços paleontológicos recentes revelaram detalhes da vida no passado considerados impossíveis de obter até pouco tempo atrás. Estudando a fundo a estrutura dos fósseis, podemos agora reconstruir as cores das penas das aves, das cascas dos besouros, das escamas de lagartos e identificar de que doenças esses animais e plantas sofriam. Ao compará-los a criaturas vivas, podemos determinar suas interações nas teias alimentares, a força das suas mordidas ou a resistência dos seus crânios, suas estruturas sociais e hábitos de acasalamento e até mesmo, em casos raros, o som dos seus chamados. As paisagens dos registros fossilíferos não são mais apenas uma coleção de impressões em rochas e listas taxonômicas de nomes. As pesquisas mais recentes descortinaram comunidades prósperas e vicejantes, remanescentes de organismos vivos reais que cortejavam e adoeciam, exibiam penas ou flores brilhantes, chamavam e zumbiam, habitando mundos regidos pelos mesmos princípios biológicos dos dias de hoje.[4]

Talvez não seja bem isso que as pessoas têm em mente quando pensam em paleontologia. A imagem generalizada é a do cavalheiro vitoriano coletor, viajando para outras terras e outras culturas, martelo na mão, pronto para escavar a terra. Quando o físico Ernest Rutherford supostamente declarou, com certo desdém, que toda ciência era "a física, ou colecionar selos", com certeza tinha em mente fileiras de animais taxidermizados, gavetas de borboletas com asas imaculadas abertas e imponentes esqueletos montados com parafusos de ferro industrializado. Hoje, porém, um paleontólogo pode passar o dia em frente a um computador ou usar aceleradores de partículas circulares para disparar raios X em fósseis no laboratório, e não só no calor do deserto. Meu próprio trabalho científico se desenvolveu principalmente em coleções nos subsolos de museus e com algoritmos de computador, usando características anatômicas em comum para tentar descobrir as relações entre os mamíferos que viveram no rescaldo da última extinção em massa.[5]

Não é impossível obter conhecimentos sobre a história da vida estudando apenas a vida existente nos dias atuais, mas é como entender o enredo de um romance lendo só as últimas páginas. Será possível inferir parte do que aconteceu antes, conhecer a situação atual dos personagens que chegam até o final, mas a riqueza da trama, os muitos personagens e as principais inflexões da história podem estar ausentes. Mesmo incluindo-se os fósseis, a maior parte da história da vida continua obscura para não especialistas. Os dinossauros e os animais da era do gelo da Europa e da América do Norte são amplamente conhecidos, e quem tiver um pouco mais de familiaridade com o assunto já terá ouvido falar de trilobitas e amonites, ou talvez da explosão cambriana. Mas esses são fragmentos da história como um todo. Neste livro, eu gostaria de preencher algumas dessas lacunas.

Este livro é, necessariamente, uma interpretação pessoal do passado. O passado longínquo, o verdadeiro "tempo profundo", tem significados diferentes para diferentes pessoas. Para alguns, é algo empolgante, uma vertigem estonteante pensar no tempo do qual os trilhões de plânctons precisaram para se estabelecer, se compactar e formar os penhascos de calcário de Kent e da Normandia — paisagens feitas de esqueletos. Para outros, é uma fuga, uma oportunidade para imaginar modos de vida que não os de agora, de uma época anterior às preocupações com a extinção causada pelo homem, quando o pássaro dodô era apenas uma possibilidade futura. Tudo o que veremos, no entanto, é fundamentado em fatos, diretamente observáveis nos registros fossilíferos, solidamente inferidos ou, onde nosso conhecimento for incompleto, plausíveis com base no que podemos saber com certeza. Onde há discordâncias, selecionei e trabalhei com uma das hipóteses concorrentes. Mesmo assim, um bater de asas numa moita, o vislumbre de uma pelagem ou a sensação de algo se movendo no escuro são partes integrantes da experiência na natureza. Um pouco de ambiguidade pode gerar tanto arrebatamento quanto uma verdade estabelecida.

As reconstruções apresentadas aqui são o resultado do trabalho de milhares de cientistas ao longo de mais de duzentos anos. Suas interpretações de restos fossilíferos são, em última análise, o que gerou os elementos factuais deste livro. Para um paleontólogo, os impactos, as saliências e as reentrâncias em ossos, em um exoesqueleto ou na madeira fornecem as pistas necessárias para reproduzir a imagem de um organismo vivo, dos tempos atuais ou não. Observar o crânio de um crocodilo de água doce nos dias de hoje é como ler a descrição de um personagem. A sequência de contrafortes e arcadas evoca a arquitetura gótica, neste caso não para suportar o peso do telhado de uma catedral, mas os poderosos músculos da mandíbula. Os olhos e narinas mais altos falam de natação perto da superfície, do ato de observar e respirar pouco acima da linha-d'água; a longa série de dentes, pontiagudos mas arredondados, protuberantes de um focinho longo e arrebatador, sugere um estilo de se alimentar deslizando, abocanhando e segurando a presa, adequado para pegar peixes escorregadios. As cicatrizes da vida estão lá, com fraturas entrelaçadas. A vida deixa suas marcas de forma detalhada e reprodutível.

Ir além dos espécimes individuais e decifrar as características dos ecossistemas do passado, suas interações, os nichos, as teias alimentares e o fluxo de minerais e nutrientes é agora um procedimento comum na paleontologia. Tocas e pegadas fossilizadas podem revelar detalhes de movimentação e estilos de vida sobre os quais a anatomia se mantém em silêncio. As relações entre as espécies servem para nos dizer quais fatores foram importantes para sua biologia e distribuição, o que motivou sua evolução. Os padrões e a química dos grãos de areia de rochas sedimentares registram o ambiente — esta face do penhasco já foi o delta de um rio sinuoso, com as constantes mudanças dos cursos dos rios serpeando por um alagadiço, ou um mar raso? Aquele mar era uma lagoa abrigada, onde o limo fino se sedimentava lentamente no fundo de águas paradas, ou um local onde ondas quebravam? Qual era a temperatura atmosférica na época? Qual era o nível global do mar? Em que direção o vento era predominante? Com o conhecimento necessário, todas estas perguntas podem ser facilmente respondidas.[6]

Nem todas essas informações se encontram disponíveis em determinado local, mas às vezes muitas vertentes se juntam de tal forma que um paleoecólogo pode construir uma rica imagem da paisagem, desde o clima e a geografia até as criaturas que a habitam. Essas imagens de ambientes passados, tão vibrantes quanto os de hoje, muitas vezes contêm lições importantes sobre como abordarmos o nosso mundo contemporâneo.

Muitas partes do mundo natural que vemos nos dias atuais com naturalidade são relativamente recentes. As gramíneas, hoje o principal componente dos maiores ecossistemas do planeta, só surgiram no final do Cretáceo, há menos de 70 milhões de anos, como raras porções das florestas da Índia e da América do Sul. Ecossistemas dominados por gramíneas só surgiram cerca de 40 milhões de anos antes do presente. Nunca houve pastagens para dinossauros, e no hemisfério norte as gramíneas simplesmente não existiam. Precisamos descartar ideias preconcebidas de como é uma paisagem, que surgem ou porque projetamos espécies modernas no passado ou porque agrupamos criaturas que, embora todas extintas, viveram separadas por milhões de anos. Mais tempo se passou entre a morte do último *Diplodocus* e o nascimento do primeiro *Tyrannosaurus* do que entre a morte do último *Tyrannosaurus* e o seu nascimento. Criaturas jurássicas como o *Diplodocus* não apenas não conheceram as gramíneas como também nunca viram uma flor; as plantas floridas só se diversificaram no Cretáceo médio.[7]

Hoje, com a crise de biodiversidade causada pela destruição e fragmentação de hábitats, combinada com os efeitos contínuos das mudanças climáticas, estamos muito familiarizados com a ideia de cada vez mais organismos serem extintos. É comum dizer que estamos em meio a uma sexta extinção em massa. Já nos acostumamos a ouvir sobre o branqueamento generalizado dos recifes de coral, o derretimento das calotas de gelo do Ártico ou o desflorestamento da Indonésia e da bacia amazônica. Menos comumente discutidos, embora também muito importantes, são os efeitos da drenagem da terra em zonas úmidas e o aquecimento da tundra. A paisagem do mundo que habitamos está mudando. A escala e as ramificações desse processo muitas vezes são difíceis de compreender. A ideia de algo tão vasto como a Grande Barreira de Corais, com toda sua vibrante diversidade, poder um dia desaparecer, em breve, parece inerentemente improvável. No entanto, os registros fossilíferos nos mostram que esse tipo de mudança generalizada não só é possível como aconteceu muitas vezes ao longo da história da Terra.[8]

Os recifes de hoje podem ser de coral, mas no passado foram formados por uma espécie de molusco, por braquiópodes com conchas e até por esponjas. Os corais só assumiram o papel de organismos dominantes na formação de recifes quando os recifes de moluscos sucumbiram à última extinção em massa. Esses moluscos formadores de recifes se originaram no final do Jurássico, substituindo os grandes recifes de esponja, que por sua vez ocuparam esse nicho quando os recifes de braquiópodes desapareceram totalmente com a extinção em massa do final do Permiano. Em uma perspectiva de longo prazo, os recifes de coral em escala continental podem acabar, como um desses ecossistemas que nunca retornam, um fenômeno característico do Cenozoico, eliminado pela extinção em massa causada pelos humanos. Atualmente, o futuro dos recifes de coral e de outros ecossistemas ameaçados está em jogo, mas o registro fossilífero, ao nos mostrar a rapidez com que uma dominância pode se tornar obsolescência e perda, funciona como um memorial e um alerta.[9]

Os fósseis podem não parecer uma referência óbvia para obter conhecimentos sobre a vida futura. A estranheza das impressões fósseis, hieróglifos biológicos, confere uma distância ao passado, uma espécie de fronteira intransponível além da qual existe uma alteridade instigante que jamais poderá ser alcançada. No seu poema "a natureza é a taxonomia a que todos os ossinhos resistem", a poeta e acadêmica Alice Tarbuck capta essa distância, dizendo "dê-me rastros do leviatã, dê-me turbulentas feras do mar". Ela anseia por "pegadas que percorrem os séculos, até o subterrâneo do que poderia ser", e rejeita a nomenclatura classificatória dos rótulos de museu com "Que ninguém cante a taxonomia".* Apesar de ser um desses que passam parte da vida profissional reunindo organismos numa série de caixas na ordem de filo-classe, também sinto mais afinidade com o ser vivo do que com sua classificação. Um nome pode ser inspirador ou significativo, mas na maioria das vezes não consegue evocar a acepção de um organismo. Os nomes em

---

* nature is taxonomy which all small bones resist / give me leviathan trace, give me roiling sea-beast / footprints that lead down centuries, into the basement of what might be / Let nobody sing taxonomy.

latim são meras anotações, o sistema decimal de Dewey* da biologia. Um número seria suficiente, e na verdade é em essência como o sistema funciona. Para cada espécie e cada subespécie existe em algum lugar do mundo um espécime individual indicando o que significa ser, por exemplo, uma raposa vermelha da Itália. O representante definitivo da *Vulpes vulpes toschii* é o ZFMK 66-487, abrigado no Museu Alexander König em Bonn. Para ser considerado parte dessa subespécie, é preciso ser suficientemente próximo, em anatomia e composição genética, dessa raposa platônica específica, uma fêmea adulta coletada no monte Gargano, na Itália, em 1961. Por mais prático que isso possa ser, não diz nada das acrobacias artísticas de uma raposa urbana em uma instável cerca de jardim, da velocidade decidida de uma adulta felpuda, da astúcia mitológica de Reynard ou do sono despreocupado dos filhotes ao ar livre. E trata-se de uma criatura que vemos hoje ao nosso redor. Que esperança podem nos dar apenas os nomes dos que se foram? Meu desafio ao apresentá-los é fazer a ponte entre os nomes e a realidade, entre a face da moeda e o ouro. Ver as formas de vida antigas como se fossem visitantes comuns no nosso mundo, como animais ativos e palpitantes, de carne e instinto, como vigas rangendo e folhas caindo.[10]

Hoje, nos locais onde uma criatura extinta é retratada como viva, é comum ter a forma de um monstro, algo vilanesco, com um apetite insaciável. Isso remonta aos sensacionalistas da geologia do início do século XIX. Alguns sentiam-se tão ansiosos para promover sua visão de um passado dramático e violento que mamutes lanudos e preguiças terrestres, conhecidos até então como herbívoros, eram expostos por alguns como vorazes carnívoros. O mamute, por exemplo, foi apresentado ao público como um predador poderoso, espreitando ameaçadoramente à beira de lagos para emboscar sua presa, a tartaruga, enquanto a dócil preguiça terrestre herbívora tornou-se "enorme como um precipício carrancudo; cruel como uma pantera sanguinária, veloz como uma águia mergulhando e terrível como o anjo da noite!". Até hoje, a agressividade irracional e bárbara de animais pré-históricos continua sendo mostrada em inúmeros filmes, em livros e programas de televisão. Mas

---

* Sistema de classificação de livros por assunto, usado por todas as bibliotecas do mundo. [N.T.]

os predadores do Cretáceo não tinham mais sede de sangue que um leão dos dias de hoje. Perigoso, com certeza, porém apenas um animal, não um monstro.[11]

O que uma sonolenta coleção de fósseis como curiosidade e a representação de organismos extintos como monstros têm em comum é a falta de um contexto ecológico real. Plantas e fungos quase sempre estão ausentes, e os invertebrados só merecem uma observação de relance. Mas os registros nas rochas da Terra guardam esse contexto, revelando os cenários em que viviam essas criaturas extintas, os cenários que as moldaram nas formas que agora parecem tão incomuns. É uma enciclopédia do possível, de paisagens que desapareceram, e este livro é uma tentativa de dar vida a essas paisagens mais uma vez, de romper com a velha imagem sensacionalista, rígida e empoeirada de organismos extintos, do *Tyrannosaurus* rugindo num parque temático, e retratar a realidade da natureza como hoje é possível.

Refletir sobre as paisagens que outrora existiram é como sentir o apelo de uma vontade irresistível de viajar no tempo. Minha esperança é de que você leia este texto como o diário de viagem de um naturalista, só que numa terra distante no tempo e não no espaço, e passe a considerar os últimos 500 milhões de anos não como uma extensão de tempo infinita e insondável, mas como uma série de mundos, simultaneamente fabulosos e familiares.

CAPÍTULO I

# DEGELO

*Planície do Norte, Alasca, EUA*
*Pleistoceno — 20 mil anos atrás*

*"Dia e noite, verão e inverno, com mau tempo ou bom tempo, ela fala de liberdade. Se alguém perdeu sua liberdade, a estepe irá lembrá-lo disso"*
— Vasily Grossman, *Vida e destino*

*"Telipinu também foi para a charneca e se misturou com a charneca. Acima dele crescia a planta* halenzu*"*
— Mito hitita (trad. H. A. Hoffner)

O amanhecer está quase irrompendo na noite do Alasca, onde uma pequena manada de cavalos, quatro adultos e três potros, se amontoa contra o vento frígido do nordeste. A essa altura, o sol já se foi há mais de dez horas, e o ar está de gelar o couro. Duas das éguas se revezam no dever de sentinela, mantendo vigília contra a escuridão enquanto a família descansa ou pasta. Elas ficam juntas, flanco a flanco, nariz com cauda, uma boa maneira de reduzir o estresse enquanto se mantêm próximas e aquecidas e olham para todas as direções. É primavera, mas nem durante o inverno o solo ficou recoberto de neve, e agora está acarpetado com uma profusão de grama morta e areia trazida pelo vento. As planícies entre a cordilheira Brooks, no norte do Alasca, e a costa do oceano Ártico perpetuamente congelado são excepcionalmente secas. A chuva e a neve quase nunca passaram por essa terra. Um riacho inconstante atravessando os seixos, mal gotejando das terras mais altas ao sul, é quase inaudível na ventania. Até mesmo seu fluxo desiste antes de

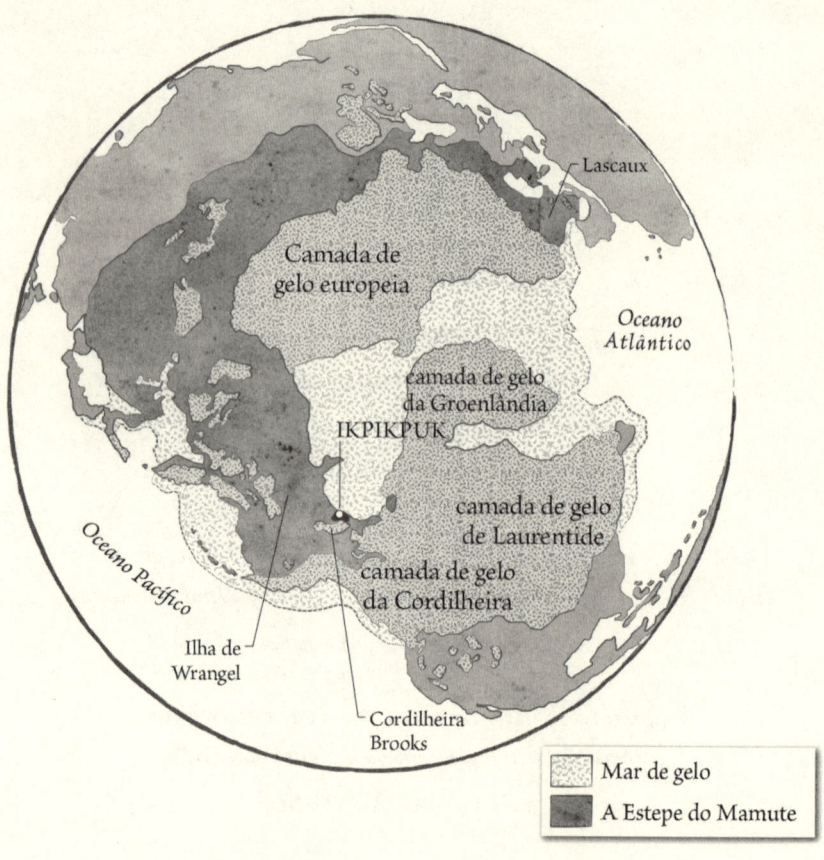

chegar ao mar, desaparecendo totalmente ao ser absorvido pelas dunas ao redor. A vazão do rio varia dia a dia, mas chegará ao auge nos próximos poucos meses, dependendo do degelo das montanhas. No inverno, há pouco para comer; quatro quintos do solo são formados de terra pura, um quinto de caniços marrons, e o escasso alimento está revestido de areia abrasiva. Ainda assim, os remanescentes ressecados da fartura do verão são suficientes para o sustento de várias pequenas manadas desses cavalos de pernas curtas. Nas temperaturas anestésicas na Encosta Norte no auge da última glaciação, pernas muito longas aumentariam o risco de hipotermia. Os cavalos do Alasca têm um tamanho mais próximo dos pôneis, lembrando os modernos cavalos de Przewalski, porém com membros mais esguios. A pelagem é parda e felpuda, com crinas curtas, pretas e hirsutas. Os que dormem continuam se movendo, os rabos distraídos se agitando na luz mortiça da aurora. Eles são os mais

*Arctodus simus* e *Mammuthus primigenius*

autênticos habitantes do norte árido, os que permanecem sejam quais forem as condições. Os visitantes de verão da Encosta Norte — grandes congregações de bisontes e caribus, e raros e dispersos grupos de bois almiscarados, alces e saigas — já partiram, menos aptos a sobreviver com tão pouca forragem. Mesmo para os cavalos, é difícil manterem-se vivos no inverno do norte, situação agravada pela gravidez de uma das éguas. Cada pequena manada é composta por um só macho e várias fêmeas, e o nascimento dos potros é sincronizado para coincidir com o fim da primavera. A mortalidade é alta, a expectativa de vida é a metade da dos cavalos selvagens dos dias de hoje. Quinze anos é o tempo de vida médio desses cavalos do Alasca, que vivem à beira dos seus limites, fustigados por um vento uivante.[1]

O vento sopra de um mar de areia de 7 mil quilômetros quadrados na metade oriental do que se tornará o Alasca, contornado a oeste pelo rio Ikpikpuk, que ainda existe nos dias atuais. Por esse deserto frígido espalham-se dunas escarpadas, de trinta metros de altura, em fileiras de vinte quilômetros de comprimento. Elas lançam sua areia na direção oeste através da estepe, forrando o sopé das montanhas Brooks com uma cobertura solta de areia lodosa conhecida como *loess*. Nas regiões frias do mundo do Pleistoceno, a comida é tão escassa nos meses frios que todo herbívoro, do caribu ao mamute, para de crescer. Assim como as árvores, seus ossos e dentes mostram marcas de crescimento, uma cicatriz física da sazonalidade, uma contagem dos invernos a que resistiram. Eles subsistem com o que podem encontrar, usando pouca energia e confiando em seu tamanho para aguentar até a volta de tempos melhores. Onde houver herbívoros, predadores estarão à espreita. A qualquer momento, um par de patas que agarram pode saltar da mata, uma mordida no pescoço pode custar a vida deles. Na extensão dessas paisagens raquíticas, um pequeno número de alcateias de leões das cavernas controla grandes territórios. Rondam silenciosamente pela estepe, espáduas subindo e descendo a cada passo, e para os cavalos há poucas maneiras de saber se estão próximos. As caçadas dos leões dependem de espreita e furtividade, por isso a escuridão os atrai. As éguas se mantêm vigilantes, com qualquer ruído agitando suas orelhas nas frontes pálidas e abobadadas.[2]

Três leões vagam pela Terra no Pleistoceno e, entre eles, o leão africano — o único sobrevivente até os tempos modernos — é o mais gracioso. Do outro lado da camada de gelo Laurentide, por toda a América do Norte até o sul do México e chegando até a América do Sul, vive o leão americano, o maior dos três. Animais ligeiramente malhados, de um vermelho empoeirado, com até 2,5 metros de comprimento, são imigrantes recentes, descendentes de ancestrais que atravessaram a Eurásia cerca de 340 mil anos antes do presente. Porém, ao longo de todas as estepes da Europa e da Ásia, e aqui no Alasca, o maior perigo para esses cavalos e caribus é o leão-das-cavernas da Eurásia, *Panthera leo spelaea*, que divergiu dos leões dos tempos modernos cerca de 500 mil anos antes do presente. Muito do que sabemos sobre sua aparência nos chegou pela arte — há centenas de pinturas e esculturas detalhadas feitas por humanos do norte da Eurásia que documentaram muitas das espécies da Estepe do Mamute. Cerca de 10% maiores que um leão africano, os leões-das-cavernas da Eurásia são mais claros e peludos, com uma pelagem áspera e rude cobrindo uma subcapa densa, ondulada e quase branca, como duas camadas de isolamento contra o frio. Nem o macho nem a fêmea têm juba, mas ambos têm uma barba curta; e os machos são notadamente maiores. Como os restos mortais de animais tendem a se acumular e se manter preservados em cavernas, nós os conhecemos como leões-das-cavernas, mas é ao ar livre que eles se sentem em casa, vagando pela estepe em pequenos grupos sociais, caçando caribus e cavalos.[3]

Todos os felinos são predadores de tocaia, sua anatomia é adaptada para espreitar e surpreender as presas, com no máximo uma breve corrida. Esse tipo de tocaia requer furtividade, mas nas estepes descampadas a furtividade é difícil e, em comparação a outros felinos, os leões-das-cavernas são relativamente hábeis em perseguir sua caça. Desenhos de leões-das-cavernas costumam mostrar suas manchas — linhas escuras partindo dos olhos como as dos guepardos, para não ser ofuscados pela luz do sol, e uma clara divisória entre o dorso mais escuro e o ventre mais claro.[4]

Atualmente, leões, elefantes e cavalos selvagens não são associados à região norte da América do Norte, como tampouco associamos a ela terrenos sem neve, céus sem chuva ou mares de areia. Ao imaginarmos partes do mundo natural, tendemos a pensar nelas como um todo, cada parte do ecossistema definindo as características de um lugar. O que seria do deserto de Sonora, no sudoeste da América do Norte, sem os gigantescos cactos saguaro, tarântulas e cascavéis? Quando você conhece um lugar, há uma sensação de adequação intrínseca entre seus elementos. Embora esse sentido seja muito forte, os ecossistemas são formados aos poucos. As agregações de espécies que produzem sensação de um lugar também proveem um senso de tempo. Uma comunidade — o censo de organismos, de micróbios a árvores e herbívoros gigantes — é uma associação temporária de seres vivos que depende da história evolutiva, do clima, da geografia e do acaso.

Fui criado na orla da Floresta Negra de Rannoch, nas Terras Altas da Escócia: encostas íngremes cravejadas de quartzito cobertas de aglomerados de samambaias almiscaradas e tufos de mirtilo, bosques com tetos de vitrais de folhas de bétula ou pilares de pinheiros rachados; um fragmento de floresta tropical temperada entre o charco e a montanha descampada. Tenho uma forte nostalgia dos habitantes daquele lugar — martas e mergulhões, pintassilgos e cervos. Para mim, eles são avatares da infância, e é quase impossível separar o lugar da vida selvagem. Mas essas são apenas as criaturas que compartilharam a floresta e o mundo no meu tempo; na longa duração, a natureza renega essa nostalgia. Milhares de anos atrás, no Pleistoceno, quando manadas de cavalos selvagens vagavam pelo território selvagem do Alasca, Rannoch era um lugar morto, um deserto glacial sob quatrocentos metros de gelo. Antes de o gelo avançar, e enquanto o gelo se mantiver, não será o lugar que eu conheço; minha percepção da Floresta Negra está tão ligada à nossa época geológica atual, o Holoceno, quanto ao leito de rocha sobre o qual cresceu.[5]

As comunidades fósseis não mapeiam com precisão os pressupostos modernos. O alcance de uma espécie atual pode refletir onde seus ancestrais viveram, mas também pode não refletir. Camelos e lhamas, por exemplo, são os parentes mais próximos um do outro, tendo se separado cerca de 8,5 milhões de anos atrás. As lhamas são descendentes da tribo (no sentido de Lineu*) que permaneceu na terra natal ancestral dos camelídeos nas Américas, enquanto os camelos atravessaram o estreito de Bering para a Ásia e mais além. Até 11 mil anos atrás, durante os períodos mais quentes das glaciações cíclicas da era do gelo, manadas de camelos vagavam pelo que viria a ser o Canadá. Neste momento do Pleistoceno, perto da maior extensão de gelo, os camelos habitam o sul da Califórnia — sabemos disso pelos que tiveram o azar de ficar presos nas infiltrações naturais de asfalto em La Brea, onde o alcatrão borbulhou do solo por milhares de anos.[6]

Os primeiros povos já haviam chegado às Américas; as pegadas de um alegre grupo de crianças, que correram por tufos de grama no lodo de um lago calcário 22.500 anos atrás, ainda são visíveis nas areias brancas do Novo México. À medida que crescem em número, as populações desses primeiros americanos caçam camelos e cavalos nativos. Como resultado, tal qual tantos grandes mamíferos do Pleistoceno, eles serão extintos poucos milhares de anos depois da chegada do homem. Por enquanto, essas populações humanas ainda são pequenas e há poucas evidências diretas de onde exatamente viveram. Por ocasião do período glacial mais recente, que atingiu sua extensão máxima cerca de 25 mil

---

\* Naturalista sueco que propôs um sistema de nomenclatura binomial com a finalidade de padronizar a forma de nomear espécies e facilitar a comunicação entre os cientistas. [N.T.]

anos antes dos dias atuais, os humanos prosperam nas planícies baixas da Beríngia, movimentando-se ao longo da costa sul do Alasca, onde o gelo é mais escasso nesse novo continente cheio de recursos. Ao norte do manto de gelo, na orla oriental da Beríngia, centenas de quilômetros a leste de Ikpikpuk, pode haver fogueiras acesas por pequenas comunidades de humanos do leste da Beríngia — os lagos ali preservam produtos químicos característicos de fezes humanas e de carvão —, mas são poucas e distantes entre si. À medida que o clima mudar e os humanos avançarem continente adentro, várias espécies nativas não sobreviverão por muito tempo, abatidas pelo mundo em aquecimento e por esses novos e versáteis predadores.[7]

Traços de associações históricas podem durar muito mais que o contato real. Nas densas florestas subtropicais da Índia ao mar da China meridional, cobras venenosas são comuns, e há sempre alguma vantagem em fingir ser perigoso. O vagaroso lóris, um estranho primata noturno, apresenta uma série de características incomuns que, em conjunto, parecem imitar a naja indiana. Move-se de forma sinuosa e serpentiforme pelos galhos, sempre leve e lento. Quando ameaçado, levanta os braços atrás da cabeça, estremece e silva, os olhos grandes e redondos lembrando muito as marcas do capuz da naja indiana. Ainda mais notável, quando nessa posição, o lóris tem acesso a glândulas nas axilas que, combinadas com a saliva, podem produzir um veneno capaz de causar um choque anafilático em humanos. Em comportamento, cor e até na picada, o primata passou a se assemelhar a uma cobra, uma ovelha em pele de lobo. Hoje, os alcances dos lóris e das cobras não se sobrepõem, mas as reconstruções climáticas que remontam a dezenas de milhares de anos sugerem que teriam sido semelhantes. É possível que o lóris seja um artista imitador ultrapassado, preso em um caminho evolutivo, compelido por instinto a interpretar um papel que nem ele nem seu público jamais viram.[8]

No caso dos lóris e das najas, e também no dos camelos do Ártico, é o clima, juntamente com a geografia, que definiu sua história evolutiva e suas interações com outros animais. Um ecossistema não é uma entidade sólida — é composto de centenas de milhares de partes individuais, cada espécie com sua própria tolerância ao calor, ao sal, à disponibilidade de água, à acidez, e cada uma com seu próprio papel. No sentido mais amplo, um ecossistema é a rede de interações entre todos os membros vivos da comunidade e a terra ou a água que formam seu ambiente. Sozinha, uma espécie tem propriedades específicas, mas as interações de um ecossistema geram complexidade. Chamamos as possíveis condições de sobrevivência de qualquer espécie de seu "nicho fundamental". Quando as interações com outros organismos limitam esse nicho, chamamos a realidade da distribuição de uma espécie de "nicho realizado". Independentemente da amplitude do nicho fundamental, se o ambiente mudar e ultrapassar os limites desse nicho, ou se o nicho realizado cair a uma dimensão zero, essa espécie será extinta.[9]

A Encosta Norte do Pleistoceno no inverno é uma época e lugar em que o ambiente ameaça o nicho fundamental de muitas criaturas. Os cavalos sobrevivem graças à sua capacidade de subsistir com pouca forragem, desde que haja o suficiente. Dormindo e despertando intermitentemente, eles passam cerca de dezesseis horas por dia se alimentando para garantir uma nutrição suficiente. Os mamutes também se mantêm com alimentos de baixa qualidade, embora sua digestão seja menos eficiente e exija uma quantidade maior que a fornecida pelo pasto esparso do inverno. Em tempos de escassez, são conhecidos por comer seu próprio esterco, para acessar qualquer nutriente restante. Os bisontes, que vivem em rebanhos de milhares em outros lugares, precisam deixar o alimento fermentar no sistema digestivo de quatro estômagos, e por isso não podem comer com intervalos tão curtos. Isso significa que o alimento precisa ser de melhor qualidade, o que não é possível durante o inverno nessas planícies áridas do norte.[10]

É a geografia física desse canto do mundo que resultou no seu clima seco e ventoso. O vento constante que assobia pelas dunas de Ikpikpuk é parte de um grande rodamoinho que gira no sentido anti-horário e está bem longe daqui, a sudoeste. No momento em que agitou a água do Pacífico e espalhou nuvens sobre o centro do Alasca e do Yukon, a umidade que antes continha se perdeu. A maior parte da chuva caiu sobre as planícies mais úmidas dos bisontes, as quais continuam até perto da grande parede de gelo que separa essa terra do resto da América do Norte. A camada de gelo cobre quase todo o atual Canadá e se estende para o sul, formando uma barreira congelada do Pacífico ao Atlântico. Chega a atingir três quilômetros de profundidade em alguns lugares, e as forças de penetração e goivagem exercidas na paisagem estão escavando o que se tornará os Grandes Lagos. À medida que o gelo derrete, a água que se empoça na orla sul do manto de gelo Laurentide será liberada, abrindo novos leitos de rios, erodindo as morainas depositadas pelas geleiras e formando espetáculos como as cataratas do Niágara.[11]

A água retida nesse manto de gelo continental, e nas imediações mais próximas do norte da Europa, foi extraída de reservas oceânicas. Os níveis dos mares no mundo todo são mais baixos que os atuais em cerca de 120 metros, e portanto o crescimento do gelo expôs os rasos leitos marinhos, formando as chamadas "pontes de terra" entre os continentes. O Alasca pode estar isolado da América do Norte, mas é uma dessas pontes que conecta a vida selvagem do Alasca às comunidades asiáticas a oeste, formando um continuum que cobre metade da circunferência da Terra. O estreito de Bering, o trecho de água que atualmente separa o Alasca de Tchukotka, no extremo oriente da Rússia, é seco e hospitaleiro, e dá nome à província biológica da Beríngia. A Beríngia pode ser uma terra fria no inverno, mas é amena e radiante nos meses mais quentes. Charnecas de flores silvestres vicejam na primavera e no verão. A maioria das árvores é arbustiva: salgueiros baixos escrevem uma caligrafia sem palavras ao vento com os pincéis dos amentilhos floridos, e arbustos de bétula anã escondem lagópodes. Acima, meadas de gansos-das-neves grasnam e voam em direção ao mar. No outono, as partes mais protegidas da Beríngia brilham com o ouro derretido dos choupos e dos álamos amarelos, realçados pelo azul-esverdeado dos altos abetos. Essas terras baixas são o refúgio para muitas espécies de plantas e animais, uma região do mundo com um clima mais ameno e agradável, onde os que não aguentam o frio prolongado da era glacial podem sobreviver. Em alguns lugares, o musgo esfagno que habita o pântano escorre, enquanto em outros os cabelos prateados da sálvia da pradaria liberam seu perfume cálido sob os cascos dos bisontes.[12]

A área total da ponte terrestre da Beríngia que será submersa pelo mar — incluindo o território ao norte do que se tornará a Rússia — é vasta, mais ou menos do tamanho da Califórnia, Oregon, Nevada e Utah juntos. A província é em si, meramente, uma parte de um extenso bioma — uma paisagem composta por consistentes comunidades de plantas e animais, com um clima relativamente consistente —, que começa no leste da Beríngia e termina na costa atlântica da Irlanda. Das profundezas da planície exposta da Beríngia até as montanhas do Alasca, o ar esfria e seca, as plantas crescem menos e ficam mais resistentes, mas as pastagens continuam. Em suas margens orientais, a orla do mar de dunas de Ikpikpuk marca uma extremidade do maior ecossistema contíguo que o mundo já viu — a Estepe do Mamute.[13]

A estepe continua existindo por causa dessa mesma conectividade. Os padrões climáticos da era glacial são voláteis, com condições muitas vezes muito diversas de ano para ano. Se você fincar as estacas de uma barraca no solo e acampar durante anos em um lugar, as populações parecem passar por ciclos extremos de crescimento e rarefação, com o clima e a vida vegetal em um ano favorecendo os cavalos, depois os bisontes, em seguida os mamutes e assim por diante. Como a Estepe do Mamute é contígua, as espécies podem se deslocar para seguir seus climas ideais e continuar dentro dos limites dos próprios nichos. Em um ambiente extremamente variável, a mobilidade é crucial para a sobrevivência a longo prazo. Sempre haverá refúgio em algum lugar do continente. Por toda a extensão do alto Ártico, repete-se constantemente um padrão de extinção local, seguido pelo restabelecimento desses mesmos refúgios. Mesmo nos dias atuais, os maiores herbívoros do Ártico, as renas e as saigas, participam das maiores migrações terrestres do planeta. Em outro lugar, nas estepes da Mongólia, um ambiente semelhante ao da Beríngia, onde os humanos criam cabras e outros animais, o clima continua sendo volátil, com temperaturas de inverno imprevisíveis ano após ano. À medida que as mudanças climáticas tornam a estepe mongol mais quente e seca, as pastagens vão ficando menos produtivas, restringindo as áreas onde os rebanhos podem pastar. Como as distâncias de migração são cada vez mais limitadas, as pessoas tornam-se cada vez mais vulneráveis a vários tipos de inverno rigoroso, ou *zud* — neve suficiente para impedir o pastoreio, neve insuficiente para beber água, solo congelado, ventos frios —, que podem devastar os rebanhos e os meios de subsistência dos pastores. Em um ambiente variável, a capacidade de levantar acampamento e se mudar para outro lugar é crucial, tanto para animais selvagens quanto para humanos. À medida que os climas mudam nos dias atuais, esse modo de vida está ameaçado, de uma forma que reflete diretamente o desaparecimento da Estepe do Mamute.[14]

A continuidade da Beríngia será interrompida. Em última análise, os mares vão subir; em cerca de 11 mil anos antes do tempo atual, a Beríngia será submersa. A estepe que circundava o mundo será dividida em pedaços menores e menos conectados à medida que as vastas florestas de taiga, de abetos e lariços crescerem para o norte, a tundra mudar para o sul, o clima esquentar e a migração de longa distância entre esses fragmentos de terra apropriados a espécies adaptadas ao frio deixar de ser possível. A migração não pode salvar uma população se não houver para onde ir. Se exterminados, não há grupos sobreviventes para reproduzir as criaturas perdidas, e assim elas se tornam localmente extintas, e por fim também globalmente. Outros podem persistir, mas precisam reduzir a área por onde vagam. No Alasca, de todas as espécies que chegaram a vagar pela Estepe do Mamute, somente o caribu, o urso-pardo e o boi almiscarado sobreviveram, este último só por meio da reintrodução.[15]

À medida que o dia raia, o sol ilumina a grande extensão da Estepe do Mamute. O sol fraco vai subindo, atingindo um a um os topos das dunas. Logo, todos os grãos voltados a sotavento lançam sombras, fazendo as dunas cintilarem. Os cavalos reclinados bufam e se levantam, sacudindo-se para acordar; eles nunca dormem profundamente ou por muito tempo. Os cascos largos e escuros agitam-se impacientes, as bordas coruscantes; com menos caminhadas durante o inverno, os cascos não se desgastaram e estão muito crescidos.[16]

Sob um céu claro e quebradiço, o verão começa a se manifestar. Potros e lagos de degelo aparecem, e trovejantes esquadrões de caribus e bisontes retornam ao norte, tendo como destino a vegetação recente. Os vastos rebanhos de mamutes também voltam — os mamutes representam quase metade da massa de herbívoros na Encosta Norte. O sol logo aquece o ar, e os cavalos dirigem-se para uma nuvem baixa que rodopia atrás de um morrinho. A névoa suspensa sinaliza a presença de uma poça rara, formada pelo derretimento acumulado numa cavidade mais quente e protegida. Mantida à sombra, a água subterrânea estava congelada até recentemente, mas a água parada na planície de inundação do rio é um ímã para os que precisam beber e abriga uma comunidade diversificada de insetos — besouros mergulhadores, joaninhas e besouros terrestres adaptados à terra árida são comuns perto do rio Ikpikpuk.[17]

Sob o sol o clima é bom, não só mais seco e fértil, mas também mais quente que o do atual Alasca. Podemos estar na era do gelo, mas a Beríngia é uma região relativamente quente, com um clima continental — semelhante ao da atual Mongólia. Há uma grande diferença entre lugares costeiros e continentais. As temperaturas da água do mar não variam muito ao longo do ano, por isso atuam como sumidouros ou fontes de calor para as terras próximas, produzindo ventos e cobertura de nuvens que limitam a variabilidade do clima. No interior, o calor do verão é armazenado mais facilmente pela terra, e portanto os climas continentais mantêm altas temperaturas no verão. Pela mesma razão, a terra esfria rapidamente, o que contribui para os invernos gelados. É por isso que, por exemplo, a temperatura média na costa de São Petersburgo de hoje é de 19°C em julho e de –5°C em janeiro, enquanto Yakutsk, no continente, a uma pequena latitude pouco mais ao norte, tem uma média de 20°C em julho, mas –39°C em janeiro. A Encosta Norte do Alasca do Pleistoceno é mais parecida com Yakutsk do que com São Petersburgo — quente no verão, fria no inverno e sempre seca. Não há um mar descongelado nas proximidades, por isso o mundo quase sempre nublado e chuvoso do Alasca atual não pode se formar. Sem neve e sem chuva, as geleiras também não podem se formar, razão de ser um corredor descongelado que segue para o resto do mundo.[18]

Brotos novos reavivam a grama ressecada, e a manada de cavalos avança para o oeste. Condicionados a ser predados, eles nunca se afastam um do outro; enquanto uns comem, outros vigiam, mas depois de um inverno estacionário os horizontes voltam a se expandir centenas de quilômetros quadrados. Ao chegarem ao cume de um monte, há um sobressalto de pânico, e eles instintivamente se agrupam em torno dos mais novos com um rumor de cascos e dentes. Na faixa horizontal de folhagem entre a encosta sombreada e o céu, um *Arctodus* se move.

Comparado com os ursos marrons, ou até mesmo às espécies mais cinzentas, o *Arctodus simus*, ou urso de cara achatada, é grande. Os maiores ursos de cara achatada do Alasca pesavam mais de uma tonelada, três vezes o peso do maior predador moderno terrestre, o tigre siberiano, e quatro vezes o de um urso-pardo adulto. Os epônimos urso de cara achatada e urso de pernas longas são em parte uma ilusão de ótica criada pela escala. Os ursos têm costas curtas e inclinadas e mandíbulas recuadas, e quando um urso marrom é dimensionado ao tamanho de um urso de cara achatada, essas características são acentuadas. O maior urso moderno, o urso-polar, tem um focinho comprido, mas isso parece ter sido uma adaptação a uma dieta exclusivamente carnívora. Os *Arctodus* não são comuns na Encosta Norte, e sabemos pouco sobre os seus hábitos. Até recentemente, acreditava-se que seus membros longos pudessem ser uma adaptação à corrida, sugerindo que o *Arctodus* tenha sido um perseguidor gigante, uma matilha de lobos resumida numa criatura aterrorizante. Outros, citando o parentesco próximo do urso de cara achatada com o urso-de-óculos, que vive em árvores e é quase exclusivamente vegetariano, pintaram *Arctodus* como um herbívoro gentil, um gigante pequeno. Outros ainda o consideram necrófago, vivendo como um valentão, um cleptoparasita roubando de outros carnívoros as carcaças de suas presas. A realidade deve estar muito mais próxima da de um urso-pardo maior, comendo uma mistura de animais pequenos e grandes, e também plantas.[19]

De qualquer forma, de todas as populações americanas de *Arctodus*, do Alasca à Flórida, provavelmente a comunidade da Beríngia era a que mais comia carne. Em locais onde o inverno eliminava grande parte da vegetação do solo, a dieta flexível do urso se inclina para a coleta e a predação. Com seu tamanho, um *Arctodus* adulto é capaz de dominar um território de caça, impedindo outros predadores de se aproximarem demais. Ombros balançando, o urso caminha pesadamente em direção à piscina natural, onde a gigantesca carcaça de um velho mamute lanudo, morto pelo frio, exala um odor enjoativo e pegajoso. É um presente de boas-vindas. Usando suas patas grandes e fortes, o urso arranca a pele do mamute morto, expondo a carne musculosa. É um trabalho lento e difícil; o couro do mamute é grosso e coberto por duas camadas de pelo espesso. Na morte, mesmo o ícone da megafauna do Pleistoceno parece diminuto em comparação ao seu devorador. Os mamutes podem ter três metros de altura até o ombro; mas erguido sobre os membros posteriores, um grande *Arctodus* pode ficar um metro mais alto.[20]

Os ursos são feras terrivelmente poderosas. Em todos os locais onde os humanos viveram ao lado do urso-pardo, vicejaram mitologias em torno da fera. O mito da fundação da Coreia depende da paciência de um urso que se contentou com passar cem dias comendo só alho silvestre e *ssuk*, uma espécie de artemísia. As duas plantas são encontradas na estepe do mamute euroasiática. Mesmo os nomes dados aos ursos são envolvidos por eufemismos onde quer que humanos e ursos coexistam; segundo a teoria do tabu linguístico, trata-se de evitar o nome "verdadeiro" para impedir a manifestação do animal. Para os russos, que veneravam o urso e o usaram como símbolo nacional de poder e astúcia, ele é o *medvedi*, o "comedor de mel". As línguas germânicas, inclusive o inglês, usam variedades de *bruin*, "o marrom". No mundo todo, usa-se o eufemismo "avô". Os ursos a que esses nomes se referem são os marrons, ancestrais dos ursos-pardos norte-americanos. Assim como seus companheiros migrantes da Eurásia, os humanos, só agora eles estão chegando, aventurando-se por essa terra e encontrando os *Arctodus*.[21]

Do outro lado da Estepe do Mamute, as grandes populações de manadas de herbívoros, juntas, pintam o quadro de uma comunidade próspera. Existem certas regras fundamentais que todos os ecossistemas devem seguir. A energia, em geral proveniente da luz solar ou, mais raramente, da quebra de minerais, deve fluir para o ecossistema para substituir o que é perdido pela atividade e a decomposição. Os organismos que podem acessar essa energia são os produtores, e os que não podem são os consumidores, alimentando-se de outros seres vivos para sobreviver. Quanto mais energia os produtores gerarem, mais consumidores poderão ser sustentados. A estepe da Beríngia é notavelmente produtiva. No inóspito extremo norte da Sibéria, cerca de dez toneladas de animais — mais ou menos o equivalente a cem caribus — são sustentados a cada quilômetro quadrado, muito mais do que os que conseguem sobreviver em lugares frios equivalentes nos dias atuais. O número de predadores em um ecossistema é sempre menor que o de produtores — no verão da Encosta Norte isso chega a extremos; aqui apenas 2% dos animais são carnívoros.[22]

Para o urso de cara achatada, a carcaça do mamute vem bem a propósito, pois a caça vem diminuindo nos últimos anos. O número de bisontes que chegaram à Encosta Norte começou a diminuir, e a população de cavalos também está declinando. O solo começa a amolecer, e a hegemonia da grama está quase no fim. Ao redor da piscina de degelo estão os primórdios da formação da turfa. Esse é um sinal preocupante para todas as criaturas que vivem neste mundo poeirento e varrido pelo vento. A maior parte da estepe gigantesca é como um pátio fechado, cercado de todos os lados por muralhas sólidas e ressecadas. Em toda a extensão norte, o oceano Ártico está congelado, com glaciares cobrindo a América do Norte, a Escandinávia e a Britânia. No flanco ocidental da estepe, o Atlântico está congelado, e no sul as muitas cadeias de montanhas dos Pirineus, avançando pelos Alpes e pelas montanhas Taurus e Zagros, e chegando ao Himalaia e ao planalto tibetano, formam uma muralha quase contínua. Essa barreira montanhosa abriga todo um continente das monções ao sul, com suas secas áridas de inverno e as chuvas de verão, com um sistema de ar de alta pressão sobre a Sibéria mantendo a aridez durante o ano todo. A Beríngia é o ponto fraco, o lugar onde o Pacífico pode lançar umidade no estreito raso e exposto. No passado, isso não era um problema; o gelo avança e recua ciclicamente, e a estepe aumentava e encolhia com ele em um equilíbrio estável. Mas depois de 100 mil anos de existência, dessa vez é diferente. É o começo de uma transformação, o começo do fim da Estepe do Mamute.*

À medida que as camadas de gelo derretem e o nível do mar sobe, passa a haver mais água disponível para evaporação, mais água que pode ser adicionada à paisagem. Agora, o clima variável às vezes produz verões mais quentes e úmidos que o normal, trazendo umidade para a Beríngia, junto com nuvens de verão e a decomposição do outono. A existência da Estepe do Mamute se baseava na aridez, no céu azul-claro e infinito. Quando os verões ficam quentes e úmidos, aumenta a probabilidade de a água não escoar, formando charcos locais, decompondo o material vegetal e produzindo turfa. O crescimento da turfa inicia uma cascata destrutiva para uma estepe. A areia se aglutina e as dunas trazidas pelo vento se transformam em encostas mais úmidas e estáveis. O solo umedece, acidifica e perde a fertilidade. A terra úmida fica mais fria e a geada vem à tona, empurrando o lençol freático para mais perto da superfície, subindo como nuvens, que soltam neve, isolam o solo da luz do sol e o tornam ainda mais frio. Frio gera frio e, à medida que os

---

\* A perda da Estepe do Mamute começou há cerca de 19 mil anos, mas acelerou 14.500 anos atrás, com um aquecimento repentino e úmido conhecido como Oscilação de Bølling-Allerød. O fenômeno está associado ao momento em que a Antártida começou a degelar.

fungos decompõem a vida vegetal mais lentamente, mais e mais turfa é produzida, e o círculo continua.[23]

Os charcos emergentes também se tornam barreiras à migração, atoleiros em que grandes herbívoros desavisados podem facilmente ficar presos e se afogar. Para os rebanhos migratórios de cavalos e caribus, a expansão da turfa significa um pesadelo para a movimentação, bem como perda de alimentos, uma transformação desenfreada de solo duro coberto de grama em um charco macio e implacável. As plantas que prosperam em turfeiras guardam zelosamente a pouca nutrição que conseguem absorver e desenvolvem espinhos defensivos, espetos e pelos. Em alguns lugares, árvores se alastram — plantas tolerantes à umidade como bétulas, amieiros e salgueiros. Conforme a Beríngia submerge, este é o destino da Estepe do Mamute.

Na Encosta Norte do Alasca nas condições atuais, a mudança de areia pura a um solo de turfa estável e de longo prazo leva apenas algumas centenas de anos. Da Irlanda à Rússia e ao Canadá, a antiga Estepe do Mamute desapareceu quase totalmente, substituída por um subsolo congelado e turfeiras. Os ecossistemas da estepe-tundra ainda subsistem em regiões isoladas da Sibéria, onde vestígios de criaturas menores, de pequenos mamíferos a caracóis, vivem em uma colcha de retalhos de hábitats definidos pelo nível de umidade. Hoje, a Encosta Norte do Alasca é uma mistura de juncos, musgos e arbustos anões lenhosos, uma planície semiárida, mas saturada de água. A chuva e a neve só chegam a cerca de 250 milímetros por ano, aproximadamente o mesmo que em San Diego, na Califórnia, mas a umidade permanece no solo, um lençol freático acima do gelo eterno do subsolo. No verão, o solo degela até cinquenta centímetros de profundidade, produzindo lagos transitórios e turfa macia, com uma forragem pouco promissora para cavalos ou mamutes. O Alasca atual, com sua vegetação mais esparsa e mais bem defendida e o solo alagado onde os cascos afundam, não permite mais a sobrevivência de cavalos selvagens. Pela primeira vez desde que surgiram na América do Norte, 55 milhões de anos antes, os cavalos serão extintos na região, só retornando com a chegada dos navios europeus, poucas centenas de anos antes dos dias atuais. A mudança do clima eliminou seu nicho espacial, como aconteceu com os mamutes e mastodontes e, no Alasca, até mesmo com os bisontes. Caribus e bois almiscarados, que habitavam as partes mais úmidas da Estepe do Mamute, estão entre as poucas espécies selvagens de grande porte que ainda vivem no Alasca atual.[24]

Os mamutes lanosos sobreviveram em uma pequena ilha da Beríngia chamada Wrangel, agora parte da Rússia, até cerca de 4.500 anos atrás. Contudo, a ilha é, e era, muito pequena para sustentar uma população viável por um longo período de tempo, e no fim os mamutes de Wrangel, a última família sobrevivente do mundo, estavam com sérios problemas genéticos. Depois de 6 mil anos de isolamento total em uma pequena comunidade que contava entre 270 e 820 indivíduos, tornaram-se excessivamente consanguíneos. Do DNA preservado no gelo russo, podemos ler um catálogo dos seus distúrbios genéticos. O sentido do olfato foi gravemente prejudicado, e a pelagem translúcida, brilhante como cetim, não conseguia mais protegê-los do frio. Tiveram problemas de desenvolvimento e no sistema urinário, e talvez também no sistema digestivo. Ao todo, identificamos 133 genes dos quais nenhum indivíduo na população tinha uma cópia funcional. Wrangel também era nessa época uma turfeira dominada por juncos; os mamutes não conseguiram sobreviver muito tempo fora da sua paisagem estépica.[25]

A Estepe do Mamute é uma visão fascinante de vida que se foi, atraindo a atenção como uma visão romântica plena de feras que sentimos quase poder entender. Solitários e fustigados pelo vento do Ártico, os mamutes são um símbolo universal de um passado perdido. De alguma forma, como nós humanos os conhecemos, os desenhamos e os caçamos, talvez até os reverenciamos, os mamutes continuam sendo um elo tangível com a história da Terra, mesmo tendo desaparecido para sempre. Na verdade, ainda existem árvores que brotaram de suas sementes quando os mamutes ainda andavam pela Terra. O passado extinto está mais próximo do que costumamos pensar, e com o declínio do Pleistoceno veio a ascensão das civilizações humanas. Os humanos podem ainda não ter chegado às Américas, mas em outras partes estão capturando os detalhes da vida do mundo do Pleistoceno. Enquanto os cavalos da Encosta Norte rangem os dentes ao vento, manchas de tinta estão sendo aplicadas no interior de uma caverna na França, preparada para esse propósito, para retratar os cavalos selvagens de Lascaux. Alguns milhares de anos depois, um humano usará um pedaço de galhada para fazer um lançador de dardos, um *atlatl*, decorando-o com as feições de um bisão da estepe lanudo e barbudo, que vira a cabeça e lambe com a língua esticada e curvada a mordida de algum inseto irritante no lombo. Quase todas as culturas dos humanos do Pleistoceno do norte desapareceram, mas há regiões do globo onde as sombras da época anterior ainda são lembradas, ainda são transmitidas. Em um abrigo rochoso no norte da Austrália chamado Nawarla Gabarnmang, a "rachadura na rocha", vemos pinturas de cangurus estilizados, crocodilos e cobras. A mais antiga foi criada, no mínimo, 13 mil anos atrás, e a prática da pintura persistiu até o século XX, um sítio que preserva as memórias culturais do povo Djauan por escalas de tempo dificilmente imagináveis. Quando a Estepe do Mamute finalmente chegou ao fim, quando os mamutes de Wrangel brilhavam nos penhascos das planícies inundadas da Beríngia, a Grande Pirâmide de Gizé e o povo do Norte Chico do Peru já existiam havia gerações, e as civilizações do Vale do Indo viviam havia séculos.[26]

Mais ou menos na época em que os últimos mamutes de Wrangel morreram, a cidade mesopotâmica de Uruk era governada por Gilgamesh, o rei sumério e protagonista da mais antiga história escrita, uma das mais antigas obras literárias do mundo. A história de Gilgamesh conta como a humanidade tenta escapar da natureza. Nela, o arrogante e poderoso Gilgamesh e seu selvagem amigo Enkidu prendem e matam Humbaba, o guardião da floresta de cedros dos deuses, para derrubar as árvores e fortalecer as muralhas de Uruk. Enkidu, a contraparte selvagem e indomável da urbanidade real e decente de Gilgamesh, adoece e morre, e Gilgamesh passa o resto da história procurando inutilmente a imortalidade, até perceber a impossibilidade do seu desejo.

Nada na natureza é para sempre, e o maior bioma do mundo do Pleistoceno será submerso na lama. Aglomerações de espécies no tempo e no espaço podem dar a ilusão de estabilidade, mas essas comunidades só podem durar enquanto persistirem as condições que ajudam a criá-las. Quando as condições de um bioma mudam, seja sua temperatura, acidez, sazonalidade ou o regime de chuvas, qualquer número das espécies constituintes pode perder sua base. Para algumas, isso significa migração, acompanhando o ambiente através da paisagem, como muitas plantas fizeram no final da última glaciação. Alguns ambientes, porém, não são deslocados, mas perdidos. Quando as mudanças acontecem muito rapidamente, ou passam de um ponto crítico, alterações descontroladas podem destruir até mesmo a paisagem mais difundida do planeta, e com ela as comunidades que sustenta. Isso não significa necessariamente um desastre total ou um flagelo ecológico, mas às vezes pode gerar novas combinações de criaturas e paisagens, novos mundos. A tundra dominada pelo musgo, ainda habitada pelo caribu e pela saiga, turfeiras ocupadas por salgueiros, por amieiros e ratos do campo, e as florestas de taiga de coníferas atmosféricas da Sibéria preencherão o vácuo. Para os cavalos errantes da Encosta Norte e para os leões das cavernas que os perseguem, a estepe pode parecer perene, mas quando observada por uma escala do tempo profundo, a permanência é uma ilusão. À medida que o gelo recua, basta uma gota de chuva para a terra sólida sob os cascos logo ceder. A aurora morre com um simples lampejo.[27]

CAPÍTULO 2

# ORIGENS

*Kanapoi, Quênia*
*Plioceno — 4 milhões de anos atrás*

*"Merewo tiombotim / Merewo mito ket / Mito mosop cherumbei / Merewoni mi mosop / Kayekei Katanyon"*
"Turaco, fera da floresta / Turaco na árvore / Que é a cachoeira do planalto / Turaco nas terras altas / A aurora está chegando à nossa casa"
— Canção tradicional maracuete (trad. J. K. Kassagam)[1]

*"Hû ojeka syryrýva tape / Che akỹ. Ajeity. Syryry."*
"Preto e fluindo na estrada fragmentos diante de mim. / Molhado eu mergulho, tudo fluindo diante de mim."
— Miguelángel Meza, "Ko'ẽ" / "Aurora" (trad. Tracy K. Lewis)

Os andorinhões chegam seguidos por trovões. Aves de inverno aparecem, ruidosamente e em grande número, perseguindo os enxames de insetos surgidos no momento em que a estação chuvosa começa, depois de mais de quatro meses sem chuva. A chegada das aves migratórias marca o retorno da fertilidade e da vida, a continuação de um padrão sazonal que persistirá por milhões de anos vindouros. O ritmo aliviante e o interminável ciclo de chuva e seca, de seca e chuva. Até os dias de hoje, pessoas de lugares tão distantes como a África do Sul e o País de Gales vão relacionar o voo dos andorinhões com a chegada da chuva. Agora, os pássaros voam pelo ar montanhoso das terras altas da África Oriental que um dia farão parte do Quênia e da Etiópia. A ascensão dessas terras altas, juntamente com a do planalto tibetano a milhares

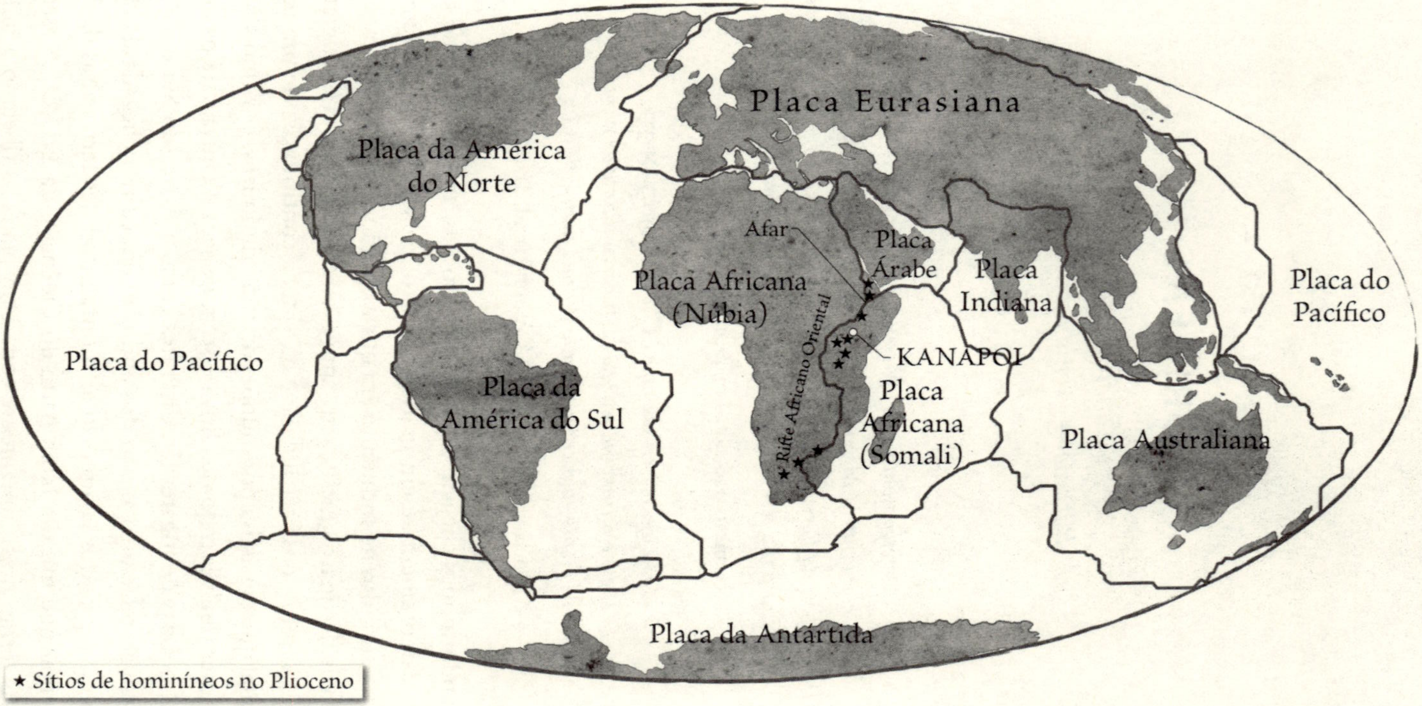
Placa Eurasiana
Placa da América do Norte
Placa do Pacífico
Afar
Placa Árabe
Placa Africana (Núbia)
Placa Indiana
Placa do Pacífico
Rifte Africano Oriental
KANAPOI
Placa da América do Sul
Placa Africana (Somali)
Placa Australiana
Placa da Antártida
★ Sítios de hominíneos no Plioceno

*Sivatherium hendeyi*

de quilômetros de distância, desviou os ventos que outrora regavam o noroeste da África, mudando os ciclos de chuva em toda a região e iniciando a lenta transformação do Saara e do Sahel em deserto.²

O grande lago Lonyumun já basta como evidência de que aqui a chuva pode ser abundante. Visto de suas margens pedregosas, poderia muito bem ser um oceano; cumes distantes de montanhas enevoadas de azul podem ser vistos em dias sem nuvens, mergulhando os pés no horizonte. Os limites do lago só se enxergam do ar, com a forma desse vale inundado aparente. Ao descerem com guinchos cortantes, os andorinhões têm no losango azul-esverdeado o primeiro vislumbre do seu destino. O lago Lonyumun é grande e raso, com mais de trezentos quilômetros de norte a sul e cerca de cem quilômetros de largura. Preenche uma imensa rachadura no continente, a Grande Fenda da África Oriental. Colunas ascendentes de magma particularmente quente no manto da Terra abaixo chegam à crosta e se espalham como vapor atingindo o teto. O arrasto dessas correntes magmáticas está separando a África, de forma lenta porém inexorável. A placa somali, abrangendo toda a costa leste africana, está se separando da placa núbia, que mantém a maior parte do resto da África. Mais ao norte, em Afar, na Etiópia, a placa da Arábia também está se dividindo, uma junção tríplice que deixa uma depressão profunda. A linha serrilhada que desce de Afar um dia se abrirá inteiramente, anunciando o nascimento de um novo oceano onde a fenda existe.[3]

Agora, a terra fraturada se enche de água da chuva, formando uma série de lagos nas fendas que mudam com as flutuações climáticas. Nos dias atuais, a área do lago Lonyumun vai abrigar outro lago, o Turkana, do qual nenhuma água flui. O lago Turkana é um corpo de água alcalino e salgado, cercado por vulcões, como essa região tem sido há milhões de anos. Sua superfície de algas verde-jade é quase sempre fustigada pelos fortes ventos do deserto. O Quênia do Plioceno é mais úmido, e o lago Lonyumun é mais largo, transbordando das terras altas em direção ao oceano Índico. É alimentado por rios que erodem uma base de rochas laminadas argilosas, conjuntos densos de conchas de moluscos e espessos bancos de areia solidificados, precursores de rios que ainda existirão nos dias de hoje — o Omo, o Turkwel e o grande e sereno Kerio. As montanhas vulcânicas do Plioceno estão agora sendo erodidas, soterradas sob esse sistema fluvial rico em oxigênio.[4]

É nesse mundo dinâmico, de continentes divergentes e trovoadas sazonais, que surgirão os primeiros humanos. No futuro distante, haverá aqui espécies de *Homo*, como o jovem *Homo ergaster* conhecido como o Menino do Turkana, e o "*Homo rudolfensis*",\* embora possivelmente eles sejam apenas variações do *Homo erectus*. Mas no Plioceno, entre as acácias de Kanapoi, onde o Kerio deságua no lago Lonyumun, vive o *Australopithecus anamensis*, o "símio do sul do lago", talvez o hominíneo\*\* mais antigo de todos.[5]

Entre as galerias de acácias resguardadas por espinhos, o fluxo do rio é volumoso e enlameado. Voando rasante sobre a superfície do lago,

---

\* O lago Turkana era conhecido durante a era colonial do Quênia como lago Rudolf, nome dado pelos primeiros europeus a chegar ao local. O nome "Turkana" refere-se a uma das culturas predominantes da região; o povo Turkana chama o lago de Anam Ka'alakol.

\*\* O entendimento da filogenia dos primatas avançou, e o correto atualmente é usar hominíneo (de *Homininae*) em vez de hominídeo. [N.R.]

os andorinhões caçam moscas e mosquitos, tomando água e desafiando qualquer coisa a voar tão livre e veloz. Circulam descuidadamente no ar sem árvores acima da água, que corre lenta em direção ao lago Lonyumun. É o mais próximo que as espécies migratórias chegarão de pousar aqui. Os andorinhões estão tão em casa durante o voo que podem continuar voando por dez meses sem pousar, alimentando-se, acasalando e descansando uma metade do cérebro de cada vez, até dormindo enquanto planam. Eles voam a mais de cem quilômetros por hora e estão entre os mais velozes em voo nivelado, superados apenas pelos morcegos de cauda livre. Suas pernas e pés são minúsculos — reduzidos a garras muito úteis em escarpas, árvores e penhascos, mas que não funcionam em terreno plano. Muitas espécies de andorinhões só pousam para criar seus filhotes — e só porque botar ovos no ar não é uma boa receita de sucesso evolutivo. Mesmo assim, seus ninhos são conjurados do nada, feitos de detritos que colhem em voo. Quando não estão se reproduzindo, voam em círculos longe do solo, mergulham com bicos escancarados em busca de moscas, como os sapos, executando manobras aéreas, surgindo e sumindo de vista. Os rigores da paternidade são uma ocupação de verão, na sua passagem pela Europa, não aqui em Kanapoi, onde só vivem para guinchar ao vento.[6]

A chuva tira outras criaturas dos seus esconderijos. Em um lampejo brilhante, um martim-pescador rompe a superfície do rio, enfunando as asas de penas prateadas. Voltando do mergulho com um peixe no bico, bate as asas rio abaixo em busca de um lugar para pousar. Sapos de nariz de pá, coisinhas gorduchas, com dorsos encaroçados e cor de musgo, juntam-se para acasalar, o macho subindo nas costas da fêmea enquanto ela escava o solo longe do rio. Com os ovos postos e fertilizados, os machos vão embora e as fêmeas continuam a escavar, em direção ao lençol freático, levando seus girinos. À medida que o rio sobe com a chuva, a água vai encher o buraco de baixo para cima, dando aos girinos uma piscina segura e privada para crescer. Ratos correm pela grama verde, cautelosos com a tocaia de pequenos carnívoros — mangustos-anões, genetas de listras pretas e o mais antigo *Felis*, o ancestral selvagem do gato doméstico.[7]

As lontras rasteiras deslizam pela água e a chuva se intensifica, como se nunca fosse parar. Os respingos formam uma névoa baixa no lago Lonyumun. A lontra-touro *Torolutra*, grande como uma lontra marinha e caçadora de peixes — bagres e outros —, se sente muito à vontade na corrente ondulante. Onde quer que se encontre a *Torolutra*, lá estão também suas primas maiores — as lontras-urso. Com sua cauda musculosa e achatada, uma *Enhydriodon* nadando no rio parece um tronco flutuante coberto de musgo, até se enrolar em um arco reluzente e mergulhar. Procurando por animais de casca dura — moluscos, caranguejos e similares —, existem duas espécies de lontra-urso em Kanapoi. Ambas têm dentes arredondados em forma de pilões e os usam para esmagar suas presas. Acredita-se que as duas espécies só consigam coexistir dividindo suas presas pelo tamanho — a menor das lontras-urso indo atrás de criaturas mais novas e espécies menores de mariscos. A maior, a *E. dikikae*, tem as dimensões de um leão contemporâneo — dois metros do bigode à cauda e cerca de duzentos quilos de peso. Embaixo d'água, meio enterrados em sedimentos, ficam mexilhões redondos de água doce, os *Coelatura*, e a grande lontra procura por eles. Os mais novos são pequenos para a lontra, mas o *Coelatura* adulto chega a seis centímetros de comprimento — uma refeição nutritiva, mesmo que crocante. A *Enhydriodon* é menos exclusivamente aquática do que a maioria de suas parentes, passando algum tempo relaxando na margem, mas depende da presença de grandes massas de água para encontrar alimento. Sente-se igualmente à vontade no rio e nas águas mais abertas do próprio lago Lonyumun.[8]

O rio, o delta e o lago estão repletos de peixes, muitos deles se alimentando de mariscos. Intercaladas entre as camadas de argila que gradualmente se transformam em rocha sob o leito atual do rio encontramos grandes extensões de conchas de moluscos, suas partes duras petrificando lentamente à medida que seus descendentes crescem acima. No delta do rio, um em cada três peixes é um caracídeo comedor de moluscos, o *Sindacharax*, e no lago quase metade dos peixes são bagres *Clarotes*. Com todos os nutrientes submersos pela chuva sazonal, o tapete de moluscos no Lonyumun e no Kerio é o principal pilar sobre o qual repousa o ecossistema. O lago é raso; aqui não há peixes de águas profundas, e o fluxo do rio o torna bem misturado e aerado. A separação do Nilo fez o lago Lonyumun desenvolver suas próprias espécies endêmicas, embora essa separação tenha começado recentemente a desmoronar.[9]

O lago tornou-se um paraíso para as aves aquáticas. Competindo com a *Torolutra* por peixes, o pescoço sinuoso de um mergulhão-serpente desliza pela água, nadando desajeitadamente de volta à praia, com o resto do corpo submerso. As penas são ressecadas para reduzir a flutuabilidade e tornar a caça debaixo d'água mais eficiente, mas isso implica elas não serem impermeáveis. O pássaro se arrasta para a margem, uma ave aquática encharcada, e as penas precisam secar antes de conseguir voar até o poleiro. À medida que a chuva diminui e o solo fica pungente de alívio, seus companheiros já estão de pé ao longo da margem do rio, as asas abertas como bandeiras, vaporizando lentamente ao sol.[10]

Cegonhas de pescoço enrugado, versões maiores dos marabus encurvados com asas em forma de capa, surgem ao longo da margem ou sobrevoam em busca de comida. Mesmo nesses primeiros dias, as cegonhas-marabu já aparecem onde quer que os humanos vivam, desde o Plioceno da África Oriental até o Pleistoceno da ilha das Flores na Indonésia, chegando às cidades modernas do mundo todo. São descomplicadas na dieta, conhecidas por habitar aterros e lixões e comer carcaças, o que lhes rende o apelido de "coveiras", mas ajuda a eliminar doenças do ambiente. Com suas grandes dimensões e voo preguiçoso, as cegonhas inspiraram regularmente a atenção do folclore humano. Na religião eslava medieval, acreditava-se que as aves migratórias de inverno partiam para uma terra paradisíaca chamada Vyraj. Acreditava-se que as cegonhas brancas em particular levavam almas humanas para a vida após a morte e as traziam de volta para uma forma de reencarnação.[11]

Um segundo mergulho do martim-pescador quase não causa respingos na correnteza. Ele emerge mais uma vez, agora sem sucesso, e pousa nas costas de uma fera gigantesca. O pássaro azul-metálico olha para a água, aproveitando a nova plataforma de pesca, que parece totalmente despreocupada com seu novo associado. Com dois metros e meio até o ombro, posiciona-se cautelosamente nas águas rasas e lamacentas, alerta para a possível presença de gigantescos crocodilos com chifres. Os pelos curtos e crespos estão emaranhados pela chuva, com olhos escuros de cílios longos sombreados por duas protuberâncias bulbosas. Do topo da cabeça se projetam outras duas, curvando-se para fora e para trás, parecendo lascas de lua crescente viradas para cima. Nem todos os girafídeos são esguios e têm pescoço comprido; a *Sivatherium* é encorpada como um boi. Embora seja uma espécie muito rara na comunidade de Kanapoi, seus parentes se espalham desde aqui na África Oriental até o sopé do Himalaia na Índia. São parentes corpulentos das girafas e dos ocapis, com os machos pesando bem mais de uma tonelada. A *Sivatherium* não tem o carisma desengonçado e desgracioso de uma girafa, mas compensa isso com o porte e a ostentação da cabeça.[12]

Todos os membros da família das girafas, incluindo os ocapis e a *Sivatherium*, têm nódulos ósseos no crânio chamados ossicones. Funcionam, de modo semelhante a chifres queratinizados ou galhadas, como armas ou para exibição, mas ao contrário de chifres ou galhadas são permanentemente cobertos por pelos e pele. Os ocapis machos têm dois, curtos e finos, quase como antenas, um acima de cada olho. Todas as girafas têm dois, também bem curtos e retos, espetados entre as orelhas, e alguns indivíduos, particularmente na África Oriental, têm também uma protuberância grossa no meio da testa, entre os olhos. A *Sivatherium* de Kanapoi tem dois pares de ossicones, acima do olho e entre as orelhas, e nenhum deles é pequeno.[13]

A *Sivatherium* levanta devagar uma perna do rio, perturbando o cochilo de uma lontra que desliza para a água, subitamente sem peso. Com as canelas cobertas de lama, a *Sivatherium* caminha para um terreno mais sólido, em direção à sombra, para observar. Ao redor das margens do Kerio, a chuva transformou a poeira em uma argila lustrosa, mas as encostas dos outeiros se mantêm mais secas pela areia bem drenada. Onde há argila, o solo é mais ou menos impermeável à água, fazendo as cavidades se transformarem em bacias lamacentas e, na chuva, os minerais argilosos se expandem, tornando as encostas menos estáveis. A terra ondula, o terreno mais alto é escassamente salpicado de árvores arbustivas e prados gramados, enquanto ravinas mais úmidas são ricas em plantas forrageiras não gramíneas. Em uma longa faixa, ladeando o rio, a água persiste o ano todo como um aquífero subterrâneo profundo, mesmo no auge da estação seca, então as árvores prosperam mandando raízes longas e verticais para as águas subterrâneas secretas. Altas, formam uma avenida serpenteante, revelando o curso do rio por quilômetros de extensão. Onde o Kerio desacelera e deságua no lago Lonyumun, o lençol freático fica mais perto da superfície e o dossel decresce; arbustos competem com árvores, dissolvendo-se em moitas intercaladas no solo úmido e arenoso, envolto em juncos.[14]

As variações locais na química, no aspecto e na drenagem do solo, criaram uma paisagem acolchoada, com trechos de árvores e arbustos mais altos interrompidos por gramados. Um ambiente variado suporta uma riqueza maior de espécies, e em Kanapoi há uma proporção muito maior de herbívoros generalistas do que será visto novamente na África Oriental. As plantas estão no meio de uma revolução industrial, e os herbívoros tentam alcançá-las.[15]

As plantas se alimentam usando a fotossíntese — utilizando a energia solar para converter dióxido de carbono e água em carboidratos. A água é extraída do solo, mas o dióxido de carbono tem de vir do ar, e por isso as folhas têm furos — estômatos —, por onde entra o gás. Enquanto os estômatos estiverem abertos, o dióxido de carbono pode entrar na folha, o processo continua e a energia pode ser capturada, mas isso tem um custo; estômatos abertos liberam água valiosa via evaporação, fazendo a planta murchar. Quanto mais quente o ambiente e mais escasso o abastecimento de água, maior será o problema. Mas é um problema que diversos grupos de plantas resolveram no Plioceno.[16]

Para transformar a luz em alimento são necessários vários passos, porém a chave é uma enzima extremamente ineficaz chamada RuBisCO. Onde a fotossíntese precisa ser o mais eficiente possível, como em lugares quentes e áridos, muitas espécies de plantas de todo o mundo concentram as várias substâncias químicas necessárias ao redor da RuBisCO, em células especiais aprofundadas na planta, longe do vazamento dos estômatos. Isso consome energia, mas pode tornar todo o processo seis vezes mais rápido, o que economiza água.[17]

Dez milhões de anos antes do presente, a proporção dessas plantas pelo mundo todo era inferior a 1%. Nos dias atuais, quase 50% da produtividade primária do mundo — o rendimento da conversão da energia solar em substâncias orgânicas pela fotossíntese — é realizada pelos cerca de sessenta grupos de plantas que descobriram de forma independente essa linha de montagem espacial de açúcar, conhecida no jargão científico como fotossíntese $C_4$. Essas plantas, incluindo muitas gramíneas cultivadas, como o milho, o sorgo e a cana-de-açúcar, e amarantos, como a quinoa, se disseminaram em resultado das mudanças nas condições atmosféricas — as concentrações mais baixas de dióxido de carbono atmosférico existentes no nosso tempo, num mundo com gelo polar, tornam mais atrativa a concentração da reação. Desde que as plantas $C_4$ se tornaram mais prevalentes, e por serem fontes mais pobres de nutrientes, os herbívoros tiveram de adaptar seu comportamento alimentar às mudanças da flora.[18]

O mosaico de vegetação seca e aberta, matagais e canais de rios arborizados em Kanapoi permite que diferentes espécies se especializem em diferentes tipos de plantas. A maioria das espécies herbívoras ainda precisa se adaptar totalmente à inovação recente do $C_4$. Várias espécies — muitas mais do que em qualquer ecossistema moderno — são tanto folívoras quanto granívoras, como a *Simatherium*, talvez o ancestral do búfalo africano, o *Makapania*, parente do boi almiscarado, e o *Damalacra*, parente primitivo do gnu e do bubalino. A *Sivatherium hendeyi* é um folívoro, que só come folhas de arbustos e árvores que crescem perto do lago e do rio, mas seus descendentes um dia também serão granívoros. As girafas de Kanapoi, uma espécie de tamanhos normal e pigmeu, mantêm o monopólio que seu pescoço comprido permite, chegando às copas das árvores, e são folívoras. Os impalas e os cavalos de três dedos pastam nos espaços abertos entre as árvores, ao lado de javalis errantes de meia tonelada, bandos agitados de filhotes de avestruz e enormes manadas de proboscídeos de tromba — parentes dos elefantes.[19]

Os proboscídeos são bem diversificados em Kanapoi. Lá vive o *Loxodonta adaurora*, intimamente relacionado com o elefante africano e quase indistinguível dele, e também o *Elephas ekorensis*, um primo dos elefantes e mamutes indianos. Entre as árvores, vemos o imponente *Anancus* de pernas curtas, com suas presas longas e retas em forma de empilhadeira que quase tocam o chão, e o improvável *Deinotherium*, cujas presas curtas se curvam para trás e são usadas para raspar a casca das árvores. A maioria é composta por folívoros, como os elefantes de hoje, mas o *Loxodonta adaurora* é um granívoro. O motivo pelo qual a espécie do *Loxodonta* mudou para uma dieta $C_4$ e depois voltou à antiga não está claro, mas pode ter sido decorrência do grande número de espécies de proboscídeos concorrentes. À medida que as árvores se rarefazem e a savana se abre em toda a sua extensão, o único elefante sobrevivente na África será o descendente das espécies que aprenderam a ser granívoras. Hoje, os elefantes africanos são engenheiros do ecossistema, verdadeiros silvicultores que controlam a densidade e a cobertura das árvores em toda a sua extensão, definindo o nicho ecológico em que seus vizinhos devem viver.[20]

Com girafas gigantes, o *Deinotherium* de dez toneladas, lontras e javalis enormes, Kanapoi está repleto de grandes herbívoros. Esse nível de diversidade só pode ser sustentado porque a área é muito rica em recursos alimentares; a área ao redor do lago Lonyumun produz novos materiais vegetais mais rapidamente do que qualquer outro sítio paleontológico africano dos últimos 10 milhões de anos.[21]

A poucos passos da margem leste do Kerio há um trecho baixo de árvores arbustivas. A sombra das acácias salpica o chão, enquanto acima correm caminhos de luz como rastros de caracóis, onde as copas não se tocam. O solo é seco e coberto por um prado de feno natural: tufos de capim-buffel com racemos caídos e fofos, cobertos de carrapichos farpados; sementes frágeis e delicadas brotando de folhas vibrantes; e as cerdas ásperas verticais da *Tetrapogon*. A estrutura de uma árvore morta tem uma marca interessante, um recôncavo mostrando o interior apodrecido, deixando o tecido externo enrijecido e um suave aroma de fungos. Lá dentro dorme uma família de morcegos-mastins noturnos. Quando a noite cai e os andorinhões sobem para dormir em altitudes maiores, esses morcegos assumem a perseguição implacável aos insetos voadores sobre o lago Lonyumun.[22]

O grito de alarme de um turaco cria comoção num bando de *Australopithecus*. Distraídos, mastigando folhas, os hominíneos ficam de pé e correm em busca de segurança, escalando cipós de uma acácia álbida de tronco largo — o *Australopithecus* é o primeiro hominíneo a andar e correr exclusivamente sobre duas pernas. Esgares hostis exibem seus enormes caninos enquanto eles se agarram aos galhos e se debruçam sobre a fonte de seu medo e raiva enquanto os andorinhões circulam acima em sua dança interminável. Algo os ameaça sob a grama — uma píton, para a qual um *Australopithecus* seria uma refeição de bom tamanho.

Apesar de eretos, os *Australopithecus* são bem diferentes dos humanos modernos. Os pelos do corpo ainda são longos, pois se acredita que a perda de pelos esteja associada à adaptação posterior dos humanos a corridas de longa distância. Os rostos ainda são muito simiescos, com mandíbulas prognatas e a testa recuada afunilando a cabeça, com sobrancelhas espessas e pescoço grosso. Os maiores não passam de cerca de 150 centímetros de altura, do tamanho de um chimpanzé, embora menos musculosos, e a diferença de tamanho é muito maior entre machos e fêmeas do que nos humanos modernos. Os pés ainda não são perfeitos para correr; os *Australopithecus* têm os pés convergentes, o que os ajuda a subir nas árvores em que dormem.[23]

Tendo perdido a iniciativa, a píton recua mais uma vez em direção ao rio, voltando ao tronco rachado e às raízes reforçadas de uma figueira quando a chuva recomeça. Os *Australopithecus* na árvore se acalmam, mas continuam nos galhos, assustados demais para voltar ao chão tão cedo. Seu alimento se compõe basicamente de matéria vegetal macia, sem nada muito duro, nada quebradiço e sem plantas gramíneas $C_4$.[24]

O *Australopithecus anamensis* é a primeira espécie a ser indiscutivelmente mais relacionada aos humanos que aos chimpanzés e bonobos. Há alguns candidatos mais antigos, mas há dúvidas sobre se eram mais próximos dos chimpanzés ou dos humanos e se divergiram da nossa linhagem antes dos chimpanzés. A vida do *Au. anamensis* em Kanapoi é o início da evolução de um grupo inicialmente diverso, do qual somos os últimos sobreviventes. A espécie a que pertence o famoso fóssil "Lucy", a *Au. afarensis*, é descendente direta dos homineos de Kanapoi que viveram cerca de 3,2 milhões de anos antes do presente.[25]

Na antiga Atenas, foi proposto um experimento mental sobre o Navio de Teseu, preservado para a posteridade como peça de museu. Como parte de sua preservação, madeiras em decomposição são substituídas de tempos em tempos, até afinal não restar nada do material original. Platão pergunta se a identidade do navio original é mantida pela peça preservada ou se, tendo sido inteiramente substituída, pode ser afinal pensada como o mesmo navio. Uma extensão desse experimento supõe que as madeiras removidas são tratadas, a podridão é tratada e o navio é posteriormente reconstruído com o material original. Qual dos navios é o mesmo que o original, ou ambos herdam a identidade do Navio de Teseu original?[26]

Desde as primeiras tentativas de classificar o mundo natural, os humanos têm sido rotulados separadamente do resto da vida, como algo à parte, especial. O problema com os rótulos taxonômicos é que, assim como as comunidades de organismos, não são constantes ao longo do tempo. Nos dias atuais, a diferença entre a humanidade e nossos parentes mais próximos, do gênero *Pan*, compreendendo chimpanzés e bonobos, é clara. Mas todas as espécies compartilham um ancestral comum, e cada linhagem é seu próprio Navio de Teseu.

Se observássemos a população de grandes símios que existia antes dos ancestrais dos chimpanzés e dos humanos seguirem caminhos separados, veríamos uma única espécie, e poderíamos dar um nome a essa espécie. Normalmente, quando uma nova espécie nasce, ela resulta de "brotamento" — uma população isolada de uma espécie mudando de forma relativamente acelerada, com as espécies ancestrais persistindo de todas as maneiras significativas em outros lugares. Neste caso, podemos continuar a usar o nome original para a população relativamente inalterada, mas, a partir da perspectiva das "novas" espécies, o número de gerações do conjunto de ancestrais em comum é difícil de distinguir. Só com o benefício da retrospectiva geológica podemos determinar que uma população em uma fatia do tempo passado deve ser considerada diferente. Em tempo real, uma espécie é uma pluralidade dinâmica, a soma de suas populações componentes e seus indivíduos entre os quais os genes fluem.[27]

Para os humanos, é difícil definir o ponto em que podemos nos sentir confiantes em reivindicar nossa "humanidade". O que, afinal, nos distingue dos outros animais? Não houve um momento em que a humanidade surgiu de repente — as populações que levaram ao *Pan* e as populações que levaram ao *Homo* não passaram por uma mudança repentina. A mistura de duas populações simplesmente se reduziu ao ponto em que nenhum gene fluía. Nós, como todas as outras espécies, somos a culminação de uma série de substituições parciais, as mortes e nascimentos de indivíduos numa população em constante mudança, com uma continuidade no tempo do passado para o futuro, conectando todos os seres vivos.

Falar dos primeiros humanos é como pregar uma placa de sinalização em um rio antigo dizendo "não há humanos além deste ponto", sem levar em conta o fluxo constante ao redor de sua base. Não há nada essencial na humanidade, nenhuma característica única que intrinsecamente fez com que uma criatura fosse humana onde seus pais não eram. Se fôssemos avançar, acelerar no tempo e seguir esses *Au. anamensis* à medida que as características médias comuns da população mudam para as dos *Au. afarensis*, a desimportância — ou ao menos a ambiguidade — dessa noção de espécie ao longo do eixo do tempo seria desnudada. Na dimensão temporal, as distinções entre as classificações de Lineu perdem o sentido. Por mais que você tente definir cada ponto antes da placa de sinalização como não humano, e cada ponto depois da placa como humano, o rio continua correndo adiante.[28]

Em vez disso, poderíamos usar marcos naturais — os locais onde os sistemas se dividem. Junto com as divisões do mundo, rachaduras e deltas de rios que nunca mais se encontram. Nas terras altas que se tornarão a Etiópia e o Quênia, um curso d'água se divide em torno de uma rocha que barra o caminho. Por acaso, a água que passa pela esquerda escorrerá pela face leste da montanha, desaguando no Lonyumun e afinal desembocando no oceano Índico. A água que passa pela direita segue para o oeste, tornando-se um afluente do Nilo, seguindo para o norte para desaguar no mar Mediterrâneo. Antes da rocha, toda a água está misturada; a seguir, os dois riachos se separarão para sempre. Pouco depois da rocha, não há nada intrinsecamente mediterrâneo na água, assim como não há nada intrinsecamente chimpanzé na primeira espécie na rota do *Pan*, e nada intrinsecamente humano na primeira espécie na rota do *Homo* moderno. Os primeiros parentes dos chimpanzés e os primeiros parentes dos humanos eram necessariamente mais semelhantes uns com os outros do que com chimpanzés ou humanos. Mas se formos estabelecer um ponto de identificação para o começo da humanidade, um marco dizendo "estes foram os primeiros", a divisão entre *Pan* e *Homo* faz tanto sentido quanto qualquer outra, e essa é abordagem usada pelos paleontólogos.

O *Australopithecus anamensis* está entre as primeiras criaturas que encontramos dentro desse rio de humanidade e que são mais intimamente relacionadas conosco do que com qualquer outra coisa existente nos dias atuais. Apesar de eretos, os *Australopithecus* são menores que os humanos modernos, com cerca de 130 a 150 centímetros de altura, mas ainda passam muito tempo nas árvores e mantêm as mandíbulas prognatas dos grandes primatas não humanos. Sem dúvida tão habilidosos quanto os chimpanzés com ferramentas simples como martelos de pedra e bigornas, antecedem as primeiras ferramentas de pederneira talhadas pelo homem em meio milhão de anos. Existem grandes diferenças de tamanho do corpo entre machos e fêmeas em seus grupos sociais mistos. À medida que mudam para *Au. afarensis*, seus caninos se reduzirão tanto no tamanho da raiz quanto na extremidade, o esmalte ficará mais espesso e as mandíbulas se tornarão mais largas. Não se sabe exatamente como os *Australopithecus* e os homininéos posteriores cresceram e evoluíram de forma a nos produzirem; o curso do rio ainda não foi totalmente mapeado, e vários caminhos vão secar e dar em nada, mas o *Homo sapiens* acabará aparecendo não muito longe das nascentes da Grande Fenda da África Oriental.[29]

O mesmo é verdade para muitas criaturas no berço de Kanapoi. Os elefantes africanos que podem ser encontrados nas planícies de Kanapoi, o *Loxodonta adaurora*, são parentes próximos dos elefantes africanos atuais, o *Loxodonta africana*, porém de uma linhagem que não chegou ao presente. Os impalas que pastam na relva são semelhantes aos impalas atuais, a ponto de serem designados pelo mesmo gênero, *Aepyceros*, e provavelmente seus ancestrais diretos. As girafas aqui são quase idênticas às girafas de hoje, um pouco menores e com testas mais lisas, mas com o mesmo galope e o inconfundível pescoço comprido e desajeitado.[30]

Por certo, muita coisa vai mudar nesse ínterim, e várias espécies serão perdidas. À medida que as criaturas se adaptam e evoluem, seus nichos ecológicos mudam, e algumas se sobrepõem e competem. Evidências circunstanciais levaram alguns a sugerir que as lontras-urso da África Oriental teriam sido extintas por causa dos homininéos.* A ideia é que, com o advento do gênero *Homo*, à medida que as ferramentas se tornam uma parte cada vez mais importante da ecologia dos homininéos, a dieta dos humanos deixará de ser aquela puramente herbívora dos *Australopithecus*. Este nicho cada vez mais carnívoro colocará os hominídeos em conflito com os outros carnívoros da África Oriental, incluindo as lontras-urso. As rochas registram um declínio no grande número e diversidade de carnívoros, que atinge o pico de intensidade 2 milhões de anos antes do presente, no momento em que as primeiras

---

* A ideia de esta ter sido a causa da extinção da lontra-urso é, deve-se dizer, controversa, em vista do pequeno volume do conjunto de dados. Como princípio ecológico geral, porém, a exclusão competitiva é um fenômeno real e tem sido associada à ascensão e à queda de outros grupos, como a perda das borofaginas (parentes hipercarnívoros dos cães) após a chegada de grandes felinos na América do Norte, cerca de 20 milhões de anos atrás.

espécies de *Homo* surgem na Grande Fenda. Os grandes carnívoros que sobreviverão até o presente são os especializados — grandes felinos, hienas e cães selvagens —, que atacam herbívoros grandes e perigosos. Os que serão perdidos — lontras, um urso, civetas gigantes — também se alimentam de plantas, moluscos, peixes, frutas — precisamente o nicho do qual acabaremos nos apossando. Se isso for verdade, as lontras-urso de Kanapoi estão destinadas talvez a se tornar a primeira espécie extinta por causa de homínineos.[31]

Amantes da natureza em geral veem o mundo como uma dicotomia entre um Éden natural e primordial e as paisagens urbanas dos tempos modernos. A humanidade é vista como uma força externa, algo à parte do ideal da "natureza", algo de que se deve fugir para vivenciar a vida selvagem, uma espécie de força destrutiva no mundo. Ter essa visão é negar a naturalidade da humanidade. Desde o nosso surgimento, temos defendido o nosso lado, explorando nosso próprio nicho ecológico, inclusive modificando hábitats, como engenheiros de ecossistemas, alterando o mundo em que nos encontramos para prover as nossas necessidades biológicas.

Em Kanapoi, vemos um dos primeiros mundos amplamente reconhecidos como o nosso. Os continentes estão quase em suas posições atuais, e o mundo está frio e coberto de gelo. A Terra do Plioceno se assemelha aos períodos interglaciais recentes, inclusive os tempos modernos. Kanapoi é um berço, mas não só da humanidade. Somos apenas uma das famílias que se beneficiaram da variabilidade ecológica da África Oriental, parte da primeira comunidade endêmica de mamíferos africanos, ao lado de carnívoros como hienas, ginetas, mangustos e gatos selvagens. Entre os mamíferos ungulados, zebras, gnus, elefantes, antílopes e girafas têm sua herança nas margens do lago Lonyumun em Kanapoi. Mesmo entre os primatas, Kanapoi não é apenas o lar de homínineos. Os primeiros babuínos, pequenos, de membros longos e parecidos com mangabeis também estão aqui. O lago torna Kanapoi um lugar singular, mesmo entre os sítios paleontológicos africanos contemporâneos; nenhum outro local apresenta tamanha diversidade de aves aquáticas e aéreas.

Das montanhas ocidentais, os rios trazem minerais que se depositam no leito de mexilhões do lago Lonyumun e fertilizam uma paisagem altamente produtiva. Apesar de benéfico, esse influxo acabará por destruir Kanapoi. À medida que mais e mais lodo se derrama e se deposita no fundo, o leito do lago sobe, asfixiando e secando a água. Ao todo, o lago vai durar apenas 100 mil anos. Mas o lago e seus habitantes têm um eco. Meio milhão de anos depois de ele ter secado, a brecha da África abrirá espaço para um novo lago, o Lokochot, onde o *Kenyanthropus*, talvez o primeiro hominíneo a usar ferramentas, fará sua casa. Também se encherá de lodo, mas a partir desses lodaçais surgirá o lago Lorenyang. Ao longo de suas margens, viverá o *Homo habilis*, a primeira espécie a compartilhar o nosso gênero. A vida útil dos lagos costuma ser curta, mas o Lorenyang continuará por quase meio milhão de anos. Eventualmente, 1,5 milhão de anos depois do Lorenyang ter se transformado em uma planície aluvial, o atual lago Turkana se desenvolverá a partir de cerca de 9 mil anos antes do presente, onde comunidades de *Homo sapiens* ainda vivem, desviando o curso do moderno Kerio para irrigar lavouras de gramíneas $C_4$: sorgo e milho.[32]

Os andorinhões ainda sobrevoam o vale do Kerio, e garças e cegonhas continuam andando nas margens do grande lago da brecha. A África Oriental ainda apresenta algumas das paisagens mais apropriadas para densas concentrações de grandes herbívoros do mundo, e de fato os herbívoros que vivem lá ainda são muito diversos. Essa diversidade regional mascara um problema maior. Existem locais igualmente adequados na Índia, no leste da Austrália e ao redor dos Grandes Lagos da América do Norte onde grandes herbívoros deveriam existir, mas não existem. Mesmo nas ricas paisagens do Quênia, a presença de grandes comunidades de herbívoros está seriamente ameaçada. Muitas das grandes feras do Plioceno passado já se foram há muito tempo — a *Sivatherium* e o urso-lontra, javalis gigantes e o tigre-dentes-de-sabre — e nenhuma característica intrínseca garante a sobrevivência contínua dos que ainda estão vivos no nosso presente. Mas até hoje, no Vale da Grande Fenda, há vislumbres de familiaridade com o que aconteceu antes, das condições em que emergimos lentamente como humanos. O planeta podia estar vivo muito antes de nós, mas Kanapoi é o primeiro mundo que a humanidade pode dizer que foi o seu lar.[33]

CAPÍTULO 3

# DILÚVIO

*Gargano, Itália*
*Mioceno — 5,33 milhões de anos atrás*

"*Nossa descrição começa onde o sol se põe e no estreito de Gades, onde o oceano Atlântico, irrompendo, se despeja em mares interiores.*"
— Plínio, o Velho, *História natural*

"*Ainda te amarei, minha querida, até todos os mares secarem.*"
— Robert Burns, *Uma rosa vermelha*

O ar tremeluz com a corrente termal ascendente, soprando o aroma doce de zimbro pela beira do penhasco. Ramos de cedro balançam suavemente como caudas de gado. O som do canto do grilo e o cheiro de sal na brisa permeiam a noite. À frente, não há nada além do céu. A planície abaixo, difícil de detalhar pela lente refratária de um quilômetro de calor, é marrom e branca, a paisagem árida cortada por rios abrindo lentamente o caminho em direção à próxima queda no abismo. Mais além, a extensão descampada boceja até o horizonte. Na outra direção, o sol poente cai em direção a uma cadeia indistinta de montanhas, quase imperceptíveis no limite da visão. As planícies e desfiladeiros não são nada comparados aos grandes recortes dos rios além desses ancestrais dos Apeninos. Lá, os vales profundos e íngremes do Ródano são muitas vezes mais profundos e mais largos do que será o Grand Canyon, que só agora começa a ser escavado pelo rio Colorado a um continente e um oceano de distância.[1]

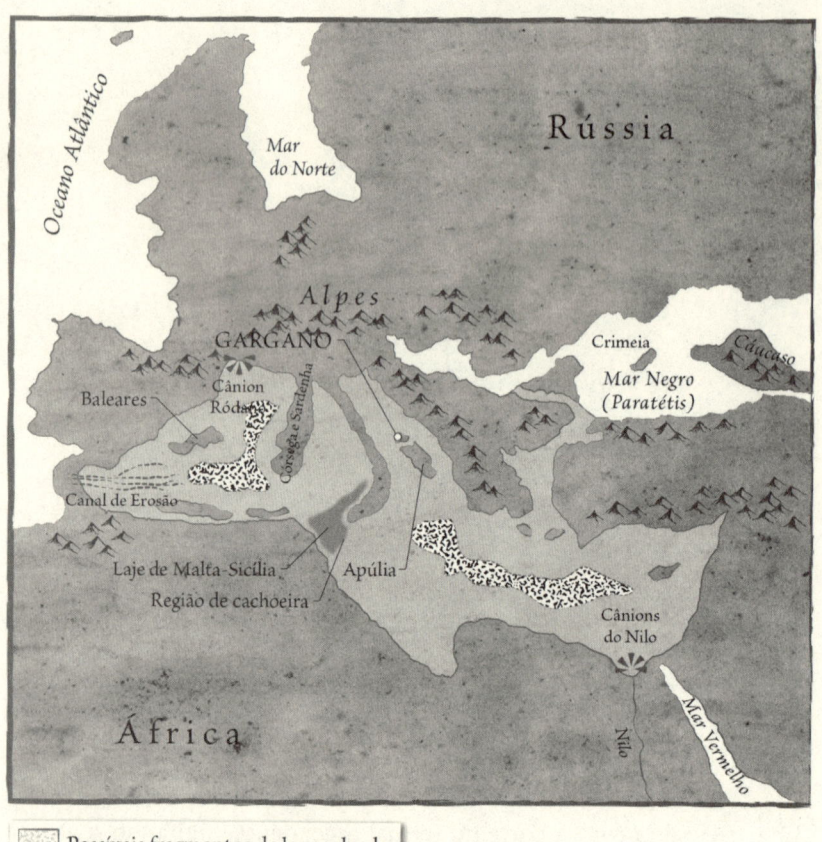

Possíveis fragmentos de lago salgado
Leito da bacia do Mediterrâneo

Olhando do maciço do Gargano no fim do Mioceno, mais de 5 milhões de anos antes dos dias atuais, é difícil aceitar a ideia de que, em pouco mais de um ano, essas rochas estarão sendo fustigadas por água salgada. Ainda mais difícil é visualizar essa montanha imponente, sozinha e orgulhosa, despachando embarcações para o ar intangível, com esse céu se tornando um centro de comércio e de guerra, repleto de gente, mercadorias, exércitos e ideias por milhares de anos. Essa falésia abrigará comunidades de pescadores, como um promontório calcário cercado pelo mar Mediterrâneo. Por enquanto, a bacia está drenada, uma terra salgada, seca e inóspita que desce quilômetros até as profundezas da Terra. Do Levante a Gibraltar, da costa norte da África aos Alpes, o Mediterrâneo secou.[2]

*Hoplitomeryx matthei*

Nem foi essa a primeira vez. Conforme a placa tectônica sob a África e a Arábia foi se movendo para o norte, o oceano Tétis foi cada vez mais se estreitando, reduzido a um pequeno mar fechado entre a Afro-Arábia, a Ásia e a Europa — o Mediterrâneo. A única ligação entre esse mar e o resto dos oceanos do mundo é uma lacuna estreita onde estarão a Espanha e o Marrocos — o estreito de Gibraltar. Ao longo dos últimos milhões de anos, a movimentação das placas da Terra fechou periodicamente a lacuna, com drásticos impactos ao meio ambiente.[3]

Ao sul e ao leste, altas temperaturas e pouca água parada significam que a chuva é escassa, e o pouco que chove tem a mesma probabilidade de evaporar logo ou de alcançar um rio. A imagem ao norte é mais promissora, mas só um pouco. A posição das cadeias montanhosas da Europa — Sierra Nevada, os Alpes e os Alpes Dináricos — significa que há muito mais terras ao norte. A faixa entre o mar e as montanhas é estreita, uma bacia que deixa pouca chuva desaguar no Mediterrâneo. Alguns dos grandes rios da África e da Europa conseguem desaguar no Mediterrâneo, mas há poucos de bom tamanho. De todos os rios que chegam ao Mediterrâneo, destacam-se apenas o Nilo, o Pó e o Ródano, que combinados desaguam 600 mil metros cúbicos de água por minuto — aproximadamente sete vezes o volume do Royal Albert Hall de

Londres. A quantidade total de água doce adicionada ao Mediterrâneo de uma forma ou de outra é de mais ou menos 600 quilômetros cúbicos por ano, ou oitenta lagos Ness. Pode parecer muito, mas o clima quente evapora a água do mar a um ritmo mais rápido, superando o influxo com a evaporação de 4.700 quilômetros cúbicos por ano. O Bósforo — aquela passagem estreita que liga o Mediterrâneo ao mar Negro — ainda não existe; uma ponta de terreno mais alto separa o Mediterrâneo do pequeno mar de Paratethys, que se estende da Romênia à Ásia Central. O desequilíbrio no fluxo de água só pode ser corrigido por uma corrente constante e compulsiva do Atlântico através do estreito de Gibraltar. Quando essa passagem se fecha, como aconteceu intermitentemente nos últimos 700 mil anos do Mioceno, o mar praticamente esvanece em meros mil anos. Só o que resta é um pequeno lago no Mediterrâneo oriental, alimentado por um sistema fluvial chegando da Turquia e da Síria.[4]

O grande volume de água removido do Mediterrâneo faz o nível do mar subir no mundo todo. Ilhas tornam-se montanhas à medida que os rios fluem inutilmente para lagos salgados em constante evaporação, nas profundezas de um vale em locais quatro quilômetros abaixo do nível do mar. É a região mais profunda do mundo. No fundo do abismo, o peso cada vez maior da atmosfera exerce uma grande pressão, enquanto os ventos descem pelos penhascos. Quando um bolsão de ar se move para baixo, a pressão do ar aumenta. A exemplo do ar dentro de um motor de combustão, o aumento da pressão faz a massa de ar compactar e aquecer. Para cada quilômetro que o vento desce, sua temperatura aumenta cerca de 10°C. É um período frio na história da Terra, mas ainda assim, em um dia quente, as temperaturas máximas do ar do verão a quatro quilômetros na base da planície podem chegar a infernais 80°C — cerca de 25°C mais quente que a temperatura mais alta já registrada nos tempos modernos no Vale da Morte, na Califórnia. O próprio leito da bacia do Mediterrâneo é agora feito de sal, depositado em locais com mais de três quilômetros de profundidade — um volume total de mais de 1 milhão de quilômetros cúbicos de gipsita brilhante e cloreto de sódio. Nada além de extremófilos — micro-organismos que sobrevivem onde ninguém mais consegue — habitam o leito desse vale mediterrâneo.[5]

Para os humanos, as águas do Mediterrâneo são um meio de comunicação, reunindo culturas da Europa, da Ásia e da África, ligando cidades e civilizações com transportes mais rápidos que por terra. Para animais que vivem em terra, contudo, o mar funciona como uma barreira. Não um obstáculo totalmente intransponível, mas a água desacelera a migração e isola comunidades, muito mais que grandes barreiras de terra como os desertos. À medida que o mar recuou, frágeis ecossistemas insulares ficaram expostos uns aos outros através de terras relativamente altas que existiam entre os picos dessas planícies. As Baleares — Maiorca, Menorca, Ibiza e Formentera — são ligadas por uma planície de cerca de um quilômetro que se estende até a Espanha continental, e ao norte até a França e a rede do vale do Ródano. A Sardenha e a Córsega são igualmente ligadas ao norte da Itália, enquanto Malta e Sicília se assentam numa alta saliência que sobe pelos Apeninos, ligando a África e a Europa. Os arquipélagos de ilhas helênicas de Creta a Rodes ainda não chegaram à sua altura atual, enquanto Chipre é um platô vulcânico em glorioso isolamento.[6]

Aqui, no Gargano, o antigo maciço de calcário se destaca da cordilheira italiana, uma solitária torre de carbonato que vigia o céu do Adriático. Até recentemente também era uma ilha, separada do resto da Europa. Tendo evoluído de forma isolada, agora é uma terra de anões e gigantes, uma paisagem singular em risco de desaparecer para sempre. Foi uma ilha durante a maior parte dos últimos milhões de anos, ligada apenas transitoriamente à vizinha Scontrone, até o Mediterrâneo retroceder e a passagem se abrir para o continente. De início fértil e exuberante, a falta de grandes corpos de água limita a evaporação que precipita em forma de chuva, e a região vem se tornando cada vez mais árida. Não há lagos, nem água parada, embora os riachos ainda fluam nas estações certas. Os cedros projetam asas de sombra nas encostas rochosas, enquanto infelizes touceiras de cicuta das montanhas ainda se mantêm nos vales mais fundos. A redução das chuvas não tem sido boa para algumas coníferas, e afloramentos mais secos só abrigam bosques de pistache, buxo, alfarrobeiras esquálidas e oliveiras retorcidas, os frutos da seca.[7]

Em meio à vegetação, cabeças branco-acinzentadas sobem e caem com um ritmo ondulante, um bando de uma dezena de gansos enormes, adultos brancos e filhotes escuros recém-saídos da infância. O maior tem duas vezes o peso de um cisne branco, e todos forrageiam com o propósito obstinado do outono. Gansos e patos são glutões notórios e vorazes, com uma tendência instintiva a comerem até encher o papo, uma característica que será explorada por fazendeiros franceses nos milênios futuros, mas que serve a um propósito na natureza. A necessidade de migrar grandes distâncias exige um bocado de energia, e por isso os gansos se empanturram, preparando-se para sua longa jornada. Esses gansos, contudo, não vão a lugar nenhum. Suas enormes dimensões e asas proporcionalmente pequenas indicam que, como muitos pássaros ilhéus, não são alados, ainda que o instinto ancestral de se empanturrar ainda persiste. O inverno está chegando; os gansos estão engordando.[8]

Gargano parece ter sido colonizado por sobre a água, com animais ancestralmente pequenos — camundongos e arganazes, por exemplo — trazidos por pedaços de plantas flutuantes e pássaros que voam. Esse tipo de colonização geralmente ocorre por acaso, mostrando o continente com a aleatoriedade de um sorteio. Outras ilhas, como as Baleares, foram colonizadas por terra, durante curtos períodos de seca, com uma grande probabilidade de animais maiores terem chegado antes de a comunidade ficar isolada de novo quando a água subiu. Comunidades insulares são subamostras de comunidades continentais, muitas vezes desequilibradas e distintas. As pressões da cadeia alimentar podem acentuar ainda mais esse desequilíbrio. Pequenas populações de presas significam que os carnívoros não podem se sustentar facilmente, por isso quase não há mamíferos carnívoros em Gargano. Nada de felinos, doninhas, cachorros, ursos ou hienas. Uma pequena população de lontras viveu aqui algumas centenas de anos atrás, quando as marés ainda subiam na costa de calcário. Talvez ainda estejam aqui em algum lugar, provavelmente sobrevivendo em algum recôndito escuro e úmido da montanha.[9]

Na ausência desses mamíferos, os pássaros assumem o papel dos grandes predadores e herbívoros — numa paisagem afinal dominada pelos dinossauros. Muitos desses pássaros são visitantes vindos de outras partes, componentes efêmeros da paisagem, como pombos e andorinhões, mas a ilha criou suas próprias aves nativas. Os maiores herbívoros da ilha são os gansos de asas curtas — *Garganornis*, o "pássaro de Gargano". Duas aves se confrontam — próximas demais, talvez, ao se alimentarem, e se empinam. Asas abertas como judocas, um grasnado de barítono, uma tentando bicar as asas da outra para evitar ser golpeada.

Tudo termina quase tão logo quanto começa — o ganso menor reconhece uma causa perdida. Outro ganso, cabisbaixo à margem do grupo, tem uma asa capenga. O *Garganornis*, como todos os patos, gansos e cisnes, não precisa de muito para um confronto, e um golpe bem colocado de suas asas pode fraturar um osso. As asas podem ser inúteis para voar, mas as juntas do *Garganornis* têm protuberâncias ósseas sob a plumagem, uma maça enfeitada com penas. Os gansos as usam para competir uns com os outros se um dos lados não recua.[10]

Um silvo distante indica a presença de um predador raptorial. No céu branco e sem nuvens — quase não chove mais no verão desde que o mar recuou —, asas curtas e curvas como as dos urubus se destacam em pleno voo. O planador térmico as move preguiçosamente, seu chamado é distintivamente melancólico. Essa sombra pertence ao maior de todos os dinossauros predadores aqui — o *Garganoaetus freudenthali*, ou a águia de Gargano de Freudenthal. Verdadeiras parentes dos urubus e de outros animais semelhantes, há duas espécies de "águia" endêmicas nessa ilha, e a de Freudenthal é gigantesca — maior que uma águia dourada. Está entre os maiores raptoriais que já existiram, embora não chegue ao tamanho da poiakai [águia-de-haast] da Nova Zelândia, a caçadora de moas do Pleistoceno, com três metros de envergadura, uma águia tão aterrorizante que persiste no folclore maori muito depois de sua extinção. Os gansos não se preocupam com o predador. Eles são muito grandes, muito fortes. O olho da águia está fixo em outra coisa.[11]

Galhos se abrem com um estalido, e um focinho irregular surge do arbusto. Uma criaturinha parecida com um cervo, com metade da altura de um humano adulto, se debruça no rio para tomar água entre os juncos. A cabeça não combina bem com a imagem retraída, adornada como é por uma série de chifres em forma de coroa. São cinco ao todo, dois longos entre as orelhas, um curto e projetando-se lateralmente acima de cada sobrancelha e um chifre longo e imponente entre os olhos. O animal ergue a cabeça majestosamente, e do marrom-ferrugem da sua mandíbula, gotejando ao sol da tarde, brilham caninos brancos em forma de adagas. Como muitos de seus contemporâneos, o *Hoplitomeryx*, o "cervo armado", é um dentes-de-sabre. Esses dentes não são para caçar. Como os cervos almiscarados modernos ou os cervos aquáticos chineses, que também têm dentes de sabre, eles servem basicamente para lutar entre si.

Com a época do cio se aproximando, esse macho vai precisar de dentes de sabre e chifres em ótimas condições para encontrar uma parceira.[12]

O que eles têm são chifres, não galhadas, embora a origem dos chifres, das galhadas e de ossicones dos girafídeos provavelmente pertença a um único evento evolutivo. No final do Mioceno, galhadas — ossos externos especializados que caem e se regeneram a cada ano — são uma inovação recente. Chegados da Ásia através das pastagens verdejantes da Europa Oriental, os cervos de galhadas estão experimentando, mudando de um simples único galho pontudo ou forquilha funcionais para desenhos cada vez mais ornamentais. Desenvolver novos ossos a cada ano requer enormes quantidades de cálcio. A demanda é tão intensa que os atuais cervos vermelhos nas Hébridas são conhecidos por esperar ao lado de tocas de cagarras na primavera, comendo os filhotes que saem da terra pela primeira vez para assimilar o cálcio dos seus ossos, enquanto os cervos de cauda branca na América do Norte são notórios predadores de uma variedade de pequenos pássaros canoros.[13] Chifres custam caro.*

Os chifres do *Hoplitomeryx* são mais como os do carneiro ou do boi, um cerne ósseo recoberto por uma permanente camada de queratina. O arranjo de cinco chifres do *Hoplitomeryx* é exclusivo, mas como chifres são características sexualmente selecionadas, além de servirem como armas, encontramos outras estruturas de chifres bizarras no mundo. Machos de um grupo de animais semelhantes aos cervos do Mioceno da América do Norte, como os *Synthetoceras*, têm um só chifre muito comprido, equilibrado na ponta do focinho e dividido na ponta como um garfo de churrasqueira.[14]

O cervo-dentes-de-sabre de Gargano em geral pasta sozinho, sob a cobertura das coníferas, sua dieta de folhas macias e ramos. A águia de Gargano circulando acima é um de seus principais predadores. Os chifres na cabeça não são só para ser mostrados; eles protegem os lugares que predadores raptoriais como as águias costumam atacar; dois acima dos olhos, dois sobre o pescoço e um no osso nasal. A maioria das mortes de *Hoplitomeryx* pelas *Garganoaetus* acontecerá depois da próxima

---

* Mas também têm seus benefícios; as galhadas crescem por um mecanismo muito semelhante ao câncer, porém como conseguem controlar esse crescimento, os cervos são muito resistentes a cânceres, com uma taxa 20% menor de câncer em relação a outros mamíferos.

estação de acasalamento, quando os cervos se reúnem em pequenas manadas e se aventuram por espaços abertos, que estão se tornando mais comuns com as secas na ilha. Só os filhotes são vitimados; mesmo o menor *Hoplitomeryx* adulto pesa dez quilos, uma pesada carga até para uma ave com dois metros de envergadura.[15]

Mesmo sem a ameaça da águia, a cobertura da vegetação é atraente no calor restante do dia. A elevação de calcário mesozoico que forma o promontório de Gargano tem sido chuvosa há milhões de anos, com a água dissolvendo lentamente a rocha, erodindo-a em sistemas de cavernas, com a água absorvendo a terra, infiltrando-se, revestindo as paredes com camadas de carbonato de cálcio macio e prateado e formando as colunas de estalagmites, cortinas encrespadas e fissuras na terra. Úmido e fresco ao toque, é um refúgio para todos e se tornará seu túmulo. Paisagens como essa — sistemas cársticos — são formadas pacientemente, com pequenas rachaduras superficiais aumentando, fraturando, abrindo cavernas e engolindo cursos d'água. Esses rios e córregos subterrâneos arrastam restos de animais junto com seixos e fragmentos do ambiente, que costumam ficar presos em fissuras, cobertos por um fino pó de calcário, infundidos, transformados e preservados.[16]

O promontório de Gargano, apesar de estar há milhões de anos acima da linha de água, é em si feito de mar. A cal deslumbrante já foi parte da plataforma continental de uma massa de terra totalmente perdida, a Grande Adria. Geologicamente parte da África até se separar, cerca de 200 milhões de anos antes do presente, a Grande Adria atravessou o estreito oceano e se incorporou ao sul da Europa. O que é agora Gargano, e mais abrangentemente Puglia, Calábria, Sicília e além, já foi a margem de águas profundas de um continente do tamanho da Groenlândia. Presa e deslocada entre a mesma colisão de longo prazo que está aproximando a África e a Europa e que secou o Mediterrâneo, a placa que já foi a Grande Adria agora está quase toda soterrada, em alguns lugares amalgamada à crosta mais de mil quilômetros abaixo dos Alpes. Nos dias atuais, restam apenas fragmentos, espraiados da Espanha ao Irã, a plataforma costeira de um continente perdido. Incrustados nas paredes dessa caverna, e nas milhares de cavernas semelhantes a ela ao longo das orlas da Europa, estão os últimos remanescentes de Adria, conchas calcíticas fossilizadas de caracóis e amêijoas, preservadas em uma matriz de alabastro de conchas microscópicas de organismos planctônicos.[17]

Um pássaro canoro de máscara negra começa a cantar lá fora sua melodia melíflua do crepúsculo, na sombra cerosa de um loureiro. A caverna é fresca e o ar está cheio do almíscar úmido das estalactites. No chão, um regurgito da coruja gigante *Tyto gigantea*, com ossos do arganaz gigante local, camundongos enormes e da pika imperial, uma versão gigantesca dos parentes modernos e diminutos de coelhos e lebres que vivem nas montanhas. Tudo no Gargano é do tamanho errado. A coruja-das-torres gigante, cujos parentes esbeltos do continente têm cerca de trinta centímetros de altura do bico aos pés, tem um metro de comprimento, do tamanho de uma coruja-real. As pikas são muito maiores do que seus parentes próximos do continente, enquanto os camundongos, a espécie dominante aqui em termos de número, pesam entre um e dois quilos. Entre os maiores encontram-se também os gansos gigantes e os urubus. Alguns desses animais não são gigantes, mas anões, como o cervo-dentes-de-sabre e uma população agora encalhada de pequenos crocodilos, recém-chegados a nado da África e presos num ambiente inadequado, com pouca água.[18]

O nanismo insular, primeira metade da regra geral de que os animais insulares tendem a um tamanho médio, foi notado pela primeira vez em um sítio paleontológico do Cretáceo em Haţeg, na Romênia. Na época em que o calcário das cavernas de Gargano estava sendo depositado sob os mares europeus, Haţeg era uma grande ilha e abrigava dinossauros anões. Acreditava-se que seu tamanho menor vinha dos recursos mais escassos das ilhas, onde criaturas enormes seriam incapazes de sobreviver com os nutrientes limitados disponíveis. Isso não se limita a criaturas grandes como os dinossauros. Com o tempo, na ausência de predadores comuns, muitos animais grandes cujo tamanho ofereceria proteção contra predadores — como cervos e, em outras ilhas, hipopótamos e elefantes — ficam menores à medida que o alimento fica mais escasso. Animais pequenos, que não conseguem armazenar energia ou água com tanta facilidade, tornam-se maiores, ajudando na sobrevivência da população em períodos de escassez de recursos. O padrão se repetiu em todas as ilhas do mundo, nas ilhas miocênicas do Mediterrâneo e ao longo da história evolutiva, ainda que, como em todas as regras biológicas, haja exceções. No Mioceno, gigantes habitam ilhas pelo mundo todo; papagaios não alados com um metro de altura vivem na Nova Zelândia, e a ave-elefante de três metros de altura, cujos parentes vivos mais próximos são os diminutos kiwis, vagam por Madagascar.[19]

Em diferentes montanhas do Mediterrâneo, o nicho de pequenos mamíferos herbívoros foi preenchido por versões superdimensionadas ou atrofiadas dos que colonizaram a ilha após o isolamento. Em Gargano, existem os rebanhos de *Hoplitomeryx*. Em Maiorca, uma cabra diminuta com desconcertantes frontais poda os arbustos de buxinho. O buxinho é notoriamente tóxico, contendo grandes quantidades de compostos alcaloides que em geral afastam predadores. Mas o *Myotragus* tem uma solução comportamental para essa toxicidade: comer pequenas quantidades de argila do leito do rio, que neutraliza os alcaloides tóxicos das folhas. Como esse antídoto abrasivo de lama desgasta seus dentes, eles desenvolveram incisivos sempre crescentes, como o dos roedores, e molares com coroas muito altas, o que explica o significado de seu nome, "antílope-rato". As pressões da vida na ilha costumam produzir respostas incomuns. Fisiologicamente, o *Myotragus* é bem diferente da maioria dos mamíferos. Para evitar problemas com o fornecimento flutuante de nutrientes, a cabra anã pode variar seu ritmo metabólico. Ela cresce devagar, só acelerando nos bons tempos, exatamente como os ectotérmicos, ou criaturas de "sangue frio". Em Menorca, o papel de herbívoro de tamanho médio é preenchido por um coelho gigante, o *Nuralagus*, parecido com o vombate no seu andar casual e sem destinação específica, como um tufo de arbusto ao vento.[20]

Com um êxtase de penas voando, o pássaro canoro fora da caverna é arrebatado pelo focinho comprido de um predador branco. De ancas arredondadas, cauda curta e uma cabeça peluda e de bigodes, abocanhou a ave no auge do seu canto. A pele das mandíbulas envolve o corpo flácido, e o sinistro caçador sai correndo. A falta de animais felinos em Gargano deixou o caminho aberto para um pequeno predador singular — o chamado terrível rato-da-lua, ou *Deinogalerix*. Os ratos-da-lua, ou galericíneos, são um grupo nos dias de hoje restrito à Ásia. Ficam acordados da aurora ao anoitecer e, entre outras criaturas vivas, seu parente mais próximo é o porco-espinho, a despeito de nenhum deles ser espinhoso. Em geral, têm mais ou menos o tamanho do porco-espinho, e a mesma dieta de lesmas, minhocas, insetos e outros invertebrados. Diferentemente do porco-espinho, todos os galericíneos produzem um forte cheiro de amônia reminiscente de alho apodrecido, o melhor para marcar território e evitar inimigos quando assustados. Isso não prejudica nada quando seu alimento é formado de pássaros e invertebrados, geralmente com pouco sentido de olfato. Na ilha de Gargano, as duas espécies de *Deinogalerix* são os mamíferos mais próximos de ser grandes predadores, alimentando-se de pequenos mamíferos e pássaros, além de invertebrados.[21]

No oeste, a represa rompeu. Plínio, o Velho, relatou a lenda romana de que o estreito de Gibraltar era um canal escavado na rocha pela espada de Hércules. No crepúsculo do Mioceno, esse canal está sendo escavado, com centenas de metros de profundidade e centenas de quilômetros de comprimento, mas pelo mar. Duas placas, presas uma à outra por anos, acumularam tanta tensão tectônica que deslizaram uma sobre a outra em paralelo. Essa movimentação baixou subitamente o nível do grande e plano istmo em Gibraltar, abrindo uma eclusa de quinze quilômetros de largura para todo o volume do Atlântico. A água flui a sessenta quilômetros por hora, descendo o açude natural para o Mediterrâneo ocidental. Uma vez que a barragem se rompe, não há como voltar atrás, pois a água erode um caminho cada vez mais profundo. Mas a bacia do Mediterrâneo não tem uma profundidade uniforme, e barreiras naturais impedem que a água encha o mar uniformemente como uma banheira. O terreno elevado onde se situam Malta e a Sicília, bem como os picos dos Apeninos, impede por enquanto que a água entre no Mediterrâneo oriental. Em Maiorca, a cabra anã interrompe sua refeição de buxo tóxico para observar a tumultuosa nuvem de neblina abaixo. As lebres gigantes de costas curvas de Menorca assustam-se com o barulho. O ritmo da enxurrada diminui à medida que o mar se enche, abrindo canais no novo leito oceânico, molhando os depósitos de evaporitos dessecados do fundo. As principais ilhas, uma a uma, começam a tomar sua forma atual. Plantas e bactérias que habitam as falésias e o fundo do vale se afogam. O Mediterrâneo, contudo, deve superar um último obstáculo antes de isolar totalmente o Chipre e encher o Egeu e o Adriático.[22]

A sul do Gargano, ao longo da cordilheira oriental italiana dos Apeninos, o clima começa a mudar. À medida que o mar Tirreno se enche, o céu ressecado suga a umidade, formando nuvens de chuva. Apesar da mudança no clima, a profunda fenda ao sul e a leste continua imperturbada. Na sela que separa as montanhas da Itália do maciço da Sicília surgem lagos escuros nas planícies ao norte e no oeste, ao longe, o vislumbre de uma costa. O Mediterrâneo ocidental está quase cheio, mas o Mediterrâneo oriental continua seco como sempre foi.

Quatro meses depois da abertura do estreito de Gibraltar isso começa a mudar, quando uma coluna de névoa, com centenas de metros de altura, eleva-se da orla oriental da Sicília, visível a muitos quilômetros de distância. O rugido chega mais ao sul, perto da atual Siracusa. A saliência entre Malta e Sicília é uma vasta barragem natural, uma barreira entre as duas bacias mais profundas do mar Mediterrâneo. Por toda a vasta extensão surgem agora lagos marítimos. À medida que a água do mar começar a transpor a barragem, a bacia oriental será preenchida pela maior cachoeira que já agraciou a Terra. Com 1.500 metros de altura, terá uma vez e meia a altura das atuais Cataratas do Anjo, na Venezuela. A água se precipita pela escarpa a velocidades de 160 quilômetros por hora, com grande parte se transformando em névoa antes mesmo de chegar ao solo. Ao contrário do estreito de Gibraltar, onde a descida para a bacia do Mediterrâneo ocidental é gradual, como em um açude, essa é uma queda-d'água abrupta, onde a força de todo um oceano é canalizada para uma só passagem de cinco quilômetros de largura. Mesmo com esse dilúvio constante subindo o nível do Mediterrâneo oriental em um metro a cada duas horas e meia, levará mais de um ano até o Mediterrâneo oriental ser preenchido, até que Malta, Gozo e Sicília fiquem finalmente isoladas da África e da Itália, e Gargano se torne mais uma vez uma ilha.[23]

O retorno do mar formou novas ilhas, que com o tempo vão atrair novos colonizadores e se desenvolver em mais comunidades de tamanhos diversos. Em pleno Pleistoceno, haverá ilhas isoladas do Mediterrâneo com organismos de tamanho incomum. Por seus próprios sorteios aleatórios, hipopótamos chegarão a Malta, à Sicília e à Creta pela água e se tornarão pequenos, mantendo a própria forma. Em muitas ilhas, vagarão elefantes anões. Com uma única grande cavidade nasal para a tromba e órbitas oculares não totalmente cercadas por ossos, os crânios representarão um mistério para as primeiras civilizações, que imaginarão ciclopes gigantes e caolhos vivendo nas cavernas do Mediterrâneo. Elevando-se acima desses elefantes anões, com dois metros do bico à cauda, estará o cisne gigante siciliano *Cygnus falconeri*.[24]

Nos dias atuais, o Mediterrâneo ainda é um mar quase fechado, dependente da constante atenção do Atlântico para reabastecimento. Se o estreito de Gibraltar fechar de novo durante um milênio, o Mediterrâneo voltará a secar. Estranhamente, um século atrás essa ideia foi discutida como um projeto de engenharia deliberado — o Atlantropa. O objetivo era construir barragens no estreito de Gibraltar, na Sicília e no Bósforo, rebaixando o Mediterrâneo em duzentos metros, e usar o potencial hidroelétrico resultante para abastecer toda a Europa. Foi um projeto permeado por objetivos colonialistas, e não levou em conta os danos que causaria aos frágeis ecossistemas mediterrânicos. À medida que a África continua avançando para o norte na Europa, é muito provável que o fechamento total do estreito aconteça naturalmente nos próximos milhões de anos. Toda a área do norte da África, do sul da Europa e do Oriente Médio é um terreno relativamente baixo, delimitado por montanhas que impedem que seus rios cheguem aos oceanos. Isso faz com que seja um local de numerosos mares, denominados "endorreicos", para os quais a água flui, mas só sai por evaporação. Além do Mediterrâneo, talvez o mais famoso corpo de água endorreico seja o mar Morto, onde o rio Jordão deságua em um vale desértico, onde a água evapora no ar, deixando sais e minerais nas águas densas do mar Morto. Um análogo moderno melhor para o Mediterrâneo no final do Mioceno é o antigo mar de Aral, um dos últimos remanescentes — junto com o mar Negro e o mar Cáspio — do antigo Paratethys, um mar que já inundou a maior parte da Europa. Outrora alimentado pelo Amu Darya e pelo Syr Darya, e sem saída, secou lentamente à medida que as águas desses rios foram desviadas para a agricultura. Dividido em dois pelo escoamento da água, a água não corre mais na superfície Aral Sul, tendo se tornado uma piscina estagnada e minguante subterrânea. As comunidades ecológicas do sul do Aral entraram em colapso, assim como as comunidades de humanos que dependiam do rio. O ambiente piscoso esvaziou, substituído por águas intoleráveis e tóxicas, fustigadas por ventos de desertos de sal.[25]

O reabastecimento do Mediterrâneo, chamado de inundação de Zanclean, 5,33 milhões de anos atrás, marcou o fim do Mioceno e o início de uma nova era, o Plioceno. Os contornos do Gargano garantiram a sobrevivência da comunidade durante a seca, um refúgio isolado acima de planícies inóspitas, mas essa separação também foi sua ruína. Depois de o Mediterrâneo voltar a encher, a placa da Apúlia continuou pressionando em direção ao norte, e a mudança de altitude do terreno provocada pelo movimento tectônico fez com que, em meados do Plioceno, Gargano submergisse nas ondas, exterminando suas singulares criaturas. O movimento tectônico continuou a elevar e abaixar a terra aos trancos e barrancos. Quando Gargano emergiu mais uma vez, juntou-se ao continente italiano, e as criaturas da Europa continental migraram para lá.[26]

A perda dos anões e gigantes das ilhas do Mediterrâneo foi uma história constante ao longo dos 5 milhões de anos entre a inundação de Zanclean e os dias atuais. A pica-da-Sardenha — a última das maiores espécies mediterrâneas do *Prolagus* — foi quase exterminada pela competição e predação de espécies invasoras introduzidas pelos romanos, mantendo-se apenas em comunidades isoladas até se tornar extinta, talvez nos últimos duzentos anos. O cervo anão da Sardenha, parente do alce gigante da Irlanda, foi erradicado cem anos depois da colonização humana, cerca de 9 mil anos atrás. A mais recente cabra anã conhecida morreu cerca de 4 mil anos atrás, apenas 150 anos antes das primeiras evidências da presença de humanos nas ilhas. Não foram encontrados hipopótamos anões ou elefantes anteriores ao Pleistoceno, e animais invasivos, que chegaram a nado ou mais comumente em associação com humanos, roubaram das ilhas do Mediterrâneo grande parte de sua fauna endêmica diversificada. Contudo, sempre que espécies chegam a massas de terra isoladas, a regra do nanismo e do gigantismo insular continua valendo. O cervo corso é uma subespécie ameaçada do cervo vermelho introduzida apenas 8 mil anos atrás, mas tem metade da altura do cervo vermelho típico do continente. Os ratos do campo St. Kilda, que vivem naquela ilha isolada das Hébridas, introduzidos de carona em barcos vikings cerca de mil anos atrás, já são muito mais pesados que os do continente.[27]

No futuro, à medida que o gelo dos polos derreter com a subida do mar e Gargano se tornar mais uma vez isolado do resto da Itália, talvez os exilados do continente de novo transformem esses antigos penhascos de calcário em uma terra de anões e gigantes.

CAPÍTULO 4

# TERRA NATAL

*Tinguiririca, Chile*
*Oligoceno — 32 milhões de anos atrás*

*"Eu tive um sonho — e o sonho me deixou profundamente perturbado. Nos desfiladeiros da montanha, a montanha caiu em cima de mim, molhada, como moscas"*
– Sin-leqi-unninni, *A epopeia de Gilgamesh*

*"Não se pode atravessar o mar ficando simplesmente parado olhando para a água"*
– Rabindranath Tagore, *O rei da câmara escura*

Do outro lado da paisagem empoeirada, ondulações dançam pela grama, caules curvados como se roçados por uma mão invisível. Um vento fresco sopra pelo mundo, com a promessa de novos horizontes. Para a vida terrestre, os verdadeiros horizontes eram difíceis de encontrar até bem pouco tempo atrás. Uma família de plantas mudou tudo isso. No Oligoceno da América do Sul, surgiram recentemente as primeiras pastagens do planeta. Apesar de existirem na América do Sul, na África e na Índia desde cerca de 70 milhões de anos antes do presente, gramíneas eram partes menores de paisagens dominadas por árvores, aspectos relativamente sem importância de uma flora tropical e florestal, restritas às partes do sul do mundo. À medida que a Antártida afinal se separou de seus continentes vizinhos, as rotas das correntes oceânicas mudaram, ventos outrora fortes diminuíram, enquanto outros se intensificaram onde não existiam. Ao longo de sua história, o mundo se alternou entre dois estados estáveis, uma "casa de gelo", com gelo permanente nos

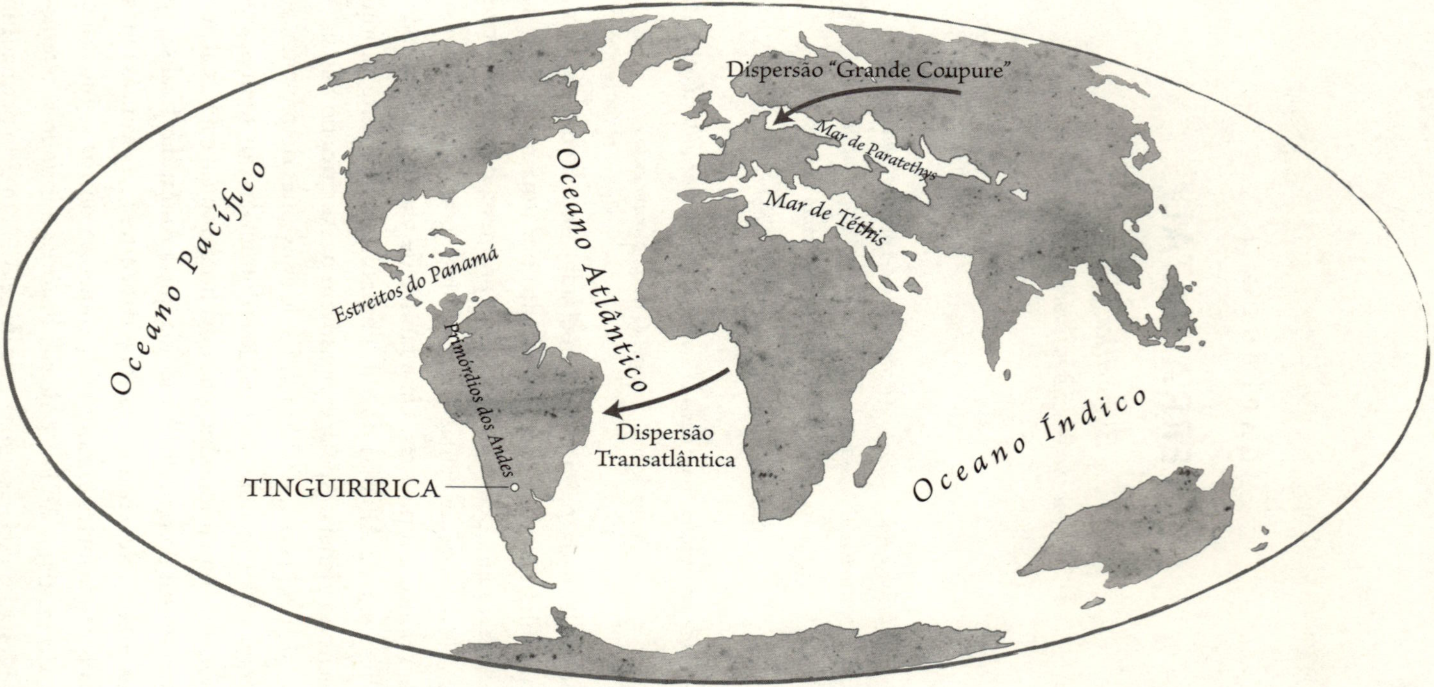
Oceano Pacífico
Oceano Atlântico
Oceano Índico
Dispersão "Grande Coupure"
Mar de Paratethys
Mar de Téthis
Estreitos do Panamá
Primórdios dos Andes
TINGUIRIRICA
Dispersão
Transatlântica

*Santiagorothia chilensis*

polos, e uma "estufa" onde esse gelo está ausente. O mundo dos tempos vigentes é uma casa de gelo, e essa transição para o frio começou no Oligoceno. Apesar de ser um padrão global, a América do Sul, em particular, tornou-se mais fria e árida. As gramíneas, com características que já as tornam bem adaptadas ao novo clima, se destacaram, e nessas planícies inundadas, semiáridas e de baixa altitude, no sopé dos Andes nascentes, compõem pela primeira vez a maior parte da paisagem.[1]

A crosta oceânica no fundo do Pacífico vem se movendo para o leste e subduzindo, deslizando sob a América do Sul, fazendo o continente corcovear em novos picos. Os Andes começaram a subir no Cretáceo. À medida que as planícies costeiras do oeste da América do Sul vergaram, os estratos rochosos se inclinaram e dobraram como se fossem de papelão. Nos dias atuais, quando este lugar, Tinguiririca, tiver se transformado num enorme vulcão, as praias do Cretáceo, erguidas ao cume do Altiplano, terão se retorcido e girado em noventa graus, de modo que suas camadas de areia petrificadas agora mergulham diretamente na terra. No atual parque Cal Orcko, na vizinha Bolívia, há uma parede rochosa onde pegadas, deixadas por dinossauros em um rio do Cretáceo, parecem escalar um penhasco vertical como lagartos. Mas tudo isso ainda está por vir. Os Andes ainda são muito pequenos, não chegam a mil metros de altura, e conforme vão aumentando, também aumenta a influência das gramíneas, uma forma de vida que em breve colonizará o mundo. Onde antes havia floresta agora há apenas uma dispersão de bosques, alguns trechos de floresta aberta, ofuscados pela grande extensão e espaço descampado, marcados apenas pela linha ondulante onde o céu encontra o solo. Tinguiririca não é um análogo fácil de um ecossistema moderno. As gramíneas são comuns, mas também as palmeiras. Entre os ambientes dos dias atuais, o vulcão mais se assemelha a uma savana, com árvores esparsas e espaços abertos, porém as criaturas que aqui vivem dividem o espaço ecológico de forma diferente, com três vezes mais folívoros do que em qualquer outra fauna moderna, e com muito poucos mamíferos arborícolas.[2]

Altos picos são geradores de chuva. Quando é forçado a subir uma montanha, o ar esfria e condensa, fazendo a água que o compõe se precipitar como chuva na face do barlavento. Ao passar pelos desfiladeiros desses picos, o ar se resseca, lançando uma sombra de chuva a sotavento, onde muito pouca chuva cai do céu. Nos dias atuais, os Andes projetam uma grande sombra de chuva, resultado da extrema aridez do deserto do Atacama. Apesar de os Andes no Oligoceno terem metade de sua altura atual, as faces a sotavento e até mesmo montanhas menores podem ter metade da quantidade de chuva a barlavento. Combinado com uma alta pressão natural nos originais Andes centrais, isso significa que as chuvas no Tinguiririca do Oligoceno são muito sazonais. Na planície de solo escuro e salpicado de picos do Tinguiririca, um rio sinuoso passa apenas uma vez por ano, descendo de ravinas e leitos de riachos cascateantes nas terras altas vulcânicas. Agora o leito do rio está seco, pavimentado por um mosaico de lama cinzenta crestada encrostada em um canal plano de vinte metros de largura. O calor da estação seca cozinhou os quadradinhos de barro e vergou seus cantos; quando o rio voltar, uma flotilha de terracota se erguerá sobre as águas, e os barquinhos de barro se dispersarão desordenadamente em direção ao Atlântico. Caules perfuram a lama em canais mais antigos abandonados pelo fluxo sinuoso; vistas do alto, as antigas curvas da margem do rio são traçadas por fileiras de plantas ribeirinhas, uma série de imagens históricas que restaram, um registro das antigas rotas que a água percorreu nessa planície aluvial, ano após ano.[3]

Ao longo da margem atual do rio, onde uma reserva subterrânea de água mantém a terra mais úmida, gramíneas de cabeça algodoada crescem em meio a juncos e amarantos, transformando-se em florestas de galerias espinhosas de palmeiras e algarobas. Longe do canal, arbustos quebradiços misturam-se com as gramíneas, com algumas suculentas resistentes esverdeando as rochas no solo marrom e raquítico. É aqui e agora, nos Andes chilenos do Oligoceno, que se acredita que os primeiros cactos estejam divergindo de suas irmãs beldroegas, uma família nascida nesse mundo cada vez mais seco. As gramíneas restantes são curtas e quebradiças, mas estão sobrevivendo, ajudadas por uma recente deriva de cinzas vulcânicas ricas em minerais. Elas não terão de esperar muito para a chuva chegar. A estação chuvosa está começando — o céu ao norte está escuro, com um brilho estriado de chuva pesada obscurecendo os picos ao norte, com a fumaça abrandada pelo alívio da água doce. O ar esfriou com a chegada das nuvens, e os lagos das montanhas já estão se reenchendo.[4]

Por ora, a área gramada é ocupada por bandos de herbívoros, uma cena panorâmica que lembra as partes mais diversificadas do Serengueti, reunidas sob a sombra das árvores enquanto esperam o rio subir. Porém não são as manadas de zebras, gnus, rinocerontes, girafas ou hipopótamos, mas criaturas menores e mais delicadas. A América do Sul é um continente insular, com animais específicos. Nas primeiras pastagens, eles são particularmente diferenciados. Arranhando os caules grossos e secos, um aglomerado de herbívoros pardos, do tamanho de raposas, com focinhos e caudas longos, pastam lado a lado. Eles cercaram um animal maior, solitário e de pelagem desgrenhada, na orla da estreita faixa florestal. Se as gramíneas estivessem em pleno crescimento, no início da estação chuvosa, os folívoros menores desapareceriam em meio à vegetação, mas, concentrados em rebanhos, eles mantêm faixas da paisagem aparadas rente ao solo, conservando o gramado natural durante todo o ano. Em pastagens semiáridas como essa, a pastagem favorece plantas que podem voltar a crescer rápido e elimina aquelas que levam menos tempo para ser comidas do que para brotar. Totalmente abandonadas pelos herbívoros, as florestas se espalhariam para mais longe do rio, mas a poda constante de plantas jovens significa que poucos brotos conseguem sobreviver por muito tempo, com apenas bolsões de árvores no terreno raquítico. As gramíneas se aproveitam mais velozmente da chuva que cai, conseguindo acessá-la mais rápido do que as árvores. Isso significa que as pastagens tendem a ocupar climas temperados; onde há muita chuva ou pouca evaporação, há água suficiente para todos, e por isso as florestas são abundantes; onde há pouca chuva ou muita evaporação, o ambiente torna-se um matagal desértico, um cerrado. No Tinguiririca, uma floresta densa morreria de sede muito antes da volta das chuvas, mas as gramíneas persistem, e basta a chegada das chuvas para esverdear os vales e as planícies e produzir, quase instantaneamente, um carnaval de flores. Variabilidade na precipitação pluvial, épocas de abundância e épocas de seca são a marca registrada da maioria dos mundos dominados por gramíneas. Os novos padrões de vento e água na atmosfera criaram um berço perfeito para pradarias na América do Sul, na esteira do Eoceno mais quente, mais úmido e mais exuberante.[5]

Lentamente, em avanços e recuos, as manadas vagam entre as touceiras, nenhum indivíduo se movendo por muito tempo; porém, com a combinação da busca contínua por novos brotos, isso se torna um movimento comunitário, mas não para o animal de pelagem desgrenhada, que se senta satisfeito sob o sol sobre pernas traseiras, cruzadas como as de um urso. Os braços são longos e musculosos, terminando em patas contorcidas com garras longas e curvas. Ele colhe um rebento desafortunado e o leva à boca, mastigando como que pensativo. O *Pseudoglyptodon* é uma preguiça, mas bem diferente dos seus primos modernos. Os dois gêneros de preguiça existentes no mundo moderno são remanescentes de uma ordem outrora grande e diversa, cuja maioria vivia em terra. As preguiças penduradas em árvores, as chamadas preguiças de dois e de três dedos, não são proximamente relacionadas entre si, mas se adaptaram separadamente a um estilo de vida na copa das árvores. A preguiça arborícola só come folhas, e por isso passa noventa por cento do tempo se alimentando ou descansando e digerindo. Sua vida é passiva, evitando gastar muita energia se movimentando, ou até mesmo se segurando nas árvores — as garras encurvadas são perfeitas para se pendurar passivamente nos galhos ou segurar-se nos galhos onde se encontra.

Algumas preguiças terrestres usam essas mesmas garras para cavar, e também para forragear e se defender. No Mioceno, o período de 23 a 5 milhões de anos antes do presente, as preguiças atingirão seu apogeu, com algumas preguiças terrestres chegando a se adaptar lentamente a um estilo de vida marinho na costa do Peru, usando narinas altas, ossos densos e uma cauda de castor para viver mais ou menos como hipopótamos, andando pelo leito do mar em busca de algas.[6]

As preguiças são uma das esquisitices da América do Sul: ao lado dos tatus e dos tamanduás, elas formam um grupo endêmico de mamíferos chamados xenartros, que significa "articulações estranhas", em alusão às suas articulações complexas e diferenciadas na espinha dorsal. Além desses, há o grupo de várias espécies de herbívoros em volta do *Pseudoglyptodon*, todos eles parte de uma ordem de mamíferos agrupados vagamente por sua natureza enigmática — os Ungulados Nativos da América do Sul, ou UNAS. Alguns se referem a eles como uma espécie de comitê autônomo, mas isso só reflete nossa incerteza sobre exatamente o que são. Tão unificados quanto qualquer comitê, as evidências de como se relacionam não só com mamíferos do resto do mundo mas também entre si são limitadas — eles não são parentes próximos, porém costumam ocupar nichos semelhantes.[7]

Os animais que pastam nas proximidades desse *Pseudoglyptodon*, por exemplo, são muito semelhantes em muitos aspectos aos hyraxes da África e do Oriente Médio, mas claramente diferentes em muitos outros aspectos. Os verdadeiros hyraxes são animais atarracados, de mandíbula quadrada, como um coelho robusto e de orelhas curtas, com marcas nas sobrancelhas que lhes conferem uma expressão perpetuamente cínica. Esses animais sul-americanos, apelidados de *Pseudhyrax* — "falso hyrax" —, têm as mesmas mandíbulas quadradas, mas com membros mais longos e mais graciosos, com laivos de cervo no focinho. Alguns *Santiagorothia* também fazem parte desse rebanho misto; são criaturas ágeis, semelhantes a lebres, com corpos e membros longos. Comem a vegetação rasteira com cautela e olhos atentos, constantemente à procura de borhienídeos: predadores e parentes de marsupiais, com mandíbulas trituradoras como as das hienas e caninos sulcados e sempre crescendo.[8]

A semelhança do *Santiagorothia* com uma lebre e do *Pseudhyrax* com um hyrax se deve à convergência, à evolução paralela de grupos não relacionados e isolados para uma mesma anatomia geral. Sempre que um novo ambiente como o de Tinguiririca se origina, há muitas maneiras de ganhar a vida nesse mundo, e por isso é comum a mesma solução ser encontrada. Um dos problemas da planície descampada é a falta de cobertura. Ao contrário da floresta, há menos lugares para se esconder, e a velocidade se torna um ativo. É por isso que animais de corpo pequeno como lebres e o *Santiagorothia* se tornam flexíveis, com membros longos, ou que animais de grande porte reduzam seus dedos a membros longos, finos e com cascos para correr melhor. Existem equivalentes UNAS em quase todos os grupos de mamíferos ungulados do resto do mundo — astrapotérios e pirotérios semelhantes a elefantes e a hipopótamos vadeiam nas selvas úmidas restantes do norte, enquanto os litopternos de membros longos estão se desenvolvendo em análogos de antílopes, cavalos e camelos, assim como antílopes, cavalos e camelos estão evoluindo às suas formas atuais independentemente em outras partes do mundo.[9]

Tais formas incrivelmente semelhantes em geral são produzidas em continentes distantes uns dos outros, quando diferentes linhagens não têm contato entre si. A distância significa que não há competição relacionada a qual espécie é excluída, e espécies convergentes podem ser realmente parentes muito distantes. Os tatus da América do Sul, por exemplo, foram considerados por muitos como relacionados de perto com os pangolins da África e da Ásia, até ser confirmado que suas armaduras, as garras grandes e os dentes pequenos eram apenas adaptações a um estilo de vida semelhante. Hoje, sabemos que os pangolins estão mais relacionados com os golfinhos, morcegos ou humanos do que com tatus. Mas, independentemente do quanto uma comunidade é isolada, sempre há os que chegaram de outras partes. Entre os nativos sul-americanos do Tinguiririca há imigrantes recentes, viajantes vindos do oceano Atlântico, do outro lado do mundo.[10]

Um resfriamento climático prolongado tomou conta do mundo, e a vida está se adaptando. A extinção de espécies em uma parte do mundo normalmente abre uma oportunidade para outras espécies se difundirem por linhas de resistência mínima, preenchendo áreas abandonadas. Na Europa, castores, hamsters, porcos-espinhos e rinocerontes estão migrando da Ásia, exterminando grupos europeus nativos como o dos *Omomyidae*, parentes notívagos dos társios e dos macacos, e diversas famílias de mamíferos ungulados. A América do Sul não tem contato com outras massas de terra que facilitem as migrações, e por isso desenvolveu uma fauna e uma flora específicas, como as da Austrália atual. As próprias gramíneas são uma inovação sul-americana em biologia vegetal. Ainda assim, o isolamento não é total, e há recém-chegados ao continente que vieram de longe, por uma rota improvável. No Tinguiririca, encontramos rastros desses recém-chegados, criaturas africanas que andaram pelas gramíneas da América.[11]

Os grandes rios da África deságuam no Atlântico, e em altas temperaturas árvores e outras plantas são separadas das margens erodidas. Essas árvores em geral estão cheias de criaturas: insetos, aves e mamíferos. Às vezes, bancos inteiros de vegetação são levados em sua totalidade, ou plantas aquáticas se agregam naturalmente, formando juntas uma balsa natural que é levada para o mar. Ver uma grande ilha-jangada descendo um rio, cujo fluxo foi aumentado pelas chuvas, em direção ao oceano, é uma maravilha natural, um drama em câmera lenta. Árvores ainda de pé, sustentadas pelo entrelaçamento de raízes fincadas no solo, uma vegetação rasteira plena de criaturas alheias à viagem iminente. Ao redor delas, trechos menores e soltos enxameiam como rebocadores ao redor de uma balsa. Contra o pano de fundo das florestas imóveis, o movimento é uma paralaxe incessante e inexorável. Somente um trecho mais forte de corredeiras ou a colisão com um banco numa curva do fluxo poderá interromper o cortejo, mas sem isso a ilha-jangada acabará emergindo de um estuário para o mar aberto e será afastada da costa com o impulso da correnteza do rio. As chances de algo bom acontecer com os habitantes dessas ilhas flutuantes são mínimas, mas bastaram para várias dessas jangadas, sopradas pelos ventos da sorte e transportando uma pequena população ou uma fêmea grávida, chegarem à América do Sul.[12]

Na época do Tinguiririca, um dos grupos sul-americanos descendentes das jangadas africanas começou a se diversificar — os macacos. Todos os macacos da floresta amazônica, de macacos-aranha a bugios, de micos a saguis, devem sua existência a alguns sobreviventes que tiveram sorte na sua viagem oceânica, supostamente difícil e traumática. A distância da travessia da África à América do Sul na época era consideravelmente menor, cerca de dois terços da largura do Atlântico atual, mas ainda uma distância enorme quando se conta com a chuva para acumular água potável nas folhas para os viajantes. Mesmo supondo-se um movimento contínuo exatamente na rota certa, as comunidades de macacos nas jangadas devem ter sobrevivido no mar por mais de seis semanas. Ao chegarem, eles se espalharam para a costa oeste em pleno Eoceno. Os macacos não foram os únicos mamíferos a chegarem da África em jangadas. Roedores caviomorfos também estão se diversificando em seu novo lar, e duas espécies podem ser encontradas no Tinguiririca. Todos os roedores nativos da América do Sul, de capivaras a cutias e porquinhos-da-índia, descendem de uma população que atravessou 1.600 quilômetros de oceano e sobreviveu, aportando também pelo menos no final do Eoceno.[13]

Essa rota é surpreendentemente comum; diversas espécies especialmente bizarras distribuídas na África e na América do Sul são jovens demais para terem estado presentes nos dois locais quando os continentes se separaram, cerca de 140 milhões de anos atrás. As cecílias, anfíbios escavadores pouco famosos por sua capacidade de sobreviver sem água doce mesmo por curtos períodos, estão entre os viajantes transatlânticos. Foi demonstrado que a dispersão oceânica ocorreu também com peixes de água doce; duas espécies de góbios intimamente relacionadas, com um ancestral em comum bastante recente, são conhecidas apenas em Madagascar e na Austrália, respectivamente. Para acrescentar uma camada extra de mistério, eles são cavernícolas cegos que não podem viver em nenhum outro lugar. Na América do Norte atual também houve travessias à primeira vista impossíveis — o peixinho-do-buraco-do-diabo, encontrado apenas em uma única caverna em Nevada, está intimamente relacionado a espécies do Vale da Morte e do Golfo do México. Essas linhagens divergiram apenas 25 mil anos atrás, e não há uma rota direta de água doce entre os locais do leste e do oeste, por isso argumenta-se que os ovos podem ter sido transferidos por aves aquáticas migratórias. A dispersão a longa distância pode ser rara, mas em um mundo onde ocorrem tantas tentativas, basta uma delas ser bem-sucedida. O mais notável é quantas delas parecem ter sido bem-sucedidas.[14]

Alguns dos arbustos espinhosos que se espalham pela pastagem têm brechas perto de suas bases, portinhas formadas pelos movimentos de pequenas criaturas. No interior, túneis bem utilizados descem para as colônias de *Eoviscaccia*, descendentes de roedores chegados no Eoceno. Com sua pelagem macia, cauda enrolada e focinho com bigodes rígidos, é especificamente um parente das chinchilas e das viscachas, vivendo sob o solo em grandes agregados familiares. Chinchilídeos como a *Eoviscaccia* ainda não estão muito adaptados aos climas mais frios das grandes altitudes ou de latitudes ao sul. No final do Oligoceno elas chegarão à Patagônia, e a partir do Mioceno a elevação dos Andes gerará os nichos de alta altitude pelos quais as atuais viscachas são conhecidas. Mas elas são bastante comuns nessas partes, ainda que evasivas. Mais comuns são os *Andemys*, parentes próximos das cutias, mas menos especializados que aquelas criaturas semelhantes a cervos que correm livremente. Em comparação com a *Eoviscaccia*, eles são folívoros, preferindo as folhas mais tenras das árvores à grama mais áspera. Apesar de não estarem nesse continente há muito tempo, os roedores sul-americanos já são ecologicamente diversos, o que impressiona, visto que se supõe que sua população inicial era pequena.[15]

Mais tarde, é claro, as gramíneas partirão da América do Sul para se estabelecerem no mundo todo. Suas características as tornam dispersores excepcionais. As sementes são pequenas e facilmente espalhadas pelo vento, na pelagem ou no interior de animais. Crescem rápido até o período reprodutivo, são ricas em amido, contendo muita energia para o embrião em desenvolvimento, e aptas a sobreviver a queimaduras, congelamento e pastagem quase contínua. As gramíneas se espalham facilmente por longas distâncias, são difíceis de matar quando estabelecidas e capazes de modificar ambientes em proveito próprio, o que as torna um dos colonizadores mais eficazes e um dos grupos de espécies mais bem-sucedidos do planeta.[16]

Quando ouvimos histórias radicais de dispersão a longa distância, é muito fácil ver esses eventos do ponto de vista humano, e vale a pena abordar esses fenômenos por um momento. É tentador ver esses roedores e macacos como aventureiros esperançosos, com uma narrativa de pioneirismo e sobrevivência contra as probabilidades em uma terra desconhecida e inóspita, uma visão inadequada que deve muito à época do colonialismo. Quando um animal ou uma planta de uma parte do mundo aparece em outra, alguns podem comparar tal evento a uma invasão, a um ecossistema nativo espoliado e oprimido pelos recém-chegados. Normalmente, trata-se de um apelo à nostalgia, a uma paisagem conhecida na infância, contraposta ao mundo alterado e muitas vezes exaurido de hoje. Contém uma implicação de que o que *era* estava certo, e o que *é* está errado.

O importante na conservação de um ecossistema é preservar as funções, as conexões entre os organismos que formam um todo completo e interativo. Na realidade, as espécies se movem, e a noção de espécie "nativa" é inevitavelmente arbitrária, muitas vezes ligada à identidade nacional. Na Grã-Bretanha, plantas e animais "nativos" são classificados como aqueles que habitaram a Britânia desde a última era glacial. Nos Estados Unidos, no entanto, plantas e animais "nativos" são os que existiam antes de Colombo desembarcar no Caribe. Essas plantas e animais têm uma proteção legal maior que os "alienígenas", mas não existe uma distinção espacial fácil entre espécies nativas e não nativas, e plantas não nativas não são necessariamente prejudiciais à diversidade nativa. As urtigas anãs, por exemplo, não são consideradas uma planta britânica "nativa", mas estão quase universalmente presentes e foram registradas na Britânia já no Pleistoceno. O cardo-mariano, *Lactuca serriola*, que cresce selvagem na Eurásia e no norte da África e é ancestral da alface cultivada, é considerado uma planta nativa na Alemanha, mas é explicitamente uma "introdução antiga" na Polônia e na República Tcheca, sendo definido como "invasora" na Holanda.[17]

Assim é que mesmo a terminologia biológica neutra, a de dispersão e migração, implica um incômodo anel de linguagem política. Olhando para trás, a loucura de compartilhar metáforas entre os que são contra a imigração de indivíduos humanos e os que tentam conservar um ecossistema é posta a nu. Não existe um ideal fixo para um ambiente, nenhum recife em que se possa ancorar a nostalgia. A imposição humana de fronteiras ao mundo inevitavelmente muda nossa percepção do que "pertence" a um lugar, mas quando se olha para os tempos passados só se vê uma lista em constante mudança de habitantes de um ecossistema ou de outro. Isso não quer dizer que não existam espécies nativas, só que o conceito de nativo que tão facilmente vinculamos a um senso de lugar também se aplica ao tempo.

Isso não impediu que algumas entidades geográficas atuais estendessem sua identidade para o passado, e a interação entre a política nacional e a paleontologia tem efeitos reais. Os paleontólogos argentinos do início do século XX foram contra o consenso científico da época ao sugerir, incorretamente, que os humanos se originaram na América do Sul. Pode ter sido um erro, mas era parte de uma tentativa de rejeitar a convicção nortecêntrica (também incorreta) dos paleontólogos da Europa e da América do Norte, de que os continentes do sul eram locais onde o progresso evolutivo ficou para trás. Ainda hoje, nossa concepção de evolução é dominada pela tradição do norte global, onde uma história mais longa de estudos e uma maior concentração de instituições mais ricas produziram um quadro muito mais completo dos registros fossilíferos.[18]

Em particular, fósseis de homíneos têm sido usados para influenciar identidades até mesmo no século XXI, como no caso dos humanos primordiais encontrados em Sierra de Atapuerca, na Espanha. Atualmente, a maioria dos estados dos EUA tem seu próprio sítio paleontológico, desde o *Tullimonstrum* de Illinois até o mamute lanudo do Alasca. A Virgínia Ocidental escolheu a preguiça terrestre norte-americana, a *Megalonyx jeffersonii*, que, como a preguiça, faz parte da ordem nativa da América do Sul, não da América do Norte. No entanto, seu status como um ícone fóssil americano vem do fato de ser usada como contestação a uma ideia ainda anterior predominante, intencional e inerentemente infundida com suposições racistas: a de que os animais das Américas como um todo, não apenas da América do Sul, eram de alguma forma degenerados em relação aos da Europa. O que é nativo de uma área e o que não é: eis uma função da escala em que se escolhe olhar, e vincular espécies há muito extintas ou conceitos ecológicos a artifícios atuais como fronteiras e bandeiras é um terreno onde se deve pisar com cuidado.[19]

Isso talvez seja particularmente verdadeiro no caso das dispersões transatlânticas do Oligoceno, pois elas incluem nossos parentes primatas próximos. É muito fácil enxergar motivações humanas, ainda que subconscientemente, em eventos passados, e devemos evitar fazer julgamentos históricos do que foi uma jornada guiada inteiramente pelo acaso, ainda que perigosa e improvável.

O vento está trazendo chuva das alturas, um demônio rodopiante de nuvens escurece os céus. Com as primeiras gotas, a preguiça olha para cima, arrasta as patas e volta a comer. O rebanho de *Typotheria* ao ar livre começa a caminhar em direção a um aglomerado de árvores pela margem do rio para se abrigar. O cheiro da terra aliviada floresce quando o ritmo percussivo das gotas de chuva faz o ar suspirar. Porém esse suspiro encobre outro som, um sussurro de água escorrendo e cascos batendo, aumentando em volume até se tornar um rugido. De um poleiro em uma algaroba, um pássaro entoa um piado agudo e levanta voo, seguido por vários outros, e o estado de alerta se espalha instantaneamente pelo rebanho misto no chão. Os arbustos estremecem quando a *Eoviscaccia*, sem querer se arriscar, desaparece na segurança de suas tocas.

Rio abaixo ecoa o som chicoteado de madeira rachando, seguido por uma onda dançante de três metros de altura. O alerta se transforma em fuga, a preguiça geme e rola nas quatro patas e os *Typotheria* debandam assustados. A onda avança e, contornando a curva junto à árvore, ergue-se no ar numa protuberância negra na margem e desaba no solo, seguida por outra, como panos de veludo densos e úmidos sendo jogados na relva. O deslizamento rítmico de terra, dobrando-se sobre si mesmo como um mingau fervente, transforma-se numa enxurrada, a força da água invadindo a paisagem e preenchendo os vales a dezenas de metros por segundo. Os delicados quadrados de argila do leito do rio se despedaçam, pedregulhos pululam como se não tivessem massa, e troncos de árvores são levados como se fossem gravetos, batendo, submergindo ou quebrando tudo no seu caminho, escavando novas rotas na terra e transformando o fundo do vale em uma turbulência áspera e cinzenta.

As fortes chuvas nos picos vulcânicos ao redor do Tinguiririca causaram uma inundação repentina que, descendo as encostas, arrasta cinzas finas, formando um *lahar*, uma pasta de concreto vulcânico, que erode as margens do rio e se torna maior, mais rápida, mais pesada, até se transformar numa força destrutiva a uma velocidade terrível.\* Onde a preguiça estava agora há uma inundação borbulhante de dois metros de profundidade; os *Typotheria* e os roedores não estão mais visíveis.

---

\* Os *lahares* que se seguiram à erupção do monte St. Helen, em 1980, por exemplo, chegaram a velocidades de cem quilômetros por hora.

As árvores que cresciam mais perto da margem do rio caíram à medida que o solo de apoio cedeu. Algumas das mais robustas ainda se mantêm acima da água, agitando-se incontrolavelmente sob o rugido contínuo do *lahar*. Sob a força da chuva a grama se foi, e a paisagem agora não é nada mais que uma inundação; a única indicação do curso do rio é uma onda estacionária sob a enxurrada e um trecho curvo de fluxo mais rápido que marca o canal.[20]

Em uma hora o drama se encerra. É difícil entender como tanta lama pôde ter vindo das montanhas tão distantes. Por toda a pradaria há manchas de lama. Conforme o rio esvaziou seu conteúdo no solo plano, o fluxo diminuiu e solidificou; agora estático, é uma terra dura e árida, com os pedregulhos antes pululantes imóveis em seus lugares. Nenhum dos animais apanhados no caminho do *lahar* sobreviveu, agora transformados em rocha para sempre. O solo foi arrasado, recoberto por cinzas, areia e terra, e agora está pronto para que as gramíneas recolonizem o vale.

No entanto, por mais que os animais aqui tenham sido preservados como fósseis, nenhuma das gramíneas de Tinguiririca chegará diretamente a ser um registro fossilífero — nenhum corpo fóssil, nenhum pólen, nada. Um *lahar* é muito abrasivo, e a preservação fica bastante fragmentada para revelar os tecidos macios de plantas ou as asas rendadas de insetos. As criaturas que poderiam voar se foram, escapando da onda que se aproximava. Somente fragmentos de ossos de mamíferos presos à terra e dentes quebrados sobreviverão à devastação do registro nas rochas. Porém, apesar da ausência na lista do elenco físico do ecossistema do Tinguiririca, as gramíneas deixaram suas marcas. Os ambientes moldam seus habitantes tanto quanto seus habitantes os moldam. Se removermos toda a vida de um lugar, exceto seus animais herbívoros, e os alinharmos em fila, do menor para o maior, a distribuição dos tamanhos dos corpos pode ser transformada em um gráfico chamado cenograma. O formato desse gráfico é notavelmente preciso para prever as relativas abertura e aridez de um ambiente. O Tinguiririca, visto puramente como um espaço matemático, ainda proclama em voz alta sua abertura. Mesmo com apenas um ou dois espécimes, a presença de gramíneas seria evidente. Se examinarmos bem a boca dos mamíferos de Tinguiririca, veremos que eles estão fazendo algo novo, algo impulsionado pela maneira como as gramíneas e os herbívoros interagem uns com os outros e com o mundo ao redor.[21]

As plantas têm muito interesse em ter partes de seus corpos comidas. As frutas são açucaradas e chamativas, pois devem ser encontradas e comidas para dispersarem as sementes. As flores são brilhantes, perfumadas e contêm néctar para atrair polinizadores; algumas plantas chegam a ouvir seus polinizadores e logo produzem mais açúcar para aumentar a doçura de seu néctar quando o som das asas de um inseto passante vibra suavemente suas pétalas, o equivalente botânico dos gritos de um vendedor ambulante. As gramíneas não têm esse desejo de cooperar; gramíneas são polinizadas pelo vento e suas sementes se dispersam no vento ou na água. Não produzem flores atraentes, apenas frutas pobres em nutrientes — grãos. Que os humanos tenham transformado as gramíneas, do trigo ao arroz, do milho ao centeio, em um componente básico da nossa dieta é resultado de centenas de gerações, dezenas de milhares de anos de reprodução seletiva sucessiva e, mesmo assim, normalmente precisamos de inúmeros processamentos após a colheita para obter qualquer coisa agradavelmente palatável. As folhas também não são muito nutritivas, e para deter pretensos herbívoros as gramíneas têm um equivalente interno a grades pontiagudas — cristais opalinos afiados chamados fitólitos distribuídos pelos seus tecidos são abrasivos na boca dos herbívoros e arranham e desgastam o esmalte dos seus dentes. Em suma, um animal folívoro precisa se submeter a uma dieta dura pouco nutritiva e sempre abrasiva, que desgasta lentamente seus dentes.[22]

Não precisamos sequer olhar por um microscópio para ver o efeito que as gramíneas exercem na anatomia dos animais. Uma vida inteira mordendo e mastigando, mesmo alimentos macios, pode produzir muito desgaste nos dentes. Com as gramíneas isso aumenta enormemente, mas a resposta da seleção natural, com sua teimosa busca da sabedoria, foi não desistir. O recurso está aí para ser explorado e, portanto, há algum benefício para alguma criatura, por mais árduo que seja o trabalho, em obtê-lo. Os folívoros estão desenvolvendo dentes que continuam a crescer, não importa o quanto se desgastem. Esses dentes, com coroas altas e planas, muito esmalte e cemento resistentes e raízes limitadas ou inexistentes, são chamados "hipsodontes". Em casos extremos, em algumas criaturas os dentes crescem continuamente, mesmo quando as gengivas retraem com uma vida inteira de areia e grama, uma estratégia só conhecida entre animais de grande porte, em rinocerontes lanudos e notoungulados. No início do Oligoceno, antes de as gramíneas se espalharem amplamente pela América do Norte, os cavalos são folívoros do tamanho de gatos domésticos alimentando-se em florestas de folhas grandes. À medida que as planícies e pradarias se abrem nessa transição para um mundo de casa de gelo, eles se adaptarão para se tornarem criaturas de espaço aberto, corredores de membros longos, folívoros de dentes grandes, herbívoros de pastagens. De dentes a membros, muitas criaturas em hábitats abertos e gramados chegaram independentemente a soluções muito semelhantes, tanto na locomoção quanto na dieta. As forças motrizes são complexas e mistas — a abertura, o tamanho do corpo e a dureza do solo podem influenciar o desenvolvimento dessa morfologia. Antílopes, antilocapras americanas, cervos e alguns UNAS — todos convergirão para um novo modo de vida: o do arquetípico folívoro.[23]

Com o tempo, os mamíferos específicos da América do Sul vão desaparecer. Quando a América do Norte e a América do Sul se unirem, 2,8 milhões de anos antes do presente, à medida que o istmo do Panamá se elevar do Caribe para separar o Atlântico e o Pacífico, os mamíferos do norte irão para o sul e os do sul irão para o norte. Esse evento de migração em massa em direções contrárias, começando cerca de 20 milhões de anos antes do presente e continuando até o istmo se fechar totalmente, 3,5 milhões de anos antes do presente, é conhecido como o Grande Intercâmbio Biótico Americano. Na verdade, o movimento vai favorecer as espécies do norte, embora as razões para isso não sejam bem compreendidas. Dos animais nativos da América do Sul, apenas o porco-espinho norte-americano e o gambá da Virgínia realmente se deram bem na América do Norte, além dos tatus encontrados nas regiões desérticas do sul.[24]

Mesmo na América do Sul, as espécies do norte vencerão. Todos os grandes carnívoros marsupiais desaparecerão, todos os UNAS. Nos dias de hoje, tudo o que resta da diversidade de mamíferos nativos da América do Sul são 101 espécies conhecidas de gambás, seis espécies de preguiça, quatro de tamanduá e 21 de tatu. As preguiças-gigantes resistirão por muito tempo — sobrevivendo até talvez 4 mil anos antes do presente, no Caribe. Há meros 8 mil anos, no Brasil e na Argentina, as preguiças eram os maiores animais escavadores de túneis que a Terra já viu, abrindo vastas redes de tocas nas quais viviam famílias inteiras, tocas que existem até hoje. O *Toxodon*, um notoungulado meio semelhante a um rinoceronte sem chifre, e certos litopternos como o *Macrauchenia*, semelhante a um camelo, também viveram até 15 mil anos antes do presente. A extinção das preguiças terrestres do Caribe e dos últimos ungulados nativos da América do Sul aconteceu, talvez não por coincidência, mais ou menos na mesma época em que os humanos chegaram aos seus hábitats.[25]

Embora sua convergência ecológica e anatômica para formas de vida de outras partes do mundo ofusque nossa capacidade de situá-los na árvore dos mamíferos, estes últimos sobreviventes dão uma oportunidade aos cientistas de identificar o que são. Preservados no frio seco da Patagônia, os últimos remanescentes fósseis de UNAS ainda contêm moléculas de tecidos conjuntivos — fibras de colágeno que, a exemplo das sequências de DNA, podem ser usadas para descobrir como as espécies estão relacionadas. Com a identificação dessas sequências de aminoácidos, a identidade dessas formas de vida específicas da América do Sul foi desvendada, e agora sabemos que estão mais relacionadas com os perissodáctilos — o grupo de animais de cascos que hoje compreende os cavalos, os rinocerontes e os tapires.[26]

Como acontece com qualquer resposta, essa relação produz uma pergunta mais abrangente. Muitas linhagens de todo o Paleoceno e do Eoceno foram classificadas como parentes dos perissodáctilos, de lugares tão distantes quanto a América do Norte, a Europa e a Índia. Dado que os primeiros perissodáctilos viveram na Ásia, o que isso diz sobre a migração global? No mundo separado desta parte da história da Terra, onde os continentes se encontravam tão distantes uns dos outros como sempre estiveram, como os ancestrais de todas essas famílias se dispersaram de forma tão rápida, tão global? Ou será que tudo isso são apenas convergências iniciais, semelhanças traçadas entre a mesma solução para um problema idêntico?[27]

As viagens em si não podem ser fossilizadas, mas os destinos dos que fizeram a viagem se revelam por onde seus descendentes foram parar. Seja passando de ilha em ilha ou em ilhas-jangadas, independentemente da rota percorrida, ao longo da história da Terra a vida viajou, se dispersou e prosperou em novos ambientes. O que começou no Tinguiririca logo se disseminará pelo mundo, à medida que as gramíneas do sul se diversificam para criar as maiores extensões de vida do planeta, das grandes planícies da América do Norte às estepes da Eurásia e às savanas da África. De florestas de bambu a pradarias de calcário, a era das gramíneas começou.

CAPÍTULO 5

# CICLOS

*Ilha Seymour, Antártida*
*Eoceno — 41 milhões de anos atrás*

*"Eppur si muove" / "No entanto, se move"*
— Galileu Galilei

*"Tornaram-se espectrais no crepúsculo sob a noite solitária"*
— Virgílio, *Eneida*

A praia se enche de guinchos das aves marinhas, as mais velhas chamando insistentemente seus companheiros, os jovens pretendentes procurando possíveis locais de nidificação. Repleto de chifres de unicórnio dos caracóis marinhos turritella, de gastrópodes *Polynices* espiralados e das placas lisas dos capuzes das amêijoas *Cucullaea*, o cascalho foi transformado em um terreno fértil excepcionalmente movimentado. Pintando as rochas de branco com guano, o excremento infunde em tudo um cheiro acre e amoniacal, os fosfatos se infiltrando na areia e alterando a própria química da rocha que tudo isso se tornará. Ninhos de pedregulhos foram construídos em cada brecha, os pássaros menores preferindo nidificar nas fendas ou abrigados pela vegetação, os pássaros maiores ao ar livre, por necessidade. Uma grande enseada abrigada a sotavento de uma península tênue e alongada, perto de onde um riacho rasga um precipício na margem arenosa até ao estuário do rio, é um local ideal para a criação de filhotes. Ao redor da praia, as encostas são íngremes e densamente arborizadas; um bosque suspenso de *Nothofagus*, faias do sul com cascas escamosas, escorre pela encosta, entrecortadas por um denso

América do Sul

Passagem de Drake
ILHA SEYMOUR

Antártida Ocidental

África

Antártida Oriental

Madagascar

Te Riu-a-Māui/
Zelândia

Kerguelen

Austrália

aglomerado de coníferas — araucárias, ciprestes, pináceas —, todas vestidas de epífitas, plantas que só crescem na superfície de outras. Vinhas e lianas, samambaias e musgos pilosos espraiados pelas inflorescências complexas e exibicionistas das proteas formam uma paleta verde-turva. A umidade dos ventos marítimos do oeste se transformou em chuva ao atingir a estreita faixa de terra que se projeta no oceano Antártico. É uma floresta tropical costeira temperada, onde cada superfície é uma colagem de verdes. Mesmo no tronco de uma árvore, uma planta pode criar raízes no ar, colher seus compostos das folhas que caem e ainda sugar umidade suficiente para se manter viva. Os galhos caídos e apodrecidos no solo atestam a maturidade dessa floresta, um lugar antigo e intocado, de plantas escalando umas às outras para alcançar o sol baixo.[1]

*Anthropornis nordenskjoeldi*

Os continentes podem dançar um ao redor do outro, o clima global pode aquecer e esfriar, mas existem constantes astronômicas inalteráveis que definem o mundo físico em que os organismos devem viver. A luz do Sol vem de tão longe que, quando mais próximo, todos os raios solares chegam à Terra vindos da mesma direção e com a mesma energia. Onde pousam, porém, fazem uma grande diferença na intensidade sentida na superfície. Se o solo estiver voltado diretamente para o Sol, o calor se concentra em uma área menor, aquecendo mais o ambiente. Se a Terra se inclinar para mais longe do Sol, quando um observador na Terra veria o Sol baixo no céu, os raios solares se espraiam por uma área mais ampla e mais fria. Grosso modo, essa é a razão de ser mais frio ao anoitecer e ao amanhecer do que ao meio-dia, e mais frio em latitudes mais altas — as regiões do planeta mais distantes do equador.[2]

Por si só, contudo, isso não explica a existência de estações. O ritmo anual em que a vida se instala em qualquer lugar do planeta é uma consequência específica do início da história da Terra. Colisões descuidadas no congestionado sistema solar deslocaram o eixo norte-sul. Sem uma inclinação, nossa órbita seria uniforme, imutável dia após dia, sem demarcar nosso progresso no planeta. Com a inclinação da Terra, o ano passou a ter um significado. A cada seis meses, um dos polos fica voltado para o Sol ou protegido do Sol, com um infindável dia de verão e uma perene noite de inverno. A valsa da inclinação da Terra define as estações, e os habitantes das altas latitudes precisam migrar para evitar as mudanças ou permanecer e lidar com as condições. Nos dias atuais, um dos continentes de gelo do nosso planeta fica na calota do mundo, congelado durante o ano todo, com quase nada em terra durante todo o inverno. Porém, no Eoceno a vida é diferente nos polos, aqui na península setentrional da Antártida Ocidental.[3]

No início do Eoceno, o mundo se aqueceu a um ritmo quase sem precedentes, por conta das altas concentrações de dióxido de carbono e metano. Embora haja incerteza, acredita-se que os níveis de dióxido de carbono chegaram a cerca de oitocentas partes por milhão: mais que o dobro dos dias atuais e quatro vezes maior que os do século XIX. Já uma fase quente da história da Terra, a transição do Paleoceno ao Eoceno é marcada pelo chamado Máximo Termal, um pico na temperatura e nos níveis de dióxido de carbono. Um enorme influxo de dióxido de carbono e metano — cerca de 1,5 gigatonelada num período de mil anos — é o maior que o mundo já viu, cujo ritmo só será superado pela nossa era pós-industrial. As temperaturas subiram pelo menos 5°C. Não se sabe com exatidão de onde veio esse carbono tão repentinamente, mas no registro das rochas há indícios de que no fundo do mar cristais sólidos de metano — um gás de efeito estufa mais potente até do que o dióxido de carbono — se dissolveram em oceanos que começavam a aquecer depois de uma intensa erupção vulcânica na Groenlândia. O aquecimento dos mares intensificou a dissolução, num ciclo vicioso de aquecimento gerando aquecimento.[4]

Os ecossistemas responderam no mundo todo. Mamíferos do hemisfério norte ficaram menores; a quantidade de calor produzida por uma criatura de sangue quente aumenta com sua massa, mas a quantidade de calor perdida aumenta com a área de superfície. Animais menores têm uma área de superfície grande em relação ao peso, portanto são menos propensos a superaquecer num ambiente excessivamente quente. Nos mares e na terra, todas as formas de vida, do minúsculo plâncton a gigantescos mamíferos herbívoros, se extinguiram ou evoluíram para novas formas. Sob muitos aspectos, o Eoceno, o "novo amanhecer", é o período em que o mundo moderno nasceu, quando a estrutura básica da biologia global foi moldada no calor da estufa do mundo. A essa altura, na ilha Seymour, os picos do Máximo Térmico baixaram, mas as temperaturas médias globais ainda são muito mais altas que as dos dias atuais. As regiões equatoriais não são muito mais quentes que hoje, com as temperaturas médias de superfície na ilha da Índia muito próximas às dos ecossistemas quentes e úmidos atuais. Nas altas latitudes, contudo, a história é bem diferente. Não é o nosso mundo gelado; os polos do planeta não são esbranquiçados de neve. A água não está cristalizada em glaciares montanhosos ou no mar de gelo sem fim, e por isso o nível do mar é cem metros mais alto do que no presente, e o clima em todos os continentes é bem hospitaleiro do ponto de vista humano.[5]

Mesmo a Antártida, o continente esquecido, a exceção implícita quando uma espécie moderna é descrita como tendo uma distribuição global, está quente, com temperaturas de verão chegando a 25°C. Os mares estão em amenos 12°C. Todo o continente é coberto por uma exuberante floresta de dossel fechado e pleno de piados de pássaros e o farfalhar de uma vegetação rasteira. Mas a Terra continua girando, seguindo as mesmas leis da física que definem a relação entre os seres vivos e os solos e mares onde vivem. A Antártida continua no extremo sul do mundo, trancada em um ciclo de intermináveis dias de verão e eternas noites de inverno. As mesmas regras de incidência solar, as mesmas regras que regem o fluxo de ar e água ao redor do planeta estão em vigor, determinando a ecologia dessa floresta úmida polar.*[6]

A praia é de difícil acesso a partir das encostas íngremes e florestais, e por isso é isolada de predadores. Os ninhos das aves marinhas não são apenas protegidos pela geografia, pois contam com a proteção proporcionada por seus números. Trata-se de uma das maiores colônias da região, abrigando até 100 mil aves. E essas aves marinhas são icônicas. Mesmo com o clima anormalmente quente, não há como não

---

* No original, *rainforest* se refere à floresta úmida ou floresta pluvial. Não poderia entrar aqui como "floresta tropical", pois seria contraditório ter uma floresta tropical, ou seja, situada nos trópicos, numa região polar, situada em um polo. [N.R.]

reconhecer a Antártida. Nenhum pássaro é mais evocativo de todo um continente que os pinguins da Antártida. Além da Nova Zelândia, esse é o seu lar ancestral, e os pinguins da ilha Seymour estão entre os primeiros a deixar sua marca no registro fossilífero. As colônias recobrem a praia, numa faixa de mais de quatrocentos metros de extensão. Do alto dos bancos de areia, eles se fundem num aglomerado de preto, amarelo e branco, uma massa barulhenta e risonha em que indivíduos cintilam no anonimato.[7]

De perto, o tamanho dessas aves é ainda mais chocante. O menor dos pássaros, o pinguim *Delphinornis*, tinha mais ou menos o tamanho dos atuais pinguins-reis, mas não se compara à maioria das espécies aqui. Todas essas aves são membros da família dos pinguins gigantes, muito maiores que seus diminutos primos dos tempos atuais. Alguns, como o pinguim de Nordenskjöld, o *Anthropornis nordenskjoeldi*, têm em média 165 centímetros, mais ou menos a altura de um humano. Nesse criadouro miscigenado eles geralmente são maiores, e algumas fêmeas do pinguim de Klekowski chegam a dois metros de altura, com um peso de quase 120 quilos — as proporções de um encorpado jogador de rúgbi. Os bicos em forma de lança desses pinguins são desproporcionalmente longos se comparados aos dos pinguins atuais, podendo chegar até trinta centímetros de comprimento. Convivem com esses gigantes outras sete espécies de pinguins, todas maiores que a maioria dos pinguins de hoje. É raro uma única colônia conter uma diversidade tão grande de espécies, sobretudo quando se alimentam funcionalmente da mesma maneira. Em geral, espécies só coexistem onde seus nichos ecológicos são distintos, com a divisão de recursos do ambiente evitando a competição — a chamada diferenciação de nicho. Aqui, porém, a generosidade dos oceanos é um atrativo tão grande que, ante a escolha de viver num local mais pobre ou competir por espaço em uma grande metrópole congestionada de pássaros, os pinguins desenvolveram uma sociedade diversificada.[8]

Eles já se adaptaram a uma vida marinha, com ossos densos para compensar a flutuabilidade e um andar mais bamboleante, embora ainda mantenham os artelhos internos, que os pinguins posteriores perderão. As asas são mais soltas, como as de um ganso-patola, e não as nadadeiras rígidas para voar debaixo d'água desenvolvidas pelos pinguins posteriores; as penas são menos compactadas, ainda não adaptadas ao frio extremo. Os que não caminham pelo cascalho estão flutuando na baía, preparando-se para ir aos pesqueiros, onde vão caçar arenque, bodião e pescada, bagres marinhos, enfrentando os alfanjes afiados de espadartes e peixes-espada. Os náutilos, parentes com carapaça dos polvos, de lulas e chocos, flutuam nas águas rasas, uma rara visão em altas latitudes. Mais do que tudo, as águas estão repletas de parentes do bacalhau. O plâncton é abundante, e os peixes usam essa excelente fonte alimentar como berçário marinho, um pátio escolar para as espadilhas.[9]

A península fica na passagem de Drake, a região onde a elevação do fundo do mar marca o local em que os dedos estendidos da América do Sul e da Antártida só recentemente perderam contato. É um encontro de continentes, um encontro de oceanos e um lugar onde criaturas de águas abertas vicejam em grande número, um paraíso pelágico. Aqui, a água fria sobe do fundo do mar, às vezes trazendo esquisitices das profundezas como bericiformes de olhos grandes, com cabeças de lodosas e dentes afiados. As correntes frias também trazem nutrientes e oxigênio dissolvido, para alimentar as comunidades desde o fundo do mar até a superfície. Elas mergulham nas águas mais rasas da passagem, antes de seguirem para o norte e voltarem, como fazem aqui há cerca de 20 milhões de anos.[10]

A presença desse afloramento se deve à geografia local, mas o motor que impulsiona a correia transportadora é a luz do sol batendo no equador, a milhares de quilômetros de distância. O ar equatorial é aquecido mais rapidamente, e portanto sobe para a alta atmosfera, levando junto o ar úmido dos trópicos. Em sua ascensão, o ar esfria e é empurrado para o norte ou para o sul pelo ar que sobe em seguida, antes de descer para criar a célula cíclica na atmosfera que define uma região tropical. O movimento do ar na orla dessas células puxa mais ar na direção dos polos, estabelecendo outros dois anéis de células atmosféricas que definem as regiões temperadas e polares.

Acrescente-se a rotação da Terra sob esses bolsões de ar, e o resultado são os ventos alísios, os fortes ventos de leste a oeste que sopram no nível do mar ao longo dos trópicos. O mesmo vale para o ar polar a sessenta graus de latitude, que é aquecido pelo sol, sobe e se movimenta para o norte e para o sul. O ar que toma a direção dos polos desce rapidamente e sopra de leste a oeste sob a mesma força de Coriolis. O ar que se move em direção ao equador se choca com o ar frio que se afasta do equador e é empurrado para baixo. Enquanto nas regiões polares e equatoriais o vento de superfície sopra para o oeste, nessas latitudes intermediárias o vento sopra para o leste. Assim, o oceano Austral ao redor da Antártida é regido por ventos do oeste, que sopram de oeste para o leste.[11]

No oceano Austral dos dias de hoje, os constantes ventos do oeste impulsionam a água da superfície, não bloqueada por nenhum continente, produzindo um fluxo de água que circula continuamente para o leste com a velocidade que o atrito permite — a corrente circumpolar. Mas a rotação da Terra afeta tanto o fluxo da água quanto o fluxo do ar, e assim como a curva de uma rotatória causa em quem a percorre uma sensação de iminente escape, a água do mar "escapa" em direção ao equador. Os ventos configurados pelo sol e pelo movimento do planeta se combinam para afastar a água da Antártida, aflorando as águas férteis das profundezas e fazendo a vida florescer nos mares polares.

Essa abundância de peixes atrai os predadores, e os pinguins não são os únicos a explorar essas águas frias. Entre os pinguins na costa vivem também pequenos caradriídeos, membros da família das tarambolas e dos abibes, que se alimentam dos insetos atraídos pelos animais em massa, enquanto mais acima, no estuário, os íbis se posicionam em busca de moluscos e crustáceos nos lodaçais das marés. Planando na orla do vento com asas longas e estreitas voam os mestres do céu oceânico, pequenos albatrozes, petréis de bicos tubulares e os enormes *Osteodontornis* de dentes falsos. Essas aves, habitantes dos topos das falésias ao longo da costa, exploram os ventos do oeste que sopram no hemisfério sul para voar longas distâncias sem se esforçar. Sua característica mais óbvia são as asas de contornos brancos, em alguns casos com mais de cinco metros de envergadura, muito mais longas que largas, adaptadas para um voo rápido e sustentado pelo vento, como o de um planador. Seu tamanho impede que decolem da água, mas com voos rasantes sobre a crista das ondas eles abocanham peixes de superfície em alta velocidade, planando contra o vento. Peixes e lulas escorregadios são difíceis de segurar mesmo no melhor cenário, e mais ainda na lufada de um forte vento antártico. Mas, para se contrapor, os *Osteodontornis* adultos têm mandíbulas serrilhadas, como uma faca de pão. Os olhos penetrantes ficam no alto do crânio pequeno, e o bico é uma longa lança, como o do martim-pescador. De baixo do bico se projeta um espigão ósseo, como o sorriso de um crocodilo, com dentes crescendo do osso, que só se desenvolvem na idade adulta. Como quase todas as aves marinhas, os *Osteodontornis* têm um longo ciclo de vida e só geram poucos filhotes de cada vez. Os filhotes desdentados não conseguem se alimentar adequadamente, e por isso precisam de cuidados por mais de um ano, com os pais se revezando nos sobrevoos acima das ondas.[12]

Nos dias atuais, os albatrozes sobrevoam os mares em um grande círculo, seguindo os ventos do oeste durante o dia e dormindo no mar à noite. Os albatrozes e *Osteodontornis* do Eoceno talvez façam o mesmo, afastando-se mar afora por longos períodos de cada vez. Durante o voo, mantêm quase imóveis as asas em forma de cimitarra, planando dinamicamente, descendo com o vento para um ar mais lento e mais baixo, e então girando e usando o impulso para subir mais rápido ainda, um microcosmo da atmosfera.[13]

A única coisa que os pássaros têm a temer na água é a notável diversidade de tubarões. Pelo menos 22 espécies vivem aqui ou visitam regularmente o local para se alimentar da população de peixes em expansão, dividindo as espécies de presas e as áreas de caça entre si. Na costa, onde o oceano límpido se mistura com a infusão rasa e leitosa do estuário, subitamente a água espuma quando um focinho cinza pontudo surge agitado, uma prancha ondulante e denteada, antes de submergir de novo. Um peixe-serra, *Pristis*. Os peixes-serra, um tipo de tubarão com focinho semelhante a uma motosserra horizontal, são visitantes incomuns da Antártida, mesmo no calor do verão do Eoceno, em geral restritos às águas tropicais e subtropicais. Mas a abundância de alimentos na ilha Seymour se mostrou muito atraente, e esse peixe-serra deve ter seguido as águas costeiras orientais da América do Sul para chegar ao seu destino. A serra atua como localizador e captor de alimentos, com milhares de ampolas sensíveis ao longo de seu comprimento detectando mudanças nos campos elétricos. Como os vertebrados controlam o movimento muscular usando fluxos de íons de cálcio carregados, o peixe-serra captará a menor contração de um arenque e deslizará com sua serra pela água em alta velocidade, abocanhando-o no leito do mar ou manobrando para engolir sua presa.[14]

Os pinguins flutuantes se agitam, preocupados com uma névoa irrompendo da água. O corpo ondulante de uma serpente marinha, um animal monstruosamente longo, saído de uma história de marinheiro. Esse é o corpo de 21 metros de um basilossaurídeo, membro da chamada família do "rei lagarto". Apesar do erro categórico de julgamento dos primeiros cientistas, imperdoavelmente preservado pelas regras estritas de nomenclatura, trata-se de fato de uma baleia. As primeiras baleias evoluíram muito longe, no subcontinente da ilha da Índia, nas costas do mar de Tétis, poucos milhões de anos atrás. A *Pakicetus*, uma das primeiras, era um anfíbio predador e necrófago de pernas longas, um lobo-marinho, de ossatura densa e olhos no alto da cabeça, para se ocultar na água e talvez tocaiar sua presa. Desde então, elas se comprometeram totalmente com a vida na água, e os basilossaurídeos são os primeiros a não conseguir retornar à terra.[15]

O animal que agita aquelas águas rasas mudou substancialmente o corpo para se adaptar à sua nova ecologia, desenvolvendo nadadeiras e uma cauda bifurcada. As narinas retraíram para o topo da cabeça, mas o crânio ainda não assumiu a estrutura escavada e telescópica das baleias atuais. A densidade da água permite que um animal cresça muito mais, sem se preocupar em ser esmagado pelo próprio peso e, sem a necessidade de se mover em terra, os membros posteriores se reduziram a pequenas nadadeiras externas, pouco úteis até mesmo para manobrar. O ouvido interno está se tornando cada vez mais sensível às baixas frequências, para ouvir melhor embaixo d'água. As cócleas se alongam e ficam mais encaracoladas, com membranas mais finas, o que ajuda a ouvir as notas mais graves que percorrem longas distâncias na água. Ainda não ganharam a estrutura gordurosa do "melão" — a testa protuberante que as baleias dentadas, inclusive os golfinhos, usam para aumentar seus gritos de ecolocalização. Os basilossaurídeos já podem ouvir a música dos oceanos, mas ainda não aprenderam a cantar.[16]

Rio acima e contra a correnteza, o canal se estreita e se aprofunda, serpeando entre as encostas ricamente arborizadas. Nesse vale alagado, inundado pela elevação do nível do mar causada pelo Máximo Termal, uma criatura lanuda e pesada desce a margem, fazendo as pererecas-de-capacete se afastarem nadando. Boca de cavalo, com um nariz semelhante ao de uma anta, atarracada, mas com patas delgadas com cinco dedos, vadeia a água do estuário como um urso-pardo atrás de um salmão, fazendo um bando de íbis sair voando. Com dois dentes superiores salientes e grandes presas ocultas, mordisca os juncos macios da margem. É um astrapotério — a "fera relâmpago" —, o *Antarctodon*, um indício da história biológica comum da América do Sul e da Antártida.[17]

Geograficamente, a Antártida é uma encruzilhada, uma conexão entre os vários continentes que outrora formaram o supercontinente Gondwana: América do Sul, África e Austrália. O Indo-Madagascar desertou, e a Índia está agora colidindo com a Ásia, uma escavadeira tectônica operando no continente norte com uma potência capaz de erguer montanhas. Mas a ilha Seymour faz parte de uma cadeia de conectividade, a península da Antártida Ocidental estendendo um braço em direção a florestas muito semelhantes na Patagônia, só separadas recentemente, quando o mar de Weddell inundou o istmo 10 milhões de anos antes. A Austrália fica não muito longe das altas montanhas da Antártida Oriental. Os animais e as plantas da Antártida — as faias do sul, os pinguins — fazem parte de uma flora e de uma fauna mais genéricas de Gondwana. Essa biota forma uma bioprovíncia que se estende por todos os continentes do sul. Os parentes do *Antarctodon* são um dos grupos de ungulados nativos que conhecemos em Tinguiririca, e há também outros na ilha Seymour.[18]

Apesar das camadas de detritos, dos colchões centenários de acículas de coníferas, das epífitas entremeadas e dos troncos infestados de fungos empilhados entre as árvores vivas, as encostas da floresta não são totalmente impenetráveis. Uma clareira entre as árvores marca o caminho mais fácil para subir a encosta, uma trilha bem erodida sulcada por gerações de pegadas de três dedos. O *Notiolofos*, semelhante a um camelo, um litopterno, abriu o caminho na floresta. Mais ou menos do tamanho de um pequeno dromedário, se alimenta das folhas baixas da floresta de faias do sul. Vivendo em um ambiente que varia mais anualmente do que em longos períodos, a anatomia do *Notiolofos* não mudou em milhões de anos. Na escala anatômica, a evolução parou, deixando o *Notiolofos* como um generalista harmonioso, capaz de lidar razoavelmente bem com as variações do ambiente, sem se especializar em nenhum em particular. Essa estase diante do caos foi apelidada de modelo "*plus ça change*". Em ambientes selvagens, como zonas de maré ou regiões polares, a versatilidade é uma característica valiosa. A constância gera especialização, mas em termos evolucionários é uma complacência. Nenhum ambiente permanece o mesmo para sempre, e se o nicho desaparece, segue-se a extinção.[19]

Na floresta mais fechada, uma imensa araucária recém-tombada, que deve ter chegado a trinta metros de altura em vida, agora repousa inclinada apoiada na densidade da vegetação. Ela apodrece rapidamente, com cogumelos brotando nas laterais. As hifas invisíveis, a raiz e a rede de comunicações do fungo, penetraram na casca e estão perfurando um caminho por dentro da madeira morta, separando suas células uma a uma. A decomposição é rápida nesse ambiente úmido. Em uma cavidade na gigante caída há o que parece uma bola de futebol de criança em tom verde. A parte externa é formada com grandes folhas impermeáveis, firmes e elegantes, revestindo uma esfera. Através do orifício de entrada, o interior é forrado de musgos e brotos de plantas jovens, aparados e secos como um feno aconchegante, macio como um chinelo de lã. Não há primatas aqui, a árvore ainda não abriga macacos. Esse ninho pertence a um parente do que os que se expressam em espanhol vão chamar de macaco das montanhas, um marsupial arborícola, o *monito del monte*.

Os *monitos* são graciosos gambás noturnos, fofos e de olhos grandes, mais ou menos do tamanho de um rato, com mãos que agarram e uma cauda enrolada e gorda, despelados no ventre, o qual estranhamente tem a dupla função de ajudar a escalar e armazenar gordura para o inverno. Eles vivem como arganazes, dormindo de dia e durante os meses frios. A ilha Seymour é lar de duas espécies primitivas, mas estas incluem uma que pesa cerca de um quilo, mais de vinte vezes o tamanho da espécie atual. Na verdade, a presença do *monito del monte* na América do Sul pode se dever à Antártida. Os marsupiais são divididos em dois grandes grupos, *Ameridelphia* e *Australodelphia*. Os marsupiais *Ameridelphia* incluem os gambás atuais e vários grupos extintos, inclusive os tilacosmilídeos-dentes-de-sabre carnívoros. Como o nome sugere, são endêmicos das Américas, particularmente da América do Sul. Os marsupiais *Australodelphia* incluem todas as formas da Austrália e das massas de terra vizinhas: cangurus e coalas, vombates e demônios da Tasmânia, numbats, petauros de açúcar, quokkas e quolls. Também incluem o *monito del monte*, atualmente só encontrado nas florestas temperadas chilenas de grandes altitudes de Valdivia e no oeste da Argentina. Na verdade, os *monitos* atuais não podem viver em nenhum outro lugar, pois dependem de uma planta específica para sobreviver. O quintral é um tipo de visco, uma planta parasita cujas sementes são espalhadas pelos *monitos*, parte fundamental do ecossistema florestal de *Nothofagus*. A profunda associação dos *monitos* com esse ecossistema acrescenta mais combustível ao quebra-cabeça biogeográfico. Será que o ancestral do *monito del monte* recuou das florestas de *Nothofagus* na Austrália? A linhagem australiana migrou e depois se diversificou? Os outros marsupiais da ilha Seymour são todos parte do agrupamento americano de marsupiais e não esclarecem esse enigma, cujas respostas se escondem sob os quilômetros de gelo antártico que irão recobrir essa floresta úmida.[20]

Por ora, contudo, em algum lugar no interior dessa floresta úmida espreitam alguns pássaros elusivos. As ratitas — parentes dos avestruzes, das emas, das casuares e dos kiwis — são outro grupo classicamente meridional, com membros presentes em todos os continentes do sul. Mas as relações entre as ratitas não dependem do continente. As duas ratitas da Nova Zelândia, o kiwi e o moa, não são primos próximos. O parente mais próximo do kiwi é a extinta ave-elefante de Madagascar, tendo em comum suas adaptações ao forrageamento noturno, a deficiência visual, o olfato apurado e os bigodinhos no focinho, com penas mais semelhantes a uma cabeleira desgrenhada do que às penas de voo de alta tecnologia dos *Osteodontornis*. Para tipos como esses pássaros não alados de Madagascar, locomover-se pela floresta escura no inverno antártico do Eoceno não seria um desafio, mas não temos nenhuma evidência concreta sobre a ratita da ilha Seymour a não ser um único osso do tornozelo que parece bem ser de uma ratita.[21]

Ao lado destes, um terceiro grupo de aves gigantes e não aladas vive nas florestas ao longo da margem do rio — os forusracídeos. Com pernas longas, encorpados e com asas atrofiadas, os bicos estreitos e retangulares ocupam mais da metade do crânio, com a ponta em forma de um abridor de latas. Aqueles na ilha Seymour são conhecidos como *Brontornithidae*, "pássaro-trovão", e provavelmente serão encontrados comendo animais mortos ou à espreita nas trilhas abertas pelos litopternos na ilha. Juntamente com os gastornis da Europa e os mihirungos da

Austrália do Mioceno — todos parentes carnívoros de aves aquáticas —, esses pássaros-trovão são os últimos ecos dos grandes dinossauros predadores terrestres. Mais tarde, no Mioceno, um forusracídeo de três metros de altura, o *Kelenken*, cujo nome deriva de um demônio no folclore patagônico, terá um crânio de 71 centímetros de comprimento, quase todo composto por um bico em forma de uma lâmina de ceifadeira.[22]

Os forusracídeos têm uma excelente visão, e a escuridão não será um estorvo enquanto a Terra seguir seu caminho ao redor do Sol e mudar as estações. Mas a alteração no ambiente é abrangente, uma vez que a ilha Seymour deixa de ser palco de banquetes de verão à meia-noite para mergulhar na escuridão. O Sol vai ficando cada vez mais baixo com o giro do planeta. Amanhã ele não vai aparecer, e será o começo de uma noite que vai durar três meses.[23]

Mesmo sem o Sol no firmamento, o céu invernal mudará diariamente. O dia será iluminado com a luz espalhada que percorrerá o céu, devido ao Sol estar tangente sob o horizonte. Em um ciclo de crepúsculo e noite, alteram-se os ritmos comuns da vida. Quando as mudanças na luz do dia se tornam menos diferenciáveis, o relógio biológico, o ritmo circadiano interno, não pode mais se manter. Em humanos desacostumados à noite polar, isso causa estresse, uma espécie de desajuste de fuso horário contínuo, quando o corpo não consegue validar sua expectativa com a realidade externa. Para alguns animais polares, o ciclo simplesmente para e a vida segue as necessidades internas. Os animais dormem quando estão cansados e acordam quando revigorados. Outros mantêm sua rotina diária mesmo na ausência de dias. Nem tudo é constante; o plâncton ainda sobe e desce no mar seguindo as fases da Lua, mas para muitos o inverno é uma pausa. As plantas param de respirar, desaceleram seu metabolismo. As coníferas podem manter suas acículas, mas muitas plantas, inclusive a *Nothofagus*, soltam suas folhas e a floresta prende a respiração. Em seus galhos, os *monitos del monte* simplesmente hibernam para escapar do frio do inverno, aconchegados em ninhos de bolas de musgo. Animais maiores não podem fazer isso devido às necessidades de energia, e assim o *Antarctodon*, o *Notiolofos* e as ratitas precisam se aventurar para encontrar alimento.[24]

Na floresta que escurece, os animais noturnos se destacam, bem como os adaptados à meia-luz, os chamados animais crepusculares. No crepúsculo desse dia, um focinho com bigodes sai de uma toca no sistema radicular de um cipreste. Ligeiramente parecido com um castor, mas muito menor, os olhos grandes mostram que está bem adaptado para aproveitar os poucos fótons irradiados pelo céu noturno polar. Gondwanatérios como esse são encontrados da Índia à América do Sul, consistindo em uma das linhagens mais antigas de mamíferos, um resquício do Mesozoico. Os membros dianteiros estendem-se para as laterais, mas os traseiros se mantêm em terra, conferindo a ele uma postura curiosamente combativa de um lutador de sumô ao rastejar hesitante em direção a uma *Nothofagus*, atraído pelo cheiro adocicado das folhas caídas. Ele não é a única criatura a procurar as faias do sul. Em vez de lançar sementes todo ano, pontualmente, e correr o risco de predação constante, as árvores em geral não produzem semente alguma. Em anos esporádicos de semeadura, como foi o do verão passado, todas as árvores lançam sementes de uma só vez e em grande número, um despejo coordenado de alimento para predadores de sementes. Com alimentos geralmente em falta, nunca há grandes populações de animais que comem sementes de *Nothofagus*, e assim o número de sementes liberado é muito maior do que pode ser consumido, garantindo a sobrevivência de algumas sementes, que se tornam mudas. Não se sabe exatamente como esse comportamento astuto é coordenado — estarão as árvores se comunicando por sinais hormonais ou todas respondem a algum estímulo do ambiente, alguma indicação de ser o momento de semear? O gondwanatério, juntamente com gambás, *monitos* e pássaros, procuram as nozes de *Nothofagus* que ainda não foram comidas, copinhos corrugados com sete ou oito sementes ainda espalhados pelo chão. São fáceis de localizar e mastigados com prazer.[25]

A vida evolui para se adaptar ao mundo em que se encontra, mas a geografia — das correntes oceânicas à posição dos continentes, dos padrões dos ventos à química atmosférica — define os parâmetros desse mundo. A diversidade da ilha Seymour é causada pelas consequências acumuladas do estado físico do planeta. A disponibilidade de recursos atrai plantas e animais em grande número, fomentando a competição, a adaptação, a especialização e a especiação. O clima também define os limites da vida. Os invernos escuros ainda são frios, o que impede muitas espécies de viver aqui. Diferentemente do Gargano, onde as condições da ilha beneficiaram um tamanho médio — o gigantismo de pequenas criaturas e o nanismo das maiores —, as regiões polares favorecem os extremos. Existem duas maneiras de sobreviver ao frio. Uma delas é hibernar, como fazem os *monitos* e outras pequenas criaturas, alterando os processos fisiológicos internos para sobreviver ao inverno. A outra é aumentar de tamanho, reduzindo a área de superfície em proporção ao volume para reter o calor interno. Um animal de tamanho médio não pode fazer nem uma coisa nem outra, e assim, no Eoceno da ilha Seymour, só existem animais menores que um coelho ou maiores que uma ovelha.[26]

Essa pressão só vai aumentar, pois os anos de fartura da Antártida estão quase no fim. Nos altos picos centrais, as neves no alto das montanhas duram todo o verão. Por ora, o frio se limita às grandes altitudes, mas à medida que a Terra esfriar mais uma vez, no Oligoceno, o gelo vai recobrir o continente inteiro, expulsando quase todas as plantas e animais. Vai começar devagar, com geleiras fluindo para o leste da península Antártica Ocidental e desprendendo icebergs de vida curta no mar de Weddell. À medida que a Índia colide com a Ásia, o Himalaia começa a subir, fazendo as rochas recém-expostas ao clima reagir com o dióxido de carbono e trazê-lo à terra. O declínio dos níveis de dióxido de carbono faz o gelo aumentar e a superfície branca reflete mais luz solar no espaço, diminuindo o calor absorvido pela terra e gerando mais gelo. Os padrões de fluxo de ar e de chuva vão mudar, as correntes oceânicas vão se reorganizar e as temperaturas vão cair. Uma a uma, as espécies da floresta úmida da Antártida esgotarão os limites de suas tolerâncias naturais. Mesmo a generalizada *Notiolofos* será incapaz de sobreviver. Toda espécie tem seu limite.[27]

Não se sabe exatamente quando e onde a biota antártica morreu na Antártida; nossos registros fragmentados começam no Oligoceno. Diferentemente das primeiras malfadadas expedições humanas ao interior da Antártida, não existe um diário, nenhum registro das datas e locais da morte das espécies. Os registros existentes estão soterrados nas profundezas da camada de gelo e só muito ocasionalmente rompem a superfície. Na geleira Beardmore, arbustos de *Nothofagus* sobreviverão até o Plioceno, mas da exuberante vegetação do Eoceno somente alguns musgos resistentes, liquens e hepáticas, umas poucas saginas e eleocharis chegarão ao presente. A província ecológica simbolizada pela Antártida do Eoceno permanece nas florestas de *Nothofagus* espalhadas pelo sul da Australásia, pela América do Sul e a África, mas já totalmente alterada desde o período da floresta úmida polar. Dos animais, somente os pinguins imperadores, graças ao seu comportamento social de aglomeração, extrema fidelidade aos companheiros e um conjunto de características de retenção de calor, se manterão teimosamente como os últimos habitantes vivos de uma terra que os abrigou e a seus parentes por dezenas de milhões de anos.[28]

No céu do começo do inverno na ilha Seymour, o sol se põe pela última vez pelos próximos três meses. Na orla dos ventos antárticos, os pássaros voam pela noite, orientando-se pelas estrelas brilhantes, ou talvez pelo campo magnético irradiado do núcleo de ferro nas profundezas da terra.[29] O céu parece girar em torno do Polo Sul, com as constelações rodopiando no firmamento e a inclinação do eixo da Terra girando pelas estações do ano. Abaixo, insones sob as estrelas, pássaros-trovão e feras-relâmpago caminham sobre o solo recém-enregelado.

CAPÍTULO 6

# RENASCIMENTO

*Hell Creek, Montana, EUA*
*Paleoceno — 66 milhões de anos atrás*

*"Quando as portas para o próximo mundo se vão,*
*um brejo não é uma má escolha"*
— Ransom Riggs, *O lar da srta. Peregrine para crianças peculiares*

*"Trümmer von Sternen: aus diesen Trümmern baute ich meine Welt"*
*"Os destroços de estrelas despedaçadas: Com esses destroços construí meu mundo"*
— Friedrich Nietzsche, *Ditirambos de Dionísio*

O mundo acabou. Dois anos atrás, um pedaço de rocha de pelo menos dez quilômetros de comprimento apareceu no alto do céu ao norte, caindo em direção ao sul e ao oeste a milhares de metros por segundo. Quase imediatamente após iluminar a estratosfera, colidiu com os mares rasos em Chicxulub, na península de Yucatán, no atual México. A crosta se estilhaçou e derreteu com o impacto, e o magma quente jorrou alto no céu. No ar frio, as gotículas de rocha se solidificaram, precipitando balas de esférulas de vidro quente sobre metade da América do Norte durante três dias. O pulso de calor decorrente queimou as florestas, matando dois terços das espécies de árvores do planeta, até o último espécime, causando um desmatamento que chegou à Nova Zelândia. Vibrações sísmicas repercutiram ao redor do planeta. Do outro lado da Terra, o impacto abriu brechas no oceano Índico. Ondas de choque aniquilaram ecossistemas continentais próximos, enquanto tsunamis maciços agitaram o fundo do mar. Com cem metros de altura, as ondas

HELL CREEK
Laramidia
Apalaches
*Mar Interior Ocidental*
• Cratera de Chicxulub

atravessaram o golfo em menos de uma hora, inundando não apenas a costa como também o interior, destruindo comunidades estabelecidas em toda a região do Caribe. Do outro lado do mar raso que cobre parte da América do Norte, uma onda estacionária oscilava de lado a lado como se estivesse numa banheira. Sob a cratera aberta pelo meteorito, de cem quilômetros de diâmetro, o óleo há muito soterrado sob o local do impacto foi instantaneamente incinerado. Os incêndios resultantes lançaram fumaça e fuligem na atmosfera, que logo recobriram a terra com uma mortalha de partículas espalhadas pelos ventos de grande altitude. Nos meses seguintes, as chuvas declinaram para um sexto do normal. O céu escureceu e, sem a luz do sol, as plantas e o fitoplâncton deixaram de produzir energia. E ainda não retomaram sua função. Em alguns lugares, a temperatura caiu pelo menos três ou quatro graus; em

*Baioconodon* sp.

termos globais, a temperatura média em terra caiu abaixo de zero. Depois de dois anos de escuridão, dois anos sem fotossíntese em qualquer lugar do mundo, dois anos de chuva infundida com ácido nítrico e sulfúrico penetrando os oceanos, populações pereceram. Espécies adaptadas ao calor não conseguiram sobreviver, e herbívoros e carnívoros de grande porte morreram de fome, privados de um suprimento confiável de alimento. Os decompositores assumiram o controle, com fungos digerindo os restos de comunidades mortas e moribundas sob o céu escuro do dia. Para três quartos das espécies na Terra, todos os machos, todas as fêmeas, todos os adultos e todos os filhotes morreram. É o inverno que dura uma geração.[1]

O início do Paleoceno, uma época nascida do fogo, aparece nos registros fossilíferos como uma falha técnica na gravação de uma câmera de segurança, alguns quadros trêmulos de estática após os quais a imagem retorna e tudo mudou. Uma camada de irídio, um elemento químico encontrado em altas concentrações em meteoritos, recobre todo o planeta, polvilhada em rochas sedimentadas 66 milhões de anos antes do presente, uma assinatura alienígena do golpe mortal. Estima-se que apenas um oitavo da superfície da Terra era suficientemente rico em hidrocarbonetos de modo a produzir o manto fuliginoso que causou o inverno da extinção, mas essa má sorte mudou tudo. Centímetros abaixo, nas camadas pouco mais velhas, encontra-se o que restou do mundo dos dinossauros — herbívoros como o pequeno *Leptoceratops*, o *Pachycephalosaurus* com seu crânio abobadado, o *Ornithomimus* desdentado —, ao lado de seus predadores, os *Tyrannosaurus*. Os pterossauros Azhdarchidae, os maiores voadores de todos os tempos, maiores e mais leves que os primeiros aviões dos irmãos Orville e Wilbur Wright, planavam acima. Répteis leviatânicos fervilhavam nos mares próximos. Centímetros acima da camada de irídio, encontramos uma coleção heterogênea de mamíferos de pequeno e médio porte que comiam raízes, tubérculos e insetos. Ao lado de alguns crocodilos, talvez de uma tartaruga. Até três quartos de todas as espécies de plantas e mamíferos e todos os dinossauros desapareceram — com exceção de alguns grupos de pássaros —, e já há novos organismos em seu lugar. A transição é tão rápida que desafia a compreensão, e na verdade confundiu os primeiros esforços científicos para entender o fenômeno. Foram necessários mais de cem anos de pesquisa geológica para que se reconhecesse que o Paleoceno realmente ocorrera. No fim, ele foi inserido no início do Eoceno como um estágio intermediário, ligando o mundo dominado pelos arcossauros — pterossauros, dinossauros e os parentes dos crocodilos — ao dos primeiros cavalos, primatas e carnívoros.[2]

Em 1922, H. G. Wells escreveu: "Ainda há um véu aqui, sobre até mesmo o esboço da história da vida. Quando ele se ergue de novo, a Era dos Répteis chegou ao fim. [...] Encontramos agora um novo cenário, uma nova e mais resistente flora, e uma nova e mais resistente fauna em posse do mundo".[3] Para conhecer essas novas e mais resistentes plantas e animais, e entender como eles herdaram a Terra, precisamos nos distanciar um pouco, tanto no tempo quanto no espaço, da colisão destrutiva em si. Depois do fim do mundo, só há um lugar aonde podemos ir. Precisamos atravessar o rio. Precisamos ir para o inferno.

Trinta mil anos depois da colisão do asteroide, o ar está cheio de uma sensação inconfundível — intrusiva demais para ser um simples cheiro — de pântano e samambaia, ao mesmo tempo úmida e revigorante. Abaixo, a supurante sucção do solo molhado. Quando vem uma tempestade tropical, a chuva cai e infiltra todos os aspectos do ambiente com uma umidade osmótica e pervasiva. Nas longínquas montanhas do oeste, uma pincelada oleosa de cinza é desprovida de vida; a chuva causou mais um deslizamento de terra, derrubando a última geração de jovens árvores. É como se as montanhas tivessem perdido a esperança e estivessem lentamente afundando no mar. Estamos na margem oeste da Via Marítima Interior Ocidental, um mar tépido e raso que inunda a região central de baixa altitude da América do Norte e divide-a em duas massas de terra menores, Laramidia a oeste, composta pela recente região das Montanhas Rochosas, e Apalaches a leste, abrangendo tudo desde a Flórida à Nova Escócia, passando pelo Tennessee. O mar tem recuado nos últimos milhões de anos, e Laramidia e os Apalaches estão começando a se juntar em seus extremos norte. Mas o continente norte-americano continua em grande parte dividido por esse mar raso e produtivo. Nas planícies da costa leste de Laramidia havia um sistema fluvial suavemente sinuoso, delimitado por florestas altas e habitado por feras enormes, conhecido nos dias atuais como Hell Creek. No dia em que o mundo escureceu, enquanto o vidro vermelho e brilhante se precipitava, uma inundação de calor intenso veio do sul, uma enorme onda infravermelha. Essas florestas queimaram e quase quatro de cada cinco grandes espécies de plantas foram exterminadas para sempre. Raízes profundas e entrelaçadas, as mantenedoras da integridade da terra, não mais conseguiam segurar os corpos acima do solo transformado em cinzas. Sem árvores para fixar as encostas ou beber profundamente de seus rios, a tempestade agora satura o solo, e a água, a eterna arquiteta da Terra, nivela montanhas em planícies. O denso leito rochoso não deixa a água escoar, elevando o lençol freático. Os rios transformam-se em charcos, turfeiras, paisagens alagadas. Pelas bordas, em trechos de terreno mais alto, as espécies de árvores sobreviventes começaram a se espalhar de seus refúgios e agora formam bosques esparsos, entrelaçados com canais de água de pântanos esquálidos.[4]

É como se a vida na Terra tivesse sido reiniciada. Liquens, algas, musgos e especialmente samambaias se espalham pela nova paisagem, recapitulando a evolução original das plantas, com as circunstâncias pedindo ao mundo para escolher mais uma vez os seus habitantes. Depois dos desastres, são os oportunistas que se recuperam primeiro, e entre as plantas as samambaias estão entre as maiores oportunistas. Capazes de se fixar em solos pobres em nutrientes, versáteis e de crescimento rápido, os esporos de samambaia germinam e prosperam onde outros perecem. No mundo todo, há um aumento nas populações de samambaias, na medida em que lançam seus esporos diferenciados ao vento, cada célula um investimento barato em novos imóveis, um ponto de apoio numa paisagem devastada, obtendo uma rápida vitória enquanto outros sofrem. São os táxons dos desastres, as espécies pioneiras, os modificadores do ambiente que tornam o mundo mais habitável. Às vezes são espécies que escoram o ambiente, por exemplo, ao desenvolverem solos mais férteis, criando condições que outras menos adaptáveis possam aproveitar. Outras vezes, as espécies bem-sucedidas são mais ativamente competitivas, simples espécies de crescimento rápido que logo se aproveitam dos recursos livres. Excluem as outras enquanto puderem, mas acabam sucumbindo à medida que são superadas por espécies de crescimento mais lento e mais avessas ao risco. Seja qual for o mecanismo, a sucessão acaba por restaurar a diversidade anterior do ecossistema. O auge das samambaias será intenso e de curta duração, o crescimento e o colapso em escala de milênios dos que se arriscam em termos evolutivos, mas a restauração da diversidade pré-extinção levará quase 1 milhão de anos. Na geologia, tempo e distância estão inextricavelmente interligados; aqui, o auge das samambaias dura apenas um centímetro de registro rochoso, uma camada de esporos e argila.[5]

De uma pequena encosta, o pântano de samambaias parece se estender por quilômetros, mas esse terreno relativamente alto é também refúgio para outras plantas. Alguns ciprestes dos pântanos, *Glyptostrobus europaeus*, marcam a beira do lodo como salva-vidas em meio metro de água coberta de lentilha-d'água, suas raízes bambas despontando na superfície para ajudar na respiração, enquanto em terra sequoias anãs jovens e esguias, *Metasequoia occidentalis*, sobem em direção ao céu. A maioria das árvores é de *Populus nebrascensis* orgulhosas e eretas, primas dos álamos e dos choupos. Entre elas há muitas *Artocarpus lessigiana*, parentes primitivos de jaqueiras e plátanos, cujas folhas em forma de pés de pato parecem estranhamente apropriadas para o clima.[6]

Você pode dizer muito sobre uma paisagem a partir de suas folhas. Principal órgão de aquisição de alimentos e respiração, exercem a função de pulmão e intestino, expostas de forma vulnerável nas extremidades da planta. É uma situação de risco. Em um ambiente muito seco, os estômatos vazarão água muito rapidamente para o ar. Antes da evolução da fotossíntese $C_4$, antes da origem das plantas suculentas, ainda existem algumas formas de combater isso; folhas podem ser reduzidas em número ou em tamanho. A cera produzida por todas as folhas torna-se mais densa, mais espessa, para evitar a perda de água. Se o mundo estiver chuvoso, a água acumulada rompe a folha ou provê uma brecha para infecção fúngica, por isso as folhas se adaptam desenvolvendo bordas que, como o bico de um jarro, canalizam a chuva até uma "ponta de gotejamento", despejando a água no chão sem romperem. A proporção de folhas com pontas de gotejamento em um local proverá uma estimativa razoável da precipitação no lugar. *Populus*, o álamo, é um exemplo; a própria folha tem a forma de uma gota de chuva. O *Platanus reynoldsii* tem três em cada folha.[7]

Como se tivesse um prazo limite, a chuva diminui de repente e as árvores parecem relaxar, seus galhos suspirando com o alívio do peso do clima. Continuam a pingar, a água escorrendo, penetrando no solo e levando junto um pouco dessa cera resistente à água. Cada tipo de cera tem uma composição química característica das folhas de que escorre, marcando no solo uma assinatura das plantas que outrora o sombrearam. Plantas com flores produzem mais cera que as com pinhas, ambas as ceras formadas por moléculas mais longas que as da cera dos musgos. Em ambientes mais áridos, as moléculas de cera são mais longas, o que evita a perda de água para o ar seco. Essa química é mantida mesmo quando o solo endurece e se mineraliza em rocha e, até certo ponto, pode revelar quais plantas já estiveram presentes. Muito depois da morte, incorporadas ao leito rochoso, suas manchas e vestígios químicos permanecerão.[8]

Não são só plantas que exploram essa ilha no pântano. Um pequeno animal, o *Mesodma*, domina esse ecossistema, compondo quase três quartos da comunidade local. Com grandes dentes frontais, mandíbulas quadradas e movimento de trepador, à primeira vista pode ser confundido com um rato do campo, mas o *Mesodma* não é um roedor. No fundo de sua boca há um dente diferente do de qualquer mamífero dos dias atuais. Parecido com metade de uma serra circular implantada na gengiva, o grande e maciço pré-molar cumpre um propósito semelhante. As serrilhas se estendem em canais estriados até a linha da gengiva, e esse arranjo cria uma lâmina arredondada feita sob medida para caules lenhosos. O *Mesodma* é um multituberculado, parte de um grupo que vem se diversificando desde o Jurássico, basicamente do tamanho de um rato e cuja alimentação varia de sementes a frutas ou caules; há desde escavadores a trepadores.[9]

Poucos grupos de mamíferos — entre os conhecidos no Cretáceo — sobreviveram, e nenhum saiu incólume. No hemisfério sul, os monotremados, que incluem os atuais ornitorrincos e equidnas, mal sobreviveram, mas são atletas da resistência evolutiva. Pode não haver muitos, mas eles vão manquitolar até os tempos modernos, nunca diversos, nunca comuns, mas sempre presentes, embora invisíveis aos registros fossilíferos. Os metatérios com bolsas, progenitores dos marsupiais, costumavam ser comuns em toda a América do Norte. Agora, apenas alguns sobrevivem aqui, e também acabarão restritos ao sul. Dois outros grupos incomuns de mamíferos insetívoros, os tentaculares simetrodontes, com seus molares triangulares penetrantes e esporões nos tornozelos, e os driolestídeos, semelhantes a ouriços sem espinhos, podem ter sobrevivido. O único simetrodonte é um espécime controverso chamado *Chronoperates*, o andarilho do tempo, uma dentição do fim do Paleoceno de um grupo do Mesozoico, deslocado no registro geológico. Um driolestídeo do tamanho de um cachorro, o *Peligrotherium*, o "animal preguiçoso", é conhecido desde o início do Paleoceno da Patagônia, enquanto outro, o *Necrolestes*, o "ladrão de túmulos", é da mesma parte do mundo, mas muito mais tardio, no Mioceno. Um escavador semelhante à toupeira, com um focinho sensível, o *Necrolestes*, é tão altamente especializado que ainda não se sabe bem a qual grupo pertence, enquanto o *Peligrotherium* é considerado como um mamífero placentário por alguns. Para os dois serem driolestídeos são necessários quase 40 milhões de anos de história evolutiva perdida, uma lacuna grande, porém não intransponível. Talvez, como os monotremados, esses grupos tenham sobrevivido, mas não foram preservados em virtude da sua ecologia.[10]

Quando o assunto é preservação, nem todos os ambientes são iguais. Para se tornar um espécime de museu, o morto deve resistir à decomposição, estar coberto de sedimentos e não ser erodido, metamorfisado ou soterrado além do alcance do cinzel e da broca. Os mamíferos de Hell Creek têm uma vantagem sobre os pássaros nesse aspecto — os dentes. Revestidos com esmalte protetor, os dentes são física e quimicamente mais resistentes que os ossos, e se preservam numa proporção muito maior. Os dentes dos mamíferos, e em particular os molares, têm padrões distintos de cúspides e sulcos, com vários tipos de cristas conectando-os e dividindo-os ao longo das bordas. A forma de um único molar inferior pode identificar uma espécie com precisão, embora não seja tão fácil usar os dentes para descobrir como as espécies estão inter-relacionadas; em certa medida, a adaptação convergente a uma dieta semelhante encobre as características em comum que vêm da história familiar.[11]

Para muitas famílias, gêneros e espécies, o Paleoceno não é um fim, mas um começo. No mundo todo está acontecendo uma recuperação. Por necessidade, isso significa diversificação dessas poucas linhagens sobreviventes, a origem de novos grupos, quando uma espécie pode se tornar uma ordem. Peixes ósseos, lagartos, marsupiais, muitos tipos de pássaros estão se diversificando num mundo onde os nichos estão vazios e prontos para ser preenchidos.[12]

Como humanos, somos eutérios — na arrogante terminologia vitoriana, os "verdadeiros animais". Nossos parentes eutérios eram diversos no Cretáceo e sobreviveram ao evento de extinção em massa. Ancestralmente insetívoros, como tantos grupos de mamíferos, são definidos por seus descendentes, os mamíferos placentários. Embora diversos no hemisfério norte durante o Cretáceo, também são conhecidos no continente insular da Índia, agora tão distante de outras massas de terra quanto jamais será. Mesmo com essa ampla distribuição, mais da metade das famílias dos eutérios foi totalmente exterminada. Somente três grupos de eutérios sobreviveram por certo período: os cimolestídeos, sobretudo predadores, os leptictídeos, semelhantes aos jerboas, e os placentários. Não sabemos exatamente quantas linhagens placentárias sobreviveram para deixar descendentes; a maioria das estimativas gira em torno de dez. Tampouco sabemos diretamente como era a anatomia das linhagens placentárias sobreviventes, pois não há nenhuma conhecida antes do evento de extinção. Em retrospecto, pode-se inferir que sua ecologia era a de um pequeno insetívoro noturno. As placentas só são encontradas nos registros fossilíferos a partir desse ponto. Esse foi seu alvorecer, quase em seguida ao cataclismo.[13]

Brotando de um riacho estreito, um grupo de samambaias desponta e se abre, rasgando a teia de uma aranha, enquanto um animal esbelto do tamanho de um gato, seguido por dois filhotes, surge para tomar água. Talvez pudessem ser chamados de bezerros, mas é difícil saber; ainda não faz sentido falar de cães ou gado, de macacos ou cavalos. Nenhum desses grupos existe ainda, mas aqui é onde, ou pelo menos quando, eles começam, no mundo que se recupera dos destroços do impacto de Chicxulub. Este é um dos primeiros mamíferos placentários. Os nomes perdem a tangibilidade nas profundezas do passado, e nossa linguagem não tem descrição para os jovens de ancestrais comuns, numa época em que esses grupos começaram a se separar uns dos outros. Em vários locais existem tribos de organismos, os remanescentes reunidos de distribuições mais amplas, separados pela calamidade, para nunca mais se encontrarem nos ramos da árvore da vida. Esses dois jovens *Baioconodon* são irmão e irmã, mas talvez, quando crescidos, um deles migre para novas pastagens. Talvez seus filhotes nunca se encontrem, suas comunidades nunca se misturem. Podemos especular que são ancestrais, respectivamente, de morcegos e cavalos.\* Em algum ponto da genealogia desses animais, suas linhagens devem convergir em populações de ancestrais, e o Paleoceno é o berço da maioria das ordens placentárias.[14]

É incerto em que ponto o *Baioconodon* e muitos outros mamíferos enigmáticos dessa época se encaixam na árvore genealógica dos mamíferos. Alcançar esse trecho de pântano e arrancar um tufo de cabelo ou extrair algum DNA realizaria a fantasia de muitos paleontólogos.

---

\* Especular porque as espécies não são, é claro, descendentes de indivíduos, mas de populações. Dentro dessas populações, porém, se dois irmãos se encontrarem em lados opostos de uma divisão, em diferentes pools genéticos, sua separação seria uma divergência entre muitas. Quanto a morcegos e cavalos, eles estão surpreendentemente relacionados, dentro da "superordem" placentária dos laurasiatérios. Alguns sugerem que morcegos, perissodáctilos (incluindo cavalos) e carnívoros formam um grupo bem unido, jocosamente conhecido como *Pegasoferae* (os "cavalos alados selvagens"), mas as inter-relações entre os laurasiatérios são notoriamente difíceis de definir. Criaturas como o *Baioconodon* estão em algum lugar perto da base da radiação placentária e laurasiatéria, mas afirmar com certeza que uma espécie é ancestral direto de outra seria imprudente.

Porém, 66 milhões de anos é muito tempo, e com certeza o *Baioconodon* se assustaria e fugiria correndo.[15]

Por ora, precisamos nos contentar em continuar assistindo e esperar por melhores evidências. Suas anatomias são muito evasivas, muito semelhantes entre si e ao mesmo tempo bastante distintas de muitas ordens extantes para serem situadas com confiança. A semelhança facial é a de um ouriço gigante de focinho achatado, ou algo como a fossa, parente do mangusto de Madagascar, mas isso é sobrepor demais grupos posteriores a eles. São placentários amorfos não especializados, um pedaço de barro vivo do qual todos os outros são extraídos e moldados. Até certo ponto, isso se aplica a muitas famílias de mamíferos do Paleoceno, que agora juntamos num grupo que chamamos de "Condylarthra", conhecido por ser uma lixeira, um armário de museu com um rótulo marrom e descascado onde jogamos todos os primeiros mamíferos que não sabemos como arquivar. Em meio a essa miscelânea, o *Baioconodon* é parte da família do "cão-urso", o *Arctocyonidae* — talvez uma lixeira em si.[16]

Embora seus ancestrais fossem insetívoros, nas profundezas das células desses animais os genes que codificam as enzimas necessárias para romper o exoesqueleto rígido dos insetos estão sendo desativados. Mesmo quando um animal está adaptado a comer insetos, pode ser mais fácil, para evitar a competição, tentar uma dieta nova, menos comum, por mais dificultosa que seja, como plantas. Se as enzimas digestoras de insetos deixam de ser utilizadas, não há mais vantagem em mantê-las. Não há nenhum mecanismo que verifique as instruções da quitinase sendo passadas de pai para filho, e num jogo evolutivo de telefone sem fio as informações ali contidas tornam-se gradualmente inúteis. Os resquícios desses genes podem ser encontrados em humanos, em cavalos, em cães e gatos, uma vaga memória genética de um passado insetívoro e em que, curiosamente, as perdas parecem ter ocorrido independentemente umas das outras.[17]

Um *Mesodma* passa correndo pelo *Baioconodon* e escala como um esquilo o galho de um álamo em busca de alimento. Descendo por uma trepadeira lenhosa, rejeita algumas bagas escuras e baixas entre as folhas cortantes da *Cocculus flabella*, o menisperbo. Um *Procerberus*, um animal pouco maior que se abriga sob as videiras, algo como um grande e agressivo musaranho, ladra assustado e foge pela vegetação, seu esconderijo localizado. O fruto do menisperbo não é um bom alimento para o *Mesodma*; cresce rápido e sobe por árvores maiores em busca do sol, por isso é abundante, mas suas sementes são tóxicas. A neurotoxina pode paralisar um mamífero, mas é menos eficaz em aves, uma resistência explorada pela planta para dispersar suas sementes. As aves que vivem nessas matas esparsas são terrestres, assemelhadas a codornas ou a macucos. Para os arborícolas, a queima das florestas foi realmente devastadora. É possível que, de cada família de aves, só as que nidificam no solo tenham conseguido sobreviver. Seus ossos frágeis implicam que seus registros são fragmentários de várias maneiras, mas as primeiras aves conhecidas do Paleoceno se encaixam nessa teoria. São todas aves marinhas que nidificam nas rochas, habitando a costa oeste do Atlântico, na Via Marítima Interior Ocidental, na ilha de Apalaches.[18]

Ninguém sabe ao certo o que permitiu que criaturas como os arborícolas *Mesodma*, o *Procerberus* ou os primeiros parentes placentários sobrevivessem onde tantos outros foram extintos. Alguns aspectos de sua história de vida devem ter ajudado; animais menores não precisam de muito alimento para sobreviver e, assim como as samambaias, reproduzem-se rapidamente e geram grandes proles, uma estratégia dispersiva mais provável de dar frutos em um ambiente imprevisível. A reprodução precoce ajuda na adaptação, pois é necessário menos tempo para um indivíduo sobreviver antes de se substituir na população muitas vezes. Viver em tocas no subsolo, onde a temperatura é menos variável, teria sido uma proteção contra todo o calor abrasador, a precipitação radioativa e o inverno causado pelo impacto meteórico, e quase certamente foi um fator que contribuiu para a sobrevivência de muitos animais. Nos anos 1960, quando se fizeram muitos testes de armas nucleares no deserto de Nevada, as tocas de ratos-cangurus, a no máximo cinquenta centímetros abaixo da superfície, foram o suficiente para garantir sua sobrevivência, apesar das explosões de bombas atômicas.[19]

Ser um animal aquático talvez também representasse uma proteção — tartarugas, tal como salamandras e outros anfíbios, se saíram relativamente bem, mas ainda assim vários animais aquáticos, como parentes de crocodilos e outros répteis marinhos, foram destruídos ou perderam quase toda sua diversidade. A diversidade dos crocodilos remanescentes de hoje é incrivelmente baixa em comparação com suas contrapartes do Cretáceo. Longe de serem predadores semiaquáticos de tocaia, os crocodilos do Cretáceo incluíam o ágil e quase felino *Pakasuchus* da Tanzânia; a família totalmente marinha dos Thalattosuchia, com suas nadadeiras e caudas de tubarão; e o *Simosuchus* de nariz achatado, um herbívoro escavador de Madagascar do tamanho de um iguana com dentes em forma de cravo, não conseguiu sobreviver, apesar das vantagens desse estilo de vida. A história de vida faz diferença, e mesmo a morte aparentemente indiscriminada trazida por uma colisão meteórica afeta alguns modos de vida mais do que outros.[20]

Às vezes, basta ser comum. Antes da extinção, os rios da região de Hell Creek abrigavam pelo menos doze tipos de salamandras. Só quatro dessas espécies sobreviveram — as quatro que, somadas, constituíam 95% da população de salamandras pré-extinção. Sua abundância as tornou mais resilientes a colapsos populacionais. A água de Hell Creek ainda mantém suas massas gelatinosas de ovos, mas agora são quase exclusivamente de uma espécie. Na água doce, porém pouco oxigenada, os peixes que vivem no fundo, como o bowfin, dotados de guelras mas capazes de respirar ar, ou o peixe-violão, que se enterra no lodo e caça moluscos — uma vida lenta — são os principais habitantes. Tartarugas de água doce sobem em troncos. Em algum lugar, lagartos predadores chamados *Champsosaurus* e grandes crocodilos semelhantes a jacarés mantêm-se de tocaia, a maioria submersa na água, abocanhando peixes. Dos crocodilomorfos que viveram no fim do Cretáceo, só sobreviveram pelo mundo os adaptados a faixas mais amplas de salinidade, que vivem no interior e ao redor das regiões limítrofes do mundo, onde a água salgada encontra a água doce. Mais uma vez, versatilidade gera sobrevivência.[21]

Na superfície, lentilhas-d'água flutuam em esteiras, enquanto círculos sobrepostos de *Quereuxia* flutuantes começam a brotar e florescer. Libélulas flanam precariamente, rentes à água. Meio escondido entre as árvores encontra-se o verdadeiro herbívoro especialista. O *Mimatuta*, outro mamífero com a estratégia placentária de gestação interna de longo prazo, tem o tamanho de um fox terrier e saiu do terreno pantanoso para roer uma raiz de gengibre exposta. De cauda longa e postura baixa para seu tamanho, do pescoço para trás não difere muito de um pequeno texugo marrom, meio agachado e robusto. A cabeça é mais abobadada que a de um texugo, mas as mandíbulas são mais aprofundadas que as de um *Baioconodon*; é um animal acostumado a mastigar. Assim, a família dos *Periptychidae* está se adaptando a uma vida herbívora. Os parentes do *Mimatuta* estão crescendo, desenvolvendo dentes bulbosos ideais para mastigar raízes saborosas nas profundezas da floresta, mais ou menos como o javali. O focinho do *Mimatuta* é revestido por vibrissas, bigodes sensíveis a alimentos na vegetação rasteira.[22]

Com o desaparecimento dos dinossauros, os mamíferos placentários recém-encorpados, como o *Mimatuta*, são os maiores animais terrestres. O *Mimatuta* é um empreendedor, explorando plantas agora liberadas da competição de *Triceratops* ou de *Pachycephalosaurus*. O sabor acentuado do gengibre costuma afastar os predadores, mas o *Mimatuta* insiste assim mesmo, bem como as larvas de besouros. Nas imediações, folhas de um loureiro são rabiscadas com linhas claras aparentemente aleatórias, parecidas com rastros de caracóis, mas dentro da folha. Esses pequenos túneis indicam a presença de larvas minúsculas que escavam e se alimentam do tecido foliar. A membrana fina da folha é uma janela transparente para a atividade interna, enquanto a larva move sua cabeça de um lado a outro, se contorcendo em torno de seu eixo. É um mineiro de folhas, a lagarta sedosa de uma mariposa gracilária. As larvas jovens eclodem na lateral da folha, perfuram e entram após a quarta muda. Lá permanecem até estarem prontas para a pupa, envolvendo-se em seda e emergindo minúsculas e esvoaçantes.[23]

Os insetos não se preservam bem no registro fossilífero; são muito pequenos, muito soprados pela poeira para serem preservados nos sedimentos, a não ser nos mais delicados. Em Hell Creek, o sistema fluvial e o pântano têm muito pouca resolução para preservá-los, mas suas profundezas abissais preservam folhas reveladoras, enterradas no fundo do lodo. Com elas será preservada toda a atividade de seus diminutos predadores, perfurações, túneis escavados entre veias, galhas e feridas de insetos sugadores. Nenhuma planta é imune; milhares de folhas de cicas e ginkgos, de coníferas, de samambaias, até as *Quereuxia* foram danificadas. Uma mordiscada semicircular aqui e ali, a única evidência das borboletas de Hell Creek que sobreviverão às devastações da geologia. Mas a extinção matou mais do que os vertebrados. Mesmo os insetos, apesar de abundantes, não são tão diversos quanto antes. Os diferentes números de ecótipos — que vivem com muito pouco — diminuíram. Onde as plantas hospedeiras foram extintas, as larvas não conseguiram se alimentar e se perderam. Dos insetos especializados, 85% desapareceram, e foram os generalistas que sobreviveram. As larvas de besouros que se alimentam do gengibre não são seletivas quanto ao que comer e continuam aqui; a gracilária só vive porque o loureiro sobreviveu.[24]

No jogo complexo que é um ecossistema, todos os componentes estão ligados a alguns outros, mas não a todos, numa teia não só alimentar, mas de competição, de quem mora onde, de luz e sombra, e de disputas internas nas próprias espécies. A extinção irrompe nessa teia, quebrando conexões e ameaçando sua integridade. Um fio cortado faz a teia oscilar, mas ela se refaz e sobrevive. Mais um fio cortado, e a teia ainda se mantém. Durante longos períodos, os reparos são feitos à medida que as espécies se adaptam, chegando-se a novos equilíbrios, com novas associações. Se muitos fios forem rompidos de uma só vez, a teia entra em colapso, pairando na brisa, e o mundo terá de se contentar com o pouco que resta.

Assim, após um evento de extinção em massa ocorre uma rotatividade, com novas espécies surgindo, a teia se autorreparando. Não se sabe ao certo de onde exatamente o *Mimatuta* e o *Baioconodon* vieram. Eles não têm nenhum ancestral óbvio no Cretáceo Superior, e por isso temos de nos perguntar se simplesmente evoluíram rápido demais para ser captados pela velocidade dos fotogramas do registro fossilífero ou se chegaram de algum outro lugar, algum lugar não preservado pelo registro fossilífero, já a meio caminho de seu nicho onívoro, mas disfarçados pela preservação ambiental errática através do espaço e do tempo geológicos. Teriam evoluído longe do alcance das câmeras, em algum berço cretáceo, separando-se uns dos outros e só se definindo ao surgir a oportunidade de expandir seu alcance, tanto na geografia quanto na ecologia?

Estas são perguntas sem resposta sobre animais enigmáticos, apenas algumas entre muitas, em geral difíceis de responder com certeza. É como se na morte eles tivessem atravessado o Lete, o rio do esquecimento, com a memória de seus ancestrais apagada pela passagem do tempo.

Os mamíferos de Hell Creek e do mundo todo no início do Paleoceno sempre tiveram um apelo quase mitológico. A espécie de *Baioconodon* que vive à beira d'água recebeu originalmente o nome de *Ragnarok*.

O termo é tirado do apocalipse da mitologia nórdica, o fim do mundo previsto pelas três velhas que tecem no tear do destino, sempre fazendo e desfazendo, tecendo o mundo e deixando-o se desfazer.[25]

Outros são inspirados em mitologias mais recentes; um dos primeiros mamíferos do Paleoceno foi chamado de *Earendil undomiel*. Na mitologia de Arda de J. R. R. Tolkien, Eärendil é o viajante, a estrela da manhã que anuncia a alegria que se aproxima, uma referência a um poema anglo-saxão que usa essa imagem para descrever João Batista, que no cristianismo é o arauto de Cristo. Pelas extravagâncias da taxonomia, o espécime chamado *Earendil undomiel* é agora considerado uma espécie de *Mimatuta*, um parente próximo, talvez descendente, dos *Mimatuta* daqui. O próprio *Mimatuta* tem uma etimologia élfica no idioma sindarin, que significa "joia do amanhecer". Os nomes dados a essas espécies têm motivo para evocar a manhã. Os *Periptychidos* e *Arctocyonidae* do início do Paleoceno podem ou não deixar descendentes que perdurarão até os dias atuais, mas são os pioneiros ecológicos da era dos mamíferos. Onde eles liderarem, outros grupos os seguirão. Em retrospecto, é fácil ver esses mamíferos como os arautos da exploração posterior, o avanço fisiológico dos limites, que culmina nas formas bizarras de morcegos e baleias, de tatus e elefantes.[26]

Há um mundo a conquistar, teias ecológicas danificadas a reparar, e embora os dinossauros continuem a ser mais comuns até os dias de hoje (ainda existem duas vezes mais espécies de aves que de mamíferos), são os mamíferos que, no geral, ocuparão o topo da cadeia alimentar. Em toda a história dos mamíferos, é agora que eles começam a atingir novos patamares de diversidade, em número de espécies e disparidade de anatomia. Para nós, *Periptychidos* e *Arctocyonidae* fazem parte dessa nova fauna de mamíferos.[27]

No momento da colisão do meteoro de Chicxulub, todos os primatas, lêmures voadores, musaranhos, coelhos e roedores ainda precisavam se diversificar. Todos estavam unidos em uma, talvez duas ou três espécies, ancestrais comuns a todos. Nossos ancestrais estão aqui, e contêm em seu código genético a essência do que significa ser um primata. Os ancestrais de alguns dos maiores mamíferos terrestres que já existiram, o *Paraceratherium*, de dezessete toneladas e primo do rinoceronte, estão aqui, e são os mesmos indivíduos cujos descendentes vão se miniaturizar e voar, como o morcego-abelha, o menor deles. A gama de formas anatômicas se expandirá rapidamente, explorando as diferentes possibilidades de ser um mamífero, antes de afinal se especializarem nos grupos que conhecemos no presente. Parece uma promessa quase bíblica: seus descendentes chegarão a todos os cantos da Terra e mais além.[28]

Porém, olhar demais para a frente é ser teleológico; o mundo de Hell Creek não está subordinado ao futuro nebuloso que chamamos de presente. Muitas espécies não terão tanto sucesso genealógico. A família dos *Procerberus*, os cimolestídeos, se mudará para novos nichos, diversificando-se e sobrevivendo por mais 30 milhões de anos antes de sucumbir à extinção, nos últimos tempos sendo conhecidos como algumas formas semiaquáticas semelhantes a lontras do início do Oligoceno, na Europa. Da mesma forma, os multituberculados, como o *Mesodma*, por ora os dominantes onipresentes da América do Norte, durarão até o final do Eoceno, com um do gênero, o *Ectypodus*, ainda sendo encontrado no Ártico até o grupo desaparecer para sempre, depois de 120 milhões de anos de existência. A extinção é uma parte inevitável da vida, mas extinções em massa são raras, e dificilmente a ordem estabelecida é revogada tão rápido. Por enquanto, multituberculados, cimolestídeos, periptiquídeos: todos fazem parte do grupo de mamíferos que exploram esta Terra arrasada, este mundo cuja diversidade foi destruída por acasos devastadores e rápidas mudanças climáticas. A recuperação total dos ciclos naturais da Terra levará muitos milhões de anos.[29]

Mas a recuperação já está em andamento. Mesmo no local do impacto do asteroide, a vida retornou a um ecossistema altamente produtivo. No que se tornará o Colorado, mais ao sul ao longo dessa mesma costa, o local conhecido como Corral Bluffs registra em detalhes a posterior recuperação do planeta. Assim como em Hell Creek, as primeiras comunidades mostram uma paisagem dominada por samambaias, com alguns táxons originários da calamidade compondo a maior parte da vida. Cem mil anos depois da extinção em massa, o número de espécies de mamíferos dobrará. Em 300 mil anos, a especialização de nicho começou a ocorrer, e junto com a nova e mais resistente fauna do Paleoceno, novos tipos de plantas, além de samambaias e palmeiras, estão se tornando partes significativas do ecossistema. As primeiras árvores da família das nogueiras e as primeiras vagens surgirão em breve — com suas sementes nutritivas oferecendo suplementos ricos em proteínas à dieta de mamíferos herbívoros cujos ancestrais recentes se alimentavam basicamente de insetos. O calor ressurgirá e, com ele, as florestas voltarão a vicejar de polo a polo.[30]

Mesmo no mito nórdico do Ragnarok, a esperança prevalece. Apesar de a Terra ter sido queimada pelo demônio do fogo Surtr, mesmo com a morte da maioria dos deuses, não é um fim. Existe luz sob Yggdrasil, o grande freixo que une todos os mundos. A mulher Lif e o homem Lifþrasír, cujos nomes significam "vida" e "vida do corpo", surgem de um abrigo subterrâneo, os únicos humanos a sobreviver. Uma nova era começa, com novos deuses e novos mundos. Depois da morte, a vida; depois da extinção, a especiação. No pântano de Laramidia, a aranha lança um novo fio de seda ao léu. O *Mimatuta* mastiga preguiçosamente uma flor recente. É primavera.

CAPÍTULO 7

# SINAIS

*Yixian, Liaoning, China*
*Cretáceo — 125 milhões de anos atrás*

*"Zanio in xochitl tonequimilol, zanio in cuicatl*
*ic huehuetzin telel a in tlalticpac"*
"Somente flores são nosso adorno, só canções transformam
nosso sofrimento em deleite sobre a terra"
— Nezahualcóyotl

*"Det som göms i snö kommer fram vid tö"*
"O que está escondido na neve é revelado no degelo"
— Provérbio sueco

Nos arredores dos lagos de Liaoning, perto dos vulcões inquietos, ondulações douradas se espraiam à medida que a noite escura recua. Do outro lado do corpo d'água, em uma estreita faixa de areia, um pterossauro madrugador inclina lentamente a cabeça, o reflexo suave mostrando sua juba de abutre. Uma boca cheia de acículas submerge na água tranquila, provocando marolas na superfície espelhada. Com dentes enredados, separa minúsculos camarões do lago ainda frio da noite, o ar se aquecendo gradualmente, os sons dos grilos se suavizando com o avançar da aurora, a floresta adormecida se transformando em um animado bazar.

É um dia fresco de primavera no Cretáceo Inferior, e esse pterossauro em particular, da família dos ctenochasmatídeos, um réptil voador do tamanho de um corvo, está concentrado demais em sua tarefa para se preocupar com as aparências. Chegou cedo, tentando se antecipar à

América do Norte
Ásia
LAGO
SHELTON
Oceano Atlântico
Oceano Pacífico
Oeste de Gondwana
Oceano Tétis
Indo-Madagascar
Leste de Gondwana

*Oregramma illecebrosa*

correria para a beira do lago. Como todos os animais com sua dentição, o *Beipiaopterus* usa os dentes em forma de pente para filtrar sua alimentação, da mesma maneira que os bicos dos flamingos atuais ou as barbas das baleias desdentadas. Posiciona-se à beira d'água de quatro, as asas bem dobradas, tanto para não atrapalhar seus movimentos quanto para não perder muito calor através de suas finas membranas. Comparados com as aves, os pterossauros têm a cabeça grande e o focinho comprido, aparentemente desproporcionais ao corpo, e pescoço longo, e por isso não são preparados para boiar. Mas sabem nadar, e na verdade obtêm a maior parte do que comem da água, porém são pesados demais para deslizar com a graça de um pato. Por essa razão, este aqui prefere se debruçar e mergulhar a boca na água, apoiado nas patas atrás das asas. O restante de cada asa é mantido junto ao corpo, os quartos dedos que sustentam a membrana de voo voltados para trás como dois bastões de esqui. A partir deles, a membrana da asa se estende até o tornozelo, acima das patas palmípedes.[1]

O estalar de galhos e o som da ramagem arranhando a pele revelam um bando de titanossauros gigantes se afastando. O lago Sihetun é rodeado por florestas de coníferas, mil ciprestes antigos mantendo a floresta verde mesmo nas nevascas sazonais, fincados na vegetação rasteira à altura do joelho, com acículas retas. Com suas passadas sísmicas, o rebanho esmagador abre clareiras, um espaço onde samambaias, cavalinhas delgadas e outras plantas jovens podem vicejar. Os cenários do Cretáceo são os cartões-postais da antiga Terra, o apogeu dos dinossauros não avianos. Os dinossauros são realmente as maiores criaturas ao redor — e esses saurópodes estão entre os maiores animais que já viveram em terra, o titanossauro *Dongbeititan*. Os pescoços longos, grossos e musculosos chegam a mais de dezessete metros de altura, com um adulto pesando muitas toneladas. Os titanossauros vivem em hordas nômades, locomovendo-se em busca de fontes de alimentos frescos para sustentar seu volume maciço e percorrendo a região conforme a mudança das estações.[2]

Com passadas largas, deixam um rastro de pegadas em forma de lua crescente no solo firme. Enquanto caminham, mal precisam levantar o pescoço para alcançar as árvores altas. Contrariando a crença popular, eles não se empinam sobre os membros posteriores, pois a coluna flexível os impede de levantar do chão as duas patas dianteiras ao mesmo tempo. Por isso, avançam com uma pata de cada vez. À medida que aumentam a velocidade, a marcha ganha um ritmo mais rápido com cada movimento, primeiro com o pé esquerdo, depois com o direito. Vistos de frente, parecem estar andando sobre as juntas — e de certa forma é o que acontece. Titanossauros como *Dongbeititan* não têm dígitos nas patas dianteiras. Os mesmos ossos que nos pterossauros se alongam e se fortalecem em forma de asa, nos saurópodes se reduzem a quase nada, no máximo a um simples vestígio. Os *Dongbeititan* andam sobre as juntas, sem garras e sem dedos.[3]

Apesar de serem grandes herbívoros, os dinossauros saurópodes não são meramente versões reptilianas de criaturas como os elefantes. Algumas de suas características são semelhantes por necessidade, pois todos os grandes herbívoros precisam comer muito — um saurópode de trinta toneladas no Cretáceo Inferior teria que consumir pelo menos sessenta quilos de plantas rasteiras mais nutritivas por dia, ou mais ainda da vegetação da copa das árvores. Mas não há tantas características em comum, até mesmo na fisiologia. Comparados aos elefantes, os saurópodes têm ossos extremamente leves, e as vértebras são revestidas por grandes sacos de ar, uma característica que pode tê-los ajudado a ficar tão grandes. Muitos têm uma aparência vistosa, mais impressionante que a de diversos mamíferos; os dicraeossaurídeos sul-americanos têm uma fileira de grandes espinhos se projetando por toda a parte de trás do pescoço, uma juba de queratina espinhosa que se acredita servir tanto para exibição como para funções defensivas. Outros saurópodes, como o *Saltasaurus*, têm uma armadura sob a pele escamosa. Mas os dinossauros, diferentemente dos mamíferos, também têm uma excelente visão de cores, e muitos saurópodes ostentam estampados ousados, com manchas e barras, sinais visuais para identificar seus parentes.[4]

O lago Sihetun é um caravançarai de atividade, com o burburinho do dia mal se acalmando à noite. O lago é produtivo, com tartarugas e pterossauros disputando espaço com lagartos aquáticos, amias e lampreias, caracóis e crustáceos. Em uma paisagem ondulante de terra firme, os lagos são a principal fonte de água potável para a vida na terra. No interior da floresta de ciprestes, deixado para trás na esteira do degelo e abandonado pelo grupo que seguiu viagem, encontra-se o cadáver de um titanossauro de vinte toneladas, grande e abatido como uma árvore caída. Frio, aberto e fedorento, mostra marcas de ações de necrófagos, com feridas e arranhões, rodeado por penas quebradas e um dente perdido por algum predador terópode bípede do tamanho de um leão. Os terópodes são o grupo de dinossauros que inclui, por exemplo, tiranossaurídeos, dromaeossauros como o *Velociraptor* e até aves.[5]

Rompendo a meia-luz do alvorecer, as primeiras mudanças no ritmo da noite estão nos sons, quando aves e insetos começam a se manifestar. As aves canoras só surgirão no Eoceno, na Austrália, por isso o coro do amanhecer ainda não é repleto de melodias complexas de aves empoleiradas. O zumbido dos insetos é uma característica das paisagens do mundo inteiro desde o Triássico, quando os grilos começaram a roçar suas asas. Vários grupos de insetos transformaram seus exoesqueletos rígidos em instrumentos musicais, esfregando a "lima" estriada no "plectro" macio e produzindo som por estridulação, da mesma forma que uma criança pequena passa uma vareta ao longo de grades enfileiradas. No Jurássico, a ideia evoluiu de forma independente em muitos grupos e se sofisticou; sabe-se que certas esperanças da época cantavam não com uma grosa áspera, mas com um tom puro e límpido. Grilos ou esperanças, gafanhotos ou besouros, cada um faz isso de uma forma ligeiramente diferente. No Cretáceo, o chilrear agudo dos grilos é intercalado com o ronronar suave dos besouros de chifre. O ar está vivo com essas manifestações, com insetos ansiosos para encontrar um parceiro, anunciando sua disponibilidade sexual e localização no éter — a melhor maneira de garantir sucesso no acasalamento em um ecossistema lotado. À medida que o dia chega, todos os seres vivos estão enviando sinais, seja em alto e bom som, destinados a todos ouvirem, ou codificados para membros da própria espécie.[6]

Um mês atrás, o solo matinal ao redor estava coberto pela geada, mas o lago continuava descongelado, aquecido pelo calor do vulcão latente abaixo dele. Agora, os sinais da primavera estão por toda parte. À medida que o mundo desperta da dormência do inverno, parece que todos os animais e todas as plantas estão envolvidos em fofocas, reencontrando-se após um período de torpor. Entre os ciprestes altos há árvores e arbustos mais baixos: cicas com copas de folhas largas que engrossam o sub-bosque; ginkgos musgosos brotando, novas folhas emergindo triunfantes como cornetas de trompetes; cones vermelhos desbotados de teixos; e os polos articulados do andaime de gnetófitas baixos e pontiagudos, parentes do mahuang e do chá verde. Todas essas plantas são gimnospermas; o nome significa "semente nua", pois suas sementes ficam expostas na superfície de folhas especializadas e são um grupo que domina a vida terrestre há 180 milhões de anos. Muitas vezes, as folhas portadoras de sementes das gimnospermas são modificadas em cones brilhantes, destacando-se amarelas e rosadas em meio às acículas e folhas escuras, a fim de atrair besouros, moscas-escorpião e crisopídeos.[7]

Um velho cipreste listrado, com uma ferida vermelha descascada supurando seiva amarela, cresce perigosamente perto da beira da água. Inclina-se andrajoso acima da água, um galho caído acariciando a superfície ao sopro do vento. Na água, à sombra do cipreste, agrupam-se pequenos caules com vagens longas e pontiagudas e cachos de filamentos amarelos semelhantes a escovas expostos ao ar. Abaixo, em verde-pálido, folhas delgadas ondulam, e novos caules crescem em direção à superfície, terminando em versões arredondadas e subdesenvolvidas das formas acima. Essa despretensiosa planta aquática faz parte de uma revolução sexual que mudará a aparência dos ecossistemas da Terra para sempre. Está entre as primeiras flores do planeta. As flores, emergindo como lírios-d'água, são bissexuais, com tecidos masculinos e femininos na mesma haste, ao contrário da maioria das gimnospermas. As cerdas amarelas são os estames masculinos, cobertos de pólen. Acima deles, os carpelos femininos, onde as sementes se desenvolvem num invólucro semelhante a vagens com poucos centímetros de comprimento. Nesses primeiros dias as flores ainda não são muito vistosas e nem têm pétalas. É estranho pensar em flores sem pétalas, mas há muitas que evoluíram nos dias atuais, como a escova-de-garrafa australiana de cores vívidas, a maioria dos membros da família das anêmonas e até a discreta flor da grama. Esta planta, a *Archaefructus*, cresce na água a cerca de trinta centímetros de profundidade, com pequenas bexigas na base das folhas que ajudam os caules mirrados a flutuar na superfície. Só as flores se mantêm acima da água, o que auxilia a polinização. Ao redor do lago Sihetun, várias plantas aquáticas têm essa maneira inovadora de desenvolver sementes, e é plausível, embora não confirmado, que as plantas com flores possam ter suas origens na água doce. Pouco tempo depois da *Archaefructus* e seus semelhantes crescerem no lago Sihetun, os primeiros antóceros e nenúfares serão encontrados em outras partes do mundo — que se tornarão Portugal e Espanha. Conforme as sementes começam a se tornar mais carnudas e nutritivas, as plantas passam a cooptar os vertebrados para a dispersão. Cerca de um quarto das espécies de angiospermas já usa multituberculados, répteis e talvez aves para dispersar suas sementes.[8]

Passarinhos cantam entre as acículas do cipreste, enquanto outros voam indecisos entre os seus galhos. Adornado com uma deslumbrante crista de penas semelhante à de um gaio, uma mancha preta na garganta e asas estendidas, o floreio artístico final é um par de flâmulas muito compridas e de cauda curta. É como se o céu estivesse cheio de pipas empinadas por crianças. É o *Confuciusornis sanctus*, o pássaro sagrado de Confúcio, e as penas da cauda servem a dois propósitos inteiramente ornamentais. O primeiro é o de ostentação — os machos são tipicamente maiores e têm caudas longas, e sua exibição é uma demonstração de fecundidade, uma dança para impressionar as fêmeas, que não têm essas penas ornamentais. São delgadas e quase sem peso — diferentemente da maioria das penas, que têm um eixo central cilíndrico, ou "raque", as penas-flâmula são semicirculares na seção transversal, abertas e leves, mais ou menos da mesma espessura de um fio de teia de aranha. Apesar de chegar a um centímetro de largura e mais de vinte centímetros de comprimento, a parte mais fina pode ter apenas três micra de espessura, mais tênues que uma gota de névoa. A luz do sol do início da manhã passa por essas penas, avermelhada pelo tecido fino, de modo que cada pássaro parece estar deixando um rastro de fumaça. O segundo propósito é como uma distração para ajudar na fuga de predadores. O *Sinocalliopteryx*, descoberto na China, é um dromeossauro gigante — um dinossauro terópode do tamanho de um avestruz que se alimenta de pequenas aves. As penas finas do *Confuciusornis sanctus* são facilmente destacáveis e, se abocanhadas por um *Sinocalliopteryx*, serão deixadas para trás. Mas as penas não são perdidas apenas com os predadores. Uma pena se projeta de uma cicatriz de resina pegajosa no tronco do cipreste — é de um desajeitado *Confuciusornis* que passou pela árvore e deixou seu melhor traje para trás.[9]

Onde os pterossauros como o *Beipiaopterus* se especializaram na filtragem, como os flamingos, os *Confuciusornis* se tornaram oportunistas. Às vezes podem ser vistos mergulhando em busca de peixes, caçando o lobo-marinho de barbatanas prateadas e brilhantes, um nome que não faz jus a um peixinho de escamas ovais cintilantes. Outras vezes, atacam insetos na superfície da água ou no ar. Sapos, cautelosos com os caçadores voadores, coaxam seus chamados para acasalamento da segurança de raízes de cipreste semissubmersas. Anunciar sua presença a parceiros em potencial significa também anunciá-la a predadores, e na maioria das vezes os animais preferem se manter indetectáveis. Durante a época de acasalamento, no entanto, não há nada a fazer a não ser se manifestar e arcar com as consequências, talvez compensando com um pouco mais de cautela em outras fases da vida. A primavera está no ar, e para o canto do sapo e a dança do *Confuciusornis* a beira do lago é um lugar de exibição excepcional.[10]

Samambaias, escorregadias de orvalho, farfalham com a passagem de uma perna enorme. O pterossauro se assusta e levanta voo, agachando-se antes de dar um salto com vara sobre as próprias asas e ganhar os céus. Voa baixo sobre o lago e ganha altitude, a juba ainda estufada pelo alarme. O dono da perna, mais ou menos da altura de um elefante asiático e cerca de oito metros de comprimento, é um *Yutyrannus* adulto, o tiranossauroide de belas penas. Como seu primo mais novo e famoso, o tiranossauro, é um lagarto tiranossauroide, um predador sobre duas pernas, com a cauda e o corpo equilibrados como numa gangorra. As patas pequenas de três dedos se mantêm perto do corpo. Ao contrário do *Tyrannosaurus*, que viverá na calidez de Hell Creek quase 60 milhões de anos no futuro, no final do Cretáceo, o *Yutyrannus* é um genuíno nortista, adaptado aos verões amenos e aos rigorosos invernos de Yixian. Aqui as neves duram até o inverno — os cumes vulcânicos ao redor dos bosques continuarão cobertos de neve nos próximos meses —, e até mesmo um grande dinossauro precisa de um casaco de penas para se aquecer. Malhado de marrom e branco, a luz decide em favor dele, salpicando e fragmentando sua silhueta e disfarçando até o maior dos predadores. Os grandes dinossauros não são criaturas particularmente barulhentas; seus órgãos vocais são muito mais simples que os dos pássaros, e por isso não conseguem produzir os complexos trinados das aves canoras. Animais maiores em geral não vocalizam muito, e os silvos, o rufar de asas e os estalidos de mandíbulas são mais comuns. Os crocodilianos e os maiores dinossauros modernos, como avestruzes ou casuares, emitem grunhidos graves com a boca fechada, como o *Yutyrannus*, estufando a garganta inchada e caindo para trás com um estrondo. Crocodilianos e pássaros contemporâneos, porém, usam órgãos diferentes para produzir sons — a laringe e a siringe, respectivamente —, sugerindo que a vocalização evoluiu de forma independente em cada grupo. Não se sabe exatamente como os dinossauros do Cretáceo produziam som, mas nenhuma siringe de dinossauro não aviano foi encontrada. A propensão à exibição visual, pelo menos, persistirá nos dinossauros até os tempos modernos — nenhum outro grupo de vertebrados tem a variedade, o detalhe e a vibração de cores e formas das aves. Na verdade, os répteis, de aves a lagartos, têm cores que os humanos não conseguem ver, estampados fluorescentes sob a luz ultravioleta. Como parece ser um traço ancestral, é possível que a imagem de arcossauros não avianos, incluindo pterossauros e dinossauros, se estenda além do espectro visual humano. A concessão do *Yutyrannus* à moda é um impressionante par de cristas emplumadas acima dos olhos, talvez uma ousadia no modelo, disfarçando os pontos pretos dos olhos com uma faixa de cor recortada.

Outros dinossauros usam cores para se esconder. Espécies que são presas, como o *Psittacosaurus,* de cauda penosa, um parente primitivo do *Triceratops* e do tamanho de um cachorro, com bico e babados, precisam se esconder nas congestionadas florestas onde vivem. As costas escuras e o ventre mais claro significam que, em um mundo onde a luz vem de cima, as sombras cancelam sua coloração e suavizam o contraste, de modo a parecerem planos e quase invisíveis. Porém, com a devida atenção, eles podem ser distinguidos pelas listras pretas horizontais no interior claro de seus membros posteriores. As listras funcionam um pouco como camuflagem, como as do ocapi, mas talvez também com o bônus adicional de evitar picadas de insetos, como as listras das zebras, dificultando o cálculo de pouso de insetos voadores a curta distância. A parte interna das coxas do *Psittacosaurus* é vulnerável, pois tem a pele fina e sem escamas e, quando o calor do verão chegar, a floresta estará repleta de mutucas, moscas e mosquitos.[11]

O *Yutyrannus* não está aqui para se alimentar. Adentra alguns passos no lago e recolhe uma grande bocada de água da superfície, olhos sempre alertas, antes de levantar a cabeça para completar a deglutição. Isso é repetido várias vezes, e o sol já está bem acima do horizonte. À medida que o dia avança, mais criaturas surgem das árvores, sempre chegando ao lago parado e musgoso no centro da floresta. A carapaça achatada e o pescoço e cauda compridos de uma tartaruga *Ordosemys* desenham círculos na superfície, enquanto pequenos pterossauros zumbem em meio a sufocantes nuvens de mosquitos que agora pairam sobre a água, abocanhando-os em pleno voo. Aqui, uma libélula cintilante e iridescente caça vespas e mutucas, voando. Lá, um grupo de caracóis vermelho-sangue sustenta-se em plantas como bagas acima das águas rasas. Acima, um *Eoenantiornis* do tamanho de um pardal, o "pássaro oposto ao amanhecer", procura insetos entre os galhos de um ginkgo, enquanto as asas lânguidas de sete metros de um pterossauro *Moganopterus* batem no céu.[12]

A vida é abundante, desde a serapilheira até os céus acima do dossel. Depois de dormir praticamente durante todo o inverno, a vida invertebrada agora está bem desperta. Correndo ao redor dos galhos caídos, as baratas põem ovos em fendas bem escondidas na madeira ou na casca podre. Enfiada nas rachaduras de um tronco de árvore está uma pequena cápsula de coriácea, uma estrutura marrom-escura, carenada como uma vagem, que se dilata a intervalos e abriga sessenta ou setenta ovos de barata. A casca do ovo é uma medida de proteção, mas as baratas têm um inimigo específico no Cretáceo de Liaoning. Zumbindo no ar, há pequenas vespas com cinturas tão finas que em alta velocidade parecem dois corpos separados, um seguindo o outro. A *Cretevania* é um parasitoide, um animal que se reproduz dentro de outro animal, sempre matando-o no processo. Especificamente, a fêmea da *Cretevania* procura casca de ovos e põe um de seus ovos dentro de cada um dos ovos de barata, injetados por um ovipositor semelhante a uma seringa. Assim, nutrientes destinados a alimentar as baratas em crescimento serão usados para a criação de mais vespas. São relações surpreendentemente estáveis, e vespas e icneumonídeos — outra família de vespas parasitoides conhecidas do lago Sihetun — cumprirão os mesmos papéis ecológicos pelos próximos 100 milhões de anos. O mesmo vale para os sugadores de sangue, mutucas e mosquitos, que simplesmente se adaptarão a novos hospedeiros — mutucas predando cavalos por cerca de 70 milhões de anos.[13]

Mas se as plantas e os vertebrados do Cretáceo são bem diferentes dos que conhecemos nos dias de hoje, os insetos e outros animaizinhos já são em grande parte muito reconhecíveis. As baratas e as vespas têm marcas visíveis, pretas e amarelas ou pretas e vermelhas, um aviso de perigo ou veneno, ou simplesmente de não serem palatáveis. Essas cores denotam criaturas que querem ser vistas, que anunciam sua inadequação como alimento, para não caírem por algum equívoco no bico de uma ave. Preto e amarelo são de alto contraste e se destacam no verde das folhas mesmo para criaturas sem visão de cores, dissuadindo até mesmo indivíduos não familiarizados com o perigo. Há uma continuidade aqui, entre os mesmos sinais que fizeram um dinossauro pensar duas vezes antes de mexer com uma vespa e os que acautelam quem estiver num piquenique nos dias de hoje. A coloração de advertência dos insetos usa uma linguagem visual em comum que persiste há mais de 100 milhões de anos.[14]

Tal como acontece com as escamas dos saurópodes, os casacos de penas de grandes terópodes são marcados com várias cores. Quem destoa da moda dos dinossauros é um grande dinossauro parecido com uma preguiça, o *Beipiaosaurus*. Um pouco menor que um avestruz quando adulto, o *Beipiaosaurus* é um "lagarto foice". Como todos os ceifadores, suas características mais distintivas são os longos membros anteriores com garras semelhantes a foices. O *Beipiaosaurus* é um dos primeiros; espécies posteriores levarão as garras ao extremo, como o *Therizinosaurus*, cujas garras tinham até meio metro de comprimento. Essas garras não funcionam exatamente como armas, em geral são usadas para agarrar a vegetação, adaptadas ao mesmo estilo de alimentação das preguiças gigantes e gorilas, braços grandes levando comida à boca. Um *Beipiaosaurus* é densamente emplumado, meio franjado. Uma subcamada curta e clara de penas felpudas recobre todo seu corpo, com um arbusto marrom de penas mais longas, grossas e duras ao redor da cabeça, com vários centímetros de comprimento e um pouco como os espinhos de um porco-espinho.[15]

Ao passar por uma cicadácea envelhecida, reluzente de musgo verde, o *Beipiaosaurus* se esfrega na casca áspera, arrancando algumas penas mais velhas e desalinhadas da pelagem fosca e felpuda. Ao contrário dos lagartos e de muitos outros grupos de dinossauros, os maniraptores (inclusive as aves) não trocam de pele em grandes áreas, pois isso interferiria nas penas. Em vez disso, perdem pequenas porções de cada vez, como os mamíferos, com a pele sempre crescendo e descamando em caspa. Os invernos em Liaoning são frios, mas os verões serão quentes, e o excesso de penas será um incômodo.[16]

Perturbados pelo súbito tremor da esfregada do terópode, um enxame de crisopídeos invisíveis irrompe da cicadácea, suas asas uma imitação perfeita das folhas da árvore. Sinais enganosos também são encontrados em insetos, muitas vezes disfarçados de partes das plantas em que vivem. Um dos grandes mestres desses esconderijos é o bicho-pau, da família dos *Phasmatodea*. Uma muda em crescimento na base da cicadácea é coberta pelos primeiros bichos-pau, com o corpo alongado com listras escuras e asas mimetizando as folhas venosas da planta. Como família, os *Phasmatodea* imitam hastes e caules desde o Jurássico, e agora também imitam folhas e flores. Eles se escondem à vista de todos, habitando as gimnospermas do lago Sihetun.[17]

Mas o disfarce não é a única opção de exposição disponível aos insetos. Os crisopídeos aqui são igualmente comuns, tão grandes e tão variados quanto as borboletas. Em alguns casos, sem um olhar de especialista e sem saber que as borboletas ainda não apareceram na Terra, você não seria capaz de dizer a diferença entre um esvoaçante crisopídeo *Kalligrammatidae* do Cretáceo e uma borboleta do século XXI. Em comum, eles têm asas extraordinariamente largas para crisopídeos e, em espécies do gênero *Oregramma*, convergiram para a mesma solução que as borboletas encontrarão contra os perigos de predação — manchas oculares. Esses círculos escuros orlados por cores brilhantes ficam escondidos quando em repouso, mas se revelam quando o inseto se assusta, fazendo com que qualquer predador em potencial pense duas vezes antes de atacar. É comum considerar que manchas oculares e padrões semelhantes servem para imitar os inimigos de um predador, de modo que, por exemplo, uma borboleta pode imitar os olhos de um falcão para assustar um pássaro canoro. Talvez, preservados nas asas do efêmero *Oregramma*, estejam alguns dos últimos espelhos do olhar de um dinossauro não aviano.[18]

Com a chegada do verão, os crisopídeos vão dançar sobre a superfície do lago, subindo e descendo como se ainda não tivessem dominado a permanência no ar, provocando a superfície da água e os peixes submersos à espreita. Agora eles estão incubando na parte inferior das folhas, cada larvinha dotada de uma lâmina serrilhada usada para abrir o ovo por dentro. Os que já nasceram começam a desenvolver uma forma de camuflagem característica da espécie e muito difícil de detectar. Em vez de simplesmente se mimetizar com o ambiente, várias famílias de crisopídeos começam a vida como o que é conhecido coloquialmente como "bichos do lixo". Ou seja, eles recolhem itens do ambiente — esporos de samambaias, grãos de areia, exoesqueletos de insetos e coisas do gênero e os empilham nas costas. Essa pilha torna-se uma espécie de casaco, tornando-as larvas praticamente indistinguíveis dos detritos totalmente inofensivos que recobrem o solo da floresta.[19]

Acima da vegetação congestionada, dos fungos e musgos, o ar esfria e o dossel se afina. Preferindo o espaço aberto, um pequeno dinossauro bípede, o *Sinosauropteryx*, esgueira-se pelo chão, a cabeça e a cauda mantidas baixas e em linha reta. Ele se move poucos metros de cada vez, parando periodicamente, a cauda subindo e descendo de maneira instintiva. Na aparência, é um estereótipo em sépia de um prisioneiro de filme mudo, com a cauda listrada de branco e vermelho e uma máscara de bandido nos olhos. As listras agem para tornar difuso o contorno do animal, disfarçando a cauda e os olhos proeminentes de um predador terópode. Seu dorso escuro e o ventre mais claro servem para suavizar sua aparência tridimensional, ajudando-o a se esconder mesmo a céu aberto, propiciando outro elemento de surpresa. A agitação de um arbusto *Prognetella* atrai o interesse do dinossauro. Entre as folhas, um animal peludo do tamanho de um gerbil, o *Zhangheotherium*, se esconde agarrado nos galhos. Lado a lado com o dinossauro, emite um guincho ameaçador — ele não é tão indefeso quanto pode parecer. Do seu calcanhar projeta-se uma espora, um espeto afiado de queratina. Se conseguir um golpe certeiro, a espora liberará uma dose de veneno suficiente para ferir, mas não matar, um *Sinosauropteryx*. Mamíferos térios, marsupiais e placentários perderam essa estrutura, mas ornitorrincos e equidnas machos ainda são venenosos, e talvez todos os mamíferos não térios, como o *Zhangheotherium,* tenham esporas venenosas. Ao ser avistado, o *Zhangheotherium* adotou uma forte postura defensiva, bem protegido por uma gaiola de ramagem. Não foi suficientemente rápido desta vez e, reconhecendo uma causa perdida, afasta-se do abrigo do mamífero e desaparece no mato, em busca de outros pequenos animais.[20]

É na luz difusa do terreno mais aberto que o *Sinosauropteryx* se sente mais à vontade, com muitos esconderijos e coberturas de onde atacar e espaço para correr velozmente. Mais ao norte, onde os bosques se adensam em Lujiatun, a competição com dinossauros de florestas é maior — outros terópodes ágeis e caçadores como troodontídeos de olhos grandes e, à noite, predadores mamíferos como o *Repenomamus*, um mamífero carnívoro do tamanho de um furão, o maior do mundo cretáceo, conhecido por capturar e matar filhotes de dinossauros.[21]

Embora alguns mamíferos se mantenham acordados durante o dia, é quando o sol se põe sobre o lago Sihetun que eles realmente assumem o comando. A atividade noturna é uma escolha ecológica incomum, e no Cretáceo os mamíferos estão entre os raros vertebrados com essa atitude. Poucos outros animais se mantêm ativos à noite, além de alguns pequenos dinossauros predadores. Os ectotérmicos — criaturas como lagartos ou anfíbios, que dependem de fontes externas de calor para manter sua temperatura interior — dormem, frios e inativos. Mamíferos e seus parentes são diferentes. Mesmo no Permiano, o *Dimetrodon*

— o distante parente predador dos mamíferos — pode muito bem ter sido noturno, e desde então os mamíferos se tornaram peritos em viver em lugares escuros, muitas vezes de forma independente. Seus olhos são grandes e bem adaptados à pouca luz, melhores para captar qualquer tipo de luz do que para diferenciar entre cores. Ancestralmente, os tetrápodes devem ter sido tetracromatas — com quatro pigmentos diferentes nos olhos para detectar cores. A maioria dos tetrápodes de hoje ainda os tem, mas a maior parte dos mamíferos não consegue distinguir cores.[22]

Nessas incursões no mundo noturno não há necessidade de distinguir cores, basta se concentrar em qualquer lampejo de luz, e por isso os pigmentos deterioram ou se atrofiam por falta de uso. Os metatérios, inclusive os marsupiais, têm visão tricolor, tendo perdido um pigmento, enquanto eutérios, inclusive os placentários, foram limitados a uma visão bicolor. Mesmo nos dias atuais, quase todos os mamíferos placentários são dicromáticos — com células que detectam a luz vermelha e células que detectam a luz azul. Dois grupos diurnos de mamíferos placentários que dependem da capacidade de distinguir frutos maduros e verdes — os catarrinos (macacos da África e da Eurásia, incluindo nós, os humanos) e uma espécie de bugio — recuperaram um pigmento sensível ao verde duplicando e modificando sua sensibilidade ao pigmento vermelho. A semelhança nas sequências de DNA que controlam os pigmentos vermelho e verde, mais o fato de estarem próximos um do outro no cromossomo X, faz com que erros de cópia ocorram com muita frequência, causando o daltonismo. Cerca de 8% dos machos humanos são dicromatas em maior ou menor grau, muito mais que em outras espécies de catarrinos. Em comparação com as aves, que conseguem ver parte do espectro ultravioleta, nós mamíferos somos deficientes na distinção de cores. Nossa biologia nos dias atuais, nossa deficiência na visão de cores, é uma consequência direta da nossa dependência do olfato, do abandono da visão na nossa jornada ancestral pela noite.[23]

Os que não conseguem gerar seu próprio calor precisam de um banho de sol para se acelerar. Um pequeno lagarto de salgueiro, parecido com uma lagartixa, *Liushusaurus*, sai de uma fenda estreita, o corpo largo estendido na rocha aquecida para absorver o calor da luz do sol. O dorso é claro e camuflado, e o ventre é escuro e à primeira vista espinhoso, mas essa é uma falsa ameaça. Qualquer predador corajoso que se atreva a arriscar uma mordida descobriria que os espinhos são apenas um truque de luz, uma coloração de advertência, escura no meio e mais clara na lateral, parecendo afiada, que causa dúvidas no predador a fim de que o lagarto escape.[24]

Uma série de pilhas de vegetação em decomposição marca um berçário de saurópodes. Os filhotes de *Dongbeititan* são minúsculos em comparação aos pais já crescidos, e os ovos em desenvolvimento, com o tamanho e a forma de um melão cantaloupe, chegam a cerca de quarenta no máximo. Ancestralmente, os dinossauros botavam ovos moles, como as tartarugas, mas com o tempo várias famílias desenvolveram de forma independente cascas de ovos mais duras e ricas em cálcio. Em um rebanho de gigantes de dezessete metros, os filhotes de saurópodes, do tamanho de patos, seriam facilmente esmagados, e por isso um grupo não pode permanecer na mesma área por muito tempo, visto que suas plantas alimentícias precisam se recuperar. Por isso, os adultos nômades põem seus ovos, revolvem a terra com suas enormes patas traseiras e cobrem os ninhos com vegetação — matéria vegetal apodrecida capaz de gerar calor e manter os ovos aquecidos. Os ninhos são vulneráveis a ataques, principalmente de cobras, mas o grande número de ovos garante o nascimento de boas ninhadas. Quando incubados, os bebês precoces vagam pela planície juntos até atingirem tamanho para se juntar à caravana dos adultos. Os lagartos aqui fazem o mesmo. Onde um riacho corre para reabastecer o lago, uma rocha pesada e coberta de musgo é ocupada por um bando de lagartos-crocodilos verdes e úmidos. Nenhum ainda é adulto, o mais velho tem dois ou três anos e o mais novo, apenas um ano de idade. Para compensar a deficiência em tamanho, esses pequenos répteis se juntam e se beneficiam de uma comunidade. Quanto mais olhos um grupo tiver, maior a chance de o perigo ser prontamente detectado e de todos poderem se esconder numa fenda. Até se tornarem adultos, o grupo é a melhor chance de sobrevivência para esses lagartos.[25]

Nem todos os pais são tão despreocupados. Um ninho redondo de terra, semelhante a um forte, está salpicado de ovos azuis ovais, pedras preciosas turquesa dispostas num anel de poeira. Nas proximidades, posiciona-se um dinossauro preto-acinzentado do tamanho de um peru, um *Caudipteryx*, com penas extravagantes nos braços e executando reverências coreografadas, exibindo um leque arredondado de penas em faixas pretas e brancas na ponta da cauda. Ele está vigiando seus ovos coloridos, esperando que outra fêmea se aproxime e se envolva em sua dança ritualística de acasalamento. Os ovos foram postos já fertilizados, com a extremidade mais pontuda para baixo, dispostos em círculo e parcialmente enterrados pelas mães. Os ninhos do *Caudipteryx* são comunais, com um só macho vigiando os ovos de várias fêmeas. A coloração mosqueada dos ovos, diferente para cada mãe, é um sinal adicional para o pai. Qualquer fêmea que consiga produzir os complexos pigmentos protoporfirina e bilirrubina, de modo a botar ovos em tons fortes azul-esverdeados, deve ser uma provedora saudável e eficiente, garantindo ao pai que a prole incubada nos ovos também seja saudável. Os dinossauros ovíparos são pais carinhosos, mas ovos mais brilhantes suscitam uma resposta ainda mais carinhosa do pai; esse é um dos poucos exemplos de seleção sexual após o acasalamento de que se tem notícia. Com os ovos já postos, o *Caudipteryx* pai se acomoda no meio do círculo, cobrindo-os com as asas para mantê-los aquecidos até a eclosão.[26]

Esse ecossistema formado por uma floresta temperada, um lago e um matagal é uma metrópole movimentada de criaturas, desde o topo até a base da cadeia alimentar. Insetos e aves polinizam as plantas, inclusive as inovativas angiospermas. Outras plantas, como a gnetaliana *Prognetella*, soltam partes do corpo — pedúnculos — na água, onde se espalham nas correntezas. Chuvas regulares, verões quentes e invernos frios ajudam a sustentar uma diversidade de vida excepcional.[27]

Essa diversidade é sustentada pela alta produtividade primária, impulsionada pelo solo fértil e vulcânico da área, continuamente agregado por cinzas ricas em nitrogênio provenientes de erupções regulares. Mas a fonte de vida nessa terra do norte também é uma ameaça de morte. O lago Sihetun fica dentro de uma cratera, preenchendo a caldeira desmoronada de um vulcão — por enquanto dormente. A área vulcânica é grande; o lago é profundo, cobrindo cerca de vinte quilômetros quadrados. Erupções continuam ocorrendo por toda parte, resultando em fluxos piroclásticos ou, mais sutilmente, gases pesados — monóxido de carbono, cloreto de hidrogênio, dióxido de enxofre. Todos são tóxicos e se deslocam no ar, descendo as encostas e se acumulando nessas bacias geográficas. Qualquer criatura presa nessa nuvem de gás invisível será sufocada, inclusive a maioria dos habitantes da água.[28]

Cadáveres caídos no lago vão afundar, e quando as lufadas de cinzas sedimentarem, toda a comunidade será gravada na memória do lodo fino, um prodígio de preservação.

Esses lagos têm uma taxa de sedimentação muito baixa — os detritos se depositam numa taxa de um milímetro a cada dois a cinco anos. Como há pouca decomposição no fundo do lago Sihetun, as cinzas extremamente finas preservam tudo, desde ossos e cartilagens a penas e pelos, e até melanossomas individuais, os pacotes subcelulares de pigmento que colorem esses organismos. Pelas formas diferenciadas dos melanossomas que contêm melanina avermelhada ou enegrecida, a coloração dessas criaturas será preservada. Também estão presentes as estruturas de estridulação, iridescência de penas e outras marcas físicas, de modo que os sinais de alerta, de camuflagem e de exibição sexual se destacam muito depois de seus portadores terem morrido.[29]

Na maior parte do registro fossilífero, esse tipo de informação é altamente incompleto, dificultando a reconstrução do comportamento e das interações entre as espécies. No lago Sihetun e em outras localidades da Formação Yixian no nordeste da China, a vividez e a diversidade da vida, seu clamor, as cores e conflitos saltam da dourada tela de siltito. Assim como os imortais do folclore,[30] as paisagens do Cretáceo do Sihetun permanecem incólumes com o passar dos anos. É um mundo que foi preservado em requintados detalhes, onde até mesmo a transitoriedade de um canto ou um assustador bater de asas se tornam sólidos e duradouros. É como se os *Confuciusornis* e as *Kalligrammatidae*, as primeiras flores a desabrocharem e os bandos de filhotes de lagartos saídos das rochas, estivessem descansando, esperando uma oportunidade de cantar e desabrochar mais uma vez.

CAPÍTULO 8

# FUNDAÇÃO

*Suábia, Alemanha*
*Jurássico — 155 milhões de anos atrás*

"*Você não precisa viajar para encontrar o mar, pois os vestígios
de suas antigas plataformas estão por toda parte*"
— Rachel Carson, O mar ao nosso redor

"*Nami kaze no / ari mo arazu mo
nani ka sen / ichiyō no fune no / ukiyo narikeri*"
"*As ondas ante o vento
sobem e descem, e o que posso
fazer neste mundo à deriva
com um barco de uma só folha?*"
— Ichiyō Higuchi, "Koigokoro" / "Coração amoroso"

As cristas das ondas aparecem e desaparecem de vista, indiferentes, lançando pontos de luz ao acaso no ar. O reflexo do céu na água tépida é ofuscante, e a linha da costa, a alguns quilômetros de distância, é pouco visível. Ao redor, pequenos corpos brancos mergulham dos céus, lançando grandes respingos quando entram no mar. Depois de cada respingo, há uma pequena pausa antes de uma cabeça brilhante e difusa, com um sorriso de dentes pontiagudos de queratina, emergir das profundezas. Na maioria das vezes, as bocas estão vazias, mas de vez em quando uma delas irrompe na superfície com um peixinho na mandíbula. O *Rhamphorhynchus* é um genuíno pterossauro marinho, uma das várias espécies intimamente relacionadas que se diversificaram entre as

*Mar Boreal*

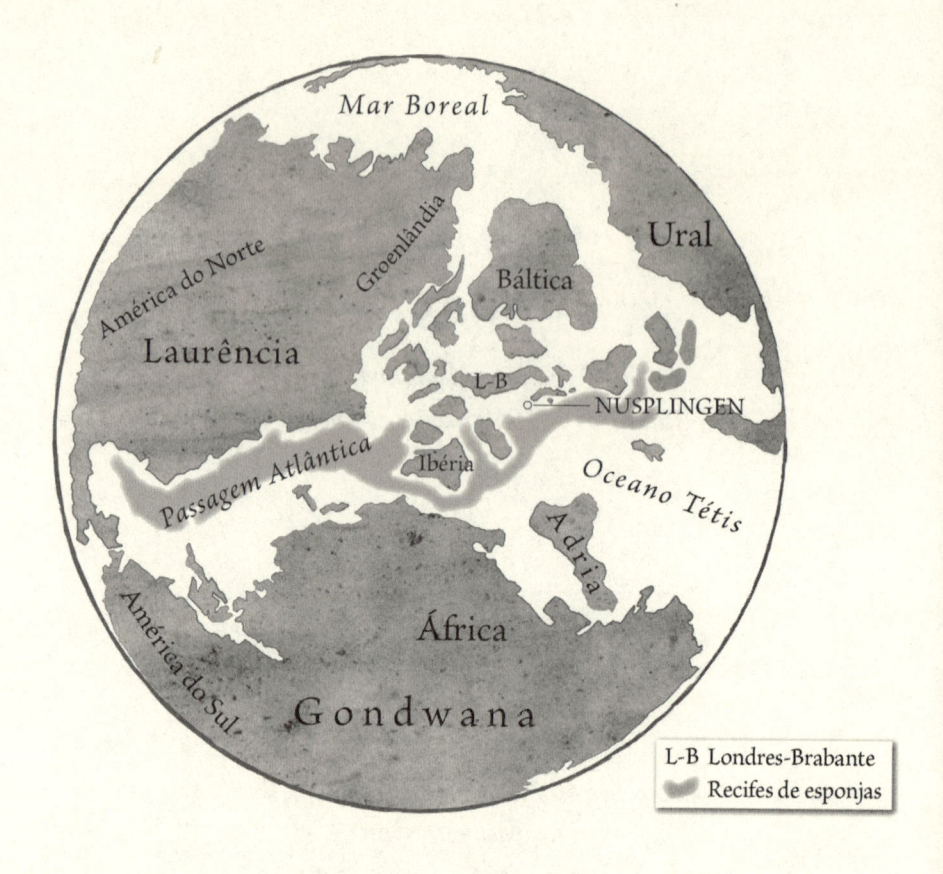

América do Norte

Groenlândia

Báltica

Ural

Laurência

L-B

NUSPLINGEN

Passagem Atlântica

Ibéria

*Oceano Tétis*

Adria

América do Sul

África

Gondwana

L-B Londres-Brabante
Recifes de esponjas

baías e falésias da Europa tropical. Esses mares são seu lar ancestral, um lugar que propiciou aos seus parentes milhões de anos de sucesso evolutivo. Flutuando semissubmerso, balança a cabeça com o peixe entre os dentes até a cauda se imobilizar. Com uma leve torção, engole o peixe inteiro, dilatando a garganta. Emergindo da água, abre as asas molhadas, uma proeza, com seus dedos longos e rígidos que servem como longarinas. Aguardando o momento certo, sincroniza seus aerofólios para alçar voo assim que atingir a crista de uma onda, ganhando altura, pronto para mergulhar mais uma vez. Debaixo d'água, outros *Rhamphorhynchus* mergulhões nadam com as patas membranosas para abocanhar um cardume, os peixes se espalhando em pânico, divididos e derrotados, não só pela revoada, mas também pelos que nadam mais no fundo.[1]

Um cardume só vem à superfície e se torna vulnerável se for enxotado de outro lugar. Predadores mais abaixo transformaram o cardume em um agrupamento compacto e assustado, um chamariz maciço

*Rhamphorhynchus muensteri*

encurralado contra o ar mortal. Sombras em movimento rápido indicam a presença de ictiossauros. Assim como os *Rhamphorhynchus*, são habitantes de terra que se adaptaram a uma vida no mar, mas, diferentemente dos *Rhamphorhynchus*, vivem sob as ondas. Com as oportunidades proporcionadas pelo reino marinho num mundo com os níveis do mar mais altos e margens continentais inundadas, muitos animais quadrúpedes desistiram de sua vida em terra e entraram no oceano. Nos dias desse período existem poucos tetrápodes totalmente marinhos. Somente as baleias, peixes-boi e dugongos, intimamente relacionados, e as cobras marinhas adotaram inteiramente o oceano. Todos os outros grupos de tetrápodes marinhos — aves marinhas e focas, crocodilos de água salgada e ursos-polares, iguanas marinhos e lontras marinhas e até tartarugas marinhas — mantêm um estilo de vida que exige um retorno à terra para que se reproduzam.[2]

No Mesozoico, há muito mais grupos de répteis totalmente marinhos. Os ictiossauros semelhantes a peixes e os plesiossauros de pescoço comprido são os mais conhecidos, mas existem outros. Patrulhando o mar aberto entre as ilhas tropicais e se esgueirando em lagoas e baías encontram-se os geossauros, crocodilos de pele lisa do tamanho de uma orca. A vida em mar aberto tornou esses crocodilianos quase irreconhecíveis — as pernas agora são nadadeiras, a densa armadura óssea foi descartada, e até a cauda assumiu a forma vertical da barbatana dorsal do tubarão. O *Pleurosaurus*, cujo parente vivo mais próximo é o tuatar da Nova Zelândia, superficialmente semelhante a um lagarto, também parece uma cobra marinha, com um corpo longo e ondulante, a cauda achatada em forma de barbatana e membros curtos bem encostados na lateral aerodinâmica. Da caça de muitos outros répteis marinhos vivem os pliossauros, versões de plesiossauros com o pescoço curto e a cabeça grande, que aparentemente comiam qualquer coisa que se mexesse. Os répteis marinhos dos mares europeus coexistem adaptando-se a diferentes dietas, alguns se especializando em se alimentar de objetos duros, alguns caçando presas maiores e outros se alimentando de peixes velozes e criaturas semelhantes a lulas. Mesmo com toda essa diversidade, o Jurássico é um período de recuperação para os répteis marinhos. Eles foram gravemente afetados pela misteriosa extinção do Triássico-Jurássico, cuja causa é acaloradamente discutida. O principal candidato é uma mudança climática fugidia, devida à liberação de gás gerada pelo magma que subiu à superfície, com dióxido de enxofre e dióxido de carbono borbulhando como de uma lata de refrigerante. Após a acidificação dos oceanos que se seguiu, a variedade de formas assumida pelos répteis marinhos e sua variedade funcional encontram-se agora em meio ao que será uma recuperação de 100 milhões de anos.[3]

De todos os mundos extintos que a Terra abrigou, o dos pterossauros e dos répteis marinhos, dos mares e ilhas da Europa jurássica, foi um dos primeiros a ser classificado. A primeira descrição de um fóssil de pterossauro, escrita em 1784, o interpretou como uma criatura nadadora com os dedos das asas como remos longos. Uma vez que a comunidade científica da época ainda não aceitava uma extinção como um fenômeno real, supunha-se que o pterossauro fosse uma criatura ainda viva, restrita a algum ambiente remoto e inexplorado. A racionalização que se seguiu pressupôs que os pterossauros ainda habitassem as profundezas do mar. Na virada do século XIX, motivada em grande parte pelas descobertas feitas por Mary Anning de outras criaturas marinhas extintas nas falésias da costa de Dorset, as evidências se voltaram em favor de uma extinção. Os ictiossauros e os plesiossauros, tão diferentes dos organismos marinhos da época, e ainda assim encontrados com tanta frequência, deram aos cientistas bases para a visão de um passado repleto de uma fauna estranha aos dias modernos. Essas criaturas específicas e já mortas — que serão cuidadosamente organizadas no quarto dos fundos caiado de branco da loja de fósseis de Mary Anning, na cidade de Lyme Regis — estão no fundo do mar ao norte, soterradas por 40 milhões de anos de areia e lodo depositados lentamente, porém, no nosso período, seus ancestrais estão abocanhando cardumes de peixes. A superfície cintilante e espelhada de incontáveis peixes se contorce com o ataque, dilacerando-se em mandíbulas e mudando de direção em uníssono, tendo como única defesa seu número e a confusão e a esperança de os predadores serem saciados. Levados à superfície, isso só vai durar algum tempo. Atacados por baixo e por cima, sua aniquilação é inevitável.[4]

A Europa jurássica é um arquipélago. Uma série de ilhas cujo tamanho máximo é aproximadamente o da Jamaica atual, separadas por mares rasos e tépidos, com as margens inundadas de continentes que aqui e ali mergulham em fossas oceânicas profundas. A massa de terra mais próxima que tem dimensões continentais é a costa oeste não inundada da Eurásia. No Jurássico, o mundo está passando por um estado de efeito estufa total, com climas temperados chegando às regiões polares. Os mares estão sempre subindo, aumentando a área do fundo do mar habitável por animais marinhos, o que produz uma série de comunidades marinhas ricas em espécies por todo o planeta.[5]

A diversidade específica do arquipélago europeu resulta do seu status de encruzilhada oceânica. É uma série de faixas de terra entre faixas de mar interior raso na margem continental entre a Ásia e os Apalaches. Praias brancas de areia fina, com lagoas salinas e tranquilas e rodeadas por recifes. Florestas de coníferas chegam quase até o mar, só parando onde a maré entra e sai na restinga macia. Algumas ilhas, como o Maciço Central, são planas, antigos picos de montanhas que vêm sendo erodidos há 100 milhões de anos. Outras estão subindo, estruturadas pela atividade tectônica e pela elevação dos recifes. Ao sul, o continente insular de Adria fica no quente e úmido mar de Tétis, que separa a Europa da África. Para o leste, o Tétis se expande em seu ponto mais largo ao longo da margem sul da Ásia, onde uma fossa oceânica abissal vai da Grécia ao Tibete e mais além, separando o mundo do norte de Laurásia das massas de terra do sul de Gondwana. Ao norte, os mares se estreitam em dois canais ao redor da massa de terra de Báltica, antes de mergulhar no mar Boreal, mais frio e menos chuvoso. No oeste, as massas de terra que se tornarão a América do Norte já estão se separando de Gondwana, dando origem a uma passagem marítima estreita porém crescente, agora uma mera ramificação do Tétis, mas que com o tempo será grande o suficiente para merecer seu próprio nome: o Atlântico. Em alguns lugares, as águas continentais da Europa jurássica são profundas em comparação com os mares das plataformas continentais de hoje, com fossas de até cerca de mil metros da superfície ao fundo. No geral, porém, os mares mal têm cem metros de profundidade e abrigam uma enorme diversidade de vida animal.[6]

No ponto de encontro de três sistemas oceânicos — a passagem do futuro Atlântico, o Tétis e a "passagem Viking" para o mar Boreal —, a Europa é um ponto de estrangulamento para as correntes submarinas. A exemplo da corrente do Golfo, que hoje aquece o norte da Europa, as correntes oceânicas atuam como um sistema de retroalimentação que equilibra as diferenças de temperatura global. Cerca de 15 milhões de anos antes, esses mares teriam sido muito, muito mais quentes. Os estreitos ao redor de Báltica são tão rasos e afunilados que, com tanta atividade tectônica, a passagem entre o Tétis e o mar Boreal foi fechada por uma fenda que se ergueu no que se tornará o mar do Norte. Com a rota pela qual a água quente poderia fluir do sul para o norte interrompida, o mar Boreal ficou isolado, esfriou e congelou, transformando temporariamente a Terra do Jurássico Médio em um mundo de gelo. Agora, com os continentes começando a se separar mais uma vez, as correntes começam a fluir novamente. A Europa do Jurássico Superior, 150 milhões de anos atrás, é uma estufa luxuriante em terra e um convulsionado ponto de encontro entre o quente e o frio nos mares. À medida que se misturam na via marítima boreal, o ar tropical e o ar polar trazem tempestades para o norte da Europa.[7]

O plâncton e outros invertebrados crescem e morrem, suas conchas de carbonato de cálcio se acumulam no fundo do mar. À medida que o nível do mar desce e a fossa do Tétis arrasta a África em direção à Europa, o fundo do mar rico em cálcio será elevado à imponente cadeia montanhosa do Jura na Suíça e na Alemanha — a qual um dia se tornará fonte de dois dos maiores rios da Europa, o Danúbio e o Reno, que abrem caminho pelos leitos dos mares antigos elevados por forças tectônicas. A maioria dos períodos geológicos está ligada por suas etimologias a um lugar, e neste caso as montanhas do sul da Alemanha e da Suíça são o ponto de referência. No Tirol austríaco, uma estaca com um marco dourado se projeta da montanha. Foi fincada por geólogos em um ponto específico no tempo, marcando o limite definitivo abaixo do qual é o Triássico e acima do qual é o Jurássico. A região alpina da Europa é a "estaca de ouro" do período, sendo esses mares o parque aquático jurássico definitivo.[8]

Não muito longe da atividade frenética da superfície há um mundo de calma, uma cintilante estrutura de cristal no fundo do mar escuro. Tubos empilhados, gelados, como renda cristalizada, se acumulam até dezenas de metros de altura, cada um deles uma rede branca e brilhante de fios de vidro tramados. Construídos um em cima do outro, alguns são nodosos como velas derretidas, um altar devocional que desaparece na névoa azul-escura em todas as direções. Apesar de fixos, são animais, crescendo nos esqueletos de seus antecessores. São os construtores de recifes do Jurássico, as esponjas de vidro. As esponjas são dos animais mais simples, ao menos em termos de seus tecidos. Organizadas em apenas duas camadas de tecido, uma camada de células com estruturas capilares chamadas flagelos se agita aleatoriamente, sugando água para o centro da esponja e filtrando detritos da coluna d'água para que ela possa se alimentar. Um orifício de exaustão no topo, o ósculo, bombeia a água de volta, com todo o sistema funcionando como um motor a jato que também é capaz de detectar entupimentos. A estrutura tubular é sustentada pelas espículas, geralmente estruturas minúsculas feitas de cálcio, silício ou de uma forma modificada de colágeno chamada espongina, cujo formato varia de simplórios corações a formas pontiagudas que lembram estrelas de arremesso, lanças, ganchos ou estrepes. Cada célula é semi-independente, e a linha divisória entre uma esponja individual e a colônia é difusa. Se você pusesse uma delas num liquidificador, ela se recomporia — em um formato diferente, mas ainda um organismo funcional, uma esponja em funcionamento.⁹

Esponjas de vidro vão um passo além. As células que compõem seu tecido de suporte se fundem, abrindo canais de maneira a permitir o fluxo do fluido celular interno, o citoplasma, de célula para célula. Em um sentido muito real, as esponjas de vidro são quase um organismo unicelular, com o "sincício" aproximando muito o funcionamento de uma esponja de vidro do de uma célula única altamente complexa. Essa interconectividade significa que uma esponja de vidro pode enviar facilmente sinais elétricos pelo corpo todo, suscitando uma resposta rápida e efetiva aos estímulos, de modo a alterar o ritmo com que a água é filtrada pelo corpo — algo impressionante para uma criatura desprovida de sistema nervoso. As excentricidades das esponjas de vidro não param por aí. Seus esqueletos são construídos com silicone, mas as espículas de quatro e seis pontas que formam a estrutura da malha do suporte, que ancora o animal ao fundo do mar, são enormes. Em algumas espécies, um cristal de silicato pontiagudo pode chegar a três metros de comprimento. As espécies que formam recifes entrelaçam suas espículas, formando um andaime robusto, tão sólido que pode durar décadas. Na verdade, esse esqueleto fundido é exatamente o que resta das esponjas de vidro após a morte, e seus corpos empilhados fornecem às gerações futuras uma estrutura perfeita sobre as quais estabelecerão suas novas raízes. As esponjas são construtoras de colônias por excelência. Como obtêm seu alimento a partir de um sistema simples de filtragem da água, eliminando detritos de outros organismos da coluna d'água, não precisam estar próximos à superfície, como os corais, que têm uma relação simbiótica com as algas, famintas por luz.¹⁰

O planeta do Jurássico Superior tem uma temperatura semelhante à das previsões otimistas dos climatologistas para o final do século XXI, cerca de dois graus mais quente que o nível pré-industrial. Nos polos existem florestas, não gelo, e há grandes desertos perto do equador, mas ainda encontramos geleiras nas montanhas mais altas. Recifes de coral se espalham por todo esse arquipélago, ainda que sejam mais comuns nas encostas mais íngremes de outras partes do mundo. Mais raros ainda, mas ainda assim escondidos nos confins da Europa, encontram-se os recifes formados por ostras, montes de conchas ancorados às de suas ancestrais. No entanto, é uma era dominada pelos recifes de esponjas, com seu esqueleto de espículas mais resistentes a altas temperaturas e a mares ácidos.[11]

Esponjas de vidro — hexactinelídeos — precisam de água limpa. Esponjas filtram a água do mar e são salpicadas de minúsculos orifícios chamados óstios. Em um só dia, uma esponja pesando um quilo pode bombear 24 mil litros de água — mais do que um típico chuveiro de hidromassagem poderia bombear no mesmo período — e extrair a maior parte das bactérias da água para alimentação. A água limosa entope esses poros, e a maioria das esponjas pode obstruí-los quando precisar evitar os entupimentos. Mas esponjas de vidro não conseguem fazer isso.[12]

Por conta dessa sensibilidade às partículas, elas precisam viver em águas paradas, longe das vazões turvas dos rios. Enquanto corais crescem nos remansos, onde a água é mais calma, as esponjas crescem nas profundezas escuras, atingindo dezenas de metros de altura e se espalhando por quilômetros em cada direção. Cada monte espiralado e estriado cresceu por um período de milhares de anos a partir de uma pequena colônia inicial, simétrica e circular. As espículas das primeiras colônias continuam lá, fincadas na maciez do fundo do mar, movidas e enterradas por sedimentos, mas permanecem sólidas, fornecendo uma base mais firme que o leito do oceano sobre a qual novas esponjas podem crescer. Às vezes, esse crescimento toma a forma de bancos de areia, formando precipícios de até vinte metros. À medida que cresce, a colônia encontra outras, juntando-se como numa conurbação. Essas altas "biohermas" são diversificadas — nesse local, no fundo do mar do que se tornará a fronteira suíço-alemã, existem cerca de quarenta espécies de esponjas, todas vivendo e crescendo juntas.[13]

As biohermas são construídas rapidamente. Em um século, uma delas poderá subir até sete metros e se expandir pelo fundo do mar, seguindo os contornos e a topologia do que já existe. A corrente predominante flui de leste a oeste, drenando o oceano Tétis pelas ilhas da Europa e escoando pela passagem do Atlântico. Cada herma projeta uma sombra de água parada em seu rastro, onde é mais fácil se estabelecer, crescer e construir. Assim, os recifes se formam em linhas alongadas, os montes barrando as correntes do fundo do mar como um quebra-vento. O crescimento é como o de uma cidade, e a vida migra para o recife, pois ele cria recantos e cubículos para outras formas de vida prosperarem. As esponjas são extraordinariamente eficientes em reter nutrientes, que alimentam outras formas de vida, e por isso se tornam metrópoles diversificadas ao longo das margens do norte do Tétis. Desde a Polônia, no leste, até Oklahoma, no oeste, elas cobrem uma extensão de cerca de 7 mil quilômetros de leito oceânico. Com três vezes o comprimento da Grande Barreira de Corais, essas construções de silício são as maiores estruturas biológicas que já existiram.[14]

No espaço acima do altar de esponja, espirais estriadas e laqueadas sobem e descem, ou ejetam com alguma velocidade. De cada concha espiralada, tentáculos exploram timidamente. As amonites, talvez o fóssil invertebrado que mais se aproxime do status de celebridade, são habitantes icônicos dos mares mesozoicos. Enquanto a maioria das primeiras formas era bem pequena — de milímetros a centímetros de diâmetro —, outras ficarão muito grandes. No Cretáceo Superior, pouco antes de as amonites se tornarem uma das muitas vítimas do impacto de Chicxulub, a maior amonite que se conhece, pertencente à espécie *Parapuzosia seppenradensis*, terá uma concha com um diâmetro de cerca de 3,5 metros. Durante a maior parte de sua história evolutiva, porém, as amonites não são esses monstros blindados, mas uma coleção comum e diversificada de cefalópodes com conchas, o grupo de moluscos que inclui polvos, lulas e náutilos.[15]

As conchas de amonites são maravilhas artísticas. À medida que o animal cresce, acrescenta continuamente novas câmaras vivas à sua abertura, uma concha de aragonita forjada a partir de íons de cálcio e carbonato extraídos do mar e secretados e exsudados para formar uma fortaleza rígida e sulcada. No interior está um refúgio macio. O ângulo em que cada câmara se conecta à anterior e o tamanho com que é construída diferem de espécie para espécie, mas todas seguem uma espiral logarítmica, assumindo formas realmente bizarras a partir dessa regra simples. A forma clássica de "pedra de serpente", uma espiral compactada numa superfície plana, é a mais comum, mas outras são helicoidais como um caracol, e ainda outras, no Cretáceo, desenvolverão formas extraordinárias em que a espiral é solta e desenrolada, com cada volta separada de sua antecessora interna. A mais estranha delas tem o improvável formato de clipes de papel de dois metros, com braços acenando delicadamente da abertura, como se quisessem negar qualquer noção do ridículo. É no interior detalhado que a verdadeira beleza de uma amonite pode ser encontrada. Dentro da câmara de crescimento, o lugar onde a amonite se secreta, revela-se a arquitetura da concha. Cada câmara é presa à anterior por meio de uma sutura convoluta, um complexo encaixe fractal destacando-se no nácar brilhante.[16]

Uma série de estrondos abafados passa pela água, balançando o recife por alguns segundos. Como todos os cefalópodes, as amonites são incapazes de ouvir sons, exceto por um breve período após sua geração, mas têm órgãos sensíveis à pressão, uma série de saquinhos cheios de líquido e cabelo chamados estatocistos, que se distorcem com a pressão e podem detectar o movimento de partículas associado a sons de baixa frequência. Agora os estatocistos captam a movimentação quando a onda de choque passa pelo oceano. No ponto de encontro dos continentes, o empurra-empurra das placas aumenta a tensão; liberado, o fundo do mar parece ferver com um terremoto submerso. Abalado pelo solavanco, o sedimento branco perturbado floresce como fumaça. A base do recife se agita até a opacidade. Provavelmente o epicentro está a quilômetros de distância, mas os efeitos são sentidos ao longe. Mesmo agora, a onda está passando pelos mares da Europa quase despercebida, até o fundo do mar se elevar em direção à terra. O maremoto ganha a superfície, incontrolável, abatendo-se sobre as ilhas tropicais e causando destruição. Os tsunamis são mais rápidos em águas mais profundas, e a plataforma carbonática rasa da Europa não é particularmente profunda.[17]

Na superfície, os *Rhamphorhynchus* levantam voo, ganhando altura com suas asas de longarinas. Vistas do céu, as ilhas da Europa erguem-se em florestas escuras sobre o mar do pôr do sol. A ilha do Maciço Central, uma antiga região montanhosa do tamanho de Hispaniola, pode ser vista no horizonte oeste, uma silhueta contra o sol, onde piscinas estagnadas ao longo da costa se recuperam do calor escaldante do dia. Trata-se de um arquipélago tão denso e movimentado quanto o Caribe, onde a vida prospera na floresta tropical e na areia quente entre a terra e o mar. Nas planícies de maré de uma ilha menor do Jura, entre os espigões das raízes de mangue, uma família de saurópodes semelhantes ao *Diplodocus* anda com passos pesados. Para um animal grande e volumoso como um saurópode, é mais fácil passar pela praia do que atravessar a floresta, mas isso também facilita que ele seja avistado por outras criaturas. Acompanhando os saurópodes, avançando e recuando cautelosamente, seguem os terópodes megalossaurídeos, os maiores carnívoros do Jurássico. O *Megalosaurus*, homônimo do grupo, é um dos três dinossauros decisivos, usados em 1842 para definir o termo "Dinosauria". São o primeiro grupo de dinossauros que se tornaram predadores de grande porte. Embora mais esbeltos e com um focinho mais comprido que o do posterior *Tyrannosaurus,* sua estrutura segue essencialmente o mesmo plano: têm braços pequenos e atrofiados e caminham sobre dois poderosos membros posteriores. São revolvedores de areia, alimentando-se das carcaças de criaturas marinhas lançadas à praia — tubarões ou plesiossauros, peixes grandes ou crocodilianos. Quando um grupo de saurópodes migra, porém, os membros mais jovens e mais fracos do grupo tornam-se uma oportunidade atraente.

Parentes do predador *Allosaurus* e do pequeno dromaeossauro com garras de foice são encontrados em algumas ilhotas suíças, e estegossauros vagam pelas florestas escuras de Londres-Brabante e da Ibéria. Mas não são para essas costas que os *Rhamphorhynchus* estão voando. Ao alçar voo, a maioria dos pterossauros segue para o norte por alguns quilômetros. Pairam suspensos no ar como gaivotas, só batendo as asas quando necessário, pois seu caminho pelos ares os leva por uma curta distância em direção a uma das ilhas menores, Nusplingen, um lugar fervilhante de vida selvagem costeira.[18]

Em Nusplingen, o ar tem gosto de sal e pedra. Uma lagoa límpida e profunda é cercada pela rebentação das ondas, onde os recifes de esponjas, erguidos pelas forças tectônicas, estão entre as primeiras partes dos Alpes a emergir da superfície do mar. A lagoa é uma enseada de duas pontas na extremidade leste de uma pequena ilha, sombreada por uma floresta de cicas e de araucárias altas e angulosas parentes do kauri, do pinheiro de Wollemi e da araucana. É um palheiro seco, um clima de verão semelhante ao do Mediterrâneo, com o calor provocando ocasionais incêndios florestais. As partes mais altas da praia são cravejadas de cones pegajosos e resinosos, caídos dos galhos de araucárias e polvilhados por fragmentos de conchas quebradas, algumas finas como areia. A brancura da areia de conchas é escurecida na maré baixa por moitas de algas marinhas recendendo a iodo, antes de dar lugar a um azul muito claro. Mesmo na maré alta, a orla de algas não vai muito longe; da linha da costa, o leito do mar tomba bruscamente, atingindo profundidades escuras de mais de cem metros. No fundo, a água parada ficou carente de oxigênio, mas grande parte da lagoa é um paraíso imóvel para diversas criaturas. O maremoto perturbou essa quietude, estremecendo a borda do atol, desalojando partes do recife exposto e lançando pedregulhos para as profundezas. Foi um tremor menor, mas mesmo no lado a sotavento do maremoto resultante o mar agitado cobriu a praia com moluscos, braquiópodes e outras criaturas litorâneas. Porém a quietude de Nusplingen será rompida para sempre por uma repentina elevação do fundo do mar de todo o Jura da Suábia, fazendo a ilha desmoronar enquanto a Europa começa a se formar a partir dessas convulsões.[19]

Ao pousarem, as longas caudas do *Rhamphorhynchus* não são obstáculo para andar na praia. Eles caminham eretos com os indicadores, as asas bem recolhidas. Nusplingen em si tem tamanho suficiente para sustentar uma pequena população de pterossauros — com o *Rhamphorhynchus* entre eles, mas também duas espécies não tão comuns — ao menos por enquanto. Os primeiros pterossauros se assemelham à biologia geral do *Rhamphorhynchus*, mas no final do Jurássico uma nova ordem de pterossauros terá substituído totalmente esses primeiros modelos. O *Pterodactylus* e o *Cycnorhamphus* fazem parte do novo visual elegante, o futuro das linhagens de pterossauros. Com caudas muito curtas, pulsos longos e muitas vezes cristas exuberantes, os pterodactiloides são a vanguarda.[20]

Abrindo caminho avidamente pelos detritos das ondas, vários *Cycnorhamphus* brigam por um crustáceo particularmente atraente. Sustentados pelos longos membros dianteiros, dão botes e sacodem a cabeça, ainda sem se comprometer com golpes. Das três espécies de pterossauros que habitam Nusplingen, essa é particularmente incomum. É um ctenochasmatídeo, mas perdeu a característica arcada de dentes aguçados; o *Cycnorhamphus* mantém uns poucos e atrofiados bem na parte frontal das mandíbulas. Atrás desses tocos atarracados abre-se um esgar presunçoso. Os ossos dos maxilares superior e inferior perderam contato um com o outro para formar uma espécie de quebra-nozes arredondado. Não fosse pelas placas rígidas cobrindo essa brecha estranha, as mandíbulas pareceriam uma pinça de braseiro. Capturando sua presa, o triunfante *Cycnorhamphus* ancora a infeliz vítima na brecha, que morre esmagada entre os ossos.[21]

Os *Rhamphorhynchus* mais novos não chegam até o recife. São pequenos demais para caçar peixes e, como muitos vertebrados, os pterossauros não investem muito na própria prole. Isso significa que, pelo menos em algumas espécies, eles já saem dos ovos com asas e uma espinha dorsal capazes de suportar um voo totalmente independente. Os filhotes, de focinho curto e dentes muito pequeninos, precisam buscar o próprio alimento e se restringir à terra, abocanhando agilmente os insetos até terem idade suficiente para se aventurar nas águas pesqueiras com seus parentes. A essa altura, os focinhos amadureceram e se alongaram, e as pequenas mandíbulas usadas para triturar besouros se transformaram em máquinas espinhosas para capturar peixes. A destacada aleta na cauda — interpretada como uma ajuda na estabilização do voo — também pode ser considerada um indicador da idade. Começando elíptica e arredondada, assume a forma de diamante e de pipa, até se tornar afinal um triângulo invertido. O desenvolvimento dos pterossauros recém-nascidos ao estágio de adultos não é tão rápido quanto nas aves, que no geral atingem o tamanho adulto em um ano, antes de uma desaceleração repentina ou interrupção do crescimento. Os *Rhamphorhynchus* crescem de forma lenta e contínua, com uma transição mais gradual da juventude para a idade adulta. Por essa razão, podem levar pelo menos três anos para alcançar seu tamanho máximo, mas são capazes de voar por quase todo esse tempo, um padrão mais parecido com o de seus parentes "reptilianos".[22]

O último do bando de pescadores volta à sua ilha quando a luz começa a esmaecer. Em um descuidado voo rasante sobre a lagoa, talvez tentando uma última captura de um *Plesioteuthis* perto da superfície, um *Rhamphorhynchus* volteia e se esquiva, como se percebesse seu erro. Tarde demais; uma cortina de água esconde uma enorme massa negra. As pontas das asas se agitam inútil e desesperadamente na água salgada, até se imobilizarem. Até mesmo pterossauros adultos correm perigo quando saem de sua ilha. As lagoas de Nusplingen e de Solnhofen são habitadas por peixes grandes e fortemente blindados, *Aspidorhynchus* à espreita, com o focinho pontiagudo fora de vista, prontos para usar a poderosa cauda para saltar e arrebatar pterossauros passantes.[23]

Por isso, é muito mais seguro ficar em terra firme, agarrados às árvores como o bando de *Rhamphorhynchus*; apesar de perfeitamente capacitados no solo, ainda se sentem mais em casa em ambientes verticais ou vagando pelas praias como os pterodactiloides. Mesmo depois de terem adormecido, os habitantes diurnos da ilha deixaram sua marca no solo. Suas pegadas continuam visíveis na linha da maré. As pegadas palmípedes dos *Rhamphorhynchus* contrastam com as dos pterodactiloides, que andam com as patas de lado. Aqui, as marcas derrapantes de pterossauros pousando, onde as garras escavaram a areia, primeiro com as patas traseiras e depois saltitando até parar. Ali, as marcas de arrasto de uma carapaça de caranguejo-ferradura, quase iguais às atuais, ou o bico regurgitado e a concha descartada de um molusco belemnita.[24]

O cefalópode *Plesioteuthis* que escapou das mandíbulas do *Rhamphorhynchus* também tem uma refeição em mente. Embora parente dos polvos, mais dormentes, os *Plesioteuthis* são predadores ativos. Nadando em alta velocidade, este aqui persegue uma pequena amonite, capturando-a com suas ventosas. Esmaga a concha com as mandíbulas pontiagudas e perfura a superfície da casca, abrindo-a para remover as partes moles da sua casa de madrepérola. O corpo da amonite é sugado e deve ser digerido, mas isso representa um problema para o predador. Dentro da cabeça de uma amonite há duas mandíbulas duras e calcificadas. Digeri-las é quimicamente impossível para um coloide, que, ao contrário dos humanos, tem um estômago alcalino. A saída mais fácil é por onde elas entraram, e assim os restos mais duros são regurgitados, afundando no mar como uma massa de muco pegajosa. O fóssil preservado de um vômito tem um nome específico — regurgilito. É considerado um "rastro fóssil", resultado fossilizado de um comportamento, de algo que não o corpo, como tocas, pegadas ou fezes. As fezes de amonites — filamentos semelhantes a vermes, que se encaracolam no momento em que se depositam no fundo do mar — são alguns dos fósseis mais comuns nas rochas calcárias que compõem o Jura.[25]

Perto da entrada da lagoa, um tronco flutua nas ondas, balançando suavemente como um barco a remo à deriva. Outrora parte do tronco de uma grande conífera araucária, a casca grossa o protegeu da corrosão do oceano. Ao oscilar com as ondas, hastes brilhantes, projeções coloridas de cabelos de medusa, irrompem na superfície e voltam a submergir.

Abaixo da superfície, os caules terminam com paraquedas emplumados, abrindo e fechando, abrindo e fechando, alimentando-se com bocas em forma de lenços. Os lírios-do-mar, ou crinoides, como os membros dessa colônia de *Seirocrinus*, são equinodermos — parentes dos ouriços e das estrelas-do-mar — e se alimentam passivamente de plâncton e detritos biológicos flutuantes na água. Cerca de quinze deles estão presos a esse tronco, acompanhando-o como os paraquedas de pouso de um ônibus espacial, onde a resistência à água corrente é menor. Suas hastes são anéis empilhados de cálcio rígido, cada haste sustentando uma franja-espanador que limpa os oceanos.[26]

Assim como os recifes, os troncos flutuantes tornam-se ilhas de diversidade em um oceano árido. Como se locomovem no máximo a um ou dois nós, não é difícil que criaturas peguem uma carona. Junto com a colônia de *Seirocrinus* nesses troncos paradisíacos encontram-se todos os tipos de moluscos, bem como nadadores mais ativos. Peixes pequenos seguem as viagens dessas comunidades por serem uma fonte fácil de alimento, com os mariscos e equinodermos filtrando os nutrientes da água e os peixes se alimentando dos corpos que eles produzem. Mesmo em total isolamento, no meio do mar, um desses troncos pode sustentar uma próspera comunidade enquanto sobreviver.[27]

As colônias flutuantes de lírios-do-mar e seus acompanhantes são extremamente longevos, alguns com vinte anos de idade, e por isso os lírios-do-mar são grandes; alguns dos talos dos lírios-do-mar *Seirocrinus* podem ter até vinte metros de comprimento — mais ou menos o mesmo comprimento de uma baleia comum adulta —, com uma coroa de um metro de diâmetro. Nos dias de hoje, essas comunidades flutuantes só duram cerca de seis anos, e os maiores equinodermos, que não os flutuantes, são estrelas-do-mar com apenas um metro de diâmetro. Com o passar do tempo, a tora afunda sob o peso de novos colonos ou, tendo se encharcado por muito tempo, se desintegra. A presença de ostras preserva a longevidade do sistema, ajudando a vedar rachaduras na casca e reduzindo a penetração da água na estrutura interna. Mesmo sem vedação, um tronco grande como esse pode durar uns dois anos, mas os lírios-do-mar adultos anexados têm uns bons dez anos de vida. Isso ocorre em parte porque nos mares jurássicos não há predadores de madeira. Os teredos, flagelo dos marinheiros na época da navegação à vela, só surgirão no Cretáceo. Seu surgimento tornará esse modo de vida impossível, algo que nunca mais será replicado da mesma forma; a madeira simplesmente não flutua mais por tanto tempo quanto antes.[28]

Embora colônias de *Seirocrinus* tenham sido encontradas longe da Europa, como no Japão, esse fragmento de araucária deve ser mais local, tendo vindo das ilhas do leste ou da costa ocidental asiática. Essas ilhas no oeste do arquipélago da Europa são jardins botânicos, lar de diversas florestas, em que árvores não têm parentesco com suas vizinhas mais próximas. Nas maiores massas continentais a leste existem grandes florestas, dominadas por araucárias, e é daqui que se origina grande parte da madeira que flutua no mar. As comunidades insulares são notavelmente semelhantes umas às outras, contendo diferentes espécies das florestas do leste. Há uma linha invisível separando esses biomas uns dos outros, uma fronteira marítima que impede a migração e mantém as diferenças. O exemplo mais famoso desse tipo de fronteira invisível no mundo moderno foi descrito pelo codescobridor da seleção natural, Alfred Russel Wallace. Durante o tempo que passou no arquipélago indonésio, ele notou que todas as ilhas a leste de Bornéu e Bali eram de espécies nitidamente australianas e diferentes das criaturas tipicamente asiáticas das ilhas ocidentais. Essa divisão reflete a conexão entre as massas de terra durante o Último Máximo Glacial; Bornéu, Sumatra, Java e Bali eram conectados por pontes terrestres à Ásia, enquanto Papua e outras ilhas orientais estavam conectadas à Austrália. A "linha de Wallace" é uma das fronteiras invisíveis que ligam a história geográfica à ecologia, separando reinos biogeográficos uns dos outros. Muitas outras características geográficas atuam como essas fronteiras nos dias modernos, do Himalaia aos desertos do norte da África. No Jurássico, as ilhas europeias espelham as divisões insulares da atual Indonésia.[29]

Esses mares formam um mundo dominado por pontos de encontro e de divisão. Os pterossauros caçam e são caçados no espaço entre o mar e o céu. As correntes do mundo fluem em torno de continentes que estão começando a seguir caminhos separados. A diversidade está se recuperando após uma mudança global marcada por uma extinção em massa. O Jurássico é mais conhecido por seus habitantes: dinossauros, plesiossauros e ictiossauros. A vida passada começou a ser entendida aqui, onde vagavam os três gêneros usados pela primeira vez para definir o significado de "dinossauro", o *Iguanodon*, o *Megalossauro* e o *Hylaeosaurus*. Mas eles não poderiam ter existido sem uma base ecológica firme. A diversidade insular do arquipélago europeu foi construída a partir do fundo do mar.

A ascensão de esponjas e corais forma diversos recifes e ilhas, sustentados pelos reminiscentes de seus ancestrais. Foi nessas ilhas nuas emergentes que a vida desembarcou e a elas se agarrou, uma fusão do leste com o oeste, do norte com o sul. As árvores crescem, alimentadas pela luz do sol e pelos esqueletos minerais desses antigos recifes. Quando mortas, comandadas por lírios e ostras, as árvores navegam nas correntes marítimas do mundo. Em ecologia, nada está completamente isolado. Em todos os lugares, sempre, a vida se estrutura sobre a vida.

# CAPÍTULO 9

# CONTINGÊNCIA

*Madygen, Quirguistão*
*Triássico — 225 milhões de anos atrás*

*"Eu moro na montanha*
*ninguém sabe.*
*Entre nuvens brancas,*
*eterno silêncio perfeito."*
— Han Shan

*"Não é surpreendente que todos esses segredos tenham sido preservados*
*por tantos anos só para podermos descobri-los!"*
— Orville Wright em carta a George Spratt, 1903

Está fresco à sombra da árvore *Baiera*, com suas folhas alongadas luminescentes emoldurando um triângulo invertido do sol da tarde e encostas íngremes da floresta que se elevam dos dois lados do vale de uma montanha. A copa da árvore contém pistas de aspectos que de outra forma não seriam visíveis. Ao longe, uma brecha na cobertura arbórea marca a beira de um lago, enquanto uma linha irregular de vegetação mais escura traça a rota do rio estreito que escavou esse vale. Os musgos crescem no solo, onde a terra preta e compacta forma um tapete macio e perfumado. Para ouvidos dos dias de hoje, o silêncio dessa floresta é enervante e antinatural. Não há canto de pássaros, pois as aves ainda não existem. Apenas os sons do vento, da água e das asas dos insetos perturbam o ar. Aos olhos de hoje, é uma floresta profunda e exótica. Mesmo as florestas mais densas e diversificadas do mundo atual mostram marcas

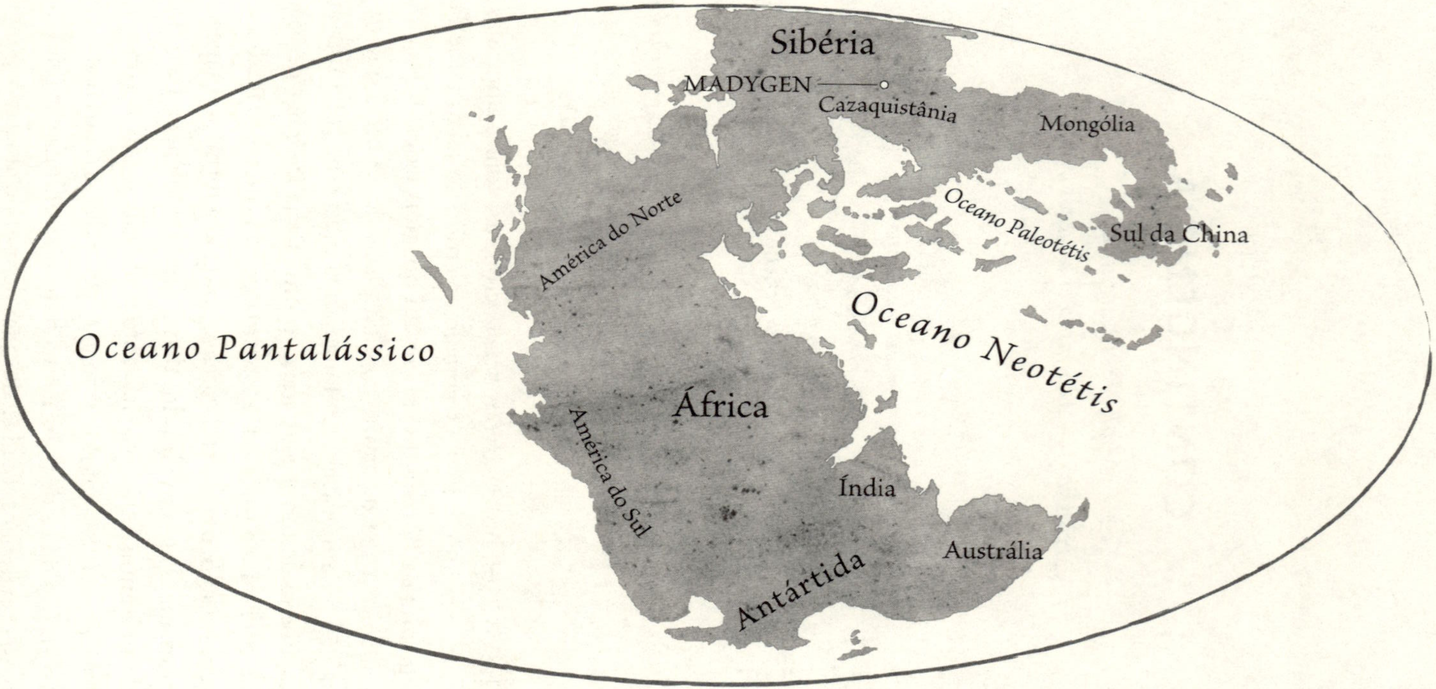
Sibéria
MADYGEN
Cazaquistânia
Mongólia
Oceano Paleotétis
Sul da China
América do Norte
Oceano Pantalássico
Oceano Neotétis
África
América do Sul
Índia
Austrália
Antártida

*Sharovipteryx mirabilis*

de milhares de anos de interferência humana, mas essas florestas são realmente intocadas, cada superfície entregue a liquens, samambaias e musgos, árvores subindo entre os escombros de troncos grossos e apodrecidos de suas antepassadas caídas.[1]

A terra rica é o resultado de decadência acumulada, anos e anos de folhas caindo, mas as plantas que crescem dela são menos familiares, pois isso se passa antes das plantas com flores. As florestas da Ásia Central são uma mistura de ginkgófitas, samambaias, cicadáceas e faixas de coníferas *Podozamites* de folhas escuras. Decíduas, árvores de folhas largas com galhos bem abertos, as *Podozamites* cobrem o terreno; em alguns locais os dosséis são tão dominantes que pouca coisa mais tem chance de crescer alto. Elas formam monoculturas que são comuns em todo o mundo temperado da Laurásia oriental, tendo se espalhado da China há pouco tempo. Aqui, essas coníferas ondulam nas encostas das montanhas baixas de Madygen, no Triássico do Quirguistão.[2]

Nos dias de hoje, árvores de pinhas com folhas largas e venosas no lugar de acículas são raras. Há exceções, que se diversificaram e ainda convivem ao lado das atuais angiospermas — o pinheiro kauri, o podocarpo e a *Nageia nagi*, por exemplo —, mas em Madygen elas só são superadas em número por samambaias menores. Aqui, as copas menos densas das *Podozamites* permitem a passagem da luz, sustentando um sub-bosque de outras plantas que conseguiram se firmar na paisagem alpina.[3]

As árvores se inclinam sobre o desfiladeiro rugoso, um dos muitos que se alinham em paralelo nessa bacia montanhosa que varia de vales suavemente ondulantes a rachaduras intransponíveis. Os córregos deságuam em piscinas que transbordam ocasionalmente, cascateando aos trambolhões, avolumando-se em rios que percorrem a planície aluvial até o plácido lago Dzhaylyaucho. Embora tenha apenas cerca de cinco quilômetros quadrados, o lago Dzhaylyaucho proporciona uma planicidade agradável entre as encostas da floresta que se elevam algumas centenas de metros acima da sua superfície. Na distância difusa, onde se pode ver o lago transbordar, refrescado, para uma viagem até a costa com uns seiscentos quilômetros pela frente, as nuvens aparecem no horizonte recortado. Picos ocasionais emergem pairando no céu, enquanto o vapor branco se esconde em reentrâncias invisíveis da floresta, ou rola pelas margens mais planas do lago. O ar não é muito úmido, e com chuvas bem distribuídas ao longo do ano, verões quentes e invernos com neve, o clima é ideal para o desenvolvimento de um ecossistema estável e diversificado. Longe das bordas esporádicas dos penhascos, a floresta se fecha e o solo está repleto de detritos da vida abundante. Longos e esbeltos besouros cupedídeos escalam o húmus apodrecido — especializados em consumir madeira macia e em decomposição e o fungo que causa essa decomposição. Como um todo, os insetos são excepcionalmente diversos aqui; das 106 famílias de insetos que se sabe terem habitado o mundo do Triássico, 96 são conhecidas em Madygen, com mais de quinhentas espécies contadas até o momento, incluindo os primeiros gorgulhos e tesourinhas da história da Terra. Muitas plantas aqui são fortemente defendidas contra a voracidade dos insetos; acredita-se que as folhas peludas das cicas evoluíram como um obstáculo contra a predação de insetos. Contudo, por maior que seja o consumo da população de insetos, também há os que se alimentam deles.[4]

Aqui e ali há blocos de calcário do tamanho de paralelepípedos espalhados, erodidos por cima e carregados pelo fluxo, lembranças do antigo passado oceânico dessa paisagem. Em alguns deles, podem ser vistos vestígios de conchas fósseis — as formas espiraladas de criaturas há muito extintas dos mares do Carbonífero, datando de mais de 100 milhões de anos mesmo agora. Tal como acontece com tantas cordilheiras, essas montanhas são erguidas a partir do mar profundo, e apesar de estarmos mais de 200 milhões de anos antes do presente, a compleição da Terra ainda é resultado de uma história antiga. Xistos escuros, frágeis e físseis, em camadas finas como papel e espalhados como cascalho nas encostas íngremes do vale, vêm da lama macia e imperturbável do fundo do mar. Camadas espessas e claras de calcário, de superfície enrugada pelas intempéries, são densas concentrações de minúsculas conchas de criaturas marinhas que viviam no mar do Devoniano e do Carbonífero do Turquestão, uma extensão da borda ocidental do que um dia se tornará o oceano Pacífico. Uma plataforma de rocha basáltica vulcânica diz onde a correia tectônica transportadora estava puxando o fundo do oceano para baixo de outra placa e onde, ao longo do Permiano e do Triássico, o fundo do mar elevado foi erodido. Arrastadas do fluxo por inundações ocasionais, as antigas rochas dos riachos da montanha são logo cobertas por plantas que adoram o borrifo úmido — musgos macios tão aprofundados que engoliriam o pé de um andarilho desatento, hepáticas brilhantes e planas e os ramos suspensos das samambaias.[5]

Um vulto risca a tela, instantâneo, alegre e inconfundível, e logo desaparece. O arcossauromorfo *Sharovipteryx mirabilis* é quase exclusivo de Madygen. Quando imóvel e agarrado ao tronco vertical de uma árvore, é quase invisível, apenas uma mancha marrom-esverdeada entre muitas outras; porém, quando plana, sua silhueta no céu brilhante é uma parada no tempo, e deixa uma pós-imagem indelével que perdura muito mais do que a experiência.

Quatro membros bem abertos, com finas camadas de pele esticadas entre os membros posteriores e a cauda, e uma segunda camada menor ligada aos membros anteriores: o perfil triangular de um *Sharovipteryx* em voo é um surpreendente exemplo de combinação ideal de aerodinâmica e manobrabilidade; o formato de sua asa é usado em aviões de caça modernos e no Concorde. Comparado com o aparato dos animais planadores dos dias de hoje, o do *Sharovipteryx* é de alta tecnologia. Ele precisa planar em posição angulosa, peito contra o vento, para conseguir sustentação, mas movimentos minuciosos dos joelhos mudam a forma da asa delta principal, e assim alteram a direção do voo com alta precisão.[6]

Um momento depois de passar, seu caminho o leva a um tronco de árvore, onde se agarra, as pernas envolvendo a árvore como uma criança abraçando o pai, joelhos abertos. A elegância em voo supera em muito sua aparência na árvore, com a membrana retraída e membros espalhados por todas as direções, como uma espreguiçadeira desabada. Os joelhos, tão úteis no ar, parecem sempre prontos para um pulo de sapo, abertos à medida que os pés são movidos acima do corpo de modo que ele possa se segurar na árvore. O ventre da criatura é levemente côncavo para se encaixar melhor nos galhos arredondados.[7]

O *Sharovipteryx* quase não tem similares.* Contudo, nos tempos experimentais do Triássico, parentes mais distantes começam a ganhar os ares. No mundo todo, diversas espécies de répteis estão voando em parapentes, sustentados por costelas extremamente longas e articuladas. Numa época em que só os insetos realmente voam, todos esses planadores estão na linha de frente da inovação evolutiva dos vertebrados. Em pouco tempo, novas linhagens de arcossauros subirão aos céus — primeiro os pterossauros, seguidos por pelo menos três grupos de dinossauros. Serão necessárias cerca de 170 milhões de anos para os mamíferos finalmente voarem como morcegos, no final do Paleoceno ou início do Eoceno.[8]

Na verdade, assim como aves e flores, praticamente não existem mamíferos no Triássico. A diversidade de mamíferos, os ancestrais de tudo, de você a um ornitorrinco, de um vombate a um peixe-boi, resume-se neste momento — dependendo de a quem você perguntar — a uma ou a poucas espécies no mundo, desde o início da vida até este momento no tempo. O *Adelobasileus* é um mamífero primitivo (ou pelo menos um parente muito próximo) contemporâneo de Madygen, mas vive longe, no que se tornará o Texas. Um naturalista no Triássico dificilmente prestaria muita atenção, mesmo se notasse o estranho invólucro ósseo do

---

* Até o momento, só existem duas espécies na família dos *Sharovipterygidae*, ambas planadores com membros posteriores. Um é o próprio *Sharovipteryx mirabilis*, de Madygen, no Quirguistão, e o outro é *Ozimek volans*, um animal um pouco maior, do Triássico da Polônia, com as mesmas pernas longas e ossos leves.

seu ouvido interno, e o classificaria como um membro pequeno, embora incomum, dos cinodontes. Os cinodontes, de certa forma, são um trampolim, observando-se em retrospecto, no caminho da evolução dos mamíferos. Como tal, compartilham várias das características que pensamos nos dias modernos como exclusivamente mamíferas. O Triássico imediatamente seguiu uma devastadora extinção em massa, e os cinodontes se diversificaram em seu rescaldo da mesma forma que os mamíferos fizeram no Paleoceno.[9]

Mesmo o cinodonte anatomicamente conservador de Madygen, o *Madysaurus*, tem muito dos aspectos de um mamífero. Um palato rígido separa seu aparelho respiratório das vias de alimentação. Os dentes se diferenciam em incisivos cortantes, caninos perfurantes, molares e pré-molares, diferentes da fileira uniforme de dentes idênticos que caracteriza a maioria dos outros grupos de vertebrados. A pelagem felpuda cobre sua pele com glândulas oleaginosas. É um ovíparo, mas, diferente de um ornitorrinco ou de uma equidna, provavelmente não alimenta seus filhotes com leite — as glândulas mamárias parecem ter se desenvolvido em um estágio da evolução dos cinodontes posterior àquele que levou ao *Madysaurus*, talvez inicialmente como uma maneira de evitar que seus ovos de casca fina ressecassem.[10]

Com o *Sharovipteryx* planador e a estranha e nova fisiologia dos cinodontes, são muitos os experimentos anatômicos acontecendo no mundo. Pergunte a qualquer paleontólogo de vertebrados sobre o período geológico que inclui os seres mais estranhos, e a maioria esmagadora vai indicar o Triássico. Embora as inovações dos cinodontes persistam nos humanos, o Triássico é peculiar por sua variedade de formas díspares, muitas das quais não sobreviveram. Em nenhum grupo isso é mais verdadeiro que nos arcossauros e seus parentes, dos quais o *Sharovipteryx* é um deles. Nos dias de hoje, os arcossauros incluem as aves de um lado e os crocodilianos de outro. No passado, mesmo excluindo a indiscutível alteridade dos dinossauros, a diversidade era muito maior; os arcossauros também incluem os pterossauros — e, no Triássico, várias formas que exploram os limites anatômicos e fisiológicos do grupo — e começam sua ascensão ao domínio ecológico.[11]

Em partes do que se tornará a Europa, existem criaturas semiaquáticas chamadas tanistrofeus. Muitos dessa família são animais enormes, com até cinco ou seis metros de comprimento, sempre encontrados perto de corpos d'água. Eles caçam lulas e peixes, auxiliados por um pescoço com a metade do comprimento total do corpo — ou seja, com até três metros de comprimento —, o que lhes permite separar seu insuspeito aparato alimentar do corpo gigantesco que poderia alertar suas presas. Em águas rasas e lamacentas, emboscam nadadores velozes com um súbito movimento lateral da cabeça, impulsionando o corpo para a frente com grandes pulos de sapo. Diferentemente dos plesiossauros e dos ictiossauros, seus pés conseguem se mover na terra, e a pélvis forte sugere que sustentavam o próprio peso com o corpo mais recuado, o que não seria esperado de uma vara de pescar ambulante.[12]

O *Sharovipteryx* não é o único réptil bizarro do Triássico nessa floresta. Os sinais de atividade estão por toda parte, com pegadas que sugerem que as encostas foram escaladas e levam às samambaias. Marcas nos musgos em troncos de árvores indicam a presença de drepanossauros, outra esquisitice evolutiva de Madygen. Vivendo em algum lugar acima, esses répteis escaladores de árvores do tamanho de esquilos começam aqui; o *Kyrgyzsaurus bukhanchenkoi* é a espécie mais antiga conhecida de drepanossauro — um grupo que mais tarde se disseminará pelo hemisfério norte. Com a pele dobrada como a de um iguana e um saco pendular na garganta, o *Kyrgyzsaurus* não é uma criatura elegante. Sob muitos aspectos, os drepanossauros são os equivalentes triássicos dos camaleões. O *Kyrgyzsaurus* tem um focinho curto, delicado e triangular, equipado com uma bateria de dentes minúsculos para abocanhar insetos. Para um drepanossauro, é bem mediano nas dimensões — as espécies maiores têm o tamanho de um gato — e está adaptado à vida nas árvores. Drepanossauros têm mãos e pés com dedos opostos, que lhes permitem agarrar firmemente os galhos. Em muitos casos, as caudas, longas e achatadas de lado a lado, atuam como um quinto membro preênsil, com a vértebra final modificada em forma de garra, para ganhar mais apoio na casca escorregadia da copa das árvores. O grupo dos *Drepanosaurus* tem ainda uma enorme garra no polegar, do tamanho dos demais dedos enfileirados, supostamente usada para abrir as cascas das árvores e encontrar os animais que vivem embaixo delas.[13]

À medida que o rio segue seu curso, os paralelepípedos de calcário desaparecem sob curvas de cascalho recortadas nas margens lamacentas.

A água transbordada começa a se acumular em solo cada vez mais molhado. Aqui, terra e planta começam a se fundir em turfa, absorvendo mais umidade e condensando-se cada vez mais em carvão não consolidado. Ao dissolver o calcário no seu trajeto, a água aumenta seus minerais e perde seu oxigênio. Sem pressa, o velho rio exala no lago que o espera. Lá, sob a água, vermes perfuram túneis complexos e ramificados na lama, construindo suas tocas somente onde o calor do sol penetra.[14]

O lago, tão claro visto do alto, é invisível da sua margem. Uma parede de cavalinhas, *Neocalamitas*, ergue-se até dois metros de altura na argila pouco submersa. Caules grossos e espinhosos, segmentados como os do bambu, têm folhas nas junções. Além da ramificação de cavalinhas, onde a água fica mais funda, sua tensão superficial é tensionada por baixo, mas raramente rompida, por densos tapetes de musgo aquático flutuantes, de cor verde-limão. Sob a superfície, o reflexo de uma floresta fornece um paraíso para as larvas das centenas de espécies de insetos que habitam essa terra, e para os ovos do *Triassurus*, a primeira salamandra. Nas margens banhadas pela água, os musgos úmidos também são os campos de reprodução dos enxames. Os camarões chamados *Kazacharthra* são contados aos milhares e têm a cabeça grande e fortemente blindada, no formato da seção transversal de uma maçã. Da frente desse escudo, filamentos semelhantes aos bigodes de um dragão chinês exploram e sentem os arredores. Com seu estilo ondulante e desajeitado de natação, com as patas escondidas por baixo, à primeira vista parecem girinos, e de fato são parentes dos chamados camarões-girinos dos dias atuais. Eles enxameiam atrás dos detritos desaguados pelo rio ou de ovos de moscas depositados na superfície plácida e são exclusivos da Ásia Central.[15]

Na primavera, quando os rios estão em pleno fluxo, há bastante alimento para todos, mas quando a situação fica mais apertada, o *Kazacharthra* enfrenta uma competição por comida, não só de artrópodes nadadores como também de colônias estáticas. O que de início parece uma rocha revestida por algum tipo de limo de algas é na verdade uma colônia de animais chamados briozoários — animais-musgos. Cada organismo microscópico de uma colônia de briozoários é um clone do animal original que se estabeleceu no fundo do lago e é hermafrodita, ao mesmo tempo masculino e feminino. Seus esqueletos, ao contrário dos de outros animais coloniais, como corais ou esponjas de vidro, não são sequer mineralizados. Por serem formados de proteínas gelatinosas, a colônia tem uma textura muito instável. Madygen, sendo continental, fica frio no inverno, e as condições podem ser muito voláteis. Agora, no auge do verão, os briozoários se aproveitam das condições produzindo aglomerados de células especiais, recobertos de quitina, chamados estatoblastos, e liberando-os para se depositarem em outro lugar. Esses estatoblastos são apólices de seguro biológico contra um inverno rigoroso. Se o lago congelar ou se o nível da água cair muito, a colônia morrerá, mas os estatoblastos sobreviverão e estarão prontos para abrir quando as condições melhorarem. Os micro-hábitats formados nas regiões liminares dos lagos de água doce são extremamente importantes para manter a diversidade de todo o ecossistema, de plantas a predadores do topo da cadeia alimentar.[16]

Uma grande agitação na superfície da água marca a passagem de uma dessas criaturas, o maior animal conhecido do lago Dzhaylyaucho — do comprimento de uma lontra de rio — e um sobrevivente de outros tempos. O isolamento montanhoso de Madygen implica que muitas de suas criaturas — inclusive todos os vertebrados — são endêmicas, desconhecidas em qualquer outro lugar do mundo. Todos os demais têm parentes razoavelmente próximos em outros lugares, mas, no caso do *Madygenerpeton*, nenhum de sua espécie sobreviveu por tanto tempo. Nesse período, os vertebrados de quatro membros do mundo podem ser divididos em anfíbios — que ainda se reproduzem na água, como o ancestral dos tetrápodes — e amniotas, que envolvem o embrião em desenvolvimento numa série de membranas, seja um ovo com casca ou dentro de um útero. Tanto os anfíbios quanto os amniotas são parentes igualmente distantes do *Madygenerpeton*, que é um *Chroniosuchidae* — o nome significa "crocodilo do tempo". Com o dorso blindado por placas entrelaçadas, os *Chroniosuchidae* vêm seguindo um estilo de vida semelhante ao de um crocodilo nas vias aquáticas da Ásia há 30 milhões de anos, mas seu tempo está quase no fim. No entanto, esse é um estilo de vida bem-sucedido, e esses crocodilos estão passando o bastão para anfíbios gigantes como o *Mastodonsaurus*, um animal de seis metros parecido com a salamandra, com um crânio plano e quase perfeitamente triangular, tão achatado que os dois dentes maiores inferiores, cônicos e afiados como uma sovela, projetam-se através de orifícios especiais na parte superior do focinho. Os fitossauros, outro grupo de arcossauros do Triássico, são tão superficialmente parecidos com os crocodilianos atuais que seria fácil confundir os dois grupos, não fosse pelas suas narinas posicionadas muito mais atrás no focinho.[17]

O *Madygenerpeton* adotou uma vida basicamente aquática. Sua armadura de placas entrelaçadas, um suporte ósseo para o corpo, é mais flexível que a dos seus ancestrais, permitindo uma coluna sinuosa. Com o peso dessa armadura, pode ficar rente à superfície da água, a cabeça pequena parecida com a de um jacaré quase submersa. Ervas flutuantes emaranham-se na sua couraça áspera e nodosa, rompida por pequenos olhos e narinas um tantinho proeminentes. A recente extinção em massa do final do Permiano ocorreu quando os *Chroniosuchidae* estavam começando a se diversificar e os cortou pela raiz. Os que sobreviveram vêm titubeando até agora, e acredita-se que o *Madygenerpeton* seja a última espécie remanescente. Silenciosamente, ele volta a se mesclar com o musgo aquático.[18]

Nas profundezas do lago, longe demais para preocupar os seres da superfície, vivem celacantos e peixes pulmonados, mas também um habitante inesperado em um lago de montanha tão distante no interior — tubarões. Dificilmente podem ser vistos na superfície, mas às vezes cascas coriáceas de seus ovos, espiralados e pontiagudos como um limão alongado, aparecem na praia. Encontrar uma casca de ovo de um tubarão no interior das altas montanhas é como encontrar a carcaça de uma cabra montanhesa no fundo do mar; antes de serem descobertos no lago Dzhaylyaucho, os únicos tubarões conhecidos por botar ovos eram de um reino marinho insondavelmente diferente. Aqui em Madygen existem dois tipos de tubarões ovíparos, sendo o mais comum o tubarão jubarte. Os hibodontes, como são propriamente chamados, têm espinhos longos e curvos na ponta das barbatanas e, comparados aos tubarões, os hibodontes de Madygen são pequenos e lentos, mais parecidos com um cação do que com um grande tubarão branco.[19]

Durante muito tempo, ninguém soube nada sobre como os hibodontes se reproduziam, a não ser especulações relacionadas ao nosso conhecimento de outros grupos de tubarões bem diferentes. A descoberta de sacos de ovos no lago Dzhaylyaucho mudou tudo isso. Pelo menos para uma espécie de hibodonte, os lagos montanhosos da Ásia Central forneceram um berçário para seus filhotes, um lugar onde os adultos se reuniam e acasalavam. Nas águas rasas, entre os caules das cavalinhas, os filhotes de tubarões eclodem e começam sua vida vagarosa. À medida que crescem, afastam-se da costa e começam a habitar águas cada vez mais profundas. Exatamente para onde vão depois disso é totalmente desconhecido. Muitos hibodontes vivem a vida toda na água doce, mas outros são marinhos. O lago Dzhaylyaucho está tão longe do mar que a explicação mais simples para a sua presença é a de que os adultos estão em algum lugar mais profundo do lago, muito abaixo da superfície, longe da embocadura dos rios e do sedimento percolado. Outra explicação, menos provável, é a de que, como o salmão vermelho, esse tubarão hibodonte específico, o tubarão lanceiro de Fergana, poderia estar vindo do oceano para se reproduzir num berçário protegido no interior.[20]

O que certamente se revelou, na verdade o que talvez seja menos evitável nas margens do lago Dzhaylyaucho, são as moscas negras. A despeito do número de insetívoros em Madygen, de drepanossauros e de *Sharovipteryx*, de peixes e de camarões-girinos, as populações de moscas são grandes e diversas, os dípteros acrobáticos. Só recentemente diversificadas, são criaturas difíceis de ser eliminadas, graças à sua arquitetura inteligente. Quase todos os insetos têm quatro asas, e quase todos os grupos, de borboletas a besouros, de grilos a abelhas, seguem essa restrição ancestral. Mas as moscas genuínas, como a mosca-das-frutas, a mosca doméstica e os mosquitos, burilaram essa restrição básica. Seu segundo par de asas, o traseiro, deixou de ser usado para sustentação. Essas asas se transformaram em suportes, pequenos balancins chamados de halteres, articulados nas laterais do corpo da mosca e que vibram durante o voo. Sempre que a mosca muda de direção em um ângulo em relação à articulação, o solavanco dobra os halteres na base e os transforma em um giroscópio. Ao detectar esse movimento, os músculos de voo da mosca se ajustam automaticamente e corrigem suas posições. Em termos práticos, isso significa que as moscas podem realizar manobras muito mais ousadas durante o voo que qualquer outro inseto, o que lhes permite se desviar rapidamente do perigo, seja das mandíbulas abertas de um *Sharovipteryx* ou de um jornal enrolado, sem perder o controle.[21]

Em terra, os insetos mais comuns encontrados na serapilheira de Madygen são as baratas, mas o maior sonho de qualquer entomólogo é encontrar os titanópteros, insetos enigmáticos que se acredita ser parentes dos gafanhotos. Eles estarão bem disfarçados, mantendo-se como estátuas entre as folhas das samambaias. Tendo evoluído no Permiano da Rússia, não são encontrados em muitos locais do mundo, mas Madygen é o lar de vários gêneros diferentes. Comportam-se e se parecem com o louva-a-deus, mas seu tamanho excede em muito o de qualquer louva-a-deus ou gafanhoto. O maior inseto nos dias atuais é a mariposa imperador, ou bruxa branca, cuja envergadura pode chegar a 28 centímetros. Os titanópteros podem ser ainda maiores. Uma só asa do laconicamente chamado *Gigatitan* pode chegar a 25 centímetros. Sustentado sobre quatro patas, esse gafanhoto não pode pular. As duas patas da frente ficam erguidas, com espinhos afiados para capturar suas infelizes presas. Mas sabem cantar, como os gafanhotos atuais. Quando atritados, o plectro e a lima das asas produzem o chilro grave e barítono de um sapo-boi.[22]

O *Gigatitan* até supera em tamanho vários habitantes tetrápodes desses bosques, inclusive talvez o habitante mais estranho das árvores ao redor do lago Dzhaylyaucho. A criatura conhecida como *Longisquama insignis*, cujo nome significa "escamas longas notáveis", é outro réptil bizarro parecido com um lagarto, talvez também relacionado aos arcossauros. Trata-se de um animal minúsculo e singular — com apenas quinze centímetros de comprimento —, que usa os membros para escalar árvores, mas que se destaca, metafórica e literalmente, por suas escamas enormes, em forma de tacos de hóquei no gelo, que se projetam de uma crista ao longo do dorso. Mais de meia dúzia dessas protuberâncias se projetam da sua coluna, cada uma tão longa quanto a altura do *Longisquama*. Não se sabe exatamente para que servem, mas em geral se supõe servirem a propósitos de exibição ou camuflagem; por serem tão estreitas, é improvável que tenham qualquer benefício mecânico. Contudo, até hoje só um desses animais foi encontrado, e as condições do espécime não ajudam muito. Como sempre, onde há relatos de criaturas estranhas na floresta, apenas novos avistamentos podem ajudar a resolver as questões levantadas pela primeira.[23]

As florestas e o lago de Madygen são uma importante lição de humildade. A presença de criaturas tão difíceis de interpretar como o *Longisquama*, de estilos de vida tão diferentes dos de seus parentes dos dias atuais, como o *Sharovipteryx* ou o tubarão lanceiro, e a própria ocorrência local de espécies como o *Madysaurus* ou o *Madygenerpeton*, os últimos de suas espécies, nos lembram o quanto ainda não sabemos sobre a vida que uma vez habitou a Terra. Madygen é uma fonte de dados até agora isolada, e há pouco com que compará-la. Não podemos dizer o quanto essa comunidade é singular, até onde as asas dos *Sharovipteryx* os levaram, ou que outras maravilhas endêmicas existiam em outras paisagens do interior.

Madygen e a bacia de Fergana como um todo contam uma história de contingências. Da estrutura básica do plano corporal dos tetrápodes surgem múltiplas variações, mas cada uma se desenvolve usando as limitações de seus ancestrais. A evolução é um processo de adaptação relacionado a restrições e ao desenvolvimento de formas de romper essas restrições. Dos halteres derivados das asas das moscas dípteras, surgidas pela primeira vez no Triássico, à pele esticada do *Sharovipteryx* e de seus parentes, novos usos para antigas estruturas estão mudando a maneira como os animais lidam com os seus ambientes. O fato inegável é o surgimento de soluções engenhosas para enigmas evolutivos em toda a árvore da vida. O Triássico é um período de mudança e experimentação, um momento na Terra em que, aos olhos atuais, tudo parece ser permitido.

Parte disso provavelmente se deve à ressaca da extinção em massa ocorrida na divisa entre os períodos Permiano e Triássico, o pior evento de extinção a assolar o planeta, que exterminou 95% da vida. Após eventos de extinção, aumenta o ritmo do surgimento de novas espécies e a extinção se torna um fenômeno temporariamente mais raro. Na época de Madygen, as paisagens esparsas de todo o mundo Triássico Inferior foram preenchidas e a vida se tornou mais uma vez gloriosamente abundante. Com o início do Jurássico, os organismos que virão a tipificar o restante do Mesozoico terão mais ou menos ascendido à sua posição ecologicamente dominante, e os dias de experimentação desenfreada chegarão ao fim.[24]

Durante o Permiano e o Triássico, a área ao redor de Madygen é uma típica cordilheira de altitude média, subindo lentamente, de modo que a erosão mantém os topos das montanhas a uma altura quase constante. Em breve elas começarão a baixar, e no Oligoceno, quase 200 milhões de anos no futuro, as montanhas terão dado lugar mais uma vez ao mar. Em um espelhamento improvável, a região atual de Madygen, oculta no sopé norte da cordilheira do Turquestão, é uma recapitulação da topologia triássica. As atuais cadeias montanhosas do Tien Shan ao norte e de Gissar-Alai ao sul, erguidas do mesmo fundo do mar do Paleozoico, descem para o enorme vale de Fergana, que delimita a região fronteiriça entre Quirguistão, Uzbequistão e Tadjiquistão. As comunidades de plantas dos dias de hoje são estepes semiáridas e plenas de gramíneas, onde os habitantes humanos têm sido historicamente pastores nômades.

Não há uma separação entre biologia e história. Todo ser vivo é o resultado da evolução biológica e é influenciado pelas vidas de seus ancestrais. Pode ser por fatores anatômicos, como as restrições quanto às diferentes formas pelas quais um vertebrado pode usar seus membros, ou por fatores geográficos, como a migração pela abertura da Estepe do Mamute do Pleistoceno. No início do Triássico, todas as principais placas tectônicas continentais estavam ligadas, formando o supercontinente de Pangeia. A falta de grandes barreiras entre as comunidades terrestres fez com que, depois que a poeira da extinção em massa do Permiano-Triássico se assentou, quando o oxigênio retornou às profundezas dos oceanos e as chamas diminuíram, os sobreviventes pudessem se espalhar com relativa facilidade pelo planeta, uma fauna homogênea que só mais tarde se tornou endêmica em seus devidos lugares. Em comparação, os continentes separados por oceanos por ocasião da extinção em massa do final do Cretáceo deram origem a faunas bem mais diferenciadas em termos globais.[25]

As contingências na paleontologia se estendem ao registro geológico que permanece. Que Madygen, um ecossistema do interior, tenha se preservado com tantos detalhes é uma sorte extrema. Os ecossistemas do interior em geral não são onde os sedimentos estão sendo depositados. O vento, a chuva e a penetração de raízes conspiram para erodir as rochas expostas em vez de produzir mais. A história da vida terrestre no planeta é, em linhas gerais, a história das vias aquáticas, de rios e litorais, de deltas e estuários. Os lagos são tão raramente preservados que seus registros fossilíferos foram definidos como um "megaviés" — que impede qualquer análise de longo prazo, pois todos os dados se concentram em alguns casos isolados. Ao se formarem, os sedimentos terrestres em geral são ineficientes na conservação de detalhes. Madygen é notável por sua preservação, tornando mais claro seu papel na história ecológica da Terra que a maioria dos locais marinhos. A evidência dos enxames de insetos nas planícies aluviais ao redor do lago Dzhaylyaucho é tão abundante que um perito em sua formação define certas camadas de rocha como sendo "literalmente revestidas com pequenas asas, muitas vezes difíceis de ver", com mais de 20 mil espécimes coletados até agora. Somos limitados pelo que pode ser preservado, mas Madygen rompe as restrições por um momento e nos permite ver nitidamente o que de outra forma jamais poderia ser conhecido.[26]

O que existe agora só pode ter vindo do que existia antes. No Triássico, o que existia antes foi totalmente destruído. Com a destruição de quase toda a vida, havia pouco com que trabalhar, mas ainda assim as forças evolutivas se superam em romper contingências, encontrando brechas evolutivas e trabalhando com o que resta para gerar novos prodígios de diversidade. Extinção e especiação costumam andar de mãos dadas, e as excentricidades do Triássico habitam uma época em que as opções ecológicas estavam abertas a todo um novo conjunto de tipos corpóreos sobreviventes: tanistrofeus de tocaia com seus pescoços incrivelmente longos; drepanossauros com caudas de garras enroladas; moscas acrobáticas. Em algum lugar nas encostas, acima da margem do lago, um *Sharovipteryx* se move na casca de uma árvore. Tomando impulso, ele se lança ao desconhecido.

CAPÍTULO 10

# ESTAÇÕES

*Moradi, Níger*
*Permiano — 253 milhões de anos atrás*

*"Tais chuvas aliviam como lágrimas"*
— Mary Hunter Austin, *The Land of Little Rain*

*"A água escorre até nossos passos flutuarem, para em seguida afundarmos até o tornozelo no céu"*
— Rachael Mead, "Kati Thanda/Lake Eyre"

Os ventos mudaram. Os ventos do norte sopram por um campo de dunas esparsas, açoitando as elevações e lançando fragmentos afiados de silicato com força e velocidade no ar. É difícil distinguir qualquer coisa. Na planície salina não há refúgio, nenhum lugar para se esconder do vento forte, avermelhado e cortante. Uma górgona fêmea tenta se levantar do chão, sacudindo a areia acumulada para dar mais um passo. Resistir a esse soterramento contínuo é exaustivo, mas as tempestades de areia são tão frequentes que essa não é a primeira que ela teve de enfrentar. Sua pele grossa, marcada pela idade, propicia alguma resistência, se não proteção total. A estação chuvosa está para chegar a qualquer momento, anunciada pelo retorno do vento norte; porém, até que a tempestade de areia ceda, há pouco a fazer a não ser vagar e esperar. Sua mandíbula está inchada e ela está mancando. Desde que um golpe defensivo de um *Bunostegos* que estava caçando fraturou sua perna, ela nunca mais foi a mesma. A lesão está curada, o sangue irrigou a área ferida e ajudou o tecido vivo a cicatrizar rapidamente — uma consequência fisiológica

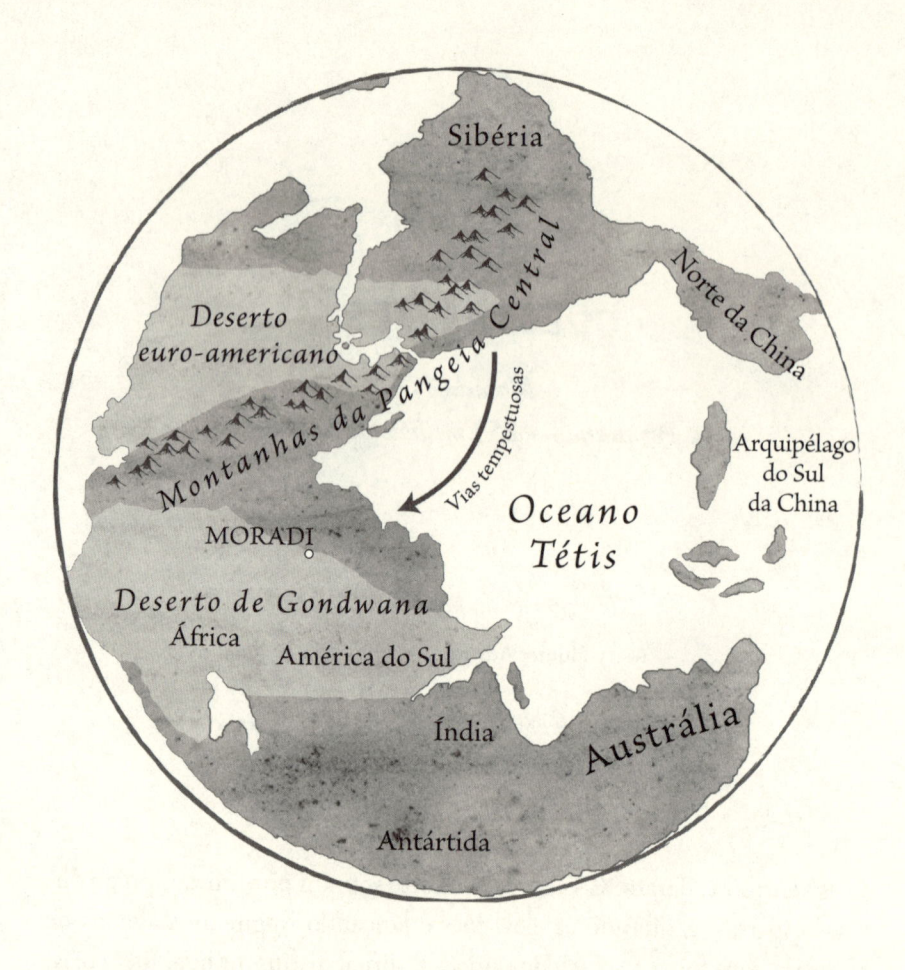

*Mapa do mundo com legendas: Sibéria; Deserto euro-americano; Montanhas da Pangeia Central; Vias tempestuosas; Norte da China; Arquipélago do Sul da China; Oceano Tétis; MORADI; Deserto de Gondwana; África; América do Sul; Índia; Austrália; Antártida.*

útil de um estilo de vida ativo e de sangue quente —, mas o processo do fortalecimento ósseo gerou um nódulo, calcificando a fratura pelo lado de fora, tornando a área mais fraca.[1]

Para um membro do grupo Gorgonopsia como esse, um predador do topo da cadeia alimentar da poeirenta Moradi, tais lesões às vezes são graves, mas não incomuns. A mandíbula inchada, porém, não é tão comum. A frouxidão do canino esquerdo longo e afiado pode ser resultado de um novo dente nascendo; apesar de terem dentes diferenciados como os mamíferos — incisivos, caninos e pós-caninos —, as górgonas renovam a dentição regularmente, mais como os répteis atuais. As górgonas são predadores ativos e precisam de pares de caninos funcionais, superiores e inferiores, para se alimentarem. Para garantir que isso aconteça, elas alternam a substituição dos caninos esquerdo e direito, e trocam

*Bunostegos akokanensis*

o superior e o inferior de cada lado ao mesmo tempo. Contudo, seus caninos direitos já estão em meio à reposição, por isso um dente solto à esquerda significa alguma outra coisa. Trata-se de um procedimento mais urgente, um acidente de divisão celular. Sua mandíbula está com um odontoma, um tumor cancerígeno, que pressiona a raiz do canino. O tumor está cheio de miniaturas de dentes, que ao se desenvolverem estão lentamente erodindo a raiz ao lado. A górgona movimenta os lábios e a mandíbula com dificuldade. A tempestade vai passar logo.[2]

O estrondo de um relâmpago ilumina brevemente os picos das montanhas de Aïr enquanto a tempestade diminui, despertando sua atenção. Ela inclina a cabeça, observando as lufadas de areia por cima do focinho de *bull terrier*. Seus pés se esparramam sobre o leito de um lago seco, com cerca de oitenta metros de diâmetro e idêntico em todas as direções — branco e pavimentado com figuras geométricas irregulares marcadas por sulcos de gesso cristalino na argila. Todos os anos, esse lago se enche de água doce. E todos os anos fica totalmente seco, com as lembranças dessa água conservadas nas suaves ondulações da lama endurecida. Mesmo quando os rios das montanhas a leste deságuam no lago, nenhuma água transborda. Parte do líquido penetra no solo, mas o efeito do ar seco e quente evapora a umidade. É um ponto final, um lago de praia com uma entrada e sem saída, uma depressão numa enorme massa de terra.[3]

Quase todas as terras do mundo, exceto as ilhas na costa, estão ligadas em um único supercontinente, Pangeia. Há terra perto do Polo Norte, terra no Polo Sul e uma faixa contínua entre elas, intercalada por terras frias e temperadas, florestas úmidas e os grandes e avermelhados desertos ocidentais e interiores perto do equador. O ciclo da água depende dos oceanos como fonte de nuvens e chuva, e onde grande parte da superfície do supercontinente está muito no interior, pouca chuva consegue chegar ao centro árido. No entanto, quando isso acontece, a quantidade de água é impressionante. Pangeia tem mais ou menos a forma de um C, como uma grande taça, abrindo-se para o leste ao redor do equador, onde o mar de Tétis está se formando. A leste desse mar, um grande arquipélago de ilhas tropicais sempre úmidas — a massa continental que um dia se tornará o sul da China e o sudeste da Ásia — atua como uma barreira contra a devastação do Pantalássico, o oceano gigante que cobre o resto do planeta, maior que o Pacífico e o Atlântico juntos, estendendo-se por mais de todo um hemisfério. Com grandes massas de terra ao norte e ao sul e barreiras a oeste e a leste, a enseada do Tétis não é diferente de uma versão expandida e mais profunda do Caribe. Como os que hoje habitam as margens desse mar sabem muito bem, essa geografia é suscetível a tempestades.[4]

No verão do norte, a terra no norte da Pangeia se aquece, enquanto o sul invernal esfria. No meio, como a água preserva o calor, o mar se mantém mais ou menos na mesma temperatura. Por ser delimitado por ilhas a leste, o Tétis tem poucas correntes fortes, e portanto uma piscina de água morna — 32 graus na superfície — se formou nesse mar, movendo-se para norte e para sul com a mudança das estações. Seja onde estiver essa piscina morna, a pressão do ar é baixa, sugando o ar da metade mais fria do mundo e fazendo-o circular pelas costas de verão da outra metade de Pangeia, recém-saturado com a água evaporada do Tétis.

A quantidade de água que cai pelo caminho desses ventos foi estimada em até oito litros de chuva por metro quadrado todos os dias durante o pico de agosto. Pangeia é a terra das megamonções.[5]

Moradi fica na metade sul de Pangeia, pouco abaixo da exuberante região tropical que delimita o equador, onde se precipita o principal cinturão chuvoso. Forma o extremo norte do cinturão desértico do sul, um mundo de seca perene. Como está situado na fronteira, a cerca de 2 mil quilômetros do mar mais próximo, Moradi vive os dois extremos. A terra entre o deserto e os trópicos encharcados é quente, extremamente seca e recebe chuvas excepcionais em curtos períodos do ano. Quando a Terra vira seu lado sul para o sol, as montanhas do maciço de Aïr a leste captam as fortes chuvas, e a vida desce em cascata por suas escarpas escorregadias para reabastecer a paisagem ressecada da bacia de Tim Mersoï, espraiando-se como leques de lama, serpeando em uma rede de vias fluviais cada vez mais ramificadas e sempre reunidas.[6]

Longe da planície branca da bacia fluvial, a paisagem eleva-se suavemente até uma planície marrom-avermelhada coberta de loess. Aqui e ali, pequenos aglomerados de voltziales, arbustos coníferos. A tempestade de areia os atingiu com força, e as folhas longas como fitas e os brotos anões aciculados — pequenas estruturas que um dia teriam sido novos galhos — estão rasgados e dispersos, semienterrados na areia depositada. Essas coníferas voltziales se organizam em aglomerados esparsos ao longo dos canais ramificados do rio Tim Mersoï, proporcionando abrigo e sombra para os animais de Moradi.[7]

As górgonas são de longe os maiores predadores dos últimos estágios do Permiano, e as maiores górgonas, conhecidas como *Rubidgeinae*, só são encontradas na parte africana de Pangeia. Algumas, como a *Dinogorgon*, podem ter a cabeça maior que a de um urso-polar, com um corpo proporcional. A fronte forte, a cauda curta e grossa, um par de longas presas caninas e um maxilar poderoso como o do tigre personagem de *O livro da selva* lhes conferem uma postura autoritária e imponente. No aspecto geral, uma górgona andando na areia parece algo entre um grande felino e um lagarto monitor. As patas são mais eficazes para agarrar e segurar presas grandes tentando se desvencilhar, como faria um grande felino, mas elas não têm pelos e têm uma postura mais rente ao chão. Como qualquer carnívoro que vive no deserto, a *Rubidgeinae* de Moradi tem problemas para conseguir água. Algumas piscinas de água doce se mantêm o ano todo à sombra, onde pequenas populações de peixes pulmonados, que podem respirar ar se necessário, e moluscos bivalves de água doce — os *Palaeomutela* — agarram-se à vida até o alívio chegar. No verão a górgona usa essas piscinas como suplemento, mas é provável que, como outros grandes carnívoros do deserto, obtenha a maior parte da água necessária de carne e sangue.[8]

A caça mais apreciada de Moradi é um animal de aparência encantadora e obtusa apelidado de besta da cara verruguenta — *Bunostegos akokanensis*. Um pequeno rebanho está reunido próximo a um bosque de árvores entre os remanescentes secos de dois canais fluviais. Aqui, as pegadas incessantes formaram torrões incompressíveis num caminho bem percorrido na margem. Com o corpo robusto e sem pelos, do tamanho de um bisão, eles têm caudas curtas e grossas e patas em forma de pá. As verrugas que lhes dão o nome são saliências ósseas protuberantes — duas ou três na frente do focinho, outras maiores nos cantos superiores atrás da cabeça e mais uma sobre cada olho. O lombo é recoberto por armaduras, com cristas de protuberâncias ósseas — osteodermos — para protegê-los do ataque de górgonas. O tamanho é a principal vantagem desse animal. Como todos os pareiassauros, eles chegam logo ao tamanho de adultos. Comparado aos outros grandes tetrápodes de Moradi, o *Bunostegos* realmente se destaca. Em vez de rastejar como um lagarto, prefere ficar ereto, apoiado sobre os membros. É o exemplo mais antigo de um tetrápode que anda ereto.[9]

Nessa paisagem, andar ereto é uma adaptação útil para um animal grande. Para encontrar água e comida para sobreviver, os herbívoros precisam ser eficientes na movimentação entre as fontes existentes. Se a massa corporal for apoiada sobre os membros e não entre eles, será necessário menos energia para se locomover. Em hábitats abertos e áridos, em geral os animais precisam ter mais alcance, pois as fontes de alimento e água costumam estar distantes. Por essa razão, essas criaturas tendem a ter posturas mais verticais que as de seus parentes próximos, e o grande porte torna o uso de energia proporcionalmente mais eficaz. O *Bunostegos* é o primeiro a adotar essa postura, mas nem todos os tetrápodes eretos são seus descendentes. Os dinossauros — com as patas posteriores eretas e membros anteriores esparramados quando são usados para andar — e grandes mamíferos — que andam sobre as quatro patas — são primos muito distantes do *Bunostego*s. Todos são "amniotas", nome dado para diferenciar os animais que desenvolveram os ovos com casca dos anfíbios; mas eles pertencem a linhagens distintas, originárias das primeiras divisões da árvore genealógica dos amniotas.[10]

Foi no Permiano que os amniotas começaram a colonizar a terra firme. A seca relativa desse período, ou pelo menos a sazonalidade radical, é um fenômeno novo. No período Carbonífero, um grupo de animais anfíbios desenvolveu uma anatomia inteligente para seus ovos. Sendo descendentes de peixes aquáticos, seus ovos, como os de seus ancestrais, tinham a mesma composição química salina básica do mar. As proteínas envolvidas no desenvolvimento e na replicação do DNA eram adaptadas para funcionar num ambiente aquoso, e não funcionavam se desidratadas. Apesar de poderem sair da água, os anfíbios não conseguem sobreviver no início da vida fora de água parada. Amniota é o nome dado aos descendentes da espécie que primeiro resolveu esse problema vedando seus ovos, envolvendo-os com uma série de membranas: uma casca para proteção física; o âmnio e o córion — duas camadas de bolsas protetoras onde o embrião se desenvolve — e finalmente o alantoide, que atua como uma espécie de pulmão embrionário, trazendo o oxigênio da casca porosa para o embrião, de modo que ele possa respirar, e que também funciona como repositório para os produtos residuais dessa respiração. Essas membranas protetoras mantêm a química interna do ovo durante o desenvolvimento do embrião, mesmo em ambientes totalmente secos.[11]

Nos mais de 30 milhões de anos entre o final do Carbonífero e o início do Permiano, o clima da Terra mudou de muito úmido para extremamente árido. No momento em que o novo mundo seco se estabeleceu, os amniotas estavam em seu elemento. O que fora uma opção contingencial para casos de secas temporárias os capacitou a explorar novos nichos e a criar novas comunidades no interior. Livres da necessidade de água doce para botar seus ovos, eles se estabeleceram nos desertos e nas terras altas da Pangeia continental, antes inacessíveis. Os vertebrados finalmente seguiram para onde insetos, aracnídeos, fungos e plantas já haviam chegado, cada um com sua própria versão de sementes, esporos ou ovos resistentes à seca. Nos dias de hoje, os únicos tetrápodes não amniotas são os sapos, as salamandras e as cobras-cegas, os chamados lissamfíbios. Todos os outros, inclusive os humanos, são variações do tema amniota. Para nós o âmnio é o recipiente "aquoso" que se rompe durante o trabalho de parto, o oceano em miniatura que cada um de nós cria para nos proteger enquanto nos desenvolvemos. O córion e o alantoide uniram forças para produzir o que chamamos de placenta. Ainda conservamos resquícios de nossos antigos traços ecológicos. Nossas células são incapazes de romper as restrições da nossa química mais fundamental, e nosso corpo mantém o legado da brecha de desenvolvimento que permitiu a nossos ancestrais a transição para a terra.[12]

As górgonas, nossos parentes mais próximos em Moradi, botavam ovos de cascas moles, assim como os rebanhos de *Bunostegos*. Contudo, por mais incrível que pareça, restam alguns anfíbios resistentes aqui. Patrulhando o canal central de cascalho do leito do rio vive um animal muito parecido com um grande jacaré, nas dimensões e no formato básico. Seus olhos pequenos e patéticos se situam no crânio como os de um jacaré, e as narinas, que se erguem como pequenos picos vulcânicos, não ficam na ponta do focinho, mas na parte central, com duas longas presas inferiores se projetando bizarramente para cima. O *Nigerpeton* é um *Temnospondyli*, mais intimamente relacionado aos atuais anfíbios do que aos amniotas, mas muito maior do que os pequenos anfíbios de hoje. Mesmo as salamandras gigantes *Andrias*, ainda encontradas em alguns rios da China e do Japão nos dias de hoje, chegam a ter meros 180 centímetros de comprimento, cerca de sessenta centímetros a menos que o *Nigerpeton*. Outro gigante de Moradi e parente próximo do *Nigerpeton* é o *Saharastega*; ambos ainda precisam de água para se reproduzir, mas já são animais terrestres.[13]

Talvez o habitante mais à vontade no ecossistema do deserto úmido de Moradi seja uma espécie encontrada pela primeira vez nesse local — *Moradisaurus*, o "lagarto de Moradi". Não propriamente um lagarto, o *Moradisaurus* é um captorrinídeo, outro tipo de amniota pioneiro sem parentes próximos vivos. Uma mudança importante na dieta dos primeiros amniotas, inclusive de captorrinídeos como o *Moradisaurus*, foi se adaptar a uma alimentação de vegetais ricos em fibras. Essas fibras consistem principalmente do carboidrato da celulose, uma molécula só digerível por uma enzima que os vertebrados não conseguem produzir. Os seres humanos, por exemplo, não conseguem digerir celulose, e a energia que obtemos da matéria vegetal que comemos vem de outras fontes, como amido ou açúcares. É por isso que comemos basicamente frutas e sementes que incluem grãos e nozes, e tubérculos como a batata ou o nabo. Quando comemos folhas ou caules como o espinafre, repolho ou aipo, fazemos isso por outras razões nutricionais que não energéticas — pelas vitaminas, pelos minerais e por essa fibra de celulose indigerível. Sempre que houver uma fonte de energia inacessível, o melhor a fazer é colaborar com um microrganismo que consiga acessá-la, da mesma forma que os corais colaboram com as algas para digerir a luz. Uma dieta com alto teor de celulose precisa desse tipo de associação: o estômago do *Bunostegos* e de outros pareiassauros é cheio de bactérias usadas para fermentação. Outros, como os que se assemelham ao *Moradisaurus*, aceleram o processo picando as plantas com até doze fileiras de dentes. Essa nova ecologia criou oportunidades evolutivas em outros lugares; excrementos de outros sinapsídeos do início do Triássico preservam ovos de um tipo específico de verme parasita conhecido por viver apenas em intestinos de herbívoros.[14]

No leito do rio, as sombras onduladas das árvores dão lugar a reflexos escuros e a areia se agita. Alguns dias atrás, uma monção chegou às montanhas de Aïr, e desde então a chuva vem se aproximando da bacia. Agora a fronteira foi rompida, recolhendo as precipitações salinas do velho rio e soprando folhas finas e nervuradas em direção ao lago cheio de ar. Com a água enchendo o canal, é quase impossível imaginar que o rio não estava sempre fluindo, pois a escuridão repentina obscurece o leito do rio e a água que se aproxima é infinita. Abrindo-se para o lago, a água se bifurca sobre o platô como uma árvore desenhada em preto sobre tela branca, localizando lentamente a parte mais baixa. Conforme os galhos se expandem e se juntam, a argila ressecada do lago se intumesce. Os cristais no solo aceitam o volume da água, curando a terra crestada. Com a desaceleração do fluxo, a terra da montanha se acomoda e o lago fica cada vez menos salino e mais claro. As margens dos anos anteriores são inconstantes, irregulares e horizontais, consequências de um enchimento transitório. Plantas que crescem perto das margens do lago e que adoram a aridez são alagadas, e fiapos finos de vegetação irrompem na superfície da água.

À luz do sol, a água é um espelho perfeito refletindo o céu, e onde antes havia o leito do lago agora só se percebe uma massa de ar invertida. Nas montanhas, centenas de quilômetros rio acima, as chuvas tempestuosas despedaçam folhas e desestabilizam raízes com um estrondo ensurdecedor. Mas aqui, com o fim da tempestade de areia, paira a serenidade. Um pequeno *Moradisaurus* de cabeça pontuda avança gingando, as pernas e o tronco curtos determinando o ritmo da caminhada, oscilando de um lado a outro para dar um passo maior, os pés retorcidos na lama molhada. Entra na água e flutua na superfície, usando as patas para se movimentar. Sua cauda mostra uma interrupção abrupta no meio, de onde cresce uma cauda menor e mais fina, como um broto de um toco de árvore; assim como os iguanídeos atuais, os jovens captorrinídeos soltam suas caudas se capturados por um predador, que depois se regeneram.[15]

Durante dois meses, os rios incham e as planícies salinas são totalmente submersas. *Bunostegos* procuram o lago para chafurdar, os corpos pesados afundando no solo encharcado. Plantas coníferas, profundamente enraizadas para manter contato com o lençol freático, florescem esverdeadas, enquanto moluscos agarrados à vida nas poças escuras que ainda restavam aproveitam a oportunidade para emergir e procriar. Pequenos répteis semelhantes a lagartos correm aqui e ali. Na curva do rio que flui e junto ao lago que se reabastece, os habitantes de Moradi acorrem para beber água.

Restos de plantas flutuantes se aglomeram a montante, detidas pela curva do canal ou jogadas em valas rasas por enxurradas ocasionais. Em comparação com as plantas de crescimento lento que vivem o ano todo em Moradi, o fluxo aluvial fala de um ambiente mais exuberante a montante. Ossos de *Bunostegos* e de *Moradisaurus* também vêm à tona, erodidos das margens arenosas onde morreram, suas arestas suavizadas pela água corrente. Nas terras secas a decomposição é lenta. Podem ter se passado cinco ou dez anos desde a morte dos animais a que pertenciam. Nesse período, a decomposição esfacelou o esqueleto em ossos separados, e a pele, ressecada e adelgaçada, acumula areia ao vento. As tempestades de areia deixaram marcas nos ossos, alterando a química da superfície, formando uma crisálida cristalina. Com a periodicidade da vazão sinuosa do rio, ossos ainda não fossilizados foram arrastados pela corrente e enterrados mais uma vez em uma nova margem. A jornada de um ser vivo para se tornar fóssil raramente é em linha reta.

Às vezes, porém, pode ser muito simples. Rios sinuosos erodem margens e barragens, mas também podem interferir em tocas. Em Moradi, uma dessas tocas, inundada pela enchente, preserva de forma pungente quatro jovens *Moradisaurus* confortavelmente aconchegados, pegos e soterrados de surpresa pela água da enchente, talvez enquanto dormiam no calor de um dia de verão. Agora que o rio subiu, surgem novos riscos para qualquer animal que tente beber da água corrente. Além de trazer pequenos destroços flutuantes e talvez alguns ossos, os rios são tão largos e profundos que trazem também detritos maiores e até troncos enormes arrancados das montanhas de Aïr. Uma das curvas deteve um tronco de 25 metros de comprimento, quase uma árvore inteira tombada, que por sua vez bloqueou outros detritos lenhosos, formando uma espécie de represa natural. Ao longo dos cem quilômetros percorridos, os galhos mais frágeis foram quebrados, deixando somente o grande tronco. Um corte transversal da tora quase não mostra anéis de crescimento — as árvores que foram derrubadas na monção desse ano cresceram continuamente, um sinal de chuvas constantes durante o ano todo. Agora o tronco bloqueia o fluxo do rio, diminuindo a vazão da correnteza durante a estação chuvosa e fornecendo sombra para animais menores quando o fluxo cessar.[16]

Essas barragens têm uma influência importante na ecologia dos rios. Quando passa por um desses gargalos, uma enxurrada repentina perde muito da sua energia na turbulência da luta contra o represamento. A água fica mais lenta, acima e abaixo de um gargalo. O represamento acalma o rio e reduz os danos a jusante. A montante, a água se desvia para formar uma planície fluvial, deixando poças temporárias, o que pode explicar a sobrevivência de animais anfíbios ao longo do ano em Moradi. Em uma paisagem como essa, com baixo gradiente e um fluxo de água vagaroso, essas barragens têm pouco impacto na geologia, mas em sistemas fluviais mais amplos, suas dimensões e seus efeitos podem ser muito maiores. O maior represamento natural registrado na história durou quase mil anos nas terras das tribos cadoanas do Mississippi, agora na Louisiana. Conhecida como Great Raft, estendeu-se por quase 250 quilômetros de rio, um tapete de troncos em constante movimento apodrecendo lentamente na água, e se tornou um elemento importante do folclore e da agricultura local ao represar a água e proporcionar um sedimento fértil para as plantações. Ainda existiria até hoje se não tivesse sido explodido para permitir a passagem de embarcações. Quando foi removida, o rio inundou as terras a jusante, forçando a construção de novas represas e alterando a dinâmica do fluxo de água na região.[17]

Como ecossistema, Moradi é uma raridade até mesmo para o Permiano. É tentador imaginar um período no passado em que o mundo todo era homogêneo, mas os planetas nunca são meramente mundos de neve, mundos desérticos ou mundos florestais. Sempre há variações, regionalidades. As espécies se distribuem pelo mundo seguindo uma combinação de história e tolerâncias climáticas. Moradi é uma raridade radical em termos de calor e aridez, e por isso as criaturas que aqui vivem são diferentes das de outros ecossistemas conhecidos do Permiano, como o Karoo da África do Sul ou o da Europa Oriental. Nesses locais, os climas reconstituídos são temperados, com invernos frios e verões quentes, e ali se encontra uma seleção de espécies muito diferente. Os terapsídeos, o grupo que inclui as górgonas, está presente no mundo todo e é extremamente diverso em termos ecológicos. Por exemplo, os *Suminia* de aparência semelhante aos macacos, que fazem parte de um grupo específico de terapsídeos russo, são os primeiros animais com polegares opostos e os primeiros vertebrados a subir em árvores.[18] A diferença em Moradi talvez se deva à falta de *Glossopteris*, um tipo de samambaia com folhas parecidas com línguas. Suas florestas dominam o sul de Pangeia e são o alimento preferido dos dicinodontes. Na ausência desses animais, outros herbívoros, como pareiassauros e captorrinídeos, prosperaram.[19]

Estações do ano extremas representam um desafio para qualquer comunidade. Exatamente da mesma forma que os cavalos do Pleistoceno de Ikpikpuk pararam de crescer no inverno, os *Bunostegos* param de crescer a cada estação seca. Seus membros são marcados por anéis de crescimento, cada um lembrando um tempo de crescimento interrompido, uma seca a que sobreviveu. Mas mesmo com um estilo de vida árduo, as comunidades do deserto que sobrevivem à estação seca no geral são incrivelmente diversas. Na Namíbia dos dias de hoje, um rio flui através de dunas imponentes, com centenas de metros de altura. No ponto mais baixo, a água se acumula em um recôncavo de argila e sal — uma bacia fluvial chamada Sossusvlei, um raro análogo moderno do deserto úmido de Moradi. A água da chuva só passa pelas dunas do deserto do Namibe a cada poucos anos, por isso o Sossusvlei está quase seco. Mesmo assim, o manancial subterrâneo garante a subsistência de espinheiros de camelo com raízes de até sessenta metros, que penetram fundo na areia para extrair a água, apesar da alta salinidade, sem alterar a taxa de absorção ao longo do ano. Por sua vez, as árvores sustentam uma próspera comunidade de lagartos e mamíferos. Perto do Sossusvlei, outra bacia fluvial demonstra o que acontece quando até mesmo a fonte de água se esgota. Deadvlei é uma das principais atrações turísticas da Namíbia, uma paisagem estranha, sob um céu azul sempre sem nuvens, com dunas cor de ferro alaranjado, solo de argila branca e árvores mortas e secas de espinhos de camelo cor de grafite. Aqui, muitas centenas de anos atrás, as dunas se deslocaram e bloquearam o curso do rio. Desde então, as árvores se transformaram em monumentos angulosos e enegrecidos a um ecossistema perdido, secas demais para se decompor. Sem as enchentes anuais, sem as chuvas em Aïr, sem as monções, sem o formato de um continente, Moradi também se tornaria um verdadeiro deserto.[20]

No entanto, nem mesmo chuvas confiáveis servem como proteção contra a mudança que está por vir. O registro rochoso de Moradi chega até 252 milhões de anos atrás, antes de se interromper abruptamente em uma lacuna de 15 milhões de anos no tempo. Essa lacuna no registro não é tudo o que está perdido. O vento quente de Pangeia está aumentando, e do topo do mundo o Ártico está prestes a desencadear uma explosão diferente de qualquer outra. A Sibéria está prestes a entrar em erupção. Quando isso acontecer, 4 milhões de quilômetros cúbicos de lava serão expelidos — o suficiente para encher o atual mar Mediterrâneo — e inundarão uma área do tamanho da Austrália. Essa erupção romperá as camadas de carvão recém-formadas, transformando a Terra numa vela e espalhando cinzas carbonizadas e metais tóxicos, transformando cursos de água em chorumes mortais. O oxigênio dos oceanos entrará em ebulição; bactérias florescerão e produzirão o venenoso sulfeto de hidrogênio. Os sulfetos fétidos vão permear os mares e os céus.

Noventa e cinco por cento de todas as espécies da Terra perecerão no que será conhecido como a Extinção do Permiano-Triássico.[21]

À medida que os céus escurecem sobre Moradi, a megamonção se mantém imperturbável, mas a água que traz do Aïr não é potável, pois misturada com arsênico, cromo e molibdênio. Privados de uma fonte de vida, os ossos abandonados no deserto sucumbem sob a tempestade.

CAPÍTULO 11

# COMBUSTÍVEL

*Mazon Creek, Illinois, EUA*
*Carbonífero — 309 milhões de anos atrás*

"*Vi as* Medullosae *com frondes multipartidas e observei o pôr do sol róseo através das varinhas de* Calamites"
— Dra. E. Marion Delf-Smith, "A Botanical Dream"

"*Toutes les saisons sont abolies dans ces zones inexplorées qui occupent la moitié du monde et la parent de floraisons inconnues et de nul climat.*"
"*Todas as estações são abolidas nessas zonas inexploradas que ocupam metade do mundo e o enfeitam com florações desconhecidas e de nenhum clima.*"
— Jean-Joseph Rabearivelo, de *Traduit de la Nuit*

Umidade sufocante e calor revigorante. Um lodaçal de vegetação quase impenetrável, imerso em águas paradas e escuras. Cavalinhas orgulhosas e eretas e altos ramos de samambaias se alçam, subindo uns sobre os outros em direção à luz do sol. O ar é inebriante — o material vegetal concentrado em todo o planeta saturou a atmosfera de oxigênio, com níveis 50% mais altos que nos dias atuais. Na costa ocidental de Pangeia, um rio corre através de um denso pântano equatorial, despejando lodo em um enorme mar epicontinental. Trata-se de algo muito diferente da paisagem expansiva do Cinturão do Milho do moderno condado de Grundy, Illinois. Onde nos dias de hoje o rio Illinois começará sua jornada por lavouras de monocultura em direção ao grande Mississippi, um rio sem nome desemboca no mar e deposita a erosão das montanhas Allegheny em um fértil delta.[1]

Sul da China

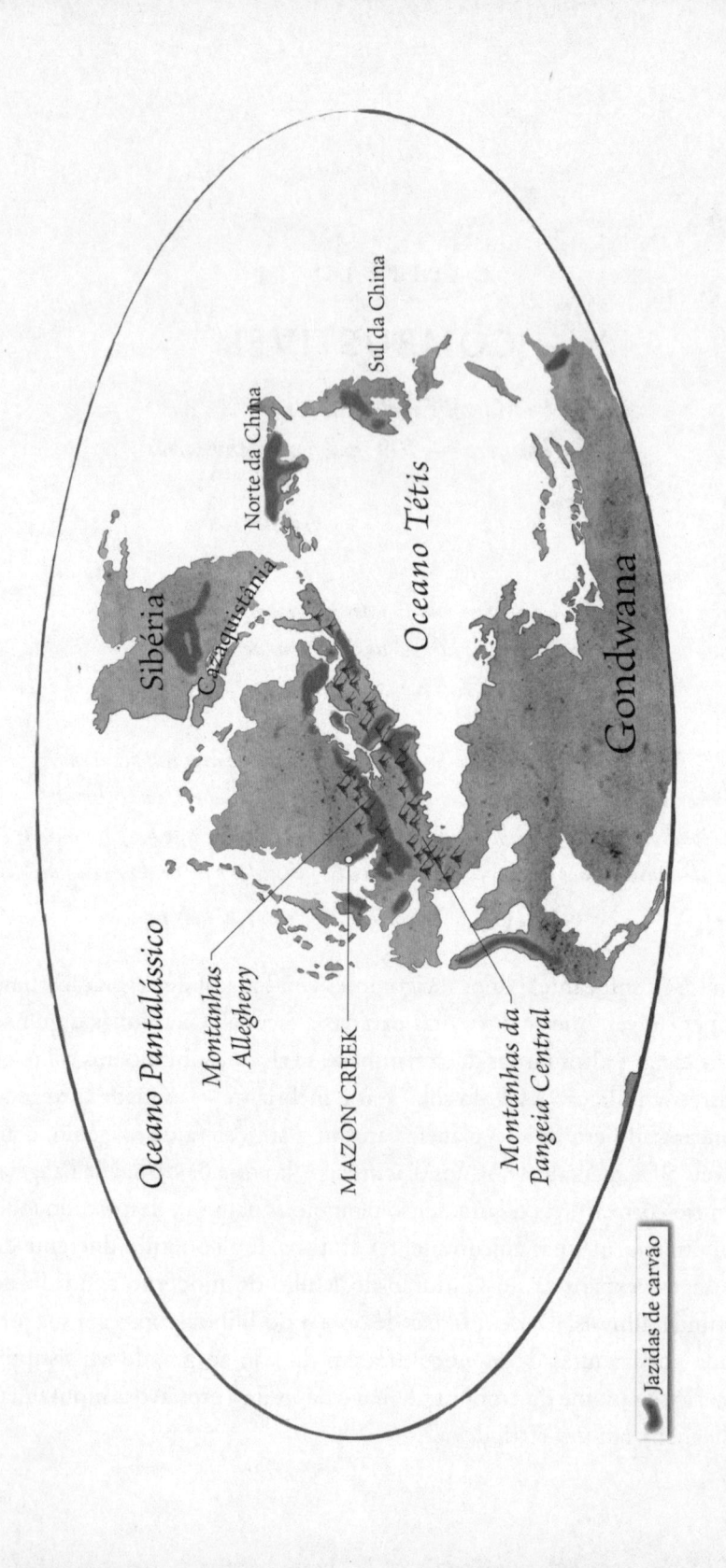

Norte da China

Oceano Tétis

Gondwana

Sibéria

Cazaquistânia

Oceano Pantalássico

Montanhas Allegheny

MAZON CREEK

Montanhas da Pangeia Central

Jazidas de carvão

*Lepidodendron* sp.

Entrelaçado no lodaçal turfoso ergue-se um grande aglomerado de árvores, cada uma a não mais do que alguns metros de suas vizinhas mais próximas, todas mais ou menos com dez metros de altura. Os troncos são verde-crocodilo e texturizados em forma de diamantes sobrepostos como escamas. Como não são exatamente alinhadas acima e abaixo, as escamas formam uma hélice, como escadas em espiral subindo até a penugem escura. Pois ao passo que os cinco metros mais baixos são escamas brilhantes e sem adornos, a partir da metade da árvore até o topo uma única folha longa e fina brota de cada escama, cerda escura e felpuda, que se entrelaça com as vizinhas mais próximas e projeta manchas escuras na água parada e rasa abaixo. Folhas delgadas, já caídas das escamas mais baixas, flutuam entre os reflexos. As árvores não bloqueiam a luz, como faria uma floresta de folhas largas dos dias atuais, mas não são ineficientes quando se trata de captá-la. A luz que atravessa a copa arejada ainda pode ser usada; na árvore escamosa, a *Lepidodendron*, cada parte de seu lado com o estampado de diamantes continua fotossintética, com toda a casca sendo capaz de transformar o ar e a luz do Sol em novo material vegetal.[2]

No início da noite, a maior parte da luz que passa pelo dossel de escova de garrafa é captada horizontalmente, e reflete o sol poente em trechos de águas mais profundas, onde não crescem árvores sob o céu aberto. Comparado ao frescor à sombra, o sol equatorial do Carbonífero no Illinois é claro e ofuscante. A água cheira a decomposição lenta, a troncos de *Lepidodendron* apodrecendo e a caules enegrecidos de samambaias, enquanto o solo macio à beira d'água cede sob a pressão de um tronco caído. Do outro lado, há outro conjunto de árvores escamosas, mas com troncos bifurcados em dois, depois em dois novamente, fechando as lacunas e se espalhando num dossel vazado. Seus troncos se debruçam como bêbados em direção ao solo encharcado, mas mantêm uma altura uniforme a cerca de trinta metros acima da superfície da água, parecendo um mercado coberto de treliças, com colunas finamente texturadas e um telhado verde. Para um emaranhado denso e impreciso, a altura das árvores em cada aglomerado é notavelmente semelhante. Nenhuma muda se mistura com os arbustos mais novos; todas as árvores ao longo do caminho são adultas, quase como se plantadas por um paisagista seguindo uma geometria. Mas não se trata, obviamente, de um esquema de plantio intencional, nem tem a ver com variações locais na qualidade do solo ou na quantidade de luz solar — essas árvores são todas da mesma espécie, e todas exatamente da mesma idade em cada aglomerado. Todos os troncos vizinhos cresceram juntos, literalmente.[3]

Todos são muito próximos uns dos outros, mas por boas razões. As *Lepidodendron* podem ser pioneiras no mundo da engenharia das plantas, com as primeiras cascas rígidas, mas não são muito lenhosas por dentro. A verdadeira madeira, o material rígido e denso que estamos acostumados a encontrar nas árvores, ainda é rara. Somente as gimnospermas são comuns aqui, e formadas basicamente de madeira. Nas árvores escamosas, a madeira só existe em quantidades muito pequenas no cerne dos troncos. Seu interior é formado sobretudo pelo tipo de tecido esponjoso e leve que se esperaria encontrar numa planta muito mais herbácea. A casca é forte, sendo a única maneira pela qual as árvores escamosas podem crescer tão altas, mas os troncos não têm a rigidez que teriam se fossem de madeira maciça. Isso tornaria as árvores bastante instáveis, não fosse o que está acontecendo embaixo da terra.

As raízes das árvores escamosas, conhecidas como *Stigmaria* por causa de sua textura machucada e porosa, crescem umas ao redor das outras, firmemente entrelaçadas com as raízes de suas vizinhas no solo incipientemente turfoso. Elas formam placas rasas contínuas, uma base extensa e firme que mantém todas as árvores no solo. São notavelmente densas; as pequenas radículas que se originam da raiz principal formam uma grande área de superfície para absorver água — com cerca de 26 mil radículas para cada metro quadrado de solo. Se uma árvore tombar, pode facilmente destruir uma vizinha imediata, mas o resistente sistema radicular torna improvável uma queda causada por ventos fortes — árvores prendem-se umas às outras para manter a estabilidade.[4]

Essas placas de raízes rasas estão transformando o mundo. As principais razões para a existência de raízes podem ser a ancoragem das plantas e a absorção de água e nutrientes, mas elas têm um impacto que vai muito além do individual. As raízes também são transformadoras de paisagens, abrindo literalmente a terra para outras vidas, tanto que esse mundo de interação do subsolo é chamado de "rizosfera", o mundo-raiz. O aprofundamento dos sistemas radiculares desgasta a rocha, transformando-a implacavelmente em areia e aprisionando o húmus em decomposição. Sem raízes os solos não se formam, pois esses fragmentos são levados pelo vento e pela chuva. Sem raízes solidificando a terra compactada, essa chuva se acumula em rios largos e planos que correm num mundo sem plantas, com rotas simples e diretas e margens desbarrancadas. Os meandros naturais dos sistemas fluviais, com suas centenas de canais em constante mudança, planícies aluviais e curvaturas esquecidas são uma criação de milhares de indivíduos que se mantêm firmes contra o fluxo e obrigam o rio a contorná-los. O caminho dos rios é determinado pelas plantas. As raízes penetram no solo, mas também alteram a química da atmosfera, assim como as folhas. Aprofundando-se incessantemente nos arenitos, ricos em silicatos de metais alcalinos como sódio, cálcio e potássio, as raízes absorvem e liberam esses minerais na água com a ajuda de micróbios e fungos associados. Os metais dissolvidos descarregados nesses novos canais interligados tornariam o rio mais alcalino, mas o dióxido de carbono, também dissolvido na água, reage com eles e amortece essa mudança. Esse amortecimento contínuo extrai mais dióxido de carbono do ar para a água. O efeito do intemperismo das raízes nos silicatos sobre a atmosfera é tão forte que, mesmo nos dias atuais, o incremento de plantas de alto intemperismo, como o bambu, tem sido sugerido como um fator importante na captura de carbono. Em escalas de tempo geológicas, a mudança pode certamente ser imensa. Comparada à do início do Devoniano, 110 milhões de anos antes, a concentração de dióxido de carbono na atmosfera da Terra caiu cerca de 4 mil partes por milhão — um número dez vezes maior do que a quantidade total de dióxido de carbono na atmosfera hoje. Tudo isso impulsionado em grande parte pelo aprofundamento das raízes.[5]

Essa não é a única mudança no clima. Chove mais em Mazon Creek do que costumava; a elevação das montanhas Allegheny mudou os ventos e trouxe cada vez mais chuva, que desce pelas suas encostas íngremes. Grandes rios erosivos se formaram, e o que deságua no mar tropical em Mazon é uma sombra leitosa marrom-chá fluindo com restos de samambaias e outras plantas de terra firme arrancadas de suas margens. As marés suaves banham duas vezes por dia a baía, avolumando as inundações sazonais. Mazon Creek é um verdadeiro pântano — com algumas partes perpetuamente inundadas, outras úmidas e expostas ao ar, forradas de galhos e folhas em decomposição.[6]

Em suas passagens, as inundações agitam a paisagem. O que estava afundado fica exposto, o que era terra é arrastado. Ao longo da beira d'água, a sucessão ecológica — a sequência de recuperação de uma comunidade — está sempre em andamento. Onde a lama é mole e o solo alagado, as raízes das árvores escamosas chegam primeiro e estabilizam o solo, recolhendo o sedimento lodoso do rio. Crescendo delgadas, projetam pouca sombra e outras espécies podem crescer ao redor. Diferentes espécies de árvores escamosas são mais ou menos tolerantes à umidade; a *Lepidodendron* crescerá de bom grado com a água batendo em seu tronco, enquanto outras se dão bem à beira da água ou mesmo na umidade, mas preferem solo drenado. Ao redor dos troncos das *Lepidodendron* crescem altas cavalinhas *Calamites*. Ancoram-se em galhos horizontais chamados rizomas, geralmente em água pobre em oxigênio. Para compensar, as cavalinhas bombeiam gás em seus rizomas para que funcionem com eficiência, às vezes até setenta litros por minuto. Seguindo as árvores escamosas e as cavalinhas, chegam os rebentos de samambaias, que afinal se tornam grandes arbustos, e as cordaites semelhantes a coníferas, que só se desenvolverão nos cumes e planaltos bem drenados ao redor de Mazon Creek.[7]

Para muitas samambaias e coníferas, as inundações são um risco raro, pois estão em solo mais seco. Mas nem mesmo as chuvas cada vez mais frequentes conseguem evitar incêndios. Para os habitantes de uma floresta do final do Paleozoico, o fogo é uma ameaça real e específica. No final do Carbonífero, incêndios florestais nunca foram muito comuns e, com exceção de um pico no Permiano Inferior, agora são tão comuns quanto sempre serão. Três ingredientes causam um incêndio — combustível, oxigênio e calor. Com o desenvolvimento das primeiras plantas altas e arbóreas — *Calamites*, *Lepidodendron* e as cordaites —, todos esses ingredientes tornam-se abundantes no Carbonífero. Nunca antes houve tanto material orgânico concentrado em plantas. A fotossíntese também aumentou a concentração de oxigênio na atmosfera, constituindo 32% do ar, um nível surpreendentemente alto em comparação aos cerca de 20% nos dias atuais. Na maior parte do Carbonífero, a temperatura média global foi até seis graus mais alta que a atual. Mesmo com um deslizamento recente em direção aos polos congelados, o calor não amenizou na região tropical e equatorial de Mazon Creek. Apesar de ser úmido e turfoso, quando as concentrações de oxigênio sobem acima de cerca de 23%, a umidade da matéria vegetal deixa de ser importante para evitar a deflagração de incêndios; aqui, madeira que nos dias de hoje pareceria úmida demais para queimar pode pegar fogo.[8]

E é a probabilidade de incêndio que talvez seja responsável pelos troncos esguios e nus das árvores escamosas. Embora existam umas poucas plantas que requerem uma queimada para germinar, a maioria só é capaz de tolerar ambientes incineráveis graças a certas adaptações, como um crescimento rápido ou a liberação de sementes só depois de um incêndio, quando a probabilidade de outro diminui. As árvores escamosas crescem rapidamente, soltando suas folhas mais baixas e finas no solo durante o processo. Isso cria uma serapilheira contínua com uma área de superfície mais alta; qualquer um que tenha visto pinheiros queimando sabe como suas acículas finas e oleosas pegam fogo rapidamente. Isso significa que um começo de incêndio logo consome o substrato do solo em baixas temperaturas, esgotando seu combustível e perdendo a intensidade antes de ganhar altura suficiente para chegar ao dossel; as coníferas que convivem com incêndios regulares têm acículas que queimam muito mais rápido que aquelas que crescem em outros lugares. Um espaço grande entre o solo da floresta e as copas das árvores deixa as chamas subirem — mas não a uma grande altura.[9]

Entre os milhares de insetos e centopeias que se esgueiram e zumbem no tapete fofo de samambaias *Mariopteris* rastejantes e nas raízes nodosas das *Lepidodendron,* também vivem besouros. Mazon Creek é o primeiro lugar na Terra conhecido por hospedá-los. Artrópodes são comuns aqui, de libélulas a miriápodes, de crustáceos a aranhas. Trazido pela maré, de corpo arredondado, parecendo uma peneira emborcada com patas, encontramos outro artrópode, menos conhecido, o caranguejo-ferradura *Euproops*. Os caranguejos-ferradura dos dias de hoje são criaturas lentas, marrons e encouraçadas, presentes nas costas leste e caribenha da América do Norte e em todo o sul e leste da Ásia, de onde emergem para seus rituais anuais de acasalamento e desova. Para alguns observadores, o *Euproops* tem um talento mimético incomum em caranguejos-ferradura. Se olharmos com atenção, os espinhos dessa criatura se parecem muito com folhas de licopódios, e as patas parecem adaptadas para agarrar e puxar ramos e gravetos. Este caranguejo-ferradura parece uma criatura capaz de viver na terra, mas é apenas resultado casual da maneira como Mazon Creek sobreviverá à passagem do tempo.[10]

A vida de Mazon Creek será preservada sobretudo em outros lugares. Um corpo, mesmo após a morte, pode fazer uma viagem, levado pelas águas para oceanos ou cavernas, ou desfeito por necrófagos e pelos elementos. Em Mazon Creek, essas inundações turvas purgam as elevações montanhosas de sua lama, a terra é lançada ao mar, levando carcaças e plantas arrancadas do pântano de licopódios. Na morte, a terra e o mar se fundem, deixando para trás um palimpsesto paleontológico, o fundo do mar sobrescrito pelo pântano. A elevação do nível do mar inundou outras florestas de *Lepidodendron* voltadas para o mar, agora alagadas, onde escorpiões marinhos descartam suas velhas carapaças e águas-vivas navegam. Troncos de coníferas arrancados de terras altas e tetrápodes *Temnospondyli* de água doce se depositam numa pilha de entulho em uma baía.[11]

No geral, talvez a substância mais importante depositada nesses pântanos esteja sendo lentamente apodrecida na lama subaquática. Raízes, folhas, galhos, tudo se transmuta, lentamente, de vegetação em turfa, e de turfa em carvão. O Carbonífero é famoso exatamente por seus depósitos de carvão, e tudo isso se deve a um só fator: morte em massa.

Há uma trepidação no ar entre as árvores mais altas, e o dossel farfalha a trinta metros do solo. Um estouro semelhante a fogos de artifício ecoa em torno dos troncos, cuja fonte parece indetectável. Por um tempo, parece que é só o que vai acontecer, mas em seguida o estalo se torna uma saraivada de artilharia, e a base de uma árvore escamosa se despedaça em ramos entrelaçados, rachando um lado da árvore moribunda. A casca verde emite um gemido final quando o tronco vertical tomba, arrastando galhos no processo. Com pouco espaço para cair, o tronco se desvia para a árvore vizinha, já amarronzada pela decomposição, e ambas desmoronam como dominós, espirrando água escura de turfa no ar e reverberando pela baía. Os tocos quebrados ainda apontam orgulhosamente espadas serrilhadas da casca das árvores para a lacuna aberta no dossel, por onde o sol passa mais forte. A razão dos ângulos tortos e do dossel esparso se torna mais clara: as árvores escamosas estão caindo.

As árvores adultas que espraiavam suas folhas como guarda-chuvas não têm mais muito tempo de vida. Cada uma delas levou décadas para crescer, talvez até um século, mas o momento crucial de sua existência está prestes a chegar. As pinhas da *Lepidodendron* se desenvolvem exatamente no cume da árvore; por isso, assim que se torna fértil, a árvore não pode mais crescer. Cada dia é uma escolha entre continuar crescendo ou parar para se reproduzir, e a reprodução não é algo que possa ser feito em isolamento. Para maximizar as chances de se reproduzirem com sucesso, todas as *Lepidodendron* de um conjunto tomam essa decisão ao mesmo tempo, liberando seus esporos ao vento na esperança de que caiam na terra e produzam a próxima geração. Muito poucas plantas fazem isso, mas as que o fazem crescem mais depressa, atingindo a idade sexual mais rapidamente e liberando mais sementes. Depois de os abundantes esporos de uma árvore escamosa serem lançados, simplesmente não faz mais sentido continuar a crescer. Agora as árvores adultas estão monopolizando a luz necessária para a próxima geração, e não servem mais a nenhum propósito. Assim, elas morrem em uníssono e só continuam em pé enquanto a integridade estrutural de sua casca se mantiver, tombando à medida que seus troncos leves e esponjosos vão cedendo. Um rangido e um baque anunciam que em questão de meses toda uma geração vai abaixo.[12]

A vida costuma se formar ao redor de divisas, com maior diversidade onde regiões homogêneas entram em contato. O delta de um rio delimita bem uma fronteira entre ambientes de água doce e salgada, cada um apresentando desafios fisiológicos muito diferentes. Às vezes a água é sempre salobra, com um baixo teor de sal que age como um ambiente intermediário. Onde um rio deságua numa baía profunda, como no delta do Mazon Creek, essa divisa pode ser mantida surpreendentemente longe da costa. A água mais salgada tem maior densidade e por isso, quando o rio deságua no mar, deixa uma esteira de água doce com limites firmes acima de cunha de água salgada, estreitando-se em direção à terra à medida que o leito do mar sobe para encontrar o estuário. Nem toda água é igual, e águas com diferentes temperaturas ou salinidades podem se manter como entidades separadas, mesmo sem nenhuma barreira física. Normalmente, essa divisa é horizontal; no Ártico, onde os oceanos Atlântico e Pacífico se encontram, massas de água se sobrepõem umas às outras, misturando-se muito pouco. O maior rio da Antártida, o Onyx, desemboca no lago Vanda, que tem três camadas de água com diferentes concentrações de sal. A variação da salinidade é suficiente para superar diferenças extremas de temperatura; a camada inferior do lago Vanda está sempre a 23ºC, mas a camada superior é quase uma camada de gelo. Às vezes essa divisória é mantida por inércia e pode ser vertical; onde três rios se encontram na atual cidade de Passau, na Baviera, o azul-escuro do Ilz, o branco do Inn e o marrom do Danúbio continuam fluindo na mesma direção, não se misturando e dando origem a um rio tricolor por quilômetros a jusante.[13]

Na cunha de água salgada abaixo do fluxo do Mazon Creek vive uma estranha criatura, um desafio a qualquer forma de entendimento. O dom de um naturalista experiente é a capacidade de identificar uma espécie pela visão, muitas vezes tendo captado apenas as pistas visuais mais fugazes. Sair da zona de conforto da biologia conhecida pode ser tremendamente desconcertante. Um observador de pássaros europeu despreparado, confrontado pela primeira vez com "tordos", cardeais e rouxinóis norte-americanos, se sentirá totalmente à deriva em um mar de criaturas desconhecidas, de modo que a visão de um inesperado e conhecido estorninho será um alívio no reconhecimento. Mesmo assim, sem precisar ser tão específico quanto um nome comum, geralmente há algo familiar em que se apoiar. Você pode não saber o nome de um gaio azul, mas está familiarizado com as características de um corvídeo. Em algum lugar, de alguma forma, o desconhecido pode se encaixar numa classificação mental interna.

Voltar no tempo, para um paleontólogo, pode ter o mesmo tipo de efeito que acessar um novo bioma no espaço. O registro fossilífero está cheio de criaturas mais ou menos familiares, que podem ser facilmente situadas na grande árvore genealógica da vida e, portanto, é possível interpretar suas diferenças, que talvez espantem, mas pode-se compreendê-las no contexto da evolução mais abrangente da árvore da vida. Mesmo quando grupos extintos extremamente diversos são descobertos, como no caso do Dinosauria, vemos semelhanças nas estruturas preservadas que nos levam a reconhecer que as aves atuais pertencem a um subgrupo dos dinossauros, e isso informa nossa interpretação de suas características mais estranhas. Mas às vezes, como acontece com um animal específico que vive no estuário salobro do Mazon Creek, as extravagâncias da seleção natural e a ausência de criaturas semelhantes no registro fossilífero criam uma compleição anatômica tão incomum que torna quase impossível qualquer tipo de conexão. Diante de algo totalmente novo, nosso primeiro instinto é buscar uma metáfora no sobrenatural, no não natural. Sob as ondas que cobrem a cunha de água salgada, entre os sinos pálidos e pulsantes e as misteriosas cortinas da água-viva *Essexella*, nada uma criatura indescritível que chamamos de Monstro de Tully.[14]

Ao contrário dos monstros lendários da criptozoologia moderna — o monstro do lago Ness, o Pé-Grande, o chupacabra —, o Monstro de Tully é real, mas não sabemos muito mais sobre ele. Não por serem raros; essas criaturas são do tamanho de um arenque e igualmente abundantes, encontradas às centenas. Foram achados mais do que trinta vezes mais fósseis de corpos do *Tullimonstrum* do que da conhecida primeira ave, o *Archaeopteryx*; portanto, em termos numéricos, deveria ser uma história simples. Mas é difícil interpretar seus restos por causa do que cada espécime preserva. Eles têm o corpo na forma de um torpedo segmentado, duas barbatanas onduladas na cauda, meio parecidas com as asas de uma lula. O focinho é comprido e fino, como a mangueira de um aspirador de pó, e móvel, com uma garra minúscula cheia de dentes na ponta. Para aumentar ainda mais a confusão, há uma barra sólida passando de um lado para o outro na parte superior da criatura, hastes horizontais onde se encontram órgãos bulbosos de algum tipo, que se costuma considerar serem seus olhos. Em suma, é diferente de tudo o que se conhece em mais de meio bilhão de anos de evolução animal. A semelhança superficial mais próxima é com uma esquisitice cambriana de cinco olhos chamada *Opabinia*, uma criatura desaparecida há 250 milhões de anos — uma lacuna no registro fossilífero equivalente a um bando de *Rhamphorhynchus* do Jurássico europeu surgindo de repente ante uma multidão de pescadores no lago de Bodensee, ou até mesmo a um plesiossauro sobrevivente no lago Ness.

O problema com o *Tullimonstrum* não é se ele existe, mas o que realmente é. Há muitos anos os paleontólogos vêm analisando cada vez mais meticulosamente sua curiosa anatomia e concluíram que é uma espécie de verme, talvez um verme de fita, relacionado ou aos anelídeos, o grupo que inclui as minhocas, ou aos nematoides, o grupo de vermes microscópicos que existem aos trilhões praticamente em qualquer lugar da Terra. Ou talvez seja um artrópode, como as aranhas, os caranguejos ou os tatuzinhos, ou um molusco como o caracol, ou até mesmo um vertebrado. Aqueles caroços no final da barra horizontal? São olhos ou podem ser sensores de pressão? Estão envolvidos na reprodução ou na estabilização do nado do *Tullimonstrum*? Nada provoca tanto debate quanto uma caça a monstros.[15]

Cada parte da anatomia de um *Tullimonstrum* pode ter um equivalente em organismos espalhados pelo reino animal. Nos dias atuais, o peixe-dragão preto espreita no fundo do mar. Quando adulto, parecido com uma enguia e com as mandíbulas abertas, não parece um candidato viável a ser um análogo do *Tullimonstrum*. Porém, em sua fase larval, passa por um período em que vive perto da superfície, como um animal pequeno e quase transparente, com olhos se projetando em pedúnculos, não muito diferentes dos órgãos da barra transversal do *Tullimonstrum*. No entanto, olhos em pedúnculos também são observados em moluscos e artrópodes — uma adaptação ecologicamente útil que evoluiu muitas vezes. Apesar de a melanina no interior dos pedúnculos oculares se assemelhar à dos vertebrados, e de certas manchas se assemelharem à notocorda — o suporte básico das costas de todos os vertebrados —, a ausência de tantos outros traços dos vertebrados, inclusive de tecidos duros além dos "dentes" na tromba estetoscópica, torna a classificação do *Tullimonstrum* como um peixe incomum controversa, na melhor das hipóteses. Tal como acontece com todos os monstros, as teorias são um tanto quanto difusas.[16]

Por terem o corpo mole, é impressionante que tenham sido preservados. Os minerais de ferro, desaguados dos arenitos vermelhos do interior, reagem intensamente com o dióxido de carbono e encapsulam os resíduos em nódulos redondos, que depois são enterrados. Lentamente, esses nódulos são litificados, deixando de ser efluentes fluviais para se tornarem impenetráveis cápsulas do tempo de siderita rígida. Junto com elas, nos pântanos turfosos, a matéria-prima vegetal é convertida, de forma lenta e anaeróbica, em carvão.[17]

Ninguém sabe ao certo por que o ritmo de sedimentação de material orgânico no cinturão de carvão equatorial do Carbonífero é tão alto. Uma das hipóteses é a de que a lignina, o principal constituinte da madeira, é um material relativamente novo, e ainda não facilmente digerível pelos micróbios — que ainda não desenvolveram a capacidade de consumi-la e por isso ela se transforma em carvão. Outros sugerem que é a geografia singular do Carbonífero que levou aos depósitos de carvão, a única vez na história da Terra em que os trópicos foram ao mesmo tempo muito úmidos e dominados por bacias geográficas. Seja por experimentos com novos materiais em um ritmo que os micróbios não conseguem acompanhar, ou por acasos do clima e da geografia, inovadores como as *Lepidodendron* estão mudando radicalmente a composição da atmosfera. A Terra está espiralando em direção a uma mudança climática e a um resfriamento que quase resultará numa era glacial global, com um aumento da sazonalidade e da aridez e, no estágio final, a destruição do próprio ecossistema que mantém vivas as *Lepidodendron*. As árvores escamosas serão extintas quando os pântanos de carvão encharcado do Carbonífero derem lugar à seca do Permiano. A retirada de carbono em tais quantidades da atmosfera montou o cenário no qual a evolução ocorreria pelo próximo terço de bilhão de anos, um período no qual as árvores escamosas deixaram de ser viáveis. O colapso da floresta tropical carbonífera, meros 4 milhões de anos após os licopódios do Mazon Creek serem inundados por elevações locais do nível do mar, não só eliminará um grupo de árvores, como também fragmentará em escala continental as florestas tropicais de carvão de toda a Europa e América. Trata-se de um dos dois únicos casos de eventos de extinção em massa que afetam gravemente as plantas, sendo o outro no final do Permiano. É na instauração desse mundo seco do Permiano que os primeiros amniotas, os primeiros sinapsídeos e sauropsídeos — surgidos no Carbonífero — se beneficiarão de sua adaptação à aridez, dispersando-se por canais mais secos e tornando-se habitantes cosmopolitas de Pangeia.[18]

    A ironia é que, por causa do carvão depositado ao longo das Montanhas Centrais da Pangeia, esses locais — Illinois e Kentucky, País de Gales e Midlands Ocidentais na Grã-Bretanha e Vestfália na Alemanha — desempenharão um papel pioneiro no rápido processo de industrialização dos séculos XVIII e XIX — tendo como força motriz a extração do carbono armazenado sob a terra durante os últimos 309 milhões de anos. Cerca de 90% de todo o carvão existente hoje na Terra foi depositado no período Carbonífero. Foi a grande quantidade de carvão depositado que o tornou um produto tão barato e energético para a industrialização, alimentando motores a vapor e tornando-se parte do aço de alta qualidade. O legado das *Lepidodendron* continua vivo, em uma transformação climática que desfazemos a cada tonelada de carvão queimada. No caso de Mazon Creek, o suprassumo de todos os leitos fossilíferos do Carbonífero, ainda há mais uma ironia. Enquanto o carvão para queima continua a ser extraído no mundo todo, os fósseis de Mazon Creek são hoje efetivamente impossíveis de desencavar por causa de um tipo muito diferente de energia. Transformados em rocha sob a água tépida do pântano banhada pelo sol do Carbonífero, esses fósseis se encontram submersos num tipo diferente de piscina fumegante, relacionada a uma fonte de energia mais limpa e eficaz. O local em que os fósseis haviam sido expostos foi alagado para se tornar uma bacia de resfriamento para os reatores da usina nuclear Braidwood no condado de Will, em Illinois.

Para os habitantes do delta do Mazon, esta é uma distância interminável ao futuro e, por enquanto, tendo sobrevivido a inundações, a incêndios e à invasão dos mares, a vida nos pântanos de licopódios parece indomável e imutável. Com a luz do sol passando pelos caules lenhosos das samambaias, a superfície da água se transforma num fascinante arco-íris de conto de fadas, refletindo todo o espectro de cores. Toda essa matéria vegetal, morrendo e afundando no lamaçal, solidificando-se e sendo transformada em turfa e carvão, libera óleos orgânicos que flutuam na superfície. Em uma tarde tranquila como a de hoje, o óleo acumulado, espalhado numa camada com a espessura de uma molécula, é suficiente para transformar a água espelhada em uma terra de fantasia psicodélica, uma paleta rodopiante, estriada de bolhas de sabão pela sombra das licopsidas, perturbada apenas pelas pequenas ondulações dos peixes. Esse cenário vai perdurar até a maré subir.

CAPÍTULO 12

# COLABORAÇÃO

*Rhynie, Escócia, Reino Unido*
*Devoniano – 407 milhões de anos atrás*

> *"Oh now they have gone*
> *To that bonnie highland mountain*
> *For to view the green fields*
> *Likewise its silvery fountain"\**
>
> — "The Braes of Balquhidder", tradicional canção escocesa

> *"Essências finas e transparentes, puras e belas demais para serem chamadas de água, são mantidas fervilhando delicadamente em belas xícaras e cuias sedimentadas que se tornam cada vez mais bonitas quanto mais são usadas"*
>
> — John Muir sobre Yellowstone, 1898

Se há alguma coisa que une o Cairngorms da Escócia, as planícies arranha-céu do Hardangervidda da Noruega, as colinas negras de Donegal e o maciço dos Apalaches da América do Norte é o violino folclórico. O som primitivo da madeira cantando, de árvore transformada em ruído, terrosa e suspirante. É uma tradição passada verticalmente por gerações, e horizontalmente através de continentes, cada vale com suas próprias canções, porém parte de uma cultura mais antiga e grandiosa. A história em comum dessas cadeias de montanhas, contudo, é muito mais do que simplesmente musical. Cada uma dessas montanhas nesses lugares é

---

\* "Ah, agora eles foram / Àquela linda montanha no planalto / Para ver os campos verdes / E também sua fonte prateada". [N.T.]

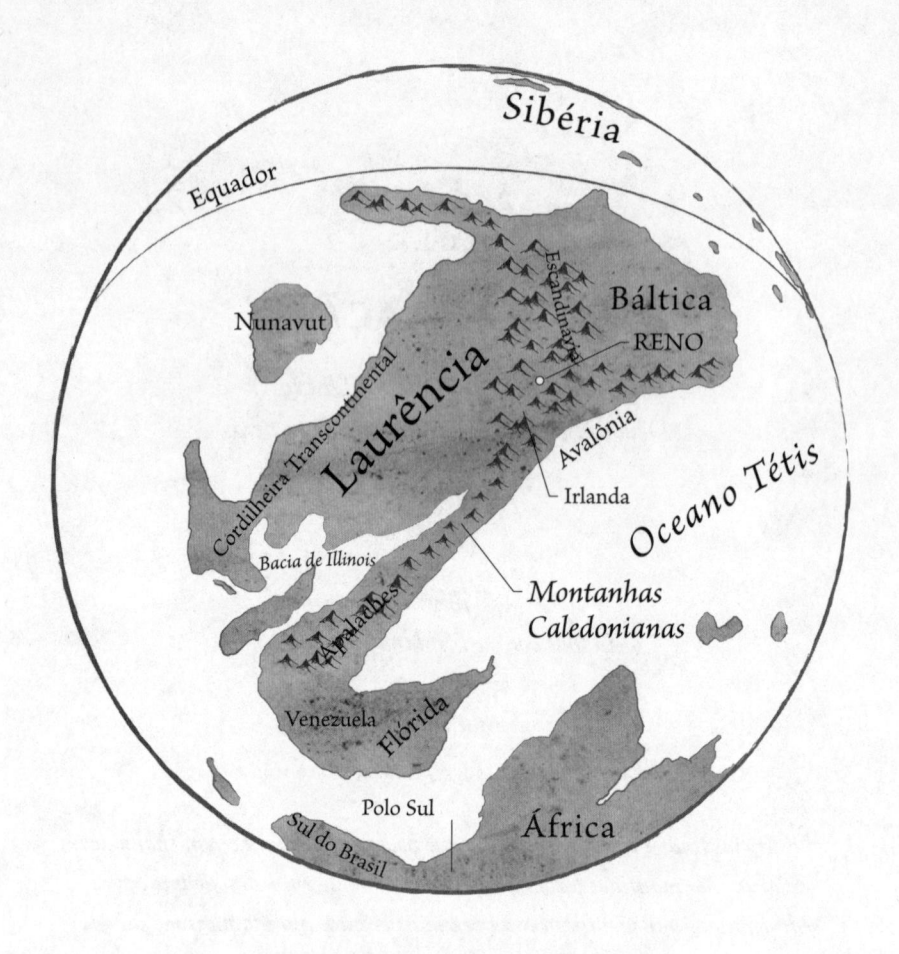

*Equador • Sibéria • Nunavut • Cordilheira Transcontinental • Laurência • Escandinávia • Báltica • RENO • Avalônia • Irlanda • Bacia de Illinois • Apalaches • Montanhas Caledonianas • Oceano Tétis • Venezuela • Flórida • Sul do Brasil • Polo Sul • África*

relativamente recente, mas suas raízes são profundas, empurradas manto adentro pelo peso das rochas acima delas. As fundações sobre as quais os Apalaches, a Irlanda, a Escócia e a Escandinávia se formaram fazem parte do mesmo evento geológico, dos mesmos confins do passado distante. O fato de serem locais elevados nos dias de hoje é um eco longínquo de um passado em comum de terras altas.[1]

Montanhas e oceanos são estruturas geologicamente temporárias. As montanhas se elevam nos locais de colisão, forçadas para cima enquanto as placas se sobrepõem. As montanhas diminuem à medida que a erosão vai levando suas rochas, grão a grão, de volta para o mar. Os oceanos se formam onde as placas se separam nas dorsais meso-oceânicas. Onde uma placa oceânica é sobreposta por outra placa, o oceano fica menor. No final do Devoniano, o Iapetus, que já foi o maior oceano do mundo,

*Palaeocharinus rhyniensis*

minguou. Em períodos anteriores, encolheu e arrastou os continentes para mais perto uns dos outros, e agora a lacuna entre eles finalmente se fechou. Por milhões de anos, o Iapetus esteve no hemisfério sul, entre três continentes isolados — Báltica (compreendendo sobretudo a Escandinávia e a Rússia ocidental), Laurência (basicamente a América do Norte e a Groenlândia, mas também a Escócia e norte e oeste da Irlanda) e Avalônia (incluindo a Nova Inglaterra, as regiões do sul da Grã-Bretanha e da Irlanda e os Países Baixos). Contudo, sob a força tectônica, Laurência vem engolindo o fundo do mar, devorando a crosta entre as placas e juntando essas massas de terra. No início do Siluriano, o Iapetus foi reduzido a um mar do tamanho do Mediterrâneo e acabou desaparecendo, pressionado por uma massa continental esmagadora. Báltica é feito de rocha mais densa que Laurência, e assim, com os dois flutuando numa bacia magmática, a tendência é que Laurência se sobreponha, forçando a borda do Báltica para baixo. Não é um processo limpo: os continentes desmoronam, com o impacto lançando terra para o céu e para o manto, deixando a crosta quase duas vezes mais espessa que sob uma placa continental média. O princípio é exatamente o de um capô de carro amassado num teste de colisão, quando montanhas e vales se formam na chapa metálica plana. As massas de terra estão mais uma vez convergindo umas às outras em seu ciclo interminável de separação e colisão. Pangeia, o único continente no planeta até seu rompimento no Jurássico, está começando a se unir. A metade norte já está completa, e se juntará a Gondwana no Carbonífero. O continente que surge desse empilhamento de três vias é conhecido como Laurússia, o Velho Continente Vermelho ou Euroamérica, e os novos picos são as Caledonianas, uma cordilheira com uma extremidade no atual Tennessee e a outra na Finlândia. É agora a maior cadeia de montanhas do planeta.[2]

Uma vez formados, como já vimos no Triássico, os ecossistemas montanhosos tendem a ser erodidos, sem deixar registros da sua existência. Nos 400 milhões de anos entre o Devoniano e os dias atuais, as Caledonianas serão lentamente desgastadas pelo vento e pela chuva. A paisagem da Finlândia, outrora montanhosa, é agora um leito rochoso plano pré-cambriano, as camadas da base das Caledonianas. O único indício de que as montanhas se estenderam até tão longe ao leste será um ocasional calombo rochoso mais jovem e resistente se projetando da planície. As Caledonianas irlandesas foram desgastadas em uma paisagem glacial contínua, sem deixar vestígios do aspecto de sua superfície. Os ecossistemas montanhosos só são preservados em circunstâncias excepcionais, e esse vale de fontes termais é exatamente o lugar apropriado para isso. Estamos em Rhynie: nos dias atuais, são as terras agrícolas montanhosas do gado de Aberdeenshire, mas no início do Devoniano era um vale montanhoso colorido e etéreo, uma paisagem de vapor, de sais, de vida nascendo da rocha, lar dos primeiros ancestrais das árvores de pau-de-viola.[3]

Comparado ao ar revigorante do Carbonífero, o Devoniano é pobre em oxigênio. Plantas terrestres são raras, e Rhynie é uma comunidade pioneira, um dos lugares onde a Terra está sendo esverdeada. Vida gera vida, e quando uma espécie encontra um pé de apoio, é seguida por outras, estruturando a base para os fervilhantes pântanos que se formarão. Por mais inóspito que seja, o solo terroso já existe há bilhões de anos, mas é só no Devoniano que as primeiras comunidades funcionais começam a ser estabelecidas e preservadas em detalhe. Um exercício não planejado de cooperação está ocorrendo, com animais e plantas, fungos e micróbios competindo e colaborando de forma complexa. É um ecossistema descobrindo a si mesmo, no qual os padrões fundamentais da vida em terra estão sendo estabelecidos.[4]

Visto da encosta sombreada da montanha, o céu quase equatorial é de um azul sem nuvens. O cume denteado acima é de um cinza-granito pálido, quase rosa; mas as encostas são negras, ásperas e implacáveis, cobertas de cascalho empilhado. Do outro lado do vale, a sudeste, as rochas desmoronadas parecem uma poeira fina sob o brilho disperso da superfície ígnea ao sol da tarde. Aqui e ali, proas inclinadas em camadas, com rochas menos resistentes erodidas ao redor, projetam-se no ar, afiadas e esburacadas, a superfície cruelmente escavada pelo vento e pela chuva ocasional.[5]

Canais de riachos secos descem as encostas nuas até o fundo do vale, desviando-se para contornar altas extrusões rochosas. Como se coreografadas, a três quartos da descida da encosta, as amuradas se afastam para nordeste em paralelo, seus caminhos delimitados pela paisagem irregular, enquanto as montanhas se arrastam pelo vale estreito: uma linha de fraqueza nos continentes em colisão, revelada pelos percursos das gotas de chuva. São chuvas raras, mas a areia mostra canais em miniatura esculpidos pela última garoa. As poças formadas pela água da chuva costumam ser efêmeras, mas se acumulam no sopé das rochas que bloqueiam o córrego, com uma profundidade que subsiste entre as pancadas de chuva, e servem de hábitat para as primeiras amebas conhecidas em terra. Não chove há mais de um mês, e as poças estagnadas estão tomadas por filamentos de algas. Apesar de o céu estar claro, o vale esbranquiçado retém nuvens baixas e difusas e todo seu perímetro é mosqueado de verde. Pilares dispersos erguem-se dessas áreas verdejantes e piscinas vaporosas, fontes termais, brotam da terra pálida, a água variando do mais puro azul a uma paleta do arco-íris. Mais adiante, uma planície fluvial, misturada com detritos ressecados de lagos efêmeros, desce em direção ao leito árido e calcinado de um rio raquítico e sinuoso que segue seu curso em direção ao norte. Estampado na base de rocha ígnea enegrecida do Ordoviciano, Rhynie é um laivo em tecnicolor.[6]

No fundo do vale, o enxofre arde no ar, com os altos paredões róseos e pretos parcialmente obscurecidos por borrifos de névoa de piscinas alcalinas. Desfiladeiros são abundantes, resultado dos continentes que se empurram uns contra os outros. Aqui a distância até o interior da Terra é curta; colunas de magma sobem e ameaçam romper a superfície. As fendas da Terra emergem nesse vale como uma jovem e crescente cadeia de montanhas, tão alta quanto o Himalaia. Os grandes vulcões a oeste, entre eles o Ben Nevis, estão expelindo lava. Outros já explodiram, como a enorme cratera vulcânica de cinquenta quilômetros quadrados que se tornará Glen Coe, e que desabou e detonou de forma catastrófica 13 milhões de anos antes, no Siluriano. A hora do Ben Nevis também chegará, uma erupção que se ouvirá a milhares de quilômetros de distância. A montanha dos dias de hoje é apenas o cerne erodido e desmoronado de uma cratera cuja borda se elevava centenas de metros mais alto. No Rhynie, um lago subterrâneo formado pela água da chuva percolada faz o calor se manifestar como um vale de fontes termais com alguns quilômetros de extensão. Caldeirões coloridos de águas quase invisíveis transbordam seu conteúdo, formando uma fina crosta de silício sobre plantas que se atrevem a crescer perto demais. A água que jorra sobre seus minúsculos ramos, úmidos e espraiados como os da salicórnia, está na temperatura de um banho quente, perto de 30°C. Onde a nascente brota do solo, aquecida pela rocha derretida próxima à superfície, pode chegar a 120°C, mantida na forma líquida pela pressão subterrânea, resfriando rapidamente ao emergir.[7]

As nascentes do Rhynie são ambientes extremos de várias maneiras; grande parte da água é muito quente e alcalina demais para a maioria dos seres vivos, e mesmo assim foram colonizadas. O solo também é hostil, mas as plantas começaram a colonizar o interior — pelo menos quarenta espécies diferentes de plantas vivem imersas ou no entorno das águas do Rhynie. Colaborando e competindo, parasitando e predando, comunidades funcionais foram estabelecidas longe da zona de segurança da água, aumentando a quantidade de terra habitável. As plantas crescem ao entrar em acordos com fungos, os fungos crescem ao cooptar cianobactérias, e artrópodes e fungos ajudam a decompor organismos mortos, criando novas áreas onde outras plantas podem crescer.[8]

Os únicos habitantes da água mais quente são micróbios que prosperam nessas condições extremas, os chamados alcalino-termófilos. Muitos são bactérias sulfurosas que, ao contrário da maioria das formas de vida, não obtêm sua energia do sol — a fotossíntese deixa de ocorrer em temperaturas acima de cerca de 75°C — nem da ingestão das que fazem isso, mas sim da decomposição da própria rocha. Para se protegerem das condições alcalinas, eles produzem cadeias de proteínas, formadas por sequências de aminoácidos. Esses ácidos, até certo ponto, neutralizam a água alcalina e permitem o prosseguimento das reações químicas normais da vida. Nas piscinas mais quentes, somente essas células comedoras de rochas sobrevivem, e a água é límpida. Não límpida como a de um rio ou de um oceano, a qual ainda é cheia de animaizinhos que produzem uma leve névoa, mas límpida como álcool destilado, só revelando indícios de sua presença com a vibração de bolhas na superfície. Na luz certa, com o sol no ângulo correto, o túnel oco que vai para o centro da Terra se ilumina como a entrada de uma caverna vazia, com um mínimo de refração para quebrar a ilusão.[9]

Mais longe do caldeirão geológico do aquífero subterrâneo, as piscinas são de cores vivas. A água ainda pode estar a escaldantes 60ºC, mas as cianobactérias, pelo menos, podem sobreviver nessas condições. Elas são os fotossintetizantes mais antigos do mundo e se alimentam de luz solar há 3 bilhões de anos. Cada uma retém a energia da luz com um pigmento específico; se um fóton — uma partícula de luz — atinge o pigmento no ponto certo, o produto químico muda de forma para um arranjo menos estável, e ao se transformar de volta gera energia que pode ser usada em outras reações celulares, como as que criam açúcares e amidos. A combinação dos pigmentos dos milhões de cianobactérias produz cores incrivelmente puras, cada espécie num tom sutilmente diferente. Como as temperaturas do centro à periferia são preferidas por diferentes espécies, as cores mudam, passando dos azuis no centro, onde a água reflete o céu, aos verdes e aos amarelos, aos laranjas e aos vermelhos. As cianobactérias são incrivelmente diversificadas no Rhynie, de células individuais a cubos coloniais consistindo de centenas de células.[10]

Ao redor das piscinas, claras ou coloridas, acumulam-se camadas de sínter branco, um sedimento rico em silício resultante da evaporação da água transbordada. A expulsão periódica desse mineral, branco e quebradiço, como açúcar compactado, eleva continuamente a borda da nascente, de modo que o poço logo se eleva centímetro a centímetro em um platô em terraços, uma crescente pilha de panquecas polvilhadas. Onde o nível da água transbordou pela borda, os fluxos da enchente penetram nas plantas abaixo. Entre os terraços elevados de sínter fluem os riachos da montanha, trazendo a areia escura de gabro* dos picos das Caledonianas, duramente conquistada, formando lagoas escuras e rasas, água corrente fria que equilibra o calor. Longe dos riachos, onde as algas de água doce seguem a correnteza, as encostas são estéreis; ainda há pouca vida longe da água, o verdor só brota no fundo do vale, coberto por uma floresta verde de caules não maiores que musgos, onde opiliões e ácaros, insetos, miriápodes de água doce e crustáceos formam um ecossistema em miniatura que recobre dois quintos da superfície terrestre.[11]

A água que transborda das piscinas quentes cobre e permeia essas plantas rasteiras, fungos e animais. Ao esfriar, o silício supersaturado precipita, encontrando imperfeições ao redor das quais pode se cristalizar e infundir a vida em todos os seus aspectos. Congeladas rapidamente no lugar, até mesmo estruturas subcelulares agem como minúsculos moldes, agora fundidos de forma instável em opala translúcida. Com o tempo, essa opala se estabilizará como quartzo e, combinada com o sedimento arenoso arrastado pelos riachos locais, formará a rocha conhecida como sílex, na qual comunidades inteiras são preservadas em três dimensões.[12]

Pairando sobre os outros habitantes desse vale vaporoso, e exemplificando bem essa tensão entre cooperação e competição, erguem-se pilares cinza-claros, colunas coriáceas como cactos lisos com até três metros de altura. Os *Prototaxites* são arranha-céus em uma vila-modelo, os maiores organismos do planeta. Em outros lugares, mais ou menos na mesma época, sabe-se que representantes desse gênero chegam a quase nove metros, outros formam troncos de um metro de diâmetro. Cem vezes maiores que as plantas no solo, são uma extravagância. Com sua superfície enrugada e macia, parecem um pelotão de bonecos de neve cinzentos meio derretidos, altos, finos, uma torre sem galhos ou ramificações

---

* Rocha plutônica escura semelhante ao basalto. [N.R.]

dominando a paisagem. São totalmente diferentes de qualquer coisa na floresta em miniatura abaixo, por um bom motivo. O *Prototaxites* não é uma planta; surpreendentemente, é um fungo. Seus parentes próximos de hoje incluem uma desconcertante variedade de fungos, como o ulmeiro holandês, a levedura de cerveja, o *Penicillium* e as trufas. Exatamente como ficou tão grande é um mistério — não se conhece nenhuma parte de sua estrutura subterrânea. Uma das soluções propostas é a de que, como muitos de seus parentes, trata-se de um líquen.[13]

Os fungos são os grandes colaboradores da vida, associando-se intimamente com espécies relacionadas tão de longe com eles que as situamos em reinos distintos. A associação mais íntima que formam é com um organismo fotossintetizante, seja uma planta ou uma cianobactéria, para dar origem a um líquen. Especialista em processar matéria orgânica, o parceiro fúngico num líquen pode extrair enormes quantidades de nutrientes minerais até mesmo de superfícies mais estéreis, compartilhando-os com seu parceiro fotossintetizante (conhecido como fotobionte) e protegendo-o com uma bainha de tecido resistente. Em troca, com acesso à luz, o fotobionte pode produzir a energia que alimentará o fungo. Essa poderosa combinação significa que liquens podem crescer em quaisquer superfícies expostas à luz e à água.[14]

O Rhynie abriga dois tipos de liquens, que são incrivelmente diferentes. O *Prototaxites* é realmente o primeiro organismo de grande porte da Terra, um esboço inicial da vida em escala macroscópica. Uma malha emaranhada de hifas — os filamentos excepcionalmente finos de células absorventes de nutrientes que compõem a maior parte da estrutura de um fungo — forma sua camada externa. Se for de fato um líquen, é o lugar onde manterá o fotobionte. Animais fazem furos nas laterais, e assim o líquen abriga um pequeno ecossistema próprio, sendo ecologicamente mais parecido com uma árvore lisa e desgalhada. Pode conter fotobiontes, mas isótopos mostram que também consumia rotineiramente outros organismos. Seu tamanho talvez seja resultado da exploração de duas fontes de energia, como consumidor e como colaborador.[15]

Incrustadas nos muitos pedregulhos caídos, manchas pretas salpicadas se assemelham mais com os liquens dos dias atuais. O *Winfrenatia* tem uma estrutura simples, sua crosta plana formada basicamente de hifas fúngicas indiferenciadas dispostas como uma esteira, ancorando-a à superfície. Por toda a superfície dessa estrutura há orifícios microscópicos, que abrigam, cada um, uma única célula de cianobactéria, todas mantidas pelo fungo como porcos num curral. A comparação agropecuária não é inadequada; no espectro de interações mutuamente benéficas, é difícil decidir exatamente o que diferencia esse relacionamento de qualquer outra domesticação. Existem até casos de roubos — alguns fungos só formam liquens matando outros fungos formadores de líquen e roubando seus fotobiontes antes de eles próprios se estabelecerem como liquens. Relações agrícolas e pecuárias entre espécies evoluíram algumas vezes na história da vida. Entre os animais, as formigas cortadeiras fazem compostagem com as folhas para cultivar cogumelos — o fruto dos fungos — em câmaras subterrâneas especiais; outras espécies de formigas mantêm afídeos para ordenhar sua excreção açucarada, ou até mesmo insetos cascudos para comer sua carne. As donzelas são peixes que cuidam de jardins de algas vermelhas entre recifes de coral a fim de colhê-las para alimentação. Os humanos criam inúmeros animais e plantas. Em cada caso, o agricultor protege o cultivado e recebe energia em troca. Os fungos certamente estão no controle na relação com o líquen; muitas vezes, quando extraem a energia do seu fotobionte, consomem o fotobionte também. Será que os liquens também são o produto final lógico de uma relação agrícola cada vez mais próxima? O primeiro fazendeiro de Aberdeenshire teria sido um fungo? Em caso afirmativo, já está diversificando sua safra; o *Winfrenatia* não tem uma, mas duas espécies diferentes de cianobactérias fotobiontes, vivendo juntas em uma relação de três vias próxima e interdependente.[16]

Todos os principais tipos de fungos atuais estão representados em sua forma ancestral em Rhynie, e vários interagem com plantas. Um deles, parente do mofo de pão atual, desenvolveu suas finas hifas capilares na camada externa do caule de uma planta chamada *Aglaophyton*, no que é chamado de relação "micorrízica", com "mico" referindo-se ao fungo e "rízica" referindo-se a uma raiz. A *Aglaophyton* é dominante nas manchas verdes mais bem estabelecidas nesse vale. É uma planta minúscula, de caule liso, que se espalha pelo solo em hastes verticais e bifurcadas, todas terminando num órgão em forma de ovo que libera esporos. Uma delas está semeando, os caules unidos por pequenas canaletas horizontais. De tempos em tempos, nódulos sustentam as hastes reclinadas como dormentes de uma ferrovia. É uma planta muito fragilmente estruturada, dependendo de cerdas finas chamadas rizoides para absorver água. Uma fotossíntese adequada requer um suprimento constante e substancial de água, e o fungo é um bom vendedor. Abastece a planta com água e nutrientes do solo, cobrando um dízimo dos açúcares produzidos pela fotossíntese. No todo, as micorrizas são responsáveis por fornecer nutrientes para cerca de 80% de todas as espécies de plantas atuais. O fato de estarem presentes tão cedo na história evolutiva das plantas indica que essa relação não só é ecologicamente importante, mas também fundamental para o desenvolvimento da vida em terra.[17]

O domínio da terra foi facilitado não só por relacionamentos interespécies, mas também por uma mutante dinâmica de poder entre gerações, desenvolvida em escalas de tempo geológicas. As plantas têm uma herança evolutiva derivada de um sistema sexual muito diferente do dos animais. Nos animais, pais e filhos são fisiologicamente os mesmos; nas espécies sexuadas, são produzidos esperma e óvulos, com metade do número de cromossomos do adulto, e estes se combinam para formar um novo indivíduo. Em espécies assexuadas, os adultos geram ovos com um número completo de cromossomos, que se desenvolvem em um novo indivíduo. Até aqui, muito simples.

Nas plantas, porém, os descendentes não se parecem em nada com os pais, e essa complexidade geracional os equipou para conquistar a terra. A reprodução das algas verdes, ancestrais das plantas, é um processo de duas etapas. Primeiro, esperma e óvulo fertilizam para produzir uma geração unicelular com o dobro do número de cromossomos de uma alga adulta. Depois de embaralhar os cromossomos, ela se separa em dois esporos, com cada um deles se transformando numa nova alga adulta, e o ciclo recomeça.[18]

Nos dias de hoje, todas as plantas se alternam entre uma geração que produz esperma e óvulos (o gametófito) e uma geração que produz esporos (o esporófito), mas o controle mudou. As primeiras plantas terrestres desenvolveram uma parede ao redor dos esporos, que resistiam ao ressecamento, uma invenção reprodutiva tão crucial para a vida em terra quanto os ovos com casca dos amniotas. Plantas que conseguiam produzir mais esporos tinham mais chance de sobreviver, e assim a geração esporófita tornou-se cada vez mais importante, passando de uma só célula a um corpo inteiramente diferente do gametófito. Em Rhynie, estamos em pleno processo desse domínio geracional.[19]

Hoje, o esporófito em musgos, antóceros e hepáticas, especialistas em ambiente úmido, ainda é um protagonista menor, vivendo essencialmente como um parasita no pai. Mesmo assim é importante, pois o gametófito depende de minúsculos artrópodes para transferir seu esperma. O corpo principal de uma samambaia é um esporófito, mas ainda se pode encontrar gametófitos com vida independente, pequenas mantas em forma de coração que se reproduzem e formam uma nova folha de samambaia. Nas plantas com sementes, o gametófito ancestral murchou até quase não estar mais presente. Por essa razão, todas as partes visíveis de uma planta com semente, desde uma sequoia gigante a uma margarida, são produtoras de esporos. As plantas com flores se afastaram mais de suas ancestrais. A polinização transporta os esporos masculinos — o pólen — até os esporos femininos. Entre as paredes do esporo feminino desenvolve-se uma estrutura diminuta — tudo o que resta da alga marinha gigante — liberando esperma e óvulos.[20]

No Devoniano de Rhynie, o esporófito da *Aglaophyton* está começando a se desenvolver por conta própria.* Tendo evoluído de um estágio de desenvolvimento unicelular não muito tempo atrás, não tem raízes nem estruturas semelhantes a folhas e está descobrindo sua própria anatomia. Ao se associar aos fungos, consegue acessar nutrientes, contornando as restrições do próprio desenvolvimento e fazendo algo que nenhuma vida multicelular conseguiu até agora. Essas plantas e fungos estão se tornando os primeiros grupos de organismos a se libertarem da água, e se tornarão as estruturas fundamentais sobre as quais os ecossistemas terrestres do futuro serão construídos.

---

* Todas as plantas do Devoniano de Rhynie se alternam entre esporófitos multicelulares e gametófitos. Esse ponto costuma apresentar problemas para os paleobotânicos, pois ambos podem ser preservados como organismos fósseis, mas vivem separadamente e têm formas radicalmente diferentes. Ao nomear espécies encontradas no registro fossilífero, os únicos dados são características na forma ou, ocasionalmente, na química. Juntar esporófitos com gametófitos é tido como impossível, mas em Rhynie a preservação é tão excepcional que até mesmo células de esperma foram encontradas, juntamente com estruturas detalhadas em nível celular que demonstram a identidade em comum de ambas as gerações, com estágios de desenvolvimento ligando todo o ciclo de vida.[21]

A ideia de indivíduo é um conceito muito animal, totalmente ignorado por outros reinos da vida. O esporófito não precisa se reproduzir sexualmente, mas, assim como outras plantas, às vezes pode se clonar, produzindo suas próprias mudas. A presença de malhas micorrízicas, redes de fungos associadas a entidades vegetais separadas, ofusca ainda mais o conceito de indivíduo, pois permite que sinais e até nutrientes sejam transmitidos entre as plantas, com as hifas fúngicas sendo o fio condutor. Em um mundo onde seus vizinhos próximos provavelmente serão seus clones geneticamente idênticos, ter um parceiro fúngico pode permitir o compartilhamento de recursos em tempos difíceis. A colaboração pode render dividendos. Nenhuma espécie evolui isoladamente, mas a sinergia de plantas e fungos alterou o futuro da vida na Terra, talvez mais que qualquer outra inovação evolutiva.[22]

Existem plantas ainda mais complexas nas piscinas de silício de Rhynie. A *Asteroxylon* assemelha-se a uma pinha verde fina, com estruturas escamadas que realizam fotossíntese como folhas. Mas são mais simples do que folhas "verdadeiras". A estrutura esqueletizada das folhas de hoje ainda não existe. O transporte interno de nutrientes e água das atuais plantas vasculares se deve à presença do xilema e do floema, que vão das raízes até as folhas, com a água saindo da planta pelos estômatos. Mas as primeiras plantas carecem desses elementos e nem mesmo têm raízes, apenas rizoides, estruturas capilares que absorvem água e minerais. A *Asteroxylon* é uma das maiores plantas em Rhynie, crescendo a quase meio metro de altura, ancorada no sedimento. Seus brotos evoluíram para se assemelharem a raízes, uma origem de raízes independente das demais plantas vasculares. Os brotos da *Asteroxylon* penetram como raízes até mais ou menos vinte centímetros de profundidade, chegando mais fundo que as outras plantas para encontrar novos recursos. Seus tecidos se adaptaram para transportar muita água rapidamente a fim de fotossintetizar e crescer, mas em períodos de seca isso é um problema, pois elas perdem mais água do que absorvem. Para equilibrar o dilema que todas as plantas enfrentam — crescimento rápido ou eficiência hídrica —, elas têm poucos estômatos muito espaçados. Por ora, a *Asteroxylon* prefere o crescimento, com menos pressão para preservar a água. No entanto, elas precisam ser exigentes quando se reproduzem. O clima tropical de Rhynie é altamente variável. Assim, ao longo do caule da *Asteroxylon* existem regiões alternadas de fertilidade e esterilidade, mais um exemplo de solução de economia de energia para um problema ambiental.[23]

Todo esse crescimento acaba chegando ao fim e, quando mortas, as plantas deixam de ser úteis para seus simbiontes fúngicos e decaem. Outros fungos, como os ascomicetos, invadem os estômatos relaxados para digerir a planta por dentro. Ao extraírem os últimos nutrientes da planta, os fungos estão desenvolvendo alguns dos primeiros solos. Com o tempo, isso irá criar um substrato mais macio e melhor para as plantas crescerem, até atingirem a altura dos pântanos de licopsídeos do Carbonífero. A vegetação em decomposição, sedimentada na relva baixa, é comida não só por fungos estáticos, mas também por pequenos artrópodes, a única vida animal em terra. Nada que tenha uma espinha dorsal saiu da água; todos os vertebrados ainda são exclusivamente aquáticos, ecologicamente peixes. Ainda se passarão mais 35 milhões de anos até que um grupo de peixes devonianos, de cerca de um metro de comprimento, com barbatanas carnudas e lobuladas, emerja na terra, os primeiros vertebrados de quatro membros, ou tetrápodes, mas não será longe daqui. Os membros posteriores dos primeiros tetrápodes do Devoniano Superior se encontram pouco abaixo das encostas, em Elgin. A apenas trezentos quilômetros de distância e 50 milhões de anos no futuro, no início do Carbonífero e no que mais tarde se tornará o rio Tweed, a diversificação de anfíbios e répteis estará em andamento quando nós, vertebrados, darmos nossos primeiros passos respiratórios.[24]

Artrópode significa "pés articulados" e refere-se ao exoesqueleto externo rígido que proporciona suporte e articulação aos membros. Os artrópodes são o filo de animais mais rico em espécies dos dias atuais, e assim tem sido desde a diversificação inicial da vida animal, por volta do Cambriano, cerca de 540 milhões de anos atrás. No Devoniano Inferior, eles são basicamente marinhos, incluindo crustáceos, escorpiões marinhos, aranhas marinhas e trilobitas, mas alguns já chegaram à terra. Os aracnídeos apareceram em terra no início do Siluriano e foram os primeiros a se diversificar, adaptando-se rapidamente às condições secas. No Devoniano, os aracnídeos já incluem escorpiões, ácaros, opiliões e os trigonotarbídeos, já superficialmente parecidos com aranhas.[25]

Um caule de licopsídeo em decomposição é classificado como um solo incipiente. Está repleto de criaturas, todas com poucos milímetros de comprimento, animais de seis patas com corpos articulados, antenas longas e um casaco de cerdas curtas. Os rabos-de-mola, ou colêmbolos, não são exatamente insetos por conta de tecnicalidades relacionadas à posição das partes bucais, mas são os primos mais próximos dos insetos. Um rabo-de-mola com um corpete apertado na cintura ficará bem parecido com uma formiga. Alimentando-se de plantas em decomposição, o *Rhyniella praecursor*, o "pequeno ancestral de Rhynie", escarafuncha na vegetação rasteira, mas também é tão pequeno que consegue esquiar nas piscinas para se alimentar das algas que flutuam da superfície. Apesar dos baixos níveis de oxigênio, o *Rhyniella* é tão diminuto que o oxigênio se difunde diretamente no seu corpo.[26]

Animais pequenos nunca estão totalmente seguros. De um esconderijo no caule aberto de um *Asteroxylon*, as garras de um predador encouraçado capturam um infeliz *Rhyniella*. Instantaneamente, um enxame de pequenos rabos-de-mola pretos se espalha no ar, demonstrando o motivo do seu nome, um órgão especializado chamado fúrcula. Em essência, uma fúrcula é um apêndice longo e rígido, mantido sob o corpo em alta-tensão. Quando o rabo-de-mola libera essa pressão, o apêndice toma impulso no solo, ou até mesmo na superfície da água, funcionando como uma catapulta medieval de cabeça para baixo e disparando o colêmbolo para cima sem muito controle. Seja onde for que cada rabo-de-mola pousar, o mais provável é que seja longe do animal que o assustou.[27]

Pregando a *Rhyniella* bem debaixo do corpo, impedindo sua fuga com uma gaiola de oito patas, está uma *Palaeocharinus*, uma "aranha-chicote ancestral". As verdadeiras aranhas ainda não surgiram, mas os trigonotarbídeos são aracnídeos muito semelhantes em aparência. A diferença é parcialmente cosmética — eles têm menos segmentos corporais, ambos blindados; a cabeça é ensanduichada entre duas placas, onde estão inseridos os olhos e a boca. Patas extremamente peludas conseguem sentir as vibrações até mesmo da menor presa que se aproxime do local da tocaia. Uma série de placas do corpo dispõe de orifícios para a entrada do ar em estruturas respiratórias complexas e eficientes chamadas "pulmões foliáceos"; trata-se de um predador ativo.[28]

Pouco parece estar acontecendo fora da gaiola do trigonotarbídeo, mas o destino do colêmbolo é desagradável. Sem veneno ou seda para imobilizar sua presa, a vítima precisa ser perfurada, esmagada e quebrada. A boca dos trigonotarbídeos é mais uma peneira que um buraco, por isso o colêmbolo será digerido fora do corpo do predador, antes de ser sugado por uma série de pelos cada vez mais finos.

Nas lagoas de água doce estagnada, entre cianobactérias limosas e algas carófitas, a vida é mais segura. As piscinas são tão efêmeras que não desenvolvem teias alimentares internas complexas. O ambiente é dominado por crustáceos que se alimentam de detritos: o esguio *Lepidocaris*, um milimétrico camarão escamado que se alimenta de algas; o *Castracollis*, o camarão-girino, de corpo longo e com a característica cabeça blindada; e o minúsculo, redondo e encouraçado *Ebullitiocaris oviformis* — literalmente "camarão cozido em forma de ovo", em referência ao ambiente quente e alcalino.[29]

Apesar da simplicidade de muitas das relações entre os animais aqui, as algas carófitas, como tantos outros fotossintetizantes de Rhynie, têm uma profunda conexão ecológica com os fungos. As carófitas são um grupo de algas de água doce intimamente relacionado com plantas terrestres. Nas piscinas de água fria de Rhynie, a carófita mais comum é apenas um eixo reto de onde se projetam espirais dentro de espirais ramificadas. Diferentemente do trabalho em equipe em terra envolvendo a *Aglaophyton* e suas micorrizas, ou *Prototaxites* e *Winfrenatia*, a relação é unilateral e tóxica. Fungos aquáticos se ligam às algas carófitas incorporando-se em suas paredes celulares ou perfurando-as com tubos, e passam a absorver nutrientes sem fornecer nada em troca. Outros fungos, como o *Cultoraquaticus*, um dos primeiros parasitas fúngicos conhecidos, digerem os ovos de crustáceos. Esses quatro fungos são quitrídeos, um grupo especializado em parasitismo de um tipo ou outro, mas principalmente de algas.[30]

Quando atacadas por parasitas, muitas plantas apresentam uma resposta chamada hipertrofia, até hoje um sintoma comum de doenças em plantas. Nesse caso, o tamanho das células aumenta em até dez vezes, tentando isolar a infecção em uma ou algumas poucas células. Outra resposta relacionada é a hiperplasia, quando mais células são criadas para restringir a doença a uma parte de um tecido, como nas galhas. Muitas carófitas de Rhynie são infectadas com fungos parasitas e mostram os inchaços bulbosos resultantes ao longo do corpo.[31]

Os parasitas também estão causando problemas em terra. Nos estômatos da *Aglaophyton*, os vermes nematoides eclodem, crescem e se reproduzem, tudo sem sair da planta. A *Nothia aphylla* é uma planta terrestre primitiva que vive principalmente no subsolo, com um melhor acesso às águas subterrâneas do que suas concorrentes, a maioria das quais simples caules horizontais suspensos sobre solo arenoso. Essa estratégia, porém, a aproxima das espécies parasitárias, o que a fez criar uma alternativa à hipertrofia para afastar seus invasores fúngicos. Se um rizoide é atacado por um fungo, as paredes celulares da *Nothia* enrijecem, impedindo que as hifas penetrem mais fundo, contendo a infecção. Mas existe uma peculiaridade. A *Nothia* também tem parceiros que formam micorrizas, os quais se associam à planta de maneira semelhante à do parasita, mas sem ser isolados pela resposta imune. Trata-se de um contrato evolutivo de exclusividade. O simbionte fúngico é admitido pelas células da planta, onde anfitrião e simbionte podem trocar recursos. Mas qualquer outro fungo que tente a mesma invasão sem o cartão de visita químico necessário será cercado e isolado. O fungo escolhido goza de recursos negados a outras espécies, enquanto a planta consegue obter minerais raros ou difíceis sem ser explorada. Os organismos não são intrinsecamente benfeitores, e só fazem negócios depois de gerações de pechinchas balizadas pela seleção natural. Acredita-se que essa relação surgiu porque, ao tolerar a atividade fúngica em alguma parte da planta, a *Nothia* torna-se mais capaz de identificar outros fungos como estranhos indesejados. Uma relação mutuamente benéfica não é necessariamente forjada por meios pacíficos.[32]

Dos mutualismos aos parasitismos, a conquista de um novo ambiente não ocorre de forma isolada. O que começou como uma paisagem inóspita e pouco promissora agora fervilha de vida. Nos próximos 400 milhões de anos este planeta será um mundo vegetal, um mundo fúngico, um mundo artrópode. As grandes feras que surgem depois, tudo o que já andou ou rastejou, são frutos das inovações de comunidades como as de Rhynie. Raiz e hifa se agarram e penetram cada vez mais na rocha submissa, entrelaçadas como dedos de dançarinos. Juntas, elas vão mudar tudo.

CAPÍTULO 13

# PROFUNDEZAS

*Yaman-Kasy, Rússia*
*Siluriano — 435 milhões de anos atrás*

"Я - свет.
И пристально смотрю:
Дыхание в глубинах
возникает."
"Eu sou feita de luz.
Observo intensamente:
As profundezas revelam
um alento."
— Natalia Molchanova, "И осознала я небытие" / "As profundezas"

*"Sob todas as profundezas, abre-se uma profundeza maior"*
— Ralph Waldo Emerson, *Ensaios: Círculos*

Nós, na superfície, somos criaturas da luz, ligadas ao sol. Habitando o fino verniz atmosférico do nosso planeta, somos atingidos diariamente por feixes de radiação eletromagnética da nossa estrela mais próxima. É a fonte de energia que produz todo o nosso alimento, aquece o ar, evapora a água para causar chuva e estabelece nossos ritmos biológicos internos. Mesmo os organismos do fundo das cavernas cársticas dependem do sol que nunca veem. Vivendo em poças formadas num solo de xisto, os peixes das cavernas das montanhas de Ozark, no Missouri, são habitantes de uma camada estratigráfica singular. Seus ancestrais evitaram a luz por tanto tempo que, mesmo se seus olhos rudimentares

*Oceano Pantalássico*

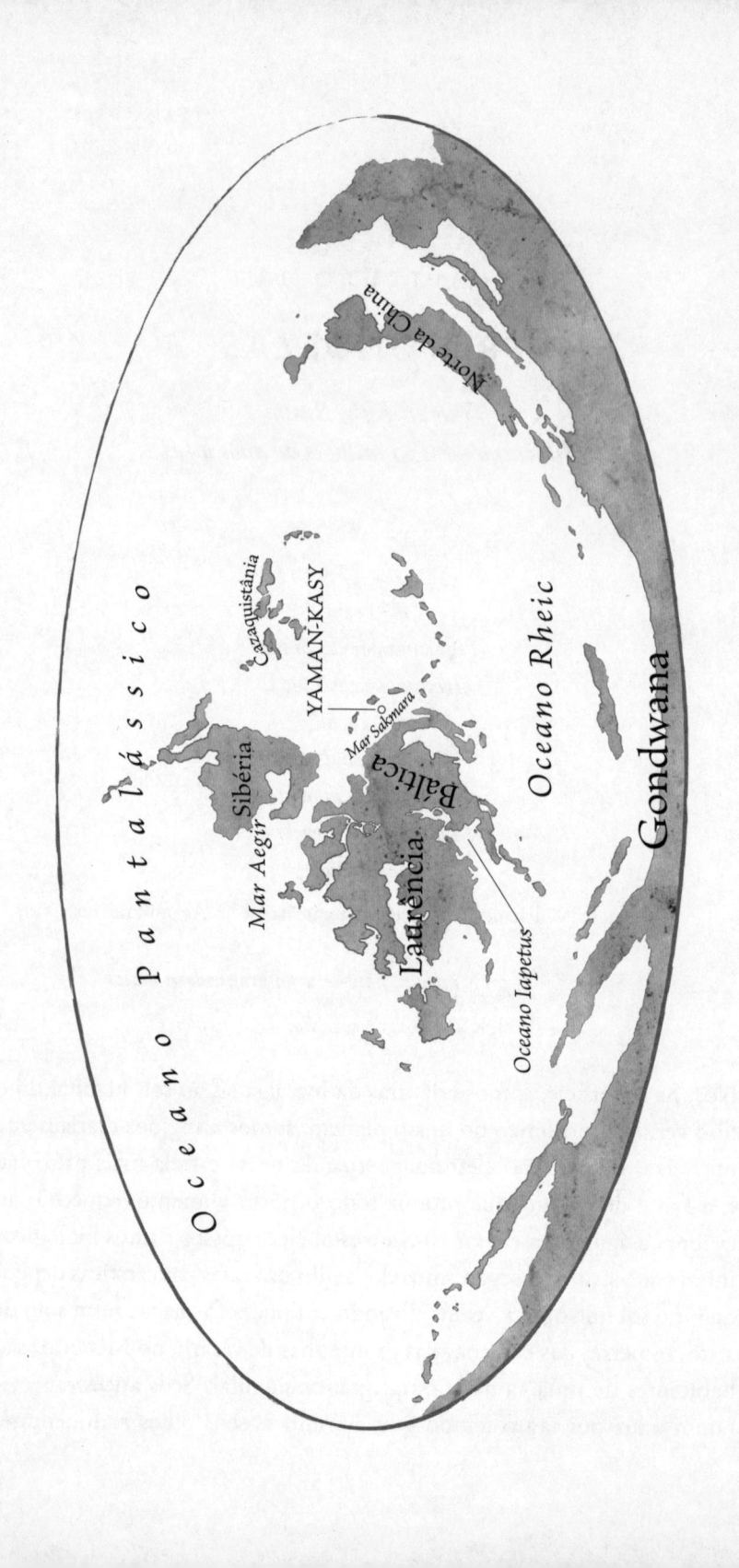

Sibéria
Mar Aegir
Cazaquistânia
YAMAN-KASY
Mar Sakmara
Báltica
Laurência
Oceano Iapetus

Norte da China

*Oceano Rheic*

Gondwana

*Yamankasia rifeia*

detectassem um fóton, eles não teriam o nervo óptico necessário para alertar o cérebro. Até mesmo a cadeia alimentar dos peixes das cavernas depende da serapilheira suspensa, transportada para suas cavernas pelos rios, e do guano de morcegos empoleirados, levando produtos do Sol para as profundezas da Terra. Descer ao oceano profundo, no entanto, é realmente deixar o Sol e tudo o que ele significa para trás.[1]

Mesmo nas águas mais claras, minúsculas partículas flutuam, espraiando qualquer luz que passe por elas. A água também absorve a luz. Quanto maior o comprimento da onda, mais rapidamente a luz se dissipa. O vermelho desiste primeiro, chegando a uma profundidade de cerca de quinze metros. Laranja, amarelo, verde — nenhum consegue uma grande penetração, como um arco-íris lentamente consumido. Sem o comprimento de onda verde, que chega a cerca de cem metros de profundidade, até o fundo da chamada zona eufótica, a fotossíntese deixa de ser possível. Abaixo dessa profundidade, no que é conhecido como zona crepuscular, só a luz azul-escura e púrpura consegue passar; tudo o que vive abaixo depende do alimento que cai de cima ou de outras fontes de energia que não o sol. A mil metros abaixo da superfície, até mesmo os últimos raios de luz lutam em vão para penetrar, e a vida entra na zona abissal, onde está sempre escuro.

Um quilômetro de água é uma carga pesada de suportar, com cada metro quadrado sendo pressionado por uma coluna de água que pesa cerca de dez toneladas — cem vezes a pressão atmosférica. A cada dez metros abaixo, o peso do céu é adicionado novamente. Não faz diferença se o fundo do mar está no polo ou no equador, nem qual seja o período geológico; para viver no fundo do mar os organismos precisam se divorciar do mundo familiar da superfície. Não se trata apenas de uma diferença experiencial. O funcionamento de muitas partes da fisiologia de um animal depende das condições da superfície. No fundo do mar, a temperatura constante de cerca de 3°C desacelera as vias metabólicas cruciais do animal. O peso esmagador do oceano também tem um efeito fisiológico profundo. As proteínas muitas vezes realizam seu trabalho mudando repetidamente de forma, e as pressões encontradas no fundo do mar podem até mesmo esmagar e transformar as proteínas dentro das células em novas estruturas e alterar sua eficácia, a menos que desenvolvam formas mais resistentes à pressão. Tendo descendido de um habitante da superfície, uma vida nas profundezas abissais implica uma transformação até mesmo em nível molecular do seu ser.[2]

Até 1977, os únicos ecossistemas do fundo do mar que conhecíamos eram as vastas extensões da planície abissal, o leito oceânico interminável e relativamente descaracterizado entre continentes, fossas e sulcos. Essas planícies são extremamente ricas em micróbios e abrigam um número surpreendentemente alto de peixes, crustáceos e vermes adaptados às profundezas, ainda que muito dispersos por causa da escassez de alimento. A primeira contestação a essa visão surgiu quando uma câmera de uma sonda submarina, projetada para explorar a geologia e a química das fendas oceânicas, passou por acaso por um afloramento de moluscos fantasmagóricos e caranguejos saprófitos, a água quente saída da fonte cintilando nas correntes térmicas como uma miragem à luz do holofote. Apesar de oculta, existe vida complexa nas profundezas do oceano, há tanto tempo quanto no ar. Uma fonte hidrotermal não é, em sua essência, tão diferente das piscinas de extremófilos de Rhynie: um ecossistema estruturado não sobre radiação eletromagnética, mas sobre a oxirredução, onde alquimistas microbianos transformam poções rodopiantes de rochas dissolvidas em alimento.[3]

No mundo oceânico do Siluriano, o oceano Ural, um pequeno corpo de água com apenas cerca de um 1,6 quilômetro de profundidade, transita pelo equador. Na baixa latitude do norte, sobe abruptamente para encontrar a plataforma da ilha sem vida da Sibéria. A leste, o jovem continente de Cazaquistânia emergiu das profundezas. No canto sudoeste do oceano Ural há uma região distinta, o mar Sakmara, perto da plataforma de outro continente, o Báltica. Os terremotos são comuns nessa parte específica do mar Sakmara, ao largo da costa leste do Báltica, que reverberam na água em tons abaixo da audição humana. Mas o vento e a chuva na superfície podem enviar uivos e sons percussivos para o fundo do mar, mesmo agora, quando ainda não há nada vivo lá que possa ouvir. Estranhamente, não é uma região no breu total. Sutil, quase imperceptível, uma pequena parte da radiação infravermelha permeia a escuridão. Não há olhos vivos para detectar, mas existe lá um leve zumbido de fótons. Sua fonte é um paraíso, um oásis nas profundezas — a fissura de Yaman-Kasy. Aqui, forças geológicas recentes estão dando um sopro de vida às águas das profundezas escuras. Uma série de pequenas ilhas planas e rasas, as ilhas do Sakmara, não ficam muito longe da costa, acalmando a superfície que as separa do continente. Mas é sua presença que causa a turbulência no fundo do mar. As ilhas do Sakmara vêm se aproximando do Báltica há milhões de anos, com a placa que as sustenta subduzindo sob sua vizinhança oceânica. Esse fenômeno produz redemoinhos magmáticos no manto, um redemoinho complexo de rocha líquida que faz a placa rachar atrás do arco insular — uma rachadura longa e fina que se alarga, propagando-se no leito do mar, conhecida como bacia de retroarco. Em Yaman-Kasy, o magma quente do manto sobe e encontra a água fria do mar, e a autodestruição da Terra é equilibrada por sua autocriação, entrando em erupção e solidificando-se em rochas vulcânicas — basaltos e riolitos, andesitos e serpentinitos e, importante para a vida, exalando uma abundância de energia química e térmica na forma de fluidos ricos em sulfeto. Em outros locais, os sítios paleontológicos são formados a partir da areia lentamente sedimentada, de plataformas ou dunas desmoronadas, um soterramento de rochas que passaram por vários estágios de existência. Em Yaman-Kasy, as rochas que preservarão seus habitantes são recém-formadas, resfriadas saindo da forja.[4]

Esse arrefecimento é o que produz a radiação infravermelha. É a luz da Terra, não a luz do Sol. À medida que se resfria em relação ao seu entorno, a água superaquecida emite fótons — radiação térmica. A luz das fissuras é tão forte que, nos dias de hoje, uma espécie de bactéria é conhecida por usá-la para fotossíntese, cerca de 2,5 quilômetros abaixo do alcance do Sol. Talvez alguma bactéria siluriana esteja fazendo o mesmo.[5]

Não há dúvida de que há muito leito oceânico onde isso pode acontecer. Hoje, 71% da superfície da Terra é de água salgada, e a profundidade média desses mares e oceanos é de 3.700 metros. Mesmo incluindo as montanhas mais altas e os planaltos mais altos, a altitude média da superfície da Terra atual é mais de dois quilômetros mais baixa que o nível do mar. Isso não é nada comparado ao início e aos meados do Siluriano, quando os níveis do mar atingiram seus máximos históricos, oscilando entre cem e duzentos metros acima dos níveis de hoje. Na configuração continental atual, um aumento de 150 metros no nível do mar mudaria totalmente o mapa do mundo. Com a bacia amazônica largamente inundada, o Peru teria uma costa litorânea no leste, e a invasão do oceano transformaria Pequim, St. Louis e Moscou em cidades costeiras. O mundo da superfície é a exceção, os continentes são uma dispersão de elevações aberrantes, maciços rochosos embarcados num planeta formado basicamente de uma crosta oceânica de baixo nível, uma crosta que racha e exala seus vapores.[6]

Em Yaman-Kasy, toda a arquitetura de fabricação industrial de uma chaminé de ventilação operacional está em ação. Um conjunto de torres com brilho mineral ergue-se acima do congestionamento de rochas, despejando continuamente água enegrecida com temperaturas de centenas de graus. Abaixo dos cilindros vaporosos, uma fervilhante massa de vida é reunida em uma composição saída de uma pintura de L. S. Lowry, uma cena urbana de cores esparsas, de criaturas magras alimentadas pela escuridão encapelada.[7]

*Yamankasia* é um verme anelídeo, pertencente ao grupo que inclui as minhocas comuns, com o corpo dividido em segmentos em forma de anel. Parecidos com vermes de barba, são especialistas do oceano profundo e costumam ser encontrados em torno de fissuras hidrotermais, carcaças ou outros oásis do fundo do mar. Assim como os vermes de barba, o *Yamankasia* vive dentro de sua própria chaminé, um tubo flexível construído pelo verme a partir de uma mistura de proteínas e polissacarídeos como a quitina. Para se alimentar, projeta para fora e recolhe ritmicamente a cabeça coberta por centenas de minúsculos tentáculos. O *Yamankasia* tem mais ou menos o tamanho do *Riftia*, o verme gigante especialista em fontes hidrotermais dos dias de hoje, com seus tubos de cerca de quatro centímetros de diâmetro, mas não compartilha outras características com nenhum filo particular de vermes. O mais provável é que tenha chegado a esse estilo de vida se aproveitando das mesmas parcerias vantajosas comuns a muitos animais do oceano profundo. São realmente gigantescos em comparação com os minúsculos vermes no entorno da sua base — pequenos *Eoalvinellodes*, com tubos de poucos milímetros de diâmetro. Os tubos do *Yamankasia* são formados por várias camadas de material orgânico fibroso, longitudinalmente rugoso, e são flexíveis, embora sua única força motriz sejam as correntes de convecção resultantes de água ejetada da hidrotermal, que esfria e volta a afundar.[8]

Quando plantas extraem energia da luz solar na superfície, isso não acontece nas estruturas geneticamente vegetais. Tal como as bactérias de fermentação em animais herbívoros, as plantas incorporam organismos unicelulares chamados cianobactérias para fazer a fotossíntese para elas. Essas cianobactérias estão tão profundamente incorporadas nas células vegetais que, ao longo de centenas de milhões de anos, perderam parte de seu DNA e não conseguiram mais sobreviver independentemente. Hoje, são conhecidas como cloroplastos, pequenas organelas em forma de pílula dentro da célula, trabalhando com a planta de forma totalmente interdependente para sobreviver. Enquanto a colaboração entre plantas e fungos simbióticos e mutualistas do Devoniano representa diferentes espécies vivendo em estreita proximidade, a relação entre o cloroplasto bacteriano e a planta eucariótica é tão próxima e inseparável que torna o todo um único indivíduo. Aqui a energia não pode ser dividida pelo eucarioto, mas sim por suas bactérias companheiras de viagem.[9]

Da mesma forma, as criaturas em Yaman-Kasy e em outras fontes hidrotermais são incapazes de acessar diretamente a energia dos fluidos sulfurosos das fontes, mas muitas incorporam bactérias que fazem isso. Os vermes de barba de hoje, os maiores vermes que ocupam as fontes hidrotermais de depósito de sulfeto no presente, têm um órgão especializado chamado trofossoma. Nesse trofossoma, cada verme hospeda bilhões de bactérias sulfurosas simbióticas de que precisam para extrair energia da fonte. Como eles, o *Yamankasia* tem associações próximas com bactérias que vivem ao longo de seu tubo. O verme protege o simbionte, e o simbionte provê o alimento do verme. Nesse caso, a interação fica em algum lugar entre a dos eucariotos e suas organelas e a proximidade do mutualismo dos liquens, turvando ainda mais as águas do que realmente é um indivíduo. O termo intermediário é "holobionte", o todo vivo e inseparável composto de dois ou mais organismos inegavelmente diferentes. Juntos, ambos prosperam. Separados, os dois morrem. Alguns vermes hidrotermais de hoje, por exemplo, carecem totalmente de um sistema digestivo; são as bactérias que processam o seu alimento. Algumas amêijoas hidrotermais, num ato adicional de assimilação, tornam-se fábricas de proteínas de ligação de sulfeto, incrementando a capacidade natural das bactérias sulfurosas. Seus processos internos estão começando a ser fundidos, a se amalgamar.[10]

Em Yaman-Kasy, oligoelementos se solidificam a partir do fluido como minérios, quando a temperatura e a pressão diminuem no mar mais longe da rocha. Diferenças químicas entre o fluido hidrotermal e o mar estabelecem um fluxo de elétrons que, em algumas fontes hidrotermais, chega a setecentos milivolts, uma usina hidrelétrica natural. Selênio e estanho revestem os condutos centrais, os canos dessas extraordinárias chaminés. Mais externamente, átomos de bismuto, cobalto, molibdênio, arsênico e telúrio, assim como ouro, prata e chumbo, emergem da solução. Nos dias de hoje, os minérios que se formam a partir dessas exsudações são todos elementos cobiçados. Expostas ao ar pela primeira vez desde a sua formação, as margens do mar de Aral transformaram-se em minas industriais a céu aberto. Suas rochas, contendo os frágeis tubos dos vermes vestimentíferos, são esmagadas, pulverizadas, dissolvidas, fundidas e bombardeadas por campos elétricos para que se possa extrair os metais de seu interior. Yaman-Kasy, a mais antiga fauna de fontes hidrotermais conhecida, continua a produzir.[11]

Um aspecto extremamente surpreendente dos ecossistemas do fundo do mar ao longo do tempo é que, apesar de suas semelhanças, as espécies que os habitam não estão intimamente relacionadas entre si. A identidade dos habitantes das fontes hidrotermais variou de modo considerável ao longo do tempo, e os membros atuais dessas comunidades no geral são descendentes recentes de espécies que viviam em águas muito mais rasas. Dado o gradiente fenomenal de pressão, de temperatura e de luz, poderíamos considerar que a adaptação à vida abissal tenha sido difícil. Parece não ter sido o caso, pois os habitantes das hidrotermais vieram de todas as partes do reino animal. Hoje, nenhum coral conhecido habita uma fonte hidrotermal, mas no Devoniano corais hidrotermais parecem ter sido razoavelmente comuns, com todos criando de forma independente uma segunda camada do tecido rígido externo, o cálice onde vive o pólipo mole, presumivelmente como proteção contra a temperatura.[12]

As diferenças nas famílias presentes nas faunas das fontes hidrotermais nos dizem que a colonização do mar profundo é na verdade bastante comum, apesar do isolamento. Campos de fontes hidrotermais costumam ser congestionados, mas ainda espaçados por alguns quilômetros um do outro, com os efluxos férteis de minerais semi-isolados no leito estéril do mar. No entanto, em escala maior, eles formam linhas, associadas às rachaduras na crosta, circunstância que propicia uma oportunidade para a vida prosperar nas profundezas. As correntes oceânicas costumam estar bem alinhadas com as rachaduras na crosta, sobretudo nas bacias de arco retrógrado. Isso significa que as larvas podem vagar passivamente, talvez por centenas de quilômetros, antes de encontrar um novo lar. Assim, até comunidades distantes fazem parte da mesma população conectada, uma paisagem marítima em que somente as larvas recém-eclodidas podem se dispersar e renovar qualquer população em declínio. As hidrotermais agem como as ilhas na superfície, tornando-se o que é conhecido como uma metapopulação, um aglomerado semi-isolado que pouco se mistura com o mundo exterior. Cada pequena hidrotermal contribui para a diversidade genética do todo. Isso é importante porque as hidrotermais são temporárias, durando apenas enquanto o calor do magma continuar pressionando a rachadura. Com as mudanças tectônicas, essa fonte de energia pode desaparecer, levando toda a comunidade a um processo de aniquilação. Cada vez que novas fissuras se abrem, são tão susceptíveis de serem colonizadas por espécies que se adaptam vindas de cima como por uma larva vinda de outro lugar. Mas essa colonização inevitavelmente terminará. Ao contrário da constância do sol, as profundezas são um lugar de impermanência e transitoriedade de longo prazo, de mudança e destruição.[13]

Aglomerados em comunidades congestionadas vivem pequenos crustáceos chamados *Pyrodiscus*, termo que significa "discos de fogo". São braquiópodes, o grupo dominante de crustáceos no oceano Paleozoico desde o litoral até as profundezas, antes de os moluscos assumirem esse posto. As conchas do *Pyrodiscus* são parecidas com as de um mexilhão, em forma de língua, mas se agarram à superfície da rocha com uma haste longa e tendinosa. Os braquiópodes do início do Siluriano são uma das poucas espécies de sorte; no final do Ordoviciano, uma extinção em massa eliminou a maior parte da diversidade dos braquiópodes. Durante esse evento de extinção, desencadeado pelo resfriamento global, as comunidades de águas profundas foram particularmente atingidas, mesmo aquelas que, ao menos em teoria, dispunham de todas as características que deveriam torná-las resistentes à extinção. O puro acaso sempre tem influência, mas as circunstâncias da extinção em massa do Ordoviciano também desempenharam seu papel. O resfriamento do planeta, por si só, parece ter tido mais efeito nas águas mornas da superfície que em águas profundas. Mas a abrangência do resfriamento foi suficiente para causar mudanças na circulação oceânica profunda e levar ar dissolvido às plataformas continentais até então pobres em oxigênio. Quando isso aconteceu, espécies de águas rasas, adaptadas a níveis mais altos de oxigênio, puderam invadir a plataforma e competir com os especialistas em pouco oxigênio das águas profundas.[14]

Se as águas de Yaman-Kasy se tornassem mais oxigenadas, elas poderiam ter o mesmo destino. As bactérias que formam a base da cadeia alimentar aqui estão no seu melhor em um ambiente de pouco oxigênio. Se sofrerem, a comunidade pode desmoronar rápido. As hidrotermais são lugares estranhos, aparentemente capazes de ser tudo ao mesmo tempo. São ricas em nutrientes, quarteirões urbanos repletos de vida animal em meio a milhares de quilômetros quadrados de planície microbiana, e ainda assim pobres em número de espécies. Yaman-Kasy é a fonte hidrotermal fossilífera mais antiga e mais diversa já descoberta, mas menos de dez espécies são conhecidas.[15]

A diversidade nas hidrotermais costuma ser baixa, semelhante à de piscinas rochosas, com alguns táxons dominantes e poucas e raras cartas avulsas. Assemelham-se a outros ecossistemas voláteis, como florestas sujeitas a incêndios ou poças rochosas dependentes da maré, no geral com cerca de um terço a menos de espécies do que locais comparativamente produtivos. Mas também são lugares estáveis; não há dias, nem estações ou ciclos de longo prazo numa hidrotermal. Por essa razão, o crescimento é rápido e a reprodução é contínua. As comunidades conseguem se recuperar facilmente de perturbações de pequena escala, mas se tornam mais vulneráveis no caso de uma grande perturbação.[16]

São ambientes isolados, cada hidrotermal uma elevação tão proeminente quanto o monte St. Michel. Mas estão conectadas em grupos — o importante não é uma hidrotermal isolada, mas toda a cordilheira. Yaman-Kasy é uma das hidrotermais de uma cadeia, uma série de faróis difusos bordejando margens tectônicas do mar Ural. Local ou global, hoje ou na história temporal do planeta, as fontes hidrotermais mudam de características, dependendo da escala em que se observa.

Apesar de a vida na escala macro ser empobrecida, os micróbios em torno de uma hidrotermal no fundo do mar são mais diversos. A química da nova rocha significa que muitas das reações realizadas pelas bactérias para que obtenham seu alimento ocorrem com muito mais facilidade, o que colabora para a extração de moléculas orgânicas da água do mar e sua fixação em tecidos vivos. Os basaltos expostos à água do mar são hospedeiros dessas bactérias no mundo todo, aumentando em muito a quantidade de matéria orgânica nos oceanos profundos. As películas transparentes das bactérias que revestem as comunidades de basalto do fundo do mar do mundo chegam a fixar até 1 bilhão de toneladas de carbono por ano. Em torno das hidrotermais, existem até comunidades produtivas de bactérias abaixo do leito do mar, que se aproveitam dos fluidos nutritivos que chegam de baixo. Talvez o mais surpreendente seja o fato de existirem centenas de espécies de fungos microscópicos que só vivem no fundo do mar.[17]

No mar Sakmara, o magma que chega à crosta da superfície é um pouco mais frio que a média, e particularmente rico em silício, potássio e sódio. Esse tipo de lava, que produz a rocha riolito, em geral é rico em gases, e portanto pode formar pedaços de pedra-pomes. Essas pedras sobem das profundezas e criam jangadas sulfurosas muitas vezes capazes de sustentar um ser humano adulto andando sobre elas. Em 2012, uma erupção numa bacia de retroarco perto de Tonga produziu uma jangada de pedra-pomes de quatrocentos quilômetros quadrados em um único dia, que acabou se dissipando numa fina camada que cobriu 20 mil quilômetros quadrados ou mais. Embaixo d'água, as lavas se solidificam em rochas denteadas, cheias de frestas e recôncavos, pontos de ancoragem para os muitos habitantes da hidrotermal de Yaman-Kasy.[18]

Caracóis marinhos delicados, com poucos milímetros de diâmetro, movem-se ao lado de outras conchas pequenas, brancas e espinhosas. O *Thermoconus* — o "cone quente" — é um monoplacóforo, um tipo de molusco com um topete pontudo, que parece uma lapa derretida com o calor. Esses, no entanto, são árvores de Natal em miniatura, cones empilhados, mais largos na base e cada vez em maior número à medida que esses organismos crescem. A diferença da fertilidade das águas perto e longe da hidrotermal pode ser vista nitidamente no tamanho das criaturas. Mais longe da hidrotermal tudo é menor, um efeito que desafia a perspectiva. Os maiores, mais próximos da água agitada, podem crescer bastante — até cerca de seis centímetros de altura.[19]

Os monoplacóforos são um tipo extremamente antigo de molusco, o mais antigo conhecido no registro fossilífero. Com um só pé central e ondulado, eles rastejam no sedimento. Para onde se dirigirem, deixam o rastro dos sulcos de suas rádulas ásperas, limando as rochas para arrancar seu alimento microscópico. Os monoplacóforos ainda sobrevivem nos dias de hoje, mas somente em águas profundas, enquanto a maioria dos monoplacóforos fósseis vivia perto da costa. Mas o primeiro desse grupo a se aventurar nas profundezas foi o *Thermoconus* de Yaman-Kasy. A despeito da escassez de evidências dos registros fossilíferos, os monoplacóforos de Yaman-Kasy podem ter representado o início de uma retirada para um mundo onde nenhum outro ser poderia sobreviver, um esconderijo evolutivo em um nicho inacessível, mais livre de competição.[20]

O oceano profundo é um esconderijo eficaz. Em 1952, um monoplacóforo vivo foi retirado, na costa do México, de águas de mais de 3.500 metros de profundidade, surpreendendo os cientistas, que até então achavam que o grupo havia se extinguido no Devoniano, 375 milhões de anos antes. A descoberta foi saudada como uma ressurreição; um grupo que se pensava estar morto, mas que, misteriosamente, sobreviveu e ressuscitou, é conhecido como táxon Lázaro. Não foi o primeiro exemplo do mar profundo que revelou segredos há muito perdidos. Os celacantos são peixes encorpados e longevos, com caudas simétricas e carnudas e barbatanas igualmente carnudas, parte do grupo conhecido como peixes com nadadeiras lobadas, mais proximamente relacionados aos humanos que ao hadoque. Além dos tetrápodes, acreditava-se que os peixes pulmonados eram o único outro grupo vivo com barbatanas lobadas, mas em 1938 um celacanto, um peixe considerado desaparecido na extinção em massa do final do Cretáceo, apareceu numa rede no oceano Índico, tendo sobrevivido fora do nosso alcance na escuridão esmagadora desde aquele período.[21]

Isso também acontece com grupos extintos. Um sítio paleontológico do Devoniano na Alemanha, que preserva outra bacia de arco retrógrado, mais rasa, as Ardósias Hunsrück, contém todos os peixes clássicos devonianos, mas também um anomalocaridídeo chamado *Schinderhannes*, um artrópode predador só conhecido do Cambriano e do Ordoviciano Inferior, com 100 milhões de anos de história evolutiva perdida. O segundo anomalocaridídeo mais jovem já descoberto é um gigante bizarro das águas profundas do Ordoviciano de Fezouata, no Marrocos, chamado *Aegirocassis*. O animal chegava a dois metros de comprimento e era um grande filtrador, como as baleias de hoje. Era bem diferente de qualquer outro anomalocaridídeo, o que implica não sabermos muito dele, e talvez nunca possamos saber. As águas profundas não são apenas um lugar onde as espécies podem escapar da detecção dos olhos dos habitantes da superfície, mas também um lugar onde, sem as movimentações de terra, uma linhagem pode escapar por um tempo do potencial de preservação do registro fossilífero. A cada vez que a Terra capta a imagem de uma linhagem oculta, ela pode ter mudado até se tornar irreconhecível.[22]

No momento em que as rochas, o meio em que essas imagens são estruturadas, se formam, os elementos se misturam em suas estruturas de cristal ígneo. Cada elemento tem muitos isótopos, de fórmulas idênticas do ponto de vista químico mas com pesos diferentes, que existem em proporções naturalmente consistentes. Alguns são radioativos, transformando-se em outros elementos em ritmos previsíveis, um relógio que começa a funcionar quando a rocha muda de líquido para sólido. Enquanto a datação por carbono funciona como um relógio de curto prazo para a vida, outros elementos são datados no tempo profundo, no interior das rochas. Zircões, minerais extremamente comuns em rochas ígneas, costumam conter urânio, mas nunca conterão chumbo na formação. Existem dois isótopos de urânio, que decaem em diferentes isótopos de chumbo, com diferentes meias-vidas. A quantidade de chumbo em um cristal de zircônio é uma medida direta de idade. Para rochas mais antigas, ricas em micas e hornblendas, o decaimento de um isótopo radioativo de potássio em argônio funciona como um relógio.[23]

O tempo em um oceano passa mais devagar. As águas dos oceanos globais viajam em ciclos aparentemente eternos do equador aos polos, dos mares mais profundos à crista das ondas, num processo vagaroso. A metáfora geralmente usada é a de uma correia transportadora gigante, mas as seções mais rápidas dessa correia — como a Corrente do Golfo — têm uma velocidade máxima de superfície de cerca de nove quilômetros por hora, a velocidade de uma caminhada a passos rápidos. Uma gota d'água levará um milênio para percorrer toda a extensão dessa esteira rolante. A corrente que passa hoje entre a Islândia, a Groenlândia e o Labrador talvez ainda contenha parte das mesmas águas navegadas por Leif Erikson e sua tripulação, os primeiros europeus a cruzar o Atlântico, e esteja retornando a esses mares pela primeira vez.[24]

A água polar é gelada e mais densa que a água mais tépida, e por isso afunda, levando o oxigênio para o fundo do mar. A água tem a propriedade incomum de ser menos densa na forma sólida que na forma líquida, e é por isso que o gelo flutua. A densidade da água é mais alta a cerca de 4°C; assim, embora a água da superfície possa variar de morna a fria com o clima e a mudança de estações, a água no fundo do mar Ural permanece a mesma. Yaman-Kasy está numa área de ressurgência, onde as águas profundas começam a subir à superfície, mas alguns efeitos da superfície ainda chegam ao fundo. Grandes tempestades, por exemplo, podem ser eficientes condutores de sedimentos de águas rasas para águas profundas. Nas zonas abissais, o alimento cai de cima. Não é um maná do céu, mas há uma queda contínua de material orgânico morto, a chamada "neve marinha", corpos em decomposição de cianobactérias e algas submergindo e sendo enterrados no lodo. Nos dias de hoje, quase metade do dióxido de carbono assimilada pela vida acaba descendo ao fundo do mar.[25]

Em certo sentido, todos somos criaturas das profundezas. Fontes hidrotermais, jatos de água superaquecida rica em minerais, estão repletas de potencial químico e prontas para ser exploradas, e desempenharam importante papel nas origens da vida. Limos primordiais, sopas orgânicas atingidas por raios e criando a vida à maneira de Frankenstein são o retrato estereotipado do surgimento da vida num planeta estéril, mas isso nunca existiu. Há fortes evidências, porém, de que a produção química das hidrotermais oceânicas profundas tenha lançado a base da química interna de todos os seres vivos de hoje.

Três bilhões e meio de anos antes de Yaman-Kasy, segundo a ciência vigente, um tipo específico de hidrotermal alcalina propiciou o ambiente básico, em ambos os sentidos da palavra, no qual a vida pôde se originar. Das profundezas da Terra, essas hidrotermais despejavam hidrogênio e metano na água do mar ligeiramente ácida e rica em nitratos. Nas condições alcalinas e desoxigenadas do interior da hidrotermal, bolhas de ácidos graxos se formam espontaneamente, uma estrutura análoga às membranas celulares. Essas membranas gordurosas entram então em contato com o jato da hidrotermal e a água do mar, e têm um interior levemente alcalino, uma protocélula. A diferença entre a água do mar ácida e a hidrotermal alcalina estabelece um fluxo de íons de hidrogênio da água do mar para a hidrotermal, através da protocélula — e onde houver um fluxo pode ser gerado trabalho. As hidrotermais alcalinas também podem produzir naturalmente um mineral em camadas moleculares chamado fougerita, comumente conhecido como "ferrugem verde", que pode ser a chave para alguns dos mistérios que envolvem a origem da vida. Esse mineral age como um catalisador natural — um facilitador de reações químicas —, que ajuda a produzir muitas moléculas nas quais a vida se baseia, como amônia, metanol e a estrutura fundamental dos aminoácidos. Como são muito pequenos, os cristais da fougerita podem se entranhar nas membranas das protocélulas, o que transforma esses cristais em canais naturais, transportando e concentrando uma substância química chamada pirofosfato no interior dessas membranas.[26]

Nos dias de hoje, independentemente da fonte de energia, seja do sol, de minerais ou da digestão de outras criaturas vivas, todos os seres vivos na Terra convertem essa energia em um composto de pirofosfato, o ATP, chamado de "moeda energética" universal da vida. Em todos os seres vivos, essa conversão só acontece quando um gradiente de íons de hidrogênio é configurado e pode fluir através das nossas membranas porosas. Para realizar qualquer ação, de disparos nervosos a secreção de saliva, da contração de um músculo à replicação do DNA, qualquer célula no interior do corpo deve primeiro replicar parte da química da terra sangrando no mar.[27]

Sobre o silêncio das profundezas, a chuva tamborila num ritmo persistentemente incomum. A tênue luz da terra, irradiando da água aquecida, ilumina os maciços no entorno das hidrotermais como fogueiras no inverno, um fulgor infravermelho insípido, fraco demais para ser usado como energia, porém infundido com o hálito sulfuroso do manto. Insensíveis às mudanças acima e desconhecidas pelas criaturas da zona fótica, as faunas do fundo do mar continuam a fazer o que sempre fazem. Crescer, extrair, seguir em frente e sobreviver. Enquanto a frágil superfície do planeta continuar a se fraturar e a revolver em torno de si mesma, haverá aberturas na terra, uma oportunidade para os que conseguirem prosperar no mar longe do sol.

CAPÍTULO 14

# TRANSFORMAÇÃO

*Soom, África do Sul*
*Ordoviciano — 444 milhões de anos atrás*

*"gelo rachado, um caos sinistro"*
— Matthew Henson, explorador polar

*"Com o passar do tempo, o mar se torna terra seca, e terra seca, o mar"*
— Abu al-Rayhan al-Biruni, "Cronologia das nações antigas"

Sobre o rio de gelo azul-acinzentado, um forte vento cadente, resfriado pelos planaltos congelados e com gosto de nada além de neve, ruge na plataforma de gelo e mergulha, estrondoso, em direção ao mar. Esses ventos são definidos como catabáticos, uma rajada de ar frio e denso puxado das alturas quase com a força de um furacão pelo peso da Terra. O vento viajou para longe do centro da recuante camada de gelo de Pakhuis, quando a geleira enfim cai pesadamente na baía. Agora, o vento invernal atinge a superfície irregular de gelo flutuante do mar e o empurra para longe da terra, deixando uma zona aberta e descongelada, uma polínia, na margem sul do Pantalássico. A superfície não pode ficar muito tempo exposta ao ar gelado e está num estado de equilíbrio. O recente frazil, uma mistura escorregadia e granizada de água do mar e cristais de gelo pontiagudos, verga conforme as ondas passam, formando-se e logo sendo levado pelo vento. Com os turbulentos blocos arrancados da geleira lascada, esses gelos em constante formação são levados para longe da costa, uma instável geografia de fragmentos.[1]

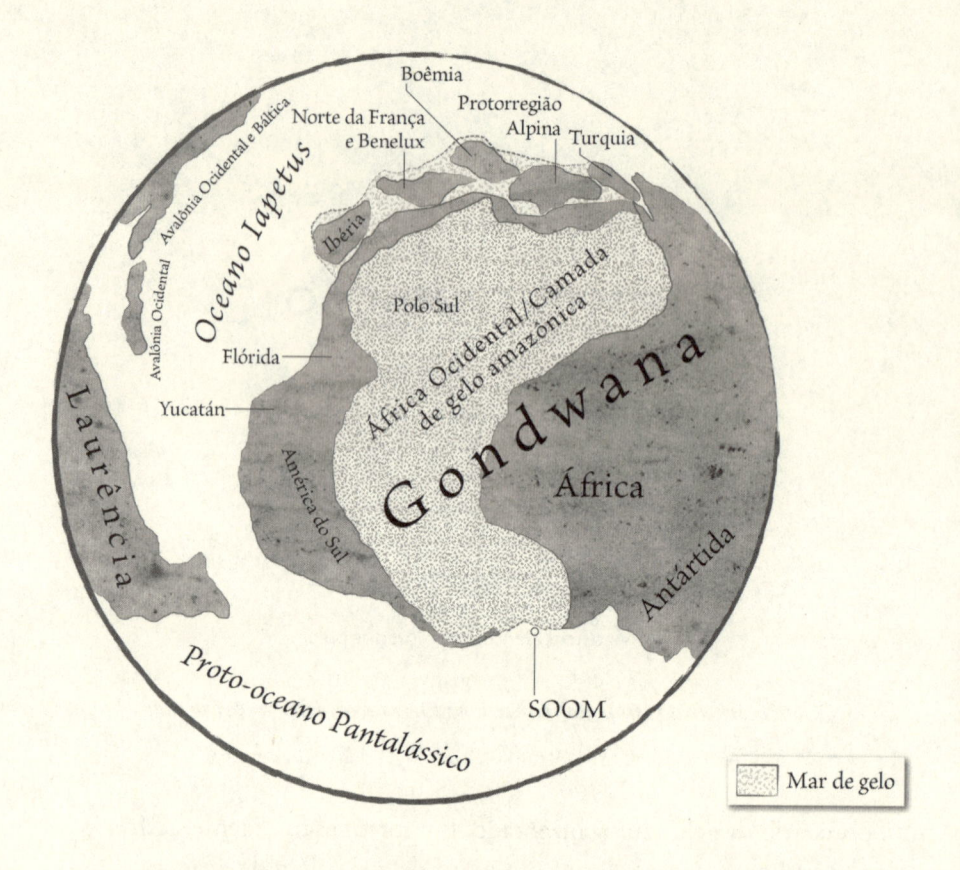

*Mapa com regiões rotuladas: Avalônia Ocidental, Avalônia Ocidental e Báltica, Oceano Iapetus, Norte da França e Benelux, Boêmia, Protorregião Alpina, Turquia, Ibéria, Flórida, Yucatán, Polo Sul, África Ocidental/Camada de gelo amazônica, América do Sul, Gondwana, África, Laurência, Antártida, SOOM, Proto-oceano Pantalássico. Legenda: Mar de gelo.*

Mais adiante, o gelo soprado e os cacos glaciares se compactam numa crosta gelada. O mar se solidifica nessa paisagem de banquisas e elevações flutuantes. Os ventos esquadrinham as colinas de gelo dessa extremidade da África, ralando os rebordos desgastados de vales sem neve, e passam a soprar poeira, levando junto os restos granulares de rochas friccionadas até virarem areia, expostas pelo recuo das geleiras. Terra no céu. O gelo compactado é listrado de sastrugi, sulcos finos e ondulações, às vezes suaves como seda amassada, às vezes uma imagem furiosa da agitação das ondas do mar presas abaixo, rodeados por uma corona alaranjada e irradiando o sol invernal. A areia se deposita no gelo que se forma no inverno, incorporada e mantida na mistura congelante, esperando.[2]

Abaixo da geleira, dois rios passam pela polínia, um de sal e um de terra. A cabeceira do rio salgado é onde a água é removida e o gelo se forma. À medida que a água da superfície congela, o sal dissolvido com essas moléculas é ejetado, incapaz de ser retido na estrutura do cristal.

*Cefalópode ortocônico*

Isso deixa a água descongelada ao redor mais salgada e mais densa. Essa salmoura submerge da superfície da polínia para o mar, dispersando-se longe da costa, nas profundezas do oceano negro, para se reunir nas margens continentais e se juntar a uma das correntes oceânicas profundas. Rios submarinos agem exatamente como os da superfície. Por onde passam ao longo da paisagem do fundo do mar, eles formam bancos curvos, erodem cânions e criam lagos salgados e cachoeiras. O atual Bósforo contém um desses rios, que corre desde o Mediterrâneo salgado por sessenta quilômetros ao longo do fundo do mar Negro e descarrega mais água do que o Mississippi, o Nilo e o Reno juntos. Em volume, é um dos dez maiores rios do mundo. Em Soom, enquanto o rio salgado desce da polínia, um rio de água doce derretida brota de uma caverna de gelo submarina sob a geleira. É um buraco negro, o desaguamento de riachos inexplorados que correm na zona estreita entre a rocha e o gelo. O curso d'água é pressionado pelo peso do gelo e acumulou lama, por isso é expelido como uma torrente de sedimentos negros de alta pressão. Terra na água. O fluxo sobe gradualmente à superfície, turvo porém sem sal, com uma aparência fervilhante, como se houvesse algo rondando embaixo. Mas há pouca coisa embaixo. Sob a nuvem de lama infernal e abaixo de zero, que chega a dezenas de metros de espessura ao encontrar a água mais quente do mar, nenhuma luz pode passar.[3]

Sons reverberam no interior do gelo fluente. Rangidos, longos gemidos e rugidos marcam o inevitável movimento do gelo sob o próprio peso. A geleira carrega mais do que água. Terra no gelo. Rochas e calhaus erráticos, arrastados pelo incessante lençol freático centenas de anos antes, estão chegando ao fim de sua jornada subterrânea e são liberados e submersos na água abaixo. O ar em bolhas, pequenos pacotes da atmosfera do passado, um arquivo congelado de séculos e milênios anteriores, foi mantido no gelo enquanto descia do topo da camada de gelo de Pakhuis, a cerca de duzentos quilômetros de distância. Desde então, foram compactados pela geleira que azulou e se acumulou ao redor deles, talvez comprimidos a até vinte vezes a pressão atmosférica e mantidos à espera. Com o derretimento da geleira, as bolhas são finalmente liberadas, estilhaçam revividas sob a água, uma parede efervescente natural, adicionando um chiado de fritura à paisagem sonora da geleira rachando e de blocos caindo. Com o aquecimento do mundo, milhões e milhões de bolhas explodem na água a cada segundo, e o volume não para de aumentar. Até os icebergs cantam, e os maiores — tão grandes que são ilhas flutuantes que contêm rios internos — emitem suas vozes graves e ritmos sombrios, vibrando por centenas de quilômetros ao longo da costa.[4]

Soom é um mundo estratificado, definido por suas camadas na vida e na morte. Vento, gelo, água do mar, afloramentos de terra recentes e o leito imóvel do fiorde e da baía, desoxigenados pela falta de mistura. Todos são empilhados ou escondidos uns dentro dos outros e lançados num só oceano. O verão em Soom dá uma cor como nenhuma outra ao lençol. O sol do final da tarde reflete no gelo derretido e ilumina as encostas nuas das montanhas no lado leste da geleira num tom laranja profundo. Nuvens baixas que cobriam a polínia no inverno se dispersam e o vento diminui um pouco. Enquanto minguam, os icebergs brilham molhados ao sol, com um azul de alta pressão onde a superfície é desprovida de neve e onde as bolhas de ar, mantidas sob pressão por mais tempo, simplesmente se misturaram à estrutura de gelo. O rio turvo continua a lançar lodo, mas longe desse afloramento a água límpida da cada vez maior polínia de Soom revela a vida desse lugar. Polínias são oásis oceânicos e, com o aquecimento da água, as partes cobertas dos icebergs menores, visíveis através da superfície da água, tornam-se de um verde-musgo perfeito, quase luminoso.[5]

Sob o bloco de gelo, as camadas começam a se misturar e tem início a chuva de pedras. Depois de centenas de anos de suspensão congelada, os icebergs derretidos perdem a aderência às rochas, que despencam na salmoura e caem com um baque no fundo do mar. A poeira sedimentada carregada pelo vento catabático do inverno também afundará, porém mais morosa; as partículas são menores e permanecem mais tempo em suspensão. Assim, atraem a atenção do plâncton, os organismos microscópicos mais perto da superfície. As partículas carregam compostos de fósforo e vivificam o oceano. Algas microscópicas que se alimentam de luz, até agora com seu crescimento restrito pela escassez de minerais, colorem a água límpida como álcool em verde brilhante num frenesi alimentar. Esses fitoplânctons se reproduzem rapidamente, aproveitando os minerais enquanto podem. Enquanto o alimento for abundante não haverá competição, nem luta pela vida, apenas gerações de crescimento sem fim. Mas é claro que bons tempos não podem durar para sempre. À medida que os recursos minguam, ou as populações crescem a ponto de esgotar o suprimento num ritmo maior que sua renovação, a morte se seguirá. Quanto mais rápido o crescimento, mais curto o período de abundância. Agora, eles se reproduzem tão depressa que as florescentes populações se aglomeram, e seus cadáveres começam a precipitar matéria orgânica nas camadas inferiores.[6]

A vida nos ecossistemas polares costuma percorrer a pista de baixa velocidade. Os recursos são limitados e o frio desacelera muitos processos biológicos, inclusive o crescimento. Quando acontece uma perturbação, um desastre que mata um grande número em um ecossistema, a recuperação pode levar um tempo excepcionalmente longo. As criaturas podem estar sujeitas aos caprichos de saprófagos e em geral acabam sendo comunidades de baixa diversidade e composição variável. Esse padrão muda onde os nutrientes são soprados da terra.

Onde houver um enriquecimento local de nutrientes, mesmo no frio polar, os ambientes podem recuperar comunidades inteiras após graves desastres num período de anos, e em Soom esse enriquecimento acontece ano após ano.[7]

Mas esse padrão é recente e não durará para sempre. A baía glacial de Soom não existia há alguns milhares de anos, e em breve terá águas mais profundas. Foi por aqui que o gelo avançou vindo do norte mais de 100 mil anos atrás, e agora está recuando. O ecossistema pós-glacial está florescendo enquanto o mundo se aquece mais uma vez, depois do grande congelamento do Ordoviciano, a primeira das extinções em massa da vida multicelular.

Quase 1 milhão de anos antes de Soom, a Terra mudou de quente para fria, provocando um evento conhecido como Glaciação Hirnantiana, durante o qual a ecologia dos oceanos foi severamente alterada, até mesmo quanto aos micróbios. A extinção em massa perto do final do Ordoviciano foi a segunda maior sofrida pela vida multicelular complexa, superada em escala apenas pela Grande Morte no final do Permiano. Antes da era Hirnantiana, a divisa final do período Ordoviciano, a vida era amena nos mares ordovicianos. A diversidade disparou durante esse período, excedendo em muito o que aconteceu antes, no Cambriano. Foi nos mares do Ordoviciano que a formação de recifes de animais começou a sério, e a vida passou a nadar livremente, em vez de ficar confinada a comunidades no fundo do mar e em suas imediações. Mas depois do que pode ter sido um período de uns 200 mil anos teve início uma era do gelo, centrada no que se tornaria a África. Como parte de Gondwana, o supercontinente que compreende todos os continentes atuais do sul da Terra, bem como a Índia, a Arábia e partes do sul da Europa, a África ordoviciana fica ao redor do Polo Sul. O sítio de Soom, atualmente parte da reserva florestal de Cederberg, na África do Sul, no Ordoviciano, está a cerca de 40° ao sul, uma latitude não muito ao sul de onde se encontra hoje. Entre o Ordoviciano e os dias atuais, a África se afastou do sul do planeta; na época das geleiras de Soom, o Polo Sul se situava mais perto do que se tornará o Senegal. Em um mapa do globo, a África parece de cabeça para baixo. Partindo do polo, Gondwana estende-se por um braço que vai além da África Austral e da Antártida até chegar à Austrália no equador. O próprio polo não é coberto por uma camada de gelo, ao contrário de duas outras grandes regiões. Uma emerge no sul do que é hoje a região do Saara, com campos glaciais à deriva na direção norte. A outra área cobre a África do Sul e partes do centro da América do Sul, movendo-se em direção às pontas das massas de terra e projetando-se no mar peninsular.[8]

Durante o Ordoviciano, organismos que começavam a se adaptar à vida fora da água tornaram-se mais numerosos e comuns. Até agora, são em sua maioria microscópicos, com apenas algumas espécies aqui e ali, nada como as comunidades prósperas que se formarão mais tarde no Siluriano e no Devoniano, apesar de já terem começado a colonizar alguns rios. Os primeiros esforços de mineração de fungos e plantas simples já erodiram rochas da superfície continental, liberando compostos de fósforo nos cursos de água e na camada superior do oceano, inundando esse espaço com um valioso recurso mineral muito raro na água do mar. As proliferações de algas que ainda ocorrem em Soom eram onipresentes, manifestando-se onde quer que essas enxurradas acontecessem, com populações maiores de indivíduos maiores. Essa fartura transformou as rajadas ocasionais de neve marinha no fundo do oceano em uma nevasca contínua. A sedimentação e o soterramento de corpos de algas ricos em carbono retiraram dióxido de carbono da atmosfera. Ao mesmo tempo, um aumento coincidente de erupções vulcânicas decorrentes da elevação das Caledônias produziu muito mais rochas de silicato. Como vimos, o intemperismo dos silicatos causa reações com o dióxido de carbono no ar. Esses silicatos recentes também ajudaram a reduzir a concentração atmosférica de dióxido de carbono. Na rápida mudança climática resultante, 85% das espécies na Terra, quase todas marinhas, foram extintas. A glaciação não durou muito, mas foi o suficiente para causar uma devastação. Foi a primeira das chamadas "Cinco Grandes" extinções, e o único evento de extinção em massa causado diretamente pelo resfriamento global.[9]

No que diz respeito à extinção, o clima em si não é o culpado, nem a direção da mudança. O importante é a rapidez da mudança. Comunidades de organismos precisam de tempo para se adaptar — se forem impostas muitas mudanças de uma só vez, a devastação e as perdas são a resposta comum. Isso se aplica ao final do Cretáceo, quando o impacto de uma rocha extraterrestre causou um inverno global quase imediato. Por isso, no final do Permiano, o aumento vertiginoso de gases de efeito estufa de erupções vulcânicas sem precedentes provocou um aquecimento global. No Hirnantiano, quando a Terra voltou a degelar, o aquecimento causou um segundo e menor movimento de extinção. Esse aquecimento continua em Soom, onde a geleira está recuando rapidamente.[10]

Embaixo d'água, onde o gelo compactado ainda cobre o mar, mas já mais fino por causa do verão, o oceano é iluminado por uma orla azul-esverdeada suave e difusa. Ao largo, a água esmaece numa escuridão invisível abaixo. Calombos arredondados e estruturas como estalactites texturizam a parte inferior do lençol, e pouca coisa passa nadando no frio. Minúsculos fragmentos de gelo, cristalizados da água super-resfriada, se mantêm imóveis, uma tempestade de neve que não se precipita. Descendo mais fundo, a luz do sol ainda chega à plataforma rasa, cerca de cinquenta metros abaixo, ainda que fraca. A água é fria e tão parada e clara que parece ar. Raramente uma correnteza perturba a vida sob o manto de gelo, mas há pouco a ser perturbado no fundo praticamente estéril, quase desprovido de vida. A quietude tornou o fundo do mar irrespirável, sem oxigênio. As algas que caem são rapidamente consumidas, não por herbívoros ou detritívoros, mas pelas onipresentes bactérias sulfurosas, que adoram lugares sem oxigênio. Na água parada, os resíduos de suas reações flutuam quase por difusão — nuvens de sulfeto de hidrogênio que na água formam bolsões locais de ácido sulfúrico concentrado.[11]

Por onde passa o rio salgado, o oxigênio forma áreas temporárias no fundo, onde pequenos braquiópodes ainda jovens, com menos de meio centímetro de comprimento e começando a crescer, enterram-se no sedimento, e alguns trilobitas rastejantes e lobópodes de corpo mole se arriscam a uma jornada temporária ao fundo. Nas águas acima, peixes nadam aqui e ali, alguns deles muito estranhos, sem mandíbula, sem carapaça, sem membros, parentes das lampreias. Com apenas nadadeiras dorsais e anais perto da cauda para guiá-los, eles nadam em pequenos grupos, descendo até o fundo para caçar outros animais macios, antes de agitar a cauda para ganhar altura e respirar novamente. Ficar no fundo escuro e lamacento seria letal, e o é para criaturas mais sedentárias. Ter uma casca rica em carbonato de cálcio num mundo ácido é nada mais do que se tornar uma autêntica reação química. Durante períodos de calmaria, quando as nuvens ácidas se concentram, os materiais carbonáticos dos habitantes das profundezas simplesmente se dissolvem. Por causa disso, Soom é um local com muito pouca biodiversidade em comparação com pontos de profundidade semelhante em outros lugares. Qualquer criatura que queira viver muito tempo nas águas de Soom precisa ser capaz de nadar continuamente ou encontrar outra solução. Os braquiópodes, cujas conchas são compostas principalmente por fosfato de cálcio, precisam adotar o estilo de vida de um caroneiro, agarrando-se à superfície de outras criaturas que podem nadar nas camadas superiores, oxigenadas e menos corrosivas do mar de Soom.[12]

Perto da encosta azul e borbulhante da geleira flutuam conchas cônicas, ortocones, e é sobre elas que os braquiópodes crescem entre as crostas dos vermes tubulares. Parentes dos náutilos atuais, os cefalópodes ortocones demonstram o que aconteceria se a espiral de uma amonite ou de um náutilo fosse estendida. Alguns ortocones atingem comprimentos esplendorosos, de mais de cinco metros, mas as espécies comuns em Soom são de tamanho mais modesto. Com os membros carnudos se contorcendo fora das conchas, olhos grandes inspecionando o mar ao redor, eles se impulsionam pela água como motos aquáticas. O motor de um ortocone é um órgão tubular especial na abertura da casca chamado sifão, feito de um anel muscular que se contrai como uma onda. Normalmente, o animal nada para a frente, mas o sifão pode ejetar um borrifo de emergência, fazendo o cone hidrodinâmico flutuar para trás em velocidade com um jato poderoso, passando por longas e finas serpentinas de algas marrons e dispersando nuvens de camarões.[13]

Uma criatura de dez centímetros com uma cabeça grande, dois membros em forma de remo atrás de garras ondulantes e olhos redondos em forma de rim é um escorpião marinho predador, mas muito pequeno. Os escorpiões marinhos são um dos grupos mais diversificados de animais paleozoicos, que só chegarão ao auge no Siluriano e no início do Devoniano, quando alguns se tornarão os maiores artrópodes de todos os tempos, mais de dez vezes mais longos que as espécies de Soom. Embora não sejam realmente escorpiões, não são parentes muito distantes, com grandes semelhanças na estrutura corporal, com um abdômen grosso e uma cauda longa e fina que vai se estreitando até formar uma ponta — mas sem a ferroada venenosa de um verdadeiro escorpião. Seis pares de apêndices polivalentes — um par de garras pequenas, quelíceras, para agarrar alimentos, e cinco pares de membros. Mais tarde, os escorpiões marinhos dessas paragens equiparão seus membros com as placas espinhosas e abrasivas com que se alimentam, puxando suas presas para a boca também composta por apêndices.[14]

Usar membros como mandíbulas é um recurso bastante comum entre os artrópodes; a cabeça e o corpo dos artrópodes segmentados são um canivete suíço em desenvolvimento, com cada segmento contendo um apêndice flexível e articulado que pode ser adaptado a uma grande variedade de funções. As presas da aranha são, em termos de desenvolvimento, as mesmas estruturas que as antenas dos insetos. O que forma as partes bucais no desenvolvimento dos insetos transforma-se nos primeiros três pares de pernas em uma aranha. Em Soom, a espécie nativa de escorpião marinho transformou seus membros posteriores em remos de natação, achatados e projetando-se lateralmente como os remos de um barco. Eles ainda mantêm parte da anatomia ancestral; pequenas garras marcam as extremidades dessas pás, conferindo ao animal o nome de *Onychopterella*, ou "asa-garra".[15]

O *Onychopterella* é um dos maiores predadores de Soom, mas em algum lugar do oceano há outro predador misterioso, que nunca foi visto. É um daqueles animais identificados indiretamente, só conhecidos pelos vestígios deixados. As únicas pistas de sua existência são excrementos, bolhas de matéria fecal na lama contendo fragmentos quebrados e triturados de cascas e dentes. Nitidamente se alimenta de alguns crustáceos nadadores e de outro dos habitantes mais incomuns de Soom — o *Promissum pulchrum*, a criatura da "bela promessa".[16]

O *Promissum* é um tipo de criatura chamada de conodonte. Os conodontes são cordados — ou seja, parentes dos peixes. São umas das criaturas mais abundantes do planeta, encontradas em todos os lugares desde o início do Cambriano até o final do Triássico. O registro dos conodontes é tão denso, tão constantemente presente ao longo do tempo, que a resolução de quando e quais espécies ocorreram é excepcionalmente clara. Eles são o que é conhecido na paleontologia como um fóssil guia, o que significa que podem ser usados para datar as rochas em que seus fósseis ocorrem. Por mais de um século, tudo o que se encontrou deles foram seus misteriosos dentes. Esses elementos dentários, em forma de tiaras espinhosas, são muito robustos, a única parte dura das criaturas macias semelhantes a enguias. Mesmo antes de saber como eram em sua forma completa, esses animais foram usados como relógios fósseis, com suas primeiras ou últimas aparições definindo as fatias de tempo com que os geólogos dividem a história do mundo, as quais marcam algumas das maiores divisórias de todas. O início e o final do Permiano são definidos pelas primeiras aparições de espécies específicas de conodontes. Assim como os anos de reinado dos monarcas, nossa percepção do tempo é orientada pela vida dessas criaturas.[17]

Deslizando com agilidade pela água, o *Promissum* de trinta centímetros dificilmente parece a realização de um sonho há muito esperado, mas seus restos serão os tecidos moles mais detalhados encontrados de qualquer conodonte. Qualquer musculatura, qualquer coisa além de seus dentes, só será encontrada aqui e em Granton Shrimp Beds, no Carbonífero da Escócia. O *Promissum* nada com um propósito, mas sem pressa, deslizando com eficiência no frio. Sua carne avermelhada mostra que se contrai em ritmo lento, com os músculos constantemente em uso, sempre nadando. A maioria dos peixes tem músculos brancos, de contração rápida, que dispensam disparos constantes e são usados para respostas imediatas. Nos cordados, o uso mais intenso dos músculos implica uma maior necessidade de oxigênio, e por essa razão é neles que se concentra a mioglobina vermelha, a proteína transportadora de oxigênio dos músculos. A exemplo da hemoglobina no sangue, ela confere aos músculos que precisam ser usados com frequência uma cor avermelhada. É a mesma razão por que as pernas das galinhas, que precisam sustentar o animal o dia todo, são mais escuras que a carne do peito, que raramente é usado para voar. É também a razão de o atum, que nada constante e ativamente, ter a carne escura. O *Promissum* não tem nada além de fibras de contração lenta com uma ineficiente estrutura em forma de V, e uma necessidade de estar sempre em movimento. Soom nos dá esses detalhes sobre por que a preservação aqui está na contramão. O tecido duro é muito, muito mal preservado, enquanto todas as fibras dos músculos são preservadas.[18]

A chuva de lodo e algas que cai no verão em Soom também confere ao fundo do mar uma química incomum para a formação de fósseis. Se morrer no inverno, um *Promissum* afunda e será recoberto e enterrado pelo persistente sedimento negro subglacial. O corpo se deteriora, os dentes desaparecem e nada será preservado. Mas no verão, quando o loess também se deposita, nem tudo pode ser processado pelo zooplâncton e pelas bactérias que se alimentam de matéria orgânica, e o corpo se sedimenta como uma camada mais pálida e substancial, reforçada pelos insumos orgânicos do plâncton morto, um depósito anual listrado chamado de varva. A preservação dessa camada dupla em Soom é um almanaque, um relato anual das condições por volta de 440 milhões de anos atrás, o equivalente a ter um diário dos primeiros habitantes humanos da Europa Ocidental, 1,2 milhão de anos antes do tempo presente.[19]

Nas condições ácidas, o esqueleto cartilaginoso do *Promissum* ainda irá decair, mas outras forças elementais influenciarão. Quando começarem a se desintegrar, as proteínas de seus músculos vão liberar uma efusão química de amônia e potássio. Ao reagir com minerais de ferro e se dissolver nos interstícios dos grãos de areia, essa efusão se transforma em uma rica argila ilita. O formato das fibras musculares determina a forma final da argila, e o músculo é esculpido no mineral. Em Soom, a conversão de músculos macios em argila é de uma beleza única e absoluta, uma visão da vida num mar avançando na terra — ou, como os geólogos defensivamente preferem, *transgredindo* —, na esteira do gelo derretido dos glaciares em retirada.

Com o aquecimento global do planeta, o mundo de Soom agora é razoavelmente temperado, apesar do gelo. A rede invisível e inavegável de canais de gelo derretido deságua no mar e aprofunda os oceanos. Com o recuo dos glaciares, o nível do mar sobe, com ambientes como Soom se mantendo em águas rasas. O aumento do nível do mar acontece de forma desigual no mundo; paradoxalmente, o derretimento tende a preencher locais mais distantes do gelo em maior volume e mais rapidamente que nos mares próximos aos mantos de gelo. É uma demonstração da escala desses períodos de enormes glaciações: as calotas polares são tão maciças que literalmente atraem os oceanos com sua força gravitacional. Quando o gelo derretido relaxa essa atração, o oceano retoma uma profundidade mais uniforme.[20]

No que talvez pareça contraintuitivo, o aumento global do nível do mar não alaga as partes do mundo que estiveram cobertas de gelo por muito tempo. No curto prazo, a água do mar pode invadir o continente com o recuo do gelo, mas a crosta terrestre é uma entidade flexível. A água pode ser movimentada pelo vento, contorcida pela maré e facilmente atraída pela gravidade, mas tudo isso acontece em minúsculas escalas biológicas de tempo. Com a dimensão de um planeta, a Terra oscila, se reposiciona, responde no seu próprio ritmo. Sua crosta é excepcionalmente fina. Sob os mares, pode ter não mais de cinco quilômetros de espessura, cerca de 0,08% da distância até o centro da Terra. Por baixo de tudo está um líquido afluente em que a crosta flutua, da mesma forma como as banquisas de gelo flutuam em uma polínia. Sob nossos pés há um mundo espelhado, cravado no manto. Onde existem picos na Terra, a crosta abaixo engrossa para criar picos invertidos descendo em direção ao centro da Terra. Onde nossas bacias oceânicas descem, o magma sobe. O Himalaia tem a crosta mais grossa dos tempos atuais, com cerca de setenta quilômetros de espessura, mas o monte Everest chega apenas a nove quilômetros acima do nível do mar. As montanhas são altas porque têm raízes profundas boiando num manto mais denso. Grande parte da nossa terra flutuante está escondida abaixo da superfície. Andamos sobre icebergs.[21]

Quando um continente carrega uma camada de gelo, o peso dessa camada distorce o equilíbrio, a isostasia que faz a crosta flutuar normalmente. A crosta é forçada no manto, afundando exatamente como um navio carregado. Quando o peso afinal derreter, voltará a subir, reposicionando-se ao longo de dezenas de milhares de anos e fazendo o mar recuar. Esse recuo ainda não está acontecendo em Soom, na vanguarda do degelo, mas virá com o tempo. Partes da Terra cobertas de gelo no Pleistoceno estão subindo até hoje, ainda não livres do peso da era glacial. A Grã-Bretanha, por exemplo, está se inclinando em torno de uma linha que pode ser mais ou menos traçada de Aberystwyth a York, com as terras ao norte subindo cerca de um centímetro por ano, e as terras ao sul afundando à medida que o magma flui para baixo. O processo continuará por mais milhares de anos no futuro.[22]

A transgressão acontecendo em Soom não é tão ilícita quanto o termo sugere. Na verdade, quase poderia ser vista como uma requisição do fundo do mar perdido. No período final do Ordoviciano, antes de o mundo congelar, os níveis do mar eram excepcionalmente altos. Mares rasos e epicontinentais inundaram os continentes, plenos, como sempre, de grande diversidade. Quando o gelo começou a se formar, a água tinha que vir de algum lugar, e os mares baixaram drasticamente. A terra sob os mares epicontinentais ficou exposta, e numa área de centenas de milhares de quilômetros quadrados a vida secou. No final do Ordoviciano, esse tipo de geografia foi uma das coisas que tornou a extinção tão severa. Na época de uma glaciação comparável da Antártida, no Oligoceno, havia muito menos mares epicontinentais, e portanto relativamente muito pouco a ser perdido por uma queda no nível do mar.[23]

Quando os ambientes mudam, costuma ser mais fácil seguir as condições favoráveis, os parâmetros ambientais que definem um nicho. No mar, em geral isso significa temperatura, salinidade e, em particular, profundidade. Quando o mundo esquenta ou esfria, o movimento para o norte ou para o sul pode implicar também o encontro de condições habitáveis. No final do Ordoviciano, a alocação de quase todas as terras do mundo ao sul do equador, centradas no Polo Sul, torna isso quase impossível. A costa de Gondwana se estende por dezenas de milhares de quilômetros, mas grande parte se situa mais ou menos na mesma latitude. Se o mar esfriar, um invertebrado marinho não pode escapar do frio movendo-se para o norte, a menos que também seja capaz de sobreviver em águas mais profundas. Quando os mares voltam a se aquecer, ele não pode sobreviver movendo-se para o sul e só poderá procurar águas mais rasas, o que pode significar terra seca e morte. Os continentes que não fazem parte de Gondwana não são menos vulneráveis, pois são pequenos, com costas muito limitadas de norte a sul, diferentes dos continentes orientados de norte a sul do Oligoceno. Com a velocidade da glaciação, o avanço das camadas de gelo empurrou, soterrou e esmagou os nichos fundamentais de cinco de cada seis espécies.[24]

Geleiras são entes destruidores, que erodem massas de terra e rochas mais moles, eliminando comunidades biológicas formadas durante milhões de anos. Mas também estão entre os grandes construtores. A passagem de incontáveis toneladas de gelo deixa uma paisagem marcada para sempre, com faixas planas, grandes vales e colinas ondulantes de sedimentos. As geleiras de Pakhuis se precipitaram do terreno elevado para os vales, contornando montanhas e invadindo o mar das baías, removendo um mundo e substituindo-o por outro. As paisagens glaciais convidam a uma perspectiva de longo prazo, a um ritmo planetário. Dessa perspectiva, o gelo flui tanto quanto a água; as paisagens glaciais contêm cascatas de gelo cheias de fissuras, despencando sobre precipícios e abrindo caminhos de fluxo mais rápido, rios de gelo dentro do gelo. Em Soom, elas escavaram a areia de quartzo do mar da península, fazendo o solo se erguer em enormes ondulações, moreias, tilitos, elevações. A Terra ganhou um novo formato.[25]

Camadas sobrepostas de areia da montanha desmoronam, recobrindo a lama nefrítica do inverno com um revestimento claro e veranil. O processo que faz o mar vicejar, trazendo vida a Soom, também o preserva na morte. A perda de gelo lança o mundo em aparentes paradoxos, um lembrete do poder da mudança e da maneira como as transições derrubam tudo. As geleiras, ícones de indomabilidade e lentidão na poesia paisagística há séculos, são seres velozes, ruidosos, agitadores e movimentadores de terra, criadores e destruidores de formações rochosas. Os rios correm onde parece que não deveriam, ar dentro do ar, gelo dentro do gelo e água dentro da água. Os estados da matéria parecem se fundir uns com os outros, e as transformações de terra em gelo, em rio e vapor, de rocha em pó, em vento e banquisa, afloram a vitalidade de um deserto continental na forma de uma efervescência sazonal de vida. Em Soom, até mesmo a preservação dessa vida é uma aparente inversão do normal. Músculos macios e brânquias foram preservados em detalhes sublimes, mas conchas duras e cartilagens se dissolveram em nada, preservadas apenas como um molde, conhecido pela forma deixada por sua ausência. Uma comunidade cujos resquícios jazem no lodo sobre o qual nunca poderia ter vivido. A vida virou barro. A terra fluida e suspirante sacode e convulsiona a África congelada um pouco mais para o alto. O peso está sendo erguido. Com o tempo, a elevação da terra ultrapassará os mares.

CAPÍTULO 15

# CONSUMIDORES

*Chengjiang, Yunnan, China*
*Cambriano — 520 milhões de anos atrás*

*"Considere, mais uma vez, o canibalismo universal do mar;
todas as suas criaturas predam umas às outras, travando
uma guerra eterna desde o começo o mundo"*
— Hermann Melville, *Moby Dick*

*"You should save your eyes for sight;
You will need them, mine observer, yet for many another night"**
— Sarah Williams (Sadie), "The Old Astronomer"

O ar é abafador e o sol está assando a terra, embora muito pouco do planeta possa ser considerado terroso. A superfície do solo é áspera como uma lixa, uma crosta árida criada por microrganismos que só habitam os poucos milímetros superiores da terra, formando algo que lembra muito pobremente um solo. O borrifo do mar está esfriando, mas só em termos relativos. Com uma atmosfera de talvez mais de 4 mil partes por milhão de dióxido de carbono — dez vezes a dos dias atuais — e níveis de oxigênio ligeiramente mais baixos, o ar tem todo o frescor de uma viagem num submarino. A latitude é a de Honduras ou do Iêmen, mas a superfície do mar é vários graus mais quente que um dia típico no mar Vermelho — bem acima de 35°C. Sem sombra, com o sol matinal

---

* Você deve preservar seus olhos para a visão; / Vai precisar deles, meu observador, por muitas outras noites ainda. [N.T.]

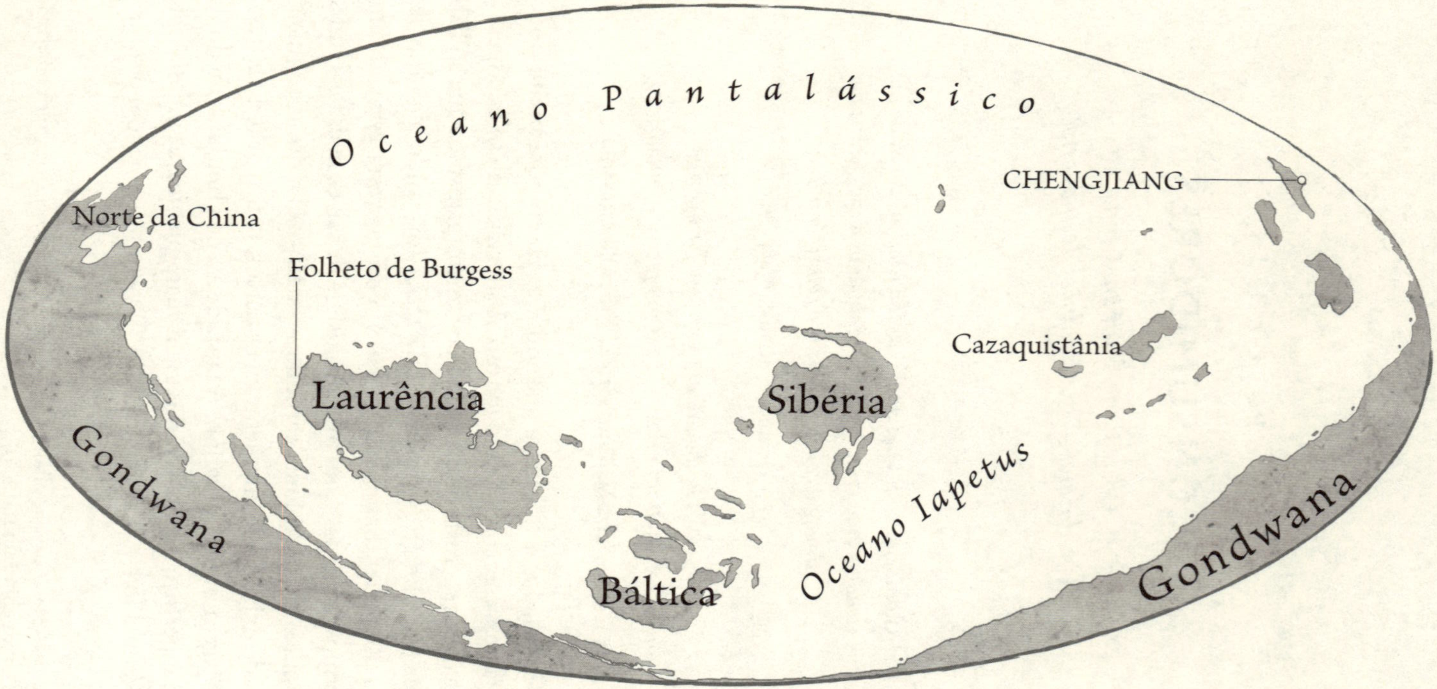

Oceano Pantalássico
CHENGJIANG
Norte da China
Folheto de Burgess
Cazaquistânia
Laurência
Sibéria
Gondwana
Oceano Iapetus
Báltica
Gondwana

*Omnidens amplus*

brilhando no mar, a terra é seca e desolada, e um vento quente e poeirento do deserto sopra a rocha nua.[1]

Ao sul deste lugar, Chengjiang, as massas de terra de Gondwana se elevam em cordilheiras de clima temperado e latitudes polares, uma das raras partes da Terra situadas muito acima dos mares relativamente altos. Nesse mundo de extremo efeito estufa, o nível do mar é mais de cinquenta metros mais alto do que nos dias de hoje, e grande parte da superfície continental do planeta está abaixo das ondas. Chengjiang faz parte de uma plataforma continental inundada na fronteira entre a região equatorial desértica de Gondwana e seu sul mais chuvoso. O hemisfério norte é quase desprovido de terra. Gigantescas correntes circulares, totalmente livres de barreiras continentais, revolvem com forte intensidade em torno do Polo Norte. Um cinturão de tempestades tropicais desponta nas costas do norte dos continentes insulares da Sibéria e de Laurência. Quase do outro lado do mundo dessa região turbulenta,

Chengjiang está sob um céu aberto e escaldante. Na umidade sufocante ao longo da costa, há poucos motivos para ficar acima da superfície da água e todos os motivos para se manter submerso.[2]

Sob as águas do mar, a calma sem vida da terra dá lugar ao frenesi. O sedimento se retorce, marcado por buracos de vermes. As ondas acima projetam sombras ao passar, revolvendo mansamente o leito do mar. As profundidades em que as ondas exercem efeito sobre o fundo são chamadas de base da onda. Abaixo da base da onda, o leito do mar é plano, perturbado apenas pelos escavadores. Acima da base da onda, o fundo do mar é ondulado, afetado pelo vento da superfície. Durante tempestades, as ondas ficam mais fortes e alongadas, a base da onda se aprofunda e o limite do leito do mar não afetado pelas ondas se afasta da costa. É nessa zona liminar entre a calmaria e ondas tempestuosas, às vezes parada e às vezes agitada pela marola, que a biota de Chengjiang, um dos ecossistemas cambrianos mais bem conhecidos, viceja numa incrível diversidade.[3]

Pequenos trilobitas chamados *Eoredlichia* correm pelo leito, caçando outros pequenos artrópodes, mas também há caçadores maiores. O *Odaraia*, um crustáceo encorpado de quinze centímetros de comprimento, com noventa patas e olhos enormes, para de escarafunchar uma rocha e sai pela água, gira 180 graus e nada de costas, estabilizado por um leme tripartido que lembra a cauda de um avião. Um *Sidneyia*, artrópode parecido com uma lagosta achatada, espreita o fundo do mar mecanicamente, com longas antenas, patas com garras e mandíbulas esmagadoras, capazes de triturar conchas de moluscos e trilobitas. O *Fuxianhuia*, uma criatura de olhos atentos, parecida com um bicho-de-conta com uma cauda de tesourinha, caminha se contorcendo.[4]

Os buracos espalhados no fundo do mar são entradas das tocas dos priapulídeos — assim chamados por ter o formato de um pênis — e de seus primos blindados, os paleoescolécidos. O *Mafangscolex* pode ser visto despontando a cabeça espinhosa do sedimento, retorcendo-se como uma cobra. Esse verme se mantém na toca que faz, com quase o dobro do seu comprimento, com ganchos que tem na parte traseira. Ele excreta um líquido nas laterais do túnel que forma uma espécie de argamassa mole no sedimento. Os buracos não se aprofundam — os paleoescolécidos são escavadores horizontais.

Na superfície da areia dominam as esponjas, tubos e cordas coloridos e afloramentos semelhantes a cogumelos, que filtram microscopicamente a água do mar. Entre elas se encontram braquiópodes pedunculados, agitando suas valvas rígidas para filtrar a alimentação, e *Xianguangia* com tentáculos preênsis, um ancestral da anêmona do mar. É uma pradaria de animais, onde *Dinomischus*, belas e enigmáticas criaturas pedunculadas, se espalham tão abundantemente quanto as margaridas com que se assemelham. Às vezes o arranjo é complexo; o braquiópode mais comum aqui é um chamado *Diandongia*, que costuma servir de base para o crescimento de criaturas menores. Braquiópodes pedunculares como o *Longtancunella* e o *Archotuba*, parecido com uma anêmona, se firmam como ventosas enquanto seus hospedeiros abrem e fecham suas válvulas para se alimentar. Os artrópodes cavam, escarafuncham e nadam ao redor, em uma cavalgada de formas.[5]

A explosão cambriana tem sido descrita como uma originação repentina e praticamente instantânea de todos os filos num período de menos de 20 milhões de anos. Talvez seja uma noção simplista, mas é estranho que, tanto em Chengjiang quanto na biota posterior e mais famosa do Folhelo de Burgess, no longínquo Canadá, todos os filos modernos, todos os ingredientes básicos da diversidade moderna já estejam presentes. Todos os filos animais existentes nos dias de hoje têm suas origens no Cambriano ou antes, em alguns casos. Para pertencerem a um mesmo filo, os animais devem ter um plano corporal básico em comum. O plano corporal dos cordados inclui uma haste rígida percorrendo o dorso — nos vertebrados, sustentada por uma coluna óssea ou cartilaginosa — e uma série de segmentos de músculos em forma de V. Cnidários como as águas-vivas e corais têm grossas camadas unicelulares de tecido que abrigam, entre outras coisas, suas características células de caça, equipadas com um minúsculo arpão tóxico. Os artrópodes têm uma couraça externa de placas e membros segmentados e articulados.[6] E assim por diante.

Nos dias de hoje, criaturas de diferentes filos são parentes muito distantes. Em um nível fundamental, existem algumas semelhanças de desenvolvimento entre, digamos, as extensivamente estudadas *Drosophila*, as moscas-das-frutas, e os humanos, especialmente no nível básico de organização. Por exemplo, os mesmos genes definem o eixo anterior-posterior do corpo dos embriões humanos e do das moscas. Esses genes permitem que cada célula modifique o próprio desenvolvimento, coordenando complexos de genes para determinar qual órgão ou tecido deve ser produzido. Essa semelhança na regulação persiste apesar das centenas de milhares de espécies mais relacionadas aos humanos do que às moscas, e das milhões mais relacionadas às moscas que aos humanos.[7]

É comum a vida ser retratada como uma árvore, onde um único tronco ancestral se divide cada vez mais em galhos, ramos e gravetos, filos, famílias e espécies. Se descermos das pontas desses gravetos encontraremos as junções onde se unem aos galhos. Uma maneira de medir o grau de parentesco entre duas espécies pode ser medir as distâncias entre as pontas dos gravetos: quanto menor a distância, mais próximas as relações. Em Chengjiang, nossas noções de distância e parentesco entre os animais começam a ficar difusas em um nível muito básico. Comparar criaturas dos dias atuais com suas contrapartes ancestrais cria problemas, pois o tempo exerce sua influência. Quase duzentas espécies são conhecidas em Chengjiang, mas a mais importante de uma perspectiva centrada nos vertebrados é um animal de corpo alongado, com poucos centímetros de comprimento, em forma de uma lágrima escorrida ou de uma folha caída, com uma barbatana rendada na ponta da cauda. É o peixe de Haikou, o *Haikouichthys*, um dos primeiros candidatos a ser um autêntico peixe, o parente mais antigo e definitivo dos vertebrados. Embora careça de vértebras, possui uma notocorda, a haste rígida característica de todos os cordados, na qual seus parentes, distantes no tempo, desenvolverão colunas cartilaginosas e ósseas. Não tem barbatanas a não ser na cauda, e desliza sinuosamente pela água. No leito do mar abaixo correm as carismáticas estrelas do Paleozoico — os trilobitas. Os trilobitas são assim chamados porque têm o corpo composto de três seções, ou "lóbulos", partindo da frente para trás. Talvez seu apelo se deva ao seu traje estiloso — um trilobita costuma ostentar espinhos bonitos e improváveis, supostamente sem nenhum motivo além da aparência. O exoesqueleto rígido permitia a preservação integral de sua forma e dava a impressão de que poderiam sair nadando a qualquer momento. Seu comportamento costuma ser facilmente perceptível pela postura em que são encontrados, enrolados como um bicho-de-conta ou caminhando um atrás do outro em linhas organizadas para se proteger da corrente. Talvez o lugar onde sejam mais amados seja a cidade de Dudley, nas Midlands Ocidentais do Reino Unido, onde os escavadores do calcário siluriano encontraram muitos "bichos de Dudley", que ganharam a afeição local a ponto de se tornarem um símbolo da cidade. Segundo o folclore, uma palestra pública sobre os bichos de Dudley, realizada na pedreira onde foram encontrados, atraiu 15 mil pessoas em meados do século XIX. No que é hoje conhecido como Utah, os trilobitas cambrianos eram usados como joias e em práticas medicinais pelo bando Pahvant do povo Ute. Na Europa, foram descobertos pingentes de trilobitas de 15 mil anos de idade, que eram usados por povos do Pleistoceno.[8]

Muito antes de serem congelados em rocha, as patas dos trilobitas de Chengjiang ondulam e seus corpos balançam na leve ondulação do mar. O pequeno *Eoredlichia* de olhos arregalados é um gênero comum de trilobita aqui, com uma cabeça em forma de lua crescente e uma cortina de minúsculos espinhos que se projetam de cada segmento mosqueado do tórax. Com apenas 2,5 centímetros de comprimento, são bem maiores que o minúsculo *Yunnanocephalus*, com um sexto do tamanho. Os trilobitas são artrópodes arquetípicos, segmentados uniformemente e não muito diferentes dos bichos-de-conta, com um membro e uma guelra projetando-se de cada segmento.[9]

Os trilobitas têm um último ancestral em comum com as moscas-das-frutas, o qual é, por definição, o artrópode mais antigo. O peixe de Haikou e os humanos têm um último ancestral em comum que é, por definição, o cordado mais antigo. A partir disso, pode-se concluir que o *Haikouichthys* e os humanos, o *Eoredlichia* e as moscas-das-frutas formam pares mais intimamente relacionados entre si que qualquer outra combinação entre os quatro, e de fato é assim que o parentesco geralmente é expresso. Mas o tempo também é importante; o número de mutações que se acumularam em uma linhagem, apesar de as taxas em que ocorrem variarem um pouco, é mais ou menos proporcional ao tempo de existência dessa linhagem.[10]

Desde a época do último ancestral em comum de todos os quatro até Chengjiang — quando viviam o *Eoredlichia* e o *Haikouichthys* —, passou-se muito menos tempo do que o que separa os humanos das moscas-das-frutas desse último ancestral em comum. Na verdade, o período evolutivo que separa o *Eoredlichia* do *Haikouichthys* também é menor do que entre os dois artrópodes, o *Eoredlichia* e a mosca-das-frutas, ou entre os dois cordados, o *Haikouichthys* e os humanos.[11]

Nesse sentido, embora compartilhemos algumas características anatômicas cruciais com o *Haikouichthys* — desde uma haste de suporte ao longo das costas até uma estrutura protetora interna para nossos órgãos sensoriais e o cérebro e até músculos segmentados em forma de V —, os primeiros artrópodes e primeiros vertebrados estão mais próximos no tempo evolutivo do que os cangurus e os humanos de hoje; os filos são mais semelhantes em Chengjiang do que jamais voltarão a ser.

Isso levanta uma questão importante. Se há menos tempo evolutivo separando o *Eoredlichia* e o *Haikouichthys* do que entre cangurus e humanos, por que eles são tão anatomicamente diferentes? Como pode haver diferenças tão fundamentais em comparação com a semelhança relativa de dois mamíferos? Cem milhões de anos é muito tempo, mas esse tempo ainda pode, surpreendentemente, ser superado. Nos dias atuais, duas espécies de peixes — o esturjão russo e o peixe-espátula americano — seguiram caminhos evolutivos separados cerca de 150 milhões de anos atrás, e ainda assim foram documentados produzindo descendentes funcionais. O que torna distinta a separação dos filos no Cambriano? Os planos corporais dos animais aparecem quase ao mesmo tempo. Então, por quê?[12]

Ninguém tem certeza, mas duas respostas têm sido consideradas. A primeira diz respeito às estruturas internas dos animais. Talvez, no Cambriano e antes, o desenvolvimento do ovo fertilizado a embrião e a animal fosse menos definido. Nesse caso, mudanças fundamentais nos tecidos e seus arranjos seriam, na média, menos danosas. Uma vez estabelecidos, porém, os fundamentos tornam-se muito difíceis de mudar. Assim como no funcionamento de um computador, burilar o código de um único aplicativo é relativamente simples e dificilmente prejudicará o funcionamento geral da máquina, mas editar uma linha do sistema operacional provavelmente causará problemas. A seleção natural, então, acaba sendo um mecanismo de retoques, incapaz — ou pelo menos com pouquíssimas chances — de consertar a estrutura interna básica. Nessa visão, um novo filo não pode surgir nos dias atuais porque a anatomia dos seres vivos é simplesmente muito complexa em comparação à de seus antepassados cambrianos e pré-cambrianos. A evolução hoje só pode ser burilada dentro das restrições estabelecidas pelo passado.[13]

A resposta alternativa volta-se para fora e diz que o desenvolvimento de um novo plano corporal, hoje, nada tem de intrinsecamente impossível, não fosse a existência de outros. Nessa visão, o mundo do Cambriano está pronto para ser conquistado, com os ecossistemas mais simples, com menos papéis disponíveis, menos maneiras possíveis de viver. A origem dos filos é descrita como um modelo como o de "encher um barril". Estabelecer os papéis básicos dentro de um ecossistema é como adicionar grandes rochas a um barril. Assim, se surgisse um novo plano corporal, teria de competir em um espaço ecológico já ocupado por outras espécies que evoluíram para se encaixar muito bem nos seus nichos. Isso é difícil e uma barreira natural ao novo. Assim, em vez de adicionar mais rochas grandes, os processos evolutivos tornam os ecossistemas mais integrados, mais complexos, acrescentando divisões cada vez mais finas de processos ecológicos, preenchendo o barril com calhaus e areia entre as lacunas deixadas pelas rochas maiores, estruturas construídas sobre outras estruturas.[14]

Em Chengjiang, algumas das primeiras estruturas desse tipo, cadeias alimentares complexas estão sendo estabelecidas. Isso está acontecendo sob o domínio incipiente do mundo marinho pelos bilatérios, o grupo de organismos definido por sua simetria espelhada e uma estrutura mais complexa dos tecidos internos. A estrutura básica de um bilatério é o formato de um verme. Existem muitas variações desse modelo. Alguns adicionam barbatanas para agilizar o movimento na água, como o peixe de Haikou. Outros, como os artrópodes, adicionam membros para rastejar no fundo do mar, e alguns destes são blindados, transformando o formato básico do verme em algo mais complexo. Os trilobitas, em particular, têm armaduras difíceis de quebrar. Calcificadas, mais parecidas com a proteção de alta tecnologia de um caranguejo ou de uma lagosta do que com a quitina dos insetos, com a qual a maioria das criaturas trabalha, e com olhos de torreta cheios de lentes minerais, são fortalezas ambulantes, tentando não se tornar presas ou, talvez, na esperança de pegar algumas presas. Mesmo nos primeiros dias de animais bilateralmente simétricos, é um mundo em que vermes comem vermes.

No mundo antes do Cambriano, o leito dos oceanos era relativamente parado, sendo o único hábitat ocupado pela vida multicelular. Nada se enterrava muito no lodo e tampouco nadava ativamente em alta velocidade na água. Mas nesse mundo geralmente estável, onde os animais se alimentavam por filtragem, colhiam detritos ou plâncton flutuando na água ou pastavam morosamente em comunidades microbianas, alguns começaram a sair em busca de alimento. Os animais se entusiasmaram; nascem os predadores.

Embora organismos consumindo uns aos outros já sejam observados no registro fossilífero antes do Cambriano, é nesse período que aumentam as redes de relações predador-presa, que se tornam complexas e claras o suficiente para ser estudadas. De repente, a energia deixa de fluir no ecossistema apenas de produtor para consumidor, seguindo diretamente para a decomposição. O próprio consumidor pode se tornar o consumido. Os animais adotaram todos os tipos de estratégias para evitar esse destino, como armaduras para evitar ou impedir ataques, olhos e outros órgãos dos sentidos para detectar rapidamente predadores e presas e movimentos ágeis para fugir ou capturar suas presas. A inocência do Éden pré-cambriano acabou, dando início às corridas armamentistas. Notavelmente, essas primeiras cadeias alimentares do Cambriano têm propriedades muito semelhantes às dos dias atuais, começando do fundo.[15]

A estrutura de uma cadeia alimentar pode ser pensada como a estrutura de uma escada de corda. As espécies agem como pontos de ancoragem e são conectadas por suas interações — espécies superiores se alimentando das inferiores. No Cambriano, algumas relações predador-presa são menos bem definidas, e a cadeia alimentar tende a ser um pouco mais longa, mas os princípios são essencialmente os mesmos. Quando a vida interage, segue as mesmas regras do fluxo de energia, as mesmas regras que regem as probabilidades de um encontro, a mesma matemática básica do universo. Desde o surgimento das cadeias alimentares, certos papéis sempre estiveram presentes. As estruturas ecológicas sobre as quais todas as comunidades vivas são estruturadas quase não mudaram em mais de meio bilhão de anos; só houve variações de um velho tema.

Na base da cadeia alimentar do Cambriano estão as partículas de poeira boiando sob os raios do sol; nuvens flutuantes de fitoplâncton, os progenitores das plantas, assim como das bactérias, produzem o próprio alimento por fotossíntese e quimiossíntese. Algas morrem e se decompõem, e seus restos são comidos pelos depositívoros, como o herbívoro cambriano *Wiwaxia*. Juntamente com a estranha molécula orgânica dissolvida na coluna de água, estes fornecem os recursos brutos a partir dos quais um ecossistema pode ser construído. Em qualquer cenário, todos os seres vivos extraem sua composição atômica dos produtores primários situados na base da sua teia alimentar, que por sua vez extraíram suas moléculas da química de tudo o que os rodeia, seja ar, água ou rocha. Toda a vida, em última análise, é formada pelos minerais da Terra. Nos dias de hoje, é claro, nossas teias alimentares estão espalhadas pelo mundo todo. Alguém tomando uma xícara de chá com um biscoito de chocolate em Londres pode estar consumindo átomos extraídos de minerais de vários continentes, formados ao longo de bilhões de anos; íons absorvidos pelas folhas de chá da Índia cultivadas num trecho de solo gnáissico pré-cambriano de Gondwana, lançados nas encostas íngremes de montanhas pela colisão de continentes no Eoceno; átomos absorvidos do lodo glacial redistribuídos pelo trigo, moídos em farinha como que recapitulando a ação das geleiras do Pleistoceno; e cacau da Costa do Marfim cultivado com fertilizantes de depósitos de fosfato do Paleoceno nos solos da floresta tropical infinitamente reciclados, por sua vez derivados de antigos subsolos de granitos, quartzos e xistos do coração geológico da África Ocidental, que já na época da biota de Chengjiang jaziam sob o solo talvez por 3 bilhões de anos.[16]

Um fato estatístico comumente afirmado diz que cada respiração sua contém átomos já expirados por Shakespeare, ou alguma variação desse tema. Mas não seria muito mais gratificante pensar que você se reabastece continuamente com átomos que, talvez no ano passado, fizeram parte de uma montanha que já foi o fundo do mar? Na verdade, os minerais são transportados naturalmente por grandes distâncias — a bacia amazônica, por exemplo, depende do influxo anual de areia soprada do deserto do Saara para repor os minerais perdidos rio abaixo. Na maior parte dos casos, porém, no mundo natural, sem os luxos da globalização desfrutados pelas ricas comunidades modernas, a maioria das cadeias alimentares permanece teimosamente local. Chengjiang não é exceção.[17]

Nas correntes lentas e ondulantes de Chengjiang, os zooplânctons, animais minúsculos que flutuam livremente sem gastar energia, comem o fitoplâncton e bactérias. As esponjas em forma de bucha filtram o plâncton, enquanto os *Canadaspis*, semelhantes a camarões, lançam redemoinhos de lodo ao se alimentar. Priapulídeos saem de tocas, caçando detritos ou aproveitando a oportunidade para vasculhar uma carcaça. Acima, anomalocaridídeos atacam com patas em forma de mandíbula.[18]

Perambulando pelo leito do mar está um lobopódio, um animal com corpo semelhante ao de uma minhoca, longo e cilíndrico, segmentado em anéis. Mas a criatura tem membros moles e flexíveis, sete pares ao todo, controlados por pressão hidrostática e cada um com uma garra na ponta. Do dorso se projeta um longo espinhaço, quase como barbatana. É esquisito e um tanto alienígena, e ganhou o nome de *Hallucigenia*. Os parentes mais próximos do *Hallucigenia* que sobrevivem até os dias atuais são criaturas enigmáticas e estranhamente elegantes chamadas vermes de veludo. Meio parecidos com uma lesma com membros, mas com a textura seca e macia de uma bola antiestresse, eles habitam o húmus macio do solo da floresta. Nos dias de hoje os vermes de veludo capturam insetos, esguichando-os com um jato de gosma pegajoso, mas nas águas do mar o *Hallucigenia* e seus parentes lobopódios se alimentam basicamente de esponjas.[19]

Os primeiros lobopódios apresentam uma mistura de características que torna difícil definir sua posição na árvore da vida. O primeiro segmento das vísceras do *Hallucigenia*, a faringe, é revestido por dentes, como o de um artrópode genérico, enquanto seu sistema digestivo inferior, onde essas esponjas são decompostas, é muito semelhante ao de um crustáceo. O *Megadictyon* e o *Jianshanopodia* são dois lobopódios predadores cujas entranhas mais profundas os separam — eles são como o que comem. Entre cada par de membros do lobopódio há oito ou nove pares de becos sem saída, separados do canal principal das entranhas, que atuam como uma espécie de glândula simples, usada para digerir carcaças ou fragmentos de carcaças consumidos, uma estratégia fisiológica que pode ter contribuído para o aumento da diversidade dos artrópodes e seus parentes. Mas o *Hallucigenia* e os outros lobopódios predadores escondem outro truque em suas mangas carnudas. Para localizar suas presas e vigiar seus predadores, eles e muitos de seus contemporâneos do Cambriano desenvolveram a habilidade de fazer algo extraordinário, algo novo para os animais: conseguir detectar e fazer uso de radiação eletromagnética. Os primeiros olhos estão surgindo.[20]

Para um ser vivo, o mundo está repleto de informações, das quais apenas algumas são úteis. Dar sentido e reagir a essas informações é a base de todo comportamento — um organismo que responde a novos eventos em seu ambiente de forma adequada vai sobreviver por muito mais tempo. Os sentidos mais simples são químicos, que detectam moléculas próximas. Isso inclui a capacidade quimiossensorial básica das bactérias, que buscam gradientes na concentração de seus alimentos e movem-se nessa direção — o equivalente a subir uma colina orientando-se pela inclinação do solo. O paladar e o olfato dos animais também são químicos, e a maioria das espécies detecta sal, ácido e outras substâncias químicas que podem ser relevantes. Mas as substâncias químicas locais implicam apenas uma forma de percepção. Os campos magnéticos, a direção da gravidade e a temperatura ajudam a determinar a localização, a orientação e a resposta apropriada. Esses sentidos têm histórias que datam de bilhões de anos. Na maior parte desse tempo a luz foi detectada, mas só foi realmente útil como fonte de energia para cianobactérias e outras criaturas fotossintetizantes. Porém com o surgimento de criaturas que se movem rapidamente, de um mundo onde o crescimento variável ou a migração lenta não são suficientes para a sobrevivência, a luz tornou-se importante não só como fonte de energia, mas como fonte de informação.[21]

É fácil considerar a capacidade de ver como algo natural, talvez por ser uma capacidade tão fenomenalmente útil e mais ou menos onipresente na vida multicelular. As plantas detectam ondas de luz e crescem em direção a elas, mas têm modo de vida lento e por isso não precisam de órgãos especializados para focalizar essa luz, pois basta saber onde ela está. Quando os animais ficam mais ativos, suas reações precisam ser mais rápidas, por isso muitos tiram vantagem do fato de certos comprimentos de onda do espectro eletromagnético se refletirem em outras superfícies. O *Hallucigenia*, em particular, tem olhos semelhantes aos de outros artrópodes primitivos e seus parentes, mas há uma imensa variedade e muitas origens independentes da visão.[22]

Os olhos dos trilobitas são mais impressionantes. Assim como em outros artrópodes, eles são compostos, com muitas lentes individuais, cada uma com cerca de um décimo de milímetro de diâmetro, fixas no lugar e apontando em direções diferentes. Isso propicia ao trilobita uma imagem detalhada do mundo, ainda que em mosaico. Cada lente é formada por um cristal de calcita — um mineral transparente através do qual a luz forma uma imagem nítida. As lentes nos olhos dos vertebrados requerem músculos para entrar em foco, movendo-se para a frente e para trás, sendo vergadas e distorcidas para podermos ver uma imagem detalhada de algo a qualquer distância que escolhermos — isso é chamado de "acomodação". Não é perfeita; dependendo do momento, só podemos ver objetos com precisão a certa distância. Ao focar sua mão na frente do rosto, você não verá em detalhes as fotos na parede em frente. No entanto, os olhos de alguns trilobitas, existentes no final do Cambriano, são bifocais, dotados de uma lente feita de dois materiais com diferentes propriedades de refração. Isso permite que se concentrem simultaneamente em pequenos objetos flutuando a poucos milímetros de distância e em objetos distantes, teoricamente a uma distância infinita, sem qualquer modificação, uma habilidade que poucas outras espécies desenvolveram. A maioria dos animais em Chengjiang tem uma visão bem desenvolvida e um cérebro cada vez mais potente para processar as informações. As pressões da seleção natural para desenvolver uma boa visão durante o Cambriano deviam ser intensas.[23]

Essa pressão, talvez, venha dos predadores especializados de Chengjiang. O ominoso nome de *Omniden*s — "todo dente" — é um indicativo da natureza predatória desse verme específico. Alguns dos que o estudaram o comparam ao sarlacc, o verme implausivelmente grande e carnívoro que habita as areias em *Guerra nas estrelas: O retorno de Jedi*. Com cerca de 150 centímetros de comprimento, largo e achatado como um skate, o *Omnidens* original é um parente ancestral dos artrópodes, provavelmente mais distante do que quaisquer outras formas de vida. Rastejando no fundo do mar com 24 membros carnudos, sua boca — uma clava circular com até dezesseis espinhos — fica fora de vista. Quando sente fome, o *Omnidens* pode abrir esses espinhos protetores como o diafragma de uma câmera e projetar o verdadeiro aparato bucal para fora do corpo. Até seis espirais de dentes, cada um com seis pontas, cercam a entrada do sistema digestivo.[24]

Em Chengjiang, os outros predadores do topo da cadeia alimentar são os chamados artrópodes de "grande apêndice". Com olhos pedunculares em forma de cogumelo, placas de armadura de lagosta que se estendem como uma dúzia de pares de asas, com o nado ondulante dos golfinhos, cauda larga e apêndices descobertos, são realmente animais alienígenas. O grande apêndice é duplo: grandes presas pontiagudas na frente da boca, flexíveis como dedos, usadas para capturar suas presas. Pela forma como o cérebro dos grandes artrópodes de apêndices é conectado, essas presas parecem ser estruturas homólogas — ou seja, versões do mesmo órgão — às presas de quelicerados como os minúsculos predadores trigonotarbídeos de Rhynie ou à dos escorpiões marinhos remadores de Soom. O *Anomalocaris*, um dos mais conhecidos dos grandes artrópodes de apêndices, também tem o sistema digestivo de crustáceo dos lobopódios, tornando-o outra criatura modular. Os anomalocarídídeos de Chengjiang têm até dois metros de comprimento, fazendo com que quase tudo mais nesse ecossistema pareça extremamente pequeno em comparação.[25]

O comportamento moderno já se mostra nesses primeiros dias. Minúsculos artrópodes correm pelo lodo, todos com uma concha curva dividida em duas partes, com uma dobra no meio separando as metades. Cada metade da casca é uma lua quase cheia, como um casulo de sementes. Eles têm sete pares de patas que ondulam enquanto caminham e estão por toda parte, constituindo três quartos da comunidade. Em cada pata há uma estrutura secundária, um órgão branquial, mas as *Kunmingella douvillei* fêmeas apresentam uma recente inovação evolutiva. Cada um dos três últimos três pares porta ovinhos com menos de um quinto de milímetro de diâmetro. Cada fêmea pode carregar cerca de oitenta ovos, protegidos sob a couraça da casca. No decorrer de toda história da vida, os *Kunmingella* estão entre os primeiros animais a chocar os ovos até eclodirem. Presume-se que o *Fuxianhuia* seja outro chocador; um adulto foi encontrado ao lado de quatro filhotes da mesma idade, o exemplo mais antigo de cuidado parental que se estende além da eclosão no registro fossilífero. Todas essas criaturas têm uma coisa em comum. Elas possuem um pequeno número de descendentes de bom tamanho, um dos lados de uma moeda reprodutiva que determina a história de vida de todas as criaturas do planeta.[26]

Um organismo tem apenas um limite de energia para gastar na reprodução. Mas, em termos evolutivos, é algo que precisa fazer para evitar a extinção. Existe um equilíbrio a ser alcançado entre gastar toda a energia em um único ato reprodutivo e morrer no processo e usar toda a energia na sobrevivência e nunca se reproduzir. A quantidade ideal de energia e o momento em que a reprodução começa variam muito entre as espécies e dependem de alguns fatores importantes. A morte, como sempre, é o fator mais premente. Se os adultos de uma espécie têm uma taxa de mortalidade particularmente alta, em termos evolutivos faz sentido se reproduzir o mais jovem possível, para o caso de uma morte precoce. Nos casos em que os adultos têm uma mortalidade menor do que os jovens, segue-se que terão uma expectativa de vida mais longa na idade adulta, e talvez um maior número de descendentes ao longo de toda a vida. Quando as proles podem ser produzidas muitas vezes, faz sentido investir intensamente em cada uma, maximizando as chances de os filhotes sobreviverem após o estágio juvenil mais arriscado. Outros fatores, como a forma como essas taxas de mortalidade variam com a densidade populacional, disponibilidade de alimentos ou sazonalidade, aumentam a complexidade. Geralmente, contudo, uma espécie que demora muito para amadurecer e tem poucos descendentes, como os humanos e como o *Kunmingella* ou o *Fuxianhuia*, tem uma alta taxa de mortalidade infantil natural, compensada pelo grande esforço na criação de cada indivíduo. Com menos descendentes de cada vez, os riscos de colocar todos os ovos na mesma cesta são compensados pela probabilidade de sobreviver para ter mais descendentes se a ninhada não sobreviver.[27]

Esses experimentos de qualidade versus quantidade como método reprodutivo demonstram a estabilidade a longo prazo da fauna cambriana. Mesmo que tempestades regulares possam danificar localmente a comunidade do fundo do mar, ela se recupera. Longe de ser apenas um período explosivo de mudanças radicais, a ecologia de Chengjiang foi suficientemente estável e previsível para que as forças da seleção natural não tenham punido a aposta representada por ter apenas uns poucos descendentes de cada vez.

Ao longo da costa de Chengjiang, pode não haver nada de vida para assinalar a passagem do ano, nenhuma floração, queda de folhas ou enxames de insetos, mas a terra continua sujeita a duas estações, a úmida e a seca. Apesar de a comunidade diversa persistir em ambas, nenhum fóssil está sendo preservado na estação seca. É o paradoxo crucial no cerne da paleontologia o de que praticamente todas as nossas informações sobre a vida só vêm da morte. O local onde os fósseis são preservados pode mostrar as condições no momento da morte, ou onde um corpo pereceu. Os vestígios fósseis são o mais próximo que podemos chegar de uma observação direta da vida, de um comportamento cristalizado. Porém, na maioria das vezes, não há um corpo ao qual associar o vestígio, e a criatura deve ser inferida. Já sabemos que diferentes configurações podem alterar a probabilidade de uma carcaça se tornar um fóssil, mas a fossilização é afetada tanto pelo tempo quanto pelo espaço. Na estação seca, o fluxo de água doce é mais lento. A plataforma permanece salgada e a deterioração é rápida. Durante a estação chuvosa, as tempestades são fortes, as ondas quebram, os rios renovam o oceano local e o sedimento é dilacerado em uma textura tempestuosa chamada tempestito. Só quando o fundo do mar se assenta e o silicato terrestre é trazido, as carcaças podem ser enterradas. No leito argiloso, rico em ferro mas muito pobre em carbono, bactérias adeptas de minerais acorrem para se alimentar dos restos, reduzindo o ferro e convertendo os músculos e outros tecidos moles em pirita, o toque de um Midas tolo.[28]

A ideia do Cambriano como uma explosão frenética depois de 4 bilhões de anos de inatividade é em parte uma ilusão, baseada em uma das características dos animais cambrianos — suas partes duras. Partes bucais, exoesqueletos e olhos minerais são muito mais bem preservados em registros fossilíferos do que músculos ou nervos. Acredita-se que essas partes duras sejam adaptações ao novo mundo predatório: o Cambriano é a época em que a vida multicelular realmente começou a comer a si mesma. A pressão para sobreviver naquele mundo gerou ferramentas cada vez mais especializadas para caçar e evitar a própria captura. É um desenvolvimento crucial na origem dos ecossistemas como os conhecemos hoje, a natureza vermelha do palato bucal e o apêndice raptorial, mas a explosão cambriana não é o começo. Antes de os bilaterais surgirem em cena com um grande tumulto, antes da competição e do caos, da ascensão e queda de uma miríade de organismos conhecidos e desconhecidos, houve outras comunidades multicelulares. Presos ao fundo do mar de Chengjiang, alguns animais parecidos com penas, os *Stromatoveris*, balançam suavemente na corrente, observadores remanescentes de uma era mais pacífica. Ainda há um último local a ser visitado, na calmaria antes da tempestade.[29]

# CAPÍTULO 16

# EMERGÊNCIA

*Montes Ediacara, Austrália*
*Ediacarano — 550 milhões de anos atrás*

> "A natureza, em sua primeira hora de criação, não previu o que sua prole poderia se tornar. Uma planta, ou um animal?"
> — Athénaïs Michelet, *Nature*

> "Yet portion of that unknown plain
> Will Hodge forever be.
> His homely Northern breast and brain
> Grow up a Southern tree,
> And strange-eyed constellations reign
> His stars eternally"\*
> — Thomas Hardy, "Drummer Hodge"

Posicione-se no centro de Adelaide, a maior cidade do sul da Austrália, e olhe para o norte. A estrada para o sol do meio-dia saindo de Adelaide e de Port Augusta passa pelos montes Flinders, uma das mais antigas cordilheiras contínuas do mundo, e pelos grandes desertos do centro desse país grande e deslumbrante. Siga em frente, enquanto a estrada fica menor, mais poeirenta e cada vez mais isolada, pelas terras de emas e cangurus, de bosques secos de eucaliptos e das dunas mais extensas da

---

\* Mas parte dessa planície desconhecida / Para sempre Hodge será. / Seu peito e cérebro acolhedores do norte / Amadurecendo uma árvore do sul, / E constelações de olhos estranhos reinam / Suas estrelas eternamente. [N.T.]

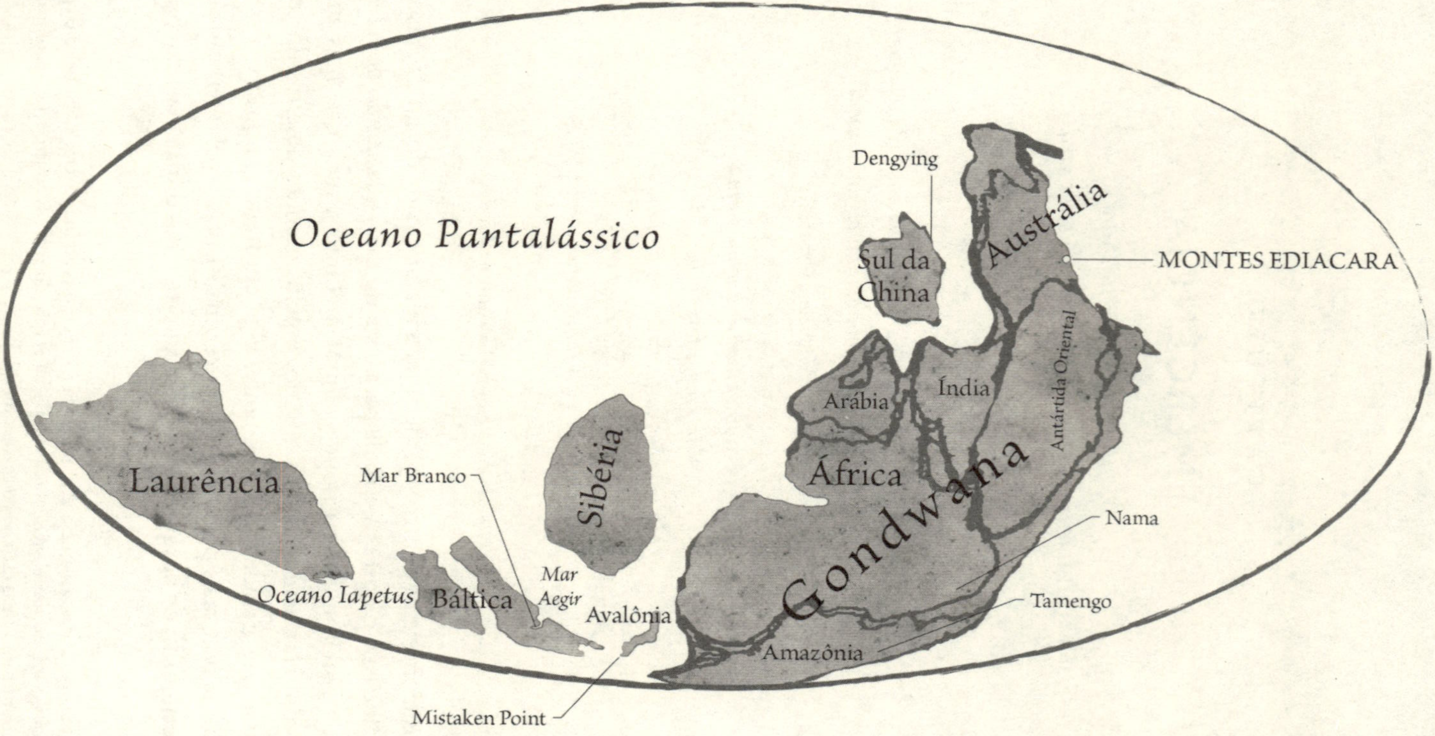
Oceano Pantalássico
Dengying
Sul da China
Austrália
MONTES EDIACARA
Arábia
Índia
Antártida Oriental
África
Gondwana
Nama
Tamengo
Amazônia
Laurência
Mar Branco
Sibéria
Mar Aegir
Oceano Iapetus
Báltica
Avalônia
Mistaken Point

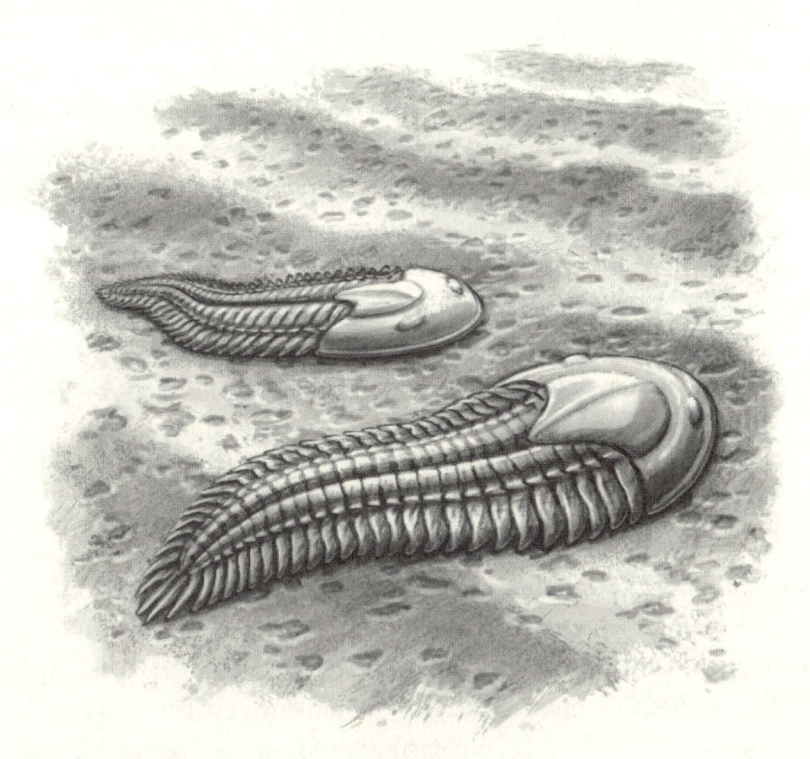

*Spriggina floundersi*

Terra, no deserto de Simpson. A terra aqui é mais antiga que os montes Flinders, parte do antigo centro continental — o cráton — da Austrália, contendo minerais depositados como minérios bilhões de anos atrás. Nas jazidas do monte Isa, de onde esses metais são extraídos em grandes quantidades, a estrada faz uma curva para o oeste e chega à maior cidade do norte, Darwin.[1]

Às vezes a jornada pela história da vida é incomensurável. Em termos físicos, imagine que a cidade de Darwin, talvez apropriadamente, marca o tempo na história da Terra em que toda a vida existente, todos os seres vivos no planeta, estava unificada em uma única espécie, o chamado Último Ancestral Comum Universal (LUCA, na sigla em inglês), e que o centro de Adelaide assinala os dias de hoje. Viajando por essa estrada, cada milímetro dos montes Flinders é equivalente a um ano; cada quilômetro desse trajeto de 3.500 quilômetros equivale a 1 milhão de anos na história da vida na Austrália. Um único passo representa o término de toda a influência colonial. Dezessete metros adiante na estrada estamos de volta ao Pleistoceno, a época da Estepe do Mamute do norte, quando os humanos dividiam a Austrália com vombates do tamanho de vacas, com pítons gigantes e com o *Thylacoleo*, o trepador meio felino parente dos coalas, conhecido como "leão marsupial", com seus pré-molares que pareciam afiadas tesouras de poda. A um quarteirão de distância do nosso ponto de partida, a história da humanidade no continente australiano acabou. Quando ultrapassarmos os limites da cidade, a distância de uma maratona do centro, já estamos de volta ao Eoceno, quando os marsupiais habitavam as grandes florestas exuberantes da Austrália, e também a Antártida e a América do Sul. E ainda há um continente de tempo à frente.[2]

Assim, ao seguirmos caminhando, milhares de milênios se descortinam à beira da estrada, regredindo no tempo. O cráton australiano paira ao redor do mundo, juntando-se e separando-se de outros continentes conforme as espécies e os mares sobem e descem, sempre no sentido contrário, antes de a vida trocar a terra pela água salgada. Após uma caminhada de quinze dias, 550 quilômetros estrada abaixo, 550 milhões de anos no passado, nos encontramos entre os montes Ediacara e paramos para nos orientar. À frente, nos confins da história da Terra primitiva, só existem micróbios.[3]

Em terra, não há vida, como sempre foi. Os mares podem evaporar e chover nas terras, mas não trazem vida ao solo arenoso. Na vastidão inefável do tempo geológico, montanhas se ergueram em elevações tectônicas, foram erodidas mais uma vez por forças elementais, com areia e lodo arrastados pela chuva estéril. Na encosta íngreme em direção à antiga costa australiana, um rio trançado serpeia em direção ao mar, seu caminho largo e em constante mudança desviando como chuva numa janela com o acúmulo do sedimento trazido das montanhas, formando barras e ilhotas em seu fluxo. Sedimentação, compactação, mineralização, talvez algum metamorfismo, soerguimento e erosão. Um ciclo incansável de minerais sempre em movimento, de um mar cintilante. Assim tem sido desde que os continentes se solidificaram e os oceanos se formaram, 3,9 bilhões de anos atrás. Os mares estão cintilantes essa noite, sob a luz de uma enorme lua cheia no céu do Ediacarano.[4]

Para olhos acostumados com as constelações de hoje, até o céu parece muito diferente. Pensamos nas estrelas como permanentes, fixas no firmamento, mas elas se movem em relação ao Sol. O Ediacarano está a mais de dois anos galácticos no passado — ou seja, o sistema solar circulou o buraco negro no centro da nossa galáxia mais de duas vezes nesse intervalo de tempo, uma viagem total de mais de 350 mil anos-luz. Nossos vizinhos estelares mais próximos estão em trajetórias diferentes e nós os deixamos para trás. Mesmo se tal não tivesse acontecido, muitas estrelas com as quais estamos familiarizados ainda não nasceram. Podemos estar no hemisfério norte, mas você não encontrará Polar, que só raiou pela primeira vez no nosso Cretáceo. Nenhuma das sete estrelas que compõem os ombros, os pés e a cintura característicos de Orion é mais antiga que o Mioceno. Sirius, a mais brilhante estrela noturna dos dias atuais, tem uma longa história, mas mesmo seu nascimento no Triássico está mais para o futuro do Ediacarano que para o passado do Holoceno. Duas das cinco estrelas da constelação Cassiopeia, em forma de W, são veneráveis o suficiente para existir em algum lugar da galáxia, mas a maior parte da tela em que pintaremos as formas celestes ainda não foi desenhada.[5]

Até a Lua é impressionante. Desde que uma colisão entre a jovem Terra derretida e um enorme asteroide lançou a lua no céu, nosso satélite tem se afastado da Terra e continuará se afastando. Na diminuta escala de tempo da história humana a Lua quase não se moveu, mas as pequenas mudanças se acumulam em mais de 550 milhões de anos, e a Lua do Ediacarano está 12 mil quilômetros mais perto e 15% mais brilhante até que a Lua do mais romântico dos poetas. Se ficar mais um pouco, você vai perceber que o dia também é mais curto, de apenas 22 horas entre auroras, antes de o atrito reduzir gradualmente a rotação da Terra. Trata-se realmente de um mundo alienígena, mais parecido com um Marte aquoso do que com a Terra que conhecemos hoje. No entanto, nessas águas, encontramos uma vida complexa.[6]

Estamos antes do início do Fanerozoico, o éon geológico em que o mundo biológico começará a se assemelhar ao nosso. A escala das mudanças desde a formação da Terra é inefável. A trajetória desde a origem da vida nas fontes hidrotermais alcalinas do fundo do mar até esses mares consumiu 3,5 bilhões de anos. O primeiro bilhão ou mais se passou com poucas mudanças, antes de as cianobactérias descobrirem a magia da fotossíntese e passarem a bombear oxigênio para a atmosfera por um período de 10 milhões de anos. O oxigênio adicionado, um gás altamente reativo, fez o ferro dissolvido nos oceanos se oxidar e afundar em diferentes camadas de pedra vermelha, literalmente enferrujando os oceanos do mundo todo. A Terra congelou várias vezes, em uma série das maiores eras glaciais que já envolveram o planeta. Nos casos mais extremos, as camadas de gelo avançaram dos polos e se encontraram no equador, recobrindo a maior parte do planeta de neve e de gelo, a chamada Terra Bola de Neve. Nas altas latitudes, o gelo era tão espesso que as geleiras fluíam sobre camadas de gelo que se erguiam centenas de metros acima da superfície do mar, rios de água sólida alheios ao mundo líquido abaixo. As geleiras chegavam até o equador, embora saibamos que pelo menos parte dessa água tropical não se mantinha permanentemente coberta.[7]

Enquanto as geleiras cobriam o mundo, os únicos organismos que se alimentavam de feixes de luz eram as cianobactérias. Por isso se deram melhor que outros no oceano pobre em oxigênio, quase um deserto de nutrientes. Somente os fluxos congelantes dos rios de água em estado líquido levavam oxigênio suficiente para a sobrevivência da vida aeróbica nos mares. À medida que a bola de neve começou a degelar, o gelo liquefeito desgastou a superfície continental, lançando milhões de toneladas de fosfato no oceano e criando uma oportunidade para uma invasão de algas. De repente, a vantagem que as cianobactérias tinham — a capacidade de absorver nutrientes rapidamente devido ao seu pequeno tamanho — deixou de ser relevante. Organismos maiores não estavam mais em desvantagem, e as inúmeras cianobactérias passaram a ser predadas por micróbios maiores. Ter um grande porte é uma vantagem para um predador, mesmo em células microscópicas, e foi nessa época que as algas multicelulares se tornaram comuns. No início do Ediacarano, os mares ainda estavam praticamente carentes de oxigênio, mas flutuações caóticas na sua química nas dezenas de milhões de anos seguintes transformaram o mundo anóxico em um oceano novo e bem misturado, uma instabilidade que pode ter impulsionado a inovação evolutiva.[8]

A multicelularidade já havia evoluído muitas vezes no passado, incluindo possíveis organismos plantíferos e algas vermelhas mais de 1 bilhão de anos antes do presente, mas durante e na esteira da Terra Bola de Neve surgiram organismos autocooperativos que mudaram os ecossistemas globais para sempre.⁹

Novas ecologias tornaram-se possíveis e um novo modo de vida se abriu. Com a multicelularidade vem a divisão do trabalho, a especialização de diferentes células em tecidos, cada um com uma função específica. A forma pode ser controlada e otimizada para fins específicos, e a reprodução se torna mais rigidamente controlada à medida que grupos se tornam indivíduos. É nesses oceanos há pouco temperados, nesses mares rasos e siltosos nas bordas de continentes rochosos devastados, no período chamado Ediacarano, que a vida está crescendo.¹⁰

No momento em que surge o ecossistema preservado nos montes Ediacara, a vida em macroescala já existe há cerca de 20 milhões de anos. A mais antiga vida multicelular conhecida vem de um leito marinho continental lodacento nas margens sul do oceano Iapetus, beirando uma massa de terra mais ou menos do tamanho de Madagascar chamada Avalônia, nome da ilha para onde o rei Artur, mortalmente ferido na sua derrota em Camlann, foi levado para dormir até ser necessário mais uma vez. Remanescentes de Avalônia, mas nem sempre dos organismos que a habitaram, são encontrados nas terras baixas da Frísia e da Saxônia, em partes do sul da Grã-Bretanha e da Irlanda, na Terra Nova, na Nova Escócia e em partes de Portugal. É um lugar antigo do qual só restaram fragmentos, espalhados ao longo das bordas serrilhadas de continentes.¹¹

Em uma dessas margens, o promontório na Terra Nova conhecido, um tanto poeticamente, como Mistaken Point [Ponto de Equívoco], impressões semelhantes a penas em cinzas vulcânicas submersas revelam vestígios dos primeiros grandes organismos. Nas costas de Avalônia, a primeira vida multicelular despertou do seu sono criogênico e aparentemente se disseminou pelo mundo. Na época em que os montes Ediacara se formaram, esses ecossistemas são encontrados da Rússia à Austrália e estão se tornando realmente muito complexos.¹²

O céu do Ediacarano pode ser claro e enluarado, mas a água é turva e revolta por tempestades. Sob as ondas, a correnteza é forte e fria, e muito pouco pode ser visto através do lodo marrom-escuro. A água fica límpida à medida que se afasta da costa, à medida que o fundo do mar se aprofunda. Não há peixes, nada que nade ativamente. Quase tudo que vive aqui está confinado ao leito do mar, escapando do movimento acima. Na superfície, a maré subindo causa grandes ondas, com os bolsões de água girando em vertiginosos círculos verticais. Logo abaixo da linha-d'água reina a turbulência e o caos, mas a profundeza repõe a tranquilidade; o movimento circular torna-se cada vez menos perceptível até o mundo ficar escuro, azul e sossegado.[13]

Em alguns lugares o fundo é coberto por uma camada firme e enrugada, mal distinguível do resto do fundo do mar a não ser na textura, as dobras de uma textura áspera de couro de rinoceronte contrastando com a suavidade de açúcar refinado da areia moída de quartzo recém-depositada. A textura áspera é o tapete microbiano, que reveste a interface entre a terra e a água, uma estrutura ecológica já existente há bilhões de anos. Os dois domínios mais simples da vida, bactérias e arqueias, alimentaram-se e reproduziram-se no Ediacarano por milhares de anos, construindo camadas sobre camadas à medida que estabilizavam o fundo do mar, formando uma camada superior coerente, como uma cobertura de bolo gelado. Onde os micróbios são cianobactérias, os tapetes geralmente formam moitas diferenciadas chamados estromatólitos, que parecem pedregulhos viscosos de crescimento lento, subindo em direção à luz. Em outros locais, como nesse delta, os tapetes são planos, uma folha de vida enrugada no leito do mar. Somente as poucas camadas superiores estão sempre vivas, mas as gerações combinadas de milhões de células microscópicas significam que esses tapetes podem chegar a espessuras medidas em centímetros.[14]

A partir dessas manchas de tapete microbiano, estranhas formas diáfanas se elevam até trinta centímetros na água. Criaturas estriadas em forma de bola de rúgbi, com um centímetro de diâmetro, flutuam entre elas. Mais acima paira um cone esquisito, um disco voador em escala centimétrica, girando enquanto flutua, antes de voltar a pousar no fundo do mar. De perto, torna-se aparente que essa figura indistinta é composta por oito arestas, espiralando no sentido horário desde a ponta do cone até a base, uma bobina desordenada, flutuando hipnoticamente. Incapaz de se mover com grande velocidade na água, demonstrando não ser um nadador natural, ocasionalmente deixa para trás sua casa no tapete microbiano. É encontrado na paz e tranquilidade das águas calmas abaixo da base da tempestade e, quando nada, paira na água sobre criaturas ainda mais estranhas. A vida multicelular já é complexa, e essa é de fato uma das primeiras criaturas que podemos com certeza chamar de animal. O *Eoandromeda* — assim chamada porque, quando achatado na fossilização, seus oito braços se assemelham à galáxia espiral de Andrômeda — é uma lanterna na escuridão do Ediacarano, uma das poucas formas de vida aqui remotamente reconhecível. Não se sabe exatamente com o que o *Eoandromeda* está relacionado. Já foi sugerido que sua simetria octogonal, com sua estrutura de membros ondulantes, o torna um parente das águas-vivas-de-pente (*Ctenophora*), belos animais que hoje nadam livremente em mar aberto, cintilando com a luz de cristais fotônicos iridescentes e usando essa luz como isca para atrair suas presas. Mas essa semelhança pode ser superficial.[15]

Sempre que uma criatura extinta é situada na árvore da vida com confiança, nosso conhecimento sobre outros ramos da árvore se expande. Conhecer o legado de um organismo nos revela a sequência de eventos no tempo evolutivo, a natureza da anatomia ambígua e mais sobre a história de vida. Para outros quesitos, basta descrever o que uma espécie faz, como interage com seus vizinhos, para julgá-la não por seu legado, mas por suas ações. O *Eoandromeda* é muito bem difundido, encontrado no mundo todo, desde a Austrália, no norte, até a China, no sul. Apesar de toda a ambiguidade sobre sua anatomia e biologia funcional, em comparação com o restante da biota do Ediacarano, a sugestão de *Eoandromeda* ser um *Ctenophora* é relativamente precisa, embora sua exatidão permaneça incerta. Se for, isso nos diria que outros grupos, como as esponjas, os cnidários arpoadores e criaturas semelhantes a vermes bilateralmente simétricos deveriam estar em algum lugar por perto, mas identificá-los é outra questão.

A vida do Ediacarano tem deixado os cientistas perplexos desde a descoberta de seus primeiros espécimes. O Pré-Cambriano, segundo a sabedoria convencional, era desprovido de fósseis macroscópicos. Os registros só chegavam até o Cambriano. As primeiras descobertas nos montes Ediacara foram consideradas, portanto, como sendo do início do Cambriano. Então, em 1956, em Charnwood Forest, em Leicester, vestígios de um peculiar fóssil diáfano foram descobertos por uma garota de quinze anos, Tina Negus, em rochas indubitavelmente pré-cambrianas, embora de início ninguém acreditasse nela. Quando outro estudante, Roger Mason, mostrou o lugar a um professor de geologia local, eles foram registrados e chamados de *Charnia*. Mais tarde, apareceram também em Mistaken Point, reconhecidos como os mesmos de Ediacara, assim como os da Sibéria. Alguns, como o próprio *Charnia*, ainda desafiam uma classificação precisa. Em vida, o *Charnia* é rechonchudo e em forma de pena, uma série de bárbulas cheias de fluido projetadas de um eixo central flexível, uma fronde ancorada ao sedimento por um grampo gorduroso. As frondes se reproduzem por clonagem, e os suportes são interligados por filamentos, estolões, numa rede comunicante que permite aos organismos compartilhar nutrientes. Contudo, apesar de diferentes de qualquer coisa viva nos dias de hoje, parece que *Charnia* e muitos outros organismos do Ediacarano fazem parte da história do reino animal.[16] A questão que permanece é quanto ao papel que desempenham.

Ao todo, há um mundo de incertezas cravejado no tapete microbiano. Há aglomerados vaporosos de criaturas ancoradas, centenas por metro quadrado, cada uma delas uma torre vertical composta de protuberâncias como cordas enodadas, como se Gaudí tivesse projetado uma cidade industrial. Entre esses arranjos de pinos vemos discos achatados com sulcos espiralados, parecendo impressões digitais superdimensionadas no lodo.

A nuvem branca como leite emanando lentamente do aglomerado de torres faz parte de uma adaptação ecológica revolucionária. Cada torre é um indivíduo da espécie chamada *Funisia dorothea*, Corda de Dorothy, e embora as algas já venham se reproduzido sexualmente há meio bilhão de anos, esses são os primeiros parentes sexuais definitivamente conhecidos dos animais. O sexo está tão arraigado como algo que a maioria dos animais faz que é fácil esquecer que se trata de uma estratégia ecológica. Sem sexo, as proles são clones dos pais. Onde produzir o maior número de descendentes é a única verdadeira métrica de sucesso evolutivo, isso é o ideal. No entanto, se todos os clones forem iguais, essa estratégia acarreta outros riscos. Todos estarão bem adaptados ao mesmo ambiente dos pais, mas se o mundo ficar mais quente, ou mais ácido, ou se o alimento se tornar mais escasso, todos podem igualmente fracassar ou ter sucesso. Animais assexuados não costumam sobreviver longos períodos de tempo evolutivo, apesar de haver algumas exceções.

Em um mundo variável, sexo é uma forma de embaralhar o código genético com novos materiais, de botar os ovos (figurativa e literalmente) em cestas diferentes e proporcionar uma chance maior de que pelo menos alguns sobrevivam. Mesmo uma pequena reprodução sexual pode superar as desvantagens da clonagem, e por isso a Corda de Dorothy faz um pouco das duas coisas.[17]

Os discos entre os fios da Corda de Dorothy são *Dickinsonia*, comedores de bactérias. Cada crista é um novo segmento de crescimento, um par começando na marca das doze horas e migrando lentamente em cada sentido e se comprimindo em direção às seis horas, como uma guirlanda de papel sanfonado. Podem parecer estranhos, mas também estão mais próximos dos animais que de qualquer outra coisa viva, deixando atrás de si vestígios forenses de colesterol, uma assinatura molecular de animais. Seu desenvolvimento sugere que podem até ser parentes mais próximos de nós que as esponjas. Se observá-los por algum tempo, você vai ver que eles cumprem a parte "animada" da vida animal. Eles se movem periodicamente, acampando no tapete microbiano até se mudarem quando o alimento se exaure.[18]

Mas existem outras movimentações além das paradas pontuais do *Dickinsonia*. Nas águas mais rasas, onde as correntes das ondas são mais fortes, existem canais na areia, sulcos com bordas elevadas, exatamente como se produzidos passando a ponta do dedo no leito do mar. Seu produtor é desconhecido, mas no fim dessa trilha deve haver alguma coisa parecida com um animal, se arrastando sobre o ventre. O candidato mais provável é o *Ikaria*, um pequeno animal com frente e costas definidas, o primeiro organismo bilateralmente simétrico, mas que nunca foi encontrado exatamente nas mesmas jazidas fósseis da comunidade de Ediacara. Rastros cujos produtores estão ausentes são encontrados no mundo todo. Em Dengying, no que se tornará a China, há evidências de algo ainda mais notável — o ato de andar. Furos minúsculos — tocas, talvez, uma forma de buscar proteção — passam por baixo do tapete microbiano. As rotas de ligação entre esses furos são minúsculas impressões emparelhadas, pegadas de um animal desconhecido. Nesse caso, não há o sulco de um corpo se arrastando; o animal se levantou. São marcas irregulares; o organismo que deixou essas impressões provavelmente sofria o efeito das correntes das marés. O fato de as impressões serem pareadas é surpreendente; significa que seu criador, o misterioso primeiro andarilho, é bilateralmente simétrico, diferente, por exemplo, das esponjas ou águas-vivas.[19] Não se sabe exatamente o que deixou as pegadas de Dengying; é provável que nunca seja encontrado e, independentemente do que Sherlock Holmes possa levar você a acreditar, não são muitos os detalhes que podem ser deduzidos de uma série de pegadas.

A decomposição de criaturas carnudas cujas vidas só são preservadas, se o são, por marcas deixadas em rochas, ossos ou conchas resistentes ao tempo é um torturante lembrete da incompletude do registro fossilífero. Muito sobre esse período da história da Terra é indistinto, uma inferência a partir de um sulco aqui, um padrão na distribuição de formas alienígenas ali. Com os moldes do lodo de Ediacara, podemos ir além de meras suposições, mas nossa percepção deste mundo é incompleta. Com certeza existem mais criaturas que as que podemos ver vivendo no lodo macio das plataformas continentais do Ediacarano.

A tempestade está amainando, tornando mais fácil a movimentação em direção à costa. À medida que a água fica mais rasa, os oscilantes tubos do *Funisia* desaparecem, substituídos por criaturas também semelhantes a cordas, porém planas e enroladas, de até oitenta centímetros de comprimento, que repousam passivamente no fundo do mar e nas frondes plumosas dos parentes do *Charnia*. A *Dickinsonia* continua pastando no tapete, mas a superfície microbiana recobre cada vez mais o fundo do mar. Mesmo no início da vida multicelular, nichos já estão se formando e as espécies se separam em comunidades distintas, pequenos hábitats irregulares no ecossistema. Essa estrutura de nicho é muito recente — as biotas anteriores de Mistaken Point mostram uma comunidade em que o lugar onde se encontra um indivíduo depende mais da localização de seus pais que da especialização em um estilo de vida específico. Mas as espécies estão começando a dividir os recursos. A parte mais rasa do leito do mar é mais afetada pelas ondas, e o *Funisia* é menos tolerante a mudanças. Aqui a areia é ondulada, efeito cumulativo das ondas formando e derrubando dunas de areia em miniatura. Para as criaturas acima da base da tempestade, essas cristas são uma proteção natural, o equivalente submarino de um quebra-vento. Um grupo de estruturas semelhantes a pequenos vulcões oferece ainda mais proteção.

Ao redor da orla das crateras desses cones existem espinhos rígidos e retos, projetando-se ao dobro da altura do cone. O *Coronacollina*, provavelmente aparentado com as esponjas, é o primeiro organismo do mundo a produzir partes duras no corpo. Escondido atrás dele há um aglomerado de *Spriggina*, protegido do pior do mar turbulento. Com a cabeça em forma de lua crescente e um corpo segmentado de cerca de três centímetros de comprimento, é macio e achatado como um verme — também um animal primitivo.[20]

Há um escurecimento e um solavanco surdo quando a água engrossa e fica marrom como chá. As ondas da tempestade enfraqueceram os sedimentos soltos trazidos pelo rio trançado. Com o arrefecimento da tempestade, as forças que a lançam contra a costa relaxam, causando uma avalanche de lodo, um deslizamento de terra subaquático que engole o *Eoandromeda* enquanto nada e soterra o tapete microbiano. O lodo suspenso se deposita na água lentamente, ainda lançado pelas ondas agora esmaecidas. As espécies ancoradas no fundo não sobreviverão, acabam se decompondo e deixando uma impressão perfeita. Tudo o que restará dessa comunidade será uma preservação ao estilo de Pompeia, um molde perfeito na parte inferior de uma camada de areia solidificada, dando forma, mas nada mais.[21]

Atrás de um banco de areia raso, a água é mais calma, menos afetada pelas ondas. Aqui também houve um derramamento, mas o lodo se assentou mais rápido, pois a água parada deixou que caísse lentamente da suspensão, a diferença entre uma garrafa agitada e uma deixada para assentar. Toda a vida foi soterrada, e o fundo do mar ficou estéril e homogêneo. Mas de repente há movimento. Como água descendo por um ralo, um círculo de areia branca e renovada pulsa, sugado por uma força invisível. Um capuz rígido de couraça escamada aparece, seu dono se arrastando com uma pata musculosa e ondulante. Outros círculos de areia pulsante surgem, seguidos por mais criaturas: um pequeno rebanho de *Kimberella*. A impressão geral é que cada um é um aerodeslizador de silicone escamoso: um capô flexível e emborrachado reforçado com escamas mais firmes, encimando uma base muscular que se expande sob o peso da couraça. Em uma das extremidades, uma cabeça redonda na ponta de um membro extensível e flexível, quase hidráulico, como uma escavadeira, explora a areia em busca de alimento.[22]

Antes do soterramento, esses *Kimberella* pastavam ao lado dos *Dickinsonia* e dos frondosos *Charniodiscus*, usando a cabeça para arrastar círculos de sedimentos na sua direção como um crupiê recolhendo fichas. Quando o deslizamento de terra subaquático aconteceu, eles se esconderam sob sua incipiente armadura protetora, e cada um usou sua musculatura de lesma para cavar uma toca vertical longe do rodopiante desmoronamento. Nem todos conseguiram. Um *Kimberella* mais jovem e menor pode ficar preso, incapaz de reunir forças ou sobreviver o suficiente para chegar à superfície. Suas tentativas vãs também serão preservadas; tubos verticais que terminam onde outros alcançam a nova superfície, memoriais esculpidos em rocha de uma luta desesperada pela sobrevivência.[23]

Com exceção de acidentes como esse, nada realmente se enterra no leito do mar, e o mundo de Ediacara é feito de hábitats bidimensionais. Os micróbios penetram uma pequena distância no sedimento, mas os organismos multicelulares dependentes do oxigênio estão restritos à superfície. A chamada "bioturbação", na qual as camadas finamente laminadas são maceradas e misturadas por seres vivos, inserindo um pouco da química da água do mar nas rochas, é essencialmente uma invenção do Fanerozoico, que pode ter ajudado a diversificação dos animais. As frondes e grampos de Ediacara talvez estejam plantando as sementes da sua própria destruição; ao despontarem como saliências acima e abaixo da superfície, eles estão mudando a distribuição dos recursos alimentares e permitindo a evolução posterior dos animais bilaterais que os sucederão ecologicamente. Os habitantes de Ediacara ainda persistirão em alguns lugares no Cambriano, inclusive em Chengjiang, mas serão incapazes de sobreviver em grande número no competitivo mundo dos vermes que está por vir.[24]

Se o *Eoandromeda* é uma água-viva-de-pente, se o *Spriggina* é semelhante a um verme, o *Coronacollina* é uma esponja e um animal que nada livremente, o *Attenborites* é um cnidário parente da água-viva, teremos em Ediacara membros incipientes de muitos grupos de animais. Em outras paragens, outros organismos com afinidades com animais estão surgindo da escuridão do mar turvo. Em Charnwood, o *Auroralumina*, ou "luz da aurora", é um animal de quase trinta centímetros de altura, constituído por duas taças rígidas das quais se projetam tentáculos.

Parece ser um cnidário ainda mais antigo que os montes Ediacara. Assim como as águas-vivas-de-pente, os cnidários são todos predadores, sugerindo um ecossistema mais complexo do que se imaginou pela primeira vez com a descoberta do *Charnia*.[25]

No mundo todo, enquanto os animais estão fundando seu reino, outros reinos surgem em abundância. Em Doushantuo, na China, e em Tamengo, no Brasil, pequenas algas ramificadas ondulam nas correntes, uns dos primeiros jardins submarinos de algas. É difícil imaginar o conceito de todo um novo reino de vida surgindo do nada, mas isso é em grande parte um problema de tempo. Só definimos o Eumetazoa, os animais, como um "reino" porque eles começaram a divergir um do outro nas origens da história da Terra. Alguns reinos são mais independentes que outros; animais e fungos estão mais próximos uns dos outros do que das plantas. Se alguns organismos do Ediacarano fizerem parte de um reino não mais existente, eles só são aberrantes de uma perspectiva contemporânea. No decorrer do período Ediacarano, o intervalo de tempo desde que essas exceções divergiram de outros grupos multicelulares pode ter sido de apenas algumas dezenas de milhões de anos, a mesma distância temporal que separa, digamos, um macaco-aranha de um lêmure de cauda anelada.[26]

Depois de viajar tão longe no passado, temos que nos virar e olhar para o caminho de volta até o presente para começar a classificar os que existem no passado profundo. Com meio bilhão de anos ou mais à disposição, qualquer uma ou todas as criaturas do Ediacarano poderiam, em teoria, encontrar um reino inteiro de diversidade. As divergências iniciais ocorridas na vida animal durante o Ediacarano definirão os planos corporais dos habitantes e constituirão partes de futuros ecossistemas. Há muitos caminhos que podemos seguir a partir do mundo do *Dickinsonia*, do *Charnia*, do *Spriggina*. Acreditamos que a maior parte da biota do Ediacarano fica em torno dessas divergências, algumas mais como uma junção ao longo do caminho que outras, mas muitas vezes espreitando, sem compromisso. A maioria dos caminhos não leva a lugar nenhum, outros atravessam milhões de anos e mundos fabulosos só para desaparecer na vegetação rasteira, como quase todos os demais. A biota do Ediacarano não surgiu inteiramente daquele mundo obscuro em parte porque estamos tentando defini-la da única maneira que podemos: com base nos poucos sobreviventes que encontraram caminhos até o presente ao longo de dois anos galácticos, quase um oitavo da idade do Sistema Solar.

Assim como no Paleoceno, em que observamos os primeiros membros de mamíferos placentários se diversificando, os moldes nas rochas dos montes Ediacara foram feitos por participantes da radiação da vida multicelular, de animais e algas e coisas que, pelo simples fato de não ter sobrevivido, carecem de um nome comum. Logo após a origem da multicelularidade, os processos de desenvolvimento estão em fluxo. À medida que a seleção natural orienta a vida no sentido da especialização por meio da especiação, esses processos tornam-se fixos; o barril, talvez, esteja sendo enchido. Conforme os organismos desenvolvem novos processos, novas funções e novos modos de vida, novas restrições são adicionadas. Cada junção é mais um acréscimo, com a vida remendando soluções rápidas com base no que já existe. Os bilaterais são todos bilateralmente simétricos. Todos têm esquerda e direita. Bagunçar os mecanismos fundamentais por trás da divisão embrionária inicial que leva a essa simetria seria quase certamente fatal. Isso não quer dizer que essas regras não possam ser contornadas; a seleção natural é perita em encontrar brechas, mas uma vez estabelecidas as regras básicas, burilar demais um sistema causará deficiências no resto do corpo.

Uma coisa é certa: estejam ou não entre eles esses que observamos, alguns seres dos mares do Ediacarano estão começando a longa caminhada — a nossa longa caminhada — até o presente. A biota do Ediacarano está explorando e definindo o que significa ser um animal.

A maior parte dos seus descendentes deixou para trás seu lar ancestral. O ecossistema do tapete microbiano praticamente desapareceu, como as tocas do Cambriano que traziam oxigênio venenoso para os que não precisavam. Mas os velhos costumes persistem nas profundezas do mundo, lugares onde a rocha é muito dura para se escavar e onde o oxigênio é escasso. Nesses reinos, os tapetes microbianos persistem teimosamente. No entorno do mar Branco, na Rússia, eles continuam a crescer onde seus precursores distantes viveram meio bilhão de anos atrás, enquanto os estromatólitos seguem construindo seus caminhos das rochas ao largo da costa da atual Austrália, 3,5 bilhões de anos depois de terem começado.[27]

No interior da Austrália, moldes de animais do Ediacarano emergem da rocha, epitáfios em lápides ancestrais. O planeta mudou mais do que pode ser facilmente entendido desde a última vez que eles viram o céu noturno. Sobre seus moldes, 10 milhões de anos de lodo e areia foram continuamente depositados. As rochas foram vergadas e empurradas para os montes Flinders no Cambriano, e por 540 milhões de anos os picos em constante erosão nos quais foram encerradas navegaram de norte a sul, atracando em outros continentes e permutando habitantes, os afortunados e mutantes sucessores e descendentes cambiantes desses pioneiros da multicelularidade. Agora, surgidos na sombra dos eucaliptos, suas marcas repousam em montanhas inclinadas pela terra, rasas e indistintas, sob jovens e estranhas estrelas ocidentais.

EPÍLOGO

# UMA CIDADE CHAMADA ESPERANÇA

*"The heart may break for lands unseen
For woods wherein its life has been
But not return"*\*
— Violet Jacob, "The Shadows"

*"Só há uma maneira de ganhar esperança, é arregaçando as mangas"*
— Diego Arguedas Ortiz, jornalista científico

Em 1978, pela primeira vez na história do mundo, um ser humano, Silvia Morella de Palma, deu à luz no continente da Antártida. Desde então, pelo menos dez crianças nasceram na Antártida, a maioria no mesmo assentamento da primeira, um pequeno vilarejo chamado Esperanza, um dos dois únicos assentamentos civis permanentes na extremidade sul do planeta. No momento do nascimento de Emilio Marcos Palma, a lenta migração de pessoas para todas as principais massas de terra do mundo foi concluída. Esperanza é uma comunidade argentina com cerca de cem habitantes, um conjunto de casas atarracadas de paredes vermelhas ofuscadas pelas montanhas nevadas e escuras da península da Antártida Ocidental. É uma estação de pesquisa ativa, habitada quase inteiramente por famílias de geólogos, ecólogos, climatologistas e

---

\* O coração pode irromper por terras nunca vistas / Por florestas onde sua vida esteve / Mas não retorna. [N.T.]

oceanógrafos, parte da linha de frente na coleta de dados cruciais para previsões do futuro da vida no nosso planeta.[1]

Este é agora sem dúvida um planeta humano. Nem sempre foi, e talvez nem sempre será, mas, por ora, nossa espécie tem uma influência diferente de quase qualquer outra força biológica. O mundo como é hoje é um resultado direto — não uma conclusão ou um desfecho, mas um resultado — do que aconteceu antes.

Grande parte da vida no passado aconteceu num estado estável de existência em mudança lenta, mas há momentos em que tudo pode virar de cabeça para baixo. Impactos inevitáveis vindos do espaço, erupções em escala continental, glaciação global — transições pervasivas que forçam as estruturas da vida a se remodelarem. Se algum desses eventos tivesse acontecido de outra forma, ou não tivesse acontecido, o então futuro não escrito poderia ter surgido de maneira bem diferente. É observando o passado que os paleontólogos, os ecólogos e cientistas climáticos podem avaliar a incerteza sobre o futuro de curto e longo prazos do nosso planeta, olhando para trás a fim de prever possíveis futuros.

Ao contrário de ocasiões passadas, quando uma única espécie ou um grupo de espécies alterou fundamentalmente a biosfera — a oxigenação dos oceanos, a formação dos pântanos de carvão —, nossa espécie está em uma posição incomum de controle sobre o resultado. Sabemos que a mudança está acontecendo, sabemos que somos responsáveis, sabemos o que acontecerá se ela continuar, sabemos que podemos detê-la e sabemos como. A questão é se vamos tentar.

Olhar para o passado paleontológico da Terra é divisar uma gama de resultados possíveis, uma verdadeira perspectiva de longo prazo. Por um lado, a vida sobreviveu à Terra Bola de Neve e a céus envenenados, a impactos meteóricos e vulcões de escala continental, e o mundo recente é tão diverso e espetacular como sempre foi. A vida se recupera, e a extinção é seguida pela diversificação. A seu modo, isso é um consolo, mas não conta a história toda. A recuperação traz mudanças radicais, muitas vezes criando mundos surpreendentemente diferentes, mas num processo que leva no mínimo dezenas de milhares de anos. A recuperação não consegue substituir o que foi perdido.

A comunidade de Esperanza adotou como lema a frase "*Permanencia, un acto de sacrifício*". Como vimos, na história da Terra não existe permanência verdadeira. As casas de Esperanza são construídas sobre rochas que demonstram o quanto a vida pode ser temporária. Elas registram os mares rasos do Triássico Inferior e o cenário marinho da Grande Morte do final do Permiano. Estão plenas de vestígios fósseis, tocas em formato de U há muito abandonadas, as casas reaproveitadas de vermes e crustáceos, construídas na areia.[2]

O fundo do mar da formação da baía de Esperanza, uma série de rochas formadas por ventoinhas suboceânicas de silte desmoronado, era notavelmente pobre em oxigênio na época. A razão para isso, e para padrões semelhantes detectados no mundo todo, já foi aventada há décadas, mas só recentemente comprovada. Em 2018, foi determinado que a falta de oxigênio nos mares do Permiano-Triássico foi sem dúvida causada por um aquecimento global catastrófico numa escala sem precedentes. A atividade vulcânica na Sibéria produziu tantos gases de efeito estufa que as temperaturas globais subiram intensamente e desencadearam uma liberação em massa de oxigênio dos oceanos, matando peixes e outras formas de vida marinha ativas no mundo todo. As bactérias prosperaram sem oxigênio, liberando como subproduto de sua própria respiração nuvens de sulfeto de hidrogênio, inundando a atmosfera e envenenando os ecossistemas na terra e no mar. Populações foram dizimadas e poucos sobreviveram. O fim do Permiano foi um período em que a vida — ou ao menos a vida multicelular — quase não sobreviveu. Destaca-se como um exemplo para nós de todas as piores perturbações que podem afetar um ambiente, quando a mera sobrevivência depende de características favoráveis preexistentes e uma boa dose de sorte.[3]

Quando comparamos nosso mundo com o do final do Permiano, podemos identificar algumas semelhanças preocupantes. A perda de oxigênio dos oceanos não se restringe ao passado. Está acontecendo hoje. Entre 1998 e 2013, a concentração de oxigênio na Corrente da Califórnia, a principal corrente oceânica que desce para o sul na costa oeste da América do Norte, diminuiu 40%. Em termos globais, desde os anos 1950, a área de águas profundas com baixo teor de oxigênio aumentou oito vezes, chegando a 32 milhões de quilômetros quadrados em 2018 — o dobro da área da Rússia —, com os oceanos perdendo mais de uma gigatonelada de oxigênio por ano no último meio século. Em parte isso é devido à maior proliferação de algas provocada pelo escoamento de nitrogênio da agricultura, mas também porque o mar está ficando mais quente, assim como no final do Permiano.[4]

Mares mais quentes causam um problema trifurcado para as espécies aeróbicas. O primeiro é puramente químico: o oxigênio se dissolve com menos facilidade na água mais quente, o que em si já reduz sua quantidade. Em seguida, há o aspecto físico: a água quente é menos densa que a fria, e portanto sobe para a superfície; mas se o calor vier do sol, a água da superfície se aquece mais rápido de qualquer maneira, separando a camada quente das profundezas frias. Água quente e água fria raramente se misturam, então qualquer oxigênio que se dissolva não desce para o fundo do mar. Por fim, há o fator biológico. O calor acelera o metabolismo dos animais de sangue frio, exigindo mais oxigênio e fazendo todo o oxigênio dissolvido ser usado mais rapidamente. Para animais ativos, essa ameaça trifurcada representa um desastre.[5]

Esta não é uma má notícia para todos os envolvidos — animais que habitam as profundezas, como caranguejos e vermes, geralmente conseguem sobreviver em concentrações mais baixas de oxigênio, mas há outro gás que representa um problema diferente. A proporção em que o dióxido de carbono aumentou no final do Permiano foi alta, e suplementada pelo metano, um gás de efeito estufa ainda mais potente. Hoje estamos ultrapassando facilmente essas taxas de emissão de $CO_2$, e esse dióxido de carbono está acidificando os oceanos.[6]

À medida que o dióxido de carbono se dissolve na água do mar — atualmente a uma taxa de mais de 20 milhões de toneladas por dia —, esse gás produz ácido carbônico. Isso diminui a capacidade dos corais de produzir seus esqueletos de carbonato, com um declínio de 30% na taxa de produção de novos corais até o momento. Antes do final do século XXI, os recifes de coral estarão se dissolvendo numa proporção maior do que podem crescer. Os sobreviventes provavelmente serão os corais arredondados e em blocos, com áreas de superfície menores, e não carismáticas árvores filigranadas em tecnicolor. Como vimos em Soom — um caso reconhecidamente extremo —, as condições ácidas são uma grande ameaça aos corais e a outras criaturas com conchas como os moluscos, mas o calor em si é prejudicial. As algas que formam parcerias com os corais tornam-se menos eficientes em águas mais quentes, e por isso abandonam seu estilo de vida mutualístico e deixam seu anfitrião à mercê do próprio destino, desamparado e indefeso. Existem poucos pontos críticos no complexo sistema da Terra, mas os recifes de coral são um deles. Com o aumento da temperatura do planeta e com mais dióxido de carbono entrando nos oceanos, a maioria dos recifes de coral rasos simplesmente deixará de existir. Como vimos, porém, os corais não são os únicos construtores de recifes. Para surpresa de todos, e espelhando de forma intrigante seu auge no Jurássico, os recifes de esponja de vidro estão voltando.[7]

Durante a maior parte dos últimos 200 milhões de anos, as esponjas de vidro cultivaram uma existência bela e solitária no oceano profundo. Uma das espécies, a *Euplectella aspergillum*, a cesta de flores de Vênus, aprisiona um par de camarões como limpadores, tornando-se uma gaiola de cristal da qual os adultos nunca escapam, sendo alimentados por partículas específicas capturadas e internalizadas pela esponja. Só a prole dos camarões, pequena o suficiente para passar entre as grades que aprisionam seus pais, pode sair. As cestas de flores de Vênus vivem sozinhas, mas nas águas carentes de oxigênio da Colúmbia Britânica, no Canadá, na origem da Corrente da Califórnia, essas esponjas de vidro estão se agregando e os recifes voltaram a crescer, alguns já chegando a dezenas de metros de altura e vários quilômetros de comprimento. Por filtrarem a água devagar, eles não precisam de muito oxigênio para viver e são compostos basicamente por silício, que é menos afetado por águas ácidas. Se conseguirem enfrentar as ameaças da pesca de arrasto e a exploração de petróleo, a era do recife de esponja de vidro — e a extraordinária biodiversidade que promove — pode estar voltando, ressuscitando um ecossistema em um mundo em aquecimento, um pequeno ganho num oceano de perdas.[8]

Fora da água, uma das consequências do aquecimento é um nivelamento do clima global. Durante os períodos de efeito estufa da história da Terra, como o Eoceno, com seus gigantescos pinguins florestais, o gradiente latitudinal de temperatura do equador ao polo era muito menor que nos dias de hoje. Os registros da ilha Seymour da época mostram que o equador não era muito mais quente que hoje, mesmo com os polos florestais. Podemos ver a Terra hoje se aproximando dessa situação mais nivelada, com os polos aquecendo três vezes mais rápido que o resto do planeta. Isso já está começando a alterar a circulação da nossa atmosfera.[9]

A estabilidade do sistema de correntes atmosféricas é mantida pela diferença de temperatura entre altas e baixas latitudes. No hemisfério norte, à medida que o ar polar se move para o sul e o ar temperado se move para o norte, eles convergem em uma única corrente — a corrente de jato —, que é puxada para o leste pela rotação da Terra. É difícil para um bolsão de ar mais denso se fundir com um bolsão menos denso, e por isso o ar polar mais denso não se funde com o ar temperado mais quente, formando um fluxo forte e único onde os dois entram em contato. Com o aquecimento da Terra, a diferença de temperatura entre o ar polar de alta altitude e o ar temperado está diminuindo, e os bolsões de ar se misturam, criando pequenos círculos e redemoinhos, tornando o fluxo mais turbulento e enfraquecendo a coerência do vórtice polar. A fronteira entre as células polares e temperadas está se tornando difusa e instável, fazendo o percurso da corrente de jato oscilar descontroladamente para o norte e para o sul, sobretudo no inverno. Nos continentes, as temperaturas relativamente extremas significam que na América do Norte, por exemplo, a corrente de jato tende a oscilar mais ao sul durante o inverno, trazendo o ar polar frígido para grande parte do continente. Como resultado, nos últimos anos a América do Norte tem sido atingida regularmente por frentes frias regionais, causadas pelo aumento de temperatura — e o nivelamento da temperatura — em nível global. Em 9 de fevereiro de 2020, foi estabelecido um recorde de alta temperatura dos tempos atuais na Antártida, numa estação de monitoramento na ilha Seymour — 20,75°C —, e a temperatura média vem aumentando continuamente, ano após ano, há décadas.[10]

Isso não deveria ser surpreendente. Podemos prever como deveria estar o clima global comparando nossa atmosfera com as do passado. A atmosfera atual tem uma composição semelhante à do Oligoceno, aquela fase de transição entre estufa e casa de gelo. O Painel Intergovernamental sobre Mudanças Climáticas — ou IPCC, na sigla em inglês — projeta que, no tempo de vida das crianças já nascidas, chegaremos — com os planos atualmente implantados — a níveis de dióxido de carbono na nossa atmosfera inauditos desde o Eoceno. Se atingirmos essa composição atmosférica, também chegaremos às temperaturas do

Eoceno. A incerteza não está na temperatura final, mas no tempo decorrido para a atmosfera se ajustar, pois os sistemas de retroalimentação ambiental do planeta garantem que haja um intervalo entre chegar a uma estabilidade atmosférica e um platô final de temperatura. A única forma de garantir que não cheguemos a essas concentrações, e portanto a essas temperaturas, é reduzir as emissões de carbono em uma taxa maior que a planejada atualmente.[11]

A maior parte dessas emissões de carbono vem de combustíveis fósseis: petróleo dos corpos do plâncton marinho e carvão dos pântanos de licopódios. Até agora, foram descobertos 3 trilhões de toneladas de carbono em depósitos de combustíveis fósseis, dos quais só meio trilhão de toneladas foram queimados, mas já estamos sentindo os efeitos. O registro fossilífero nos mostra as condições que levaram a esse sepultamento, e os extensos pântanos tropicais do Carbonífero não estão prestes a retornar hoje. O mundo simplesmente não tem condições de estabelecer naturalmente reservas de carbono na quantidade necessária para amortecer as mudanças climáticas. As plantas ainda são o maior sumidouro de carbono nos dias atuais, e o aumento dos níveis de $CO_2$ estimulará um pouco a fotossíntese, mas não temos os ecossistemas florestais e os grandes pântanos necessários para formar carvão suficiente para contrabalançar a nossa queima.[12]

Com o aquecimento também vem o acréscimo da decomposição e a liberação do carbono armazenado como turfa desde a paludificação da Estepe do Mamute. Em grandes partes do Canadá e da Rússia, os vastos depósitos de turfa estão dentro do permafrost — o solo perpetuamente congelado. As turfeiras congeladas no hemisfério norte contêm 1,1 trilhão de toneladas de carbono, aproximadamente metade de todo o material orgânico dos solos do mundo e mais do dobro da quantidade total de carbono liberada pelos humanos a partir de combustíveis fósseis desde 1850. Mas esse carbono é armazenado de forma instável. Atualmente, ao longo da costa norte de North Slope, no Alasca, nas margens do mar de Beaufort, o permafrost está degelando e a terra, sendo erodida. Grandes fragmentos de turfa deslocados, ainda unidos pelo gelo do solo, são encontrados ao longo da costa e são lançados num oceano Ártico em estado preocupantemente líquido.[13]

Com o descongelamento do permafrost, os solos turfosos relaxam, encolhendo com o degelo e o assentamento. À medida que amolece, o solo argiloso em recessão inclina suas árvores, com os troncos vergando-se em todas as direções. Conhecidas como "florestas bêbadas", trechos inteiros de floresta podem ser derrubados de uma só vez sem uma motosserra à vista. Depois de descongelado, o material orgânico do solo começa a se decompor e a liberar gases de efeito estufa, um processo que pode levar muito tempo. Se todo o carbono mantido no permafrost fosse liberado como dióxido de carbono e metano, seu efeito sobre o aquecimento seria totalmente sem precedentes. Mas isso não vai acontecer de repente; fatores locais implicam que algumas partes do permafrost, pequenas cavidades quentes e úmidas que se aquecem mais rápido, ou encostas voltadas para o sul, vão derreter mais depressa. O permafrost pode voltar a congelar, e a decomposição leva décadas. Como aconteceu no Permiano, a Sibéria, no norte do mundo, é uma presença sinistra, mas desta vez é menos uma bomba-relógio prestes a explodir de repente e mais uma fonte de pressão constante. Sua baixa taxa de emissão pode ser reduzida ainda mais, e até mesmo interrompida. A política atual, o comportamento atual, é deixar o permafrost derreter, mas podemos mudar essa política, e ao fazer isso resolver o problema. Já sabemos, a partir do registro fossilífero e da modelagem climática atual, quais serão as consequências se não o fizermos.[14]

O permafrost não é o único resquício do último máximo glacial. O gelo continua aprisionado não apenas nas camadas de gelo polar e nas geleiras que se afastaram dos polos, mas também nas geleiras de grande altitude. Embora as camadas polares tenham diminuído consideravelmente desde o Último Máximo Glacial, as geleiras do Himalaia ainda estão lá, tendo resistido por dezenas de milhares de anos durante esses períodos glaciais e interglaciais. Porém, com o aquecimento atingindo as altas montanhas, essas geleiras também estão derretendo, mudando a distribuição da água — a substância química fundamental da qual toda a vida depende — no sul e no centro da Ásia.

Muitos dos principais rios da Índia, em particular o Indo, o Ganges e o Brahmaputra, dependem das geleiras das montanhas e do degelo anual da neve para seu fluxo sazonal. No total, mais de um terço do fluxo do Brahmaputra vem da água de degelo. A curto prazo, o aumento do derretimento da neve está causando inundações repentinas mais frequentes e uma erosão substancial da área de captação. Este aumento só é alimentado pela elevação da linha de neve nas montanhas, e não pode continuar indefinidamente. O fluxo do Brahmaputra já está altamente variável, e a médio prazo, no final do século XXI, quando as geleiras derreterem, a estação seca se transformará numa seca previsível. Vimos no Mioceno como um mar inteiro pode evaporar em mil anos — as geleiras do Himalaia contêm muito menos água que o Mediterrâneo. Para os 700 milhões de pessoas que vivem ao longo das margens dos rios alimentados pelo gelo do Himalaia, provavelmente será uma catástrofe inevitável, com a projeção do desaparecimento de 90% do volume glacial no Hindu Kush. Para 10% da população humana do mundo, em algum momento a água deixará de chegar. O povo de Bangladesh, os habitantes do vasto delta de Ganga-Brahmaputra, onde dois grandes rios encontram o mar, encara isso como parte de uma tripla ameaça. O aumento do calor no equador gera mais evaporação da superfície do mar, com monções precoces e intensas já ocorrendo. A água aquecida se expande fisicamente, e isso é complementado pelo derretimento das geleiras e mantos de gelo das montanhas da Antártida e da Groenlândia que elevam o nível do mar. Bangladesh, basicamente a menos de dez metros acima do nível atual do mar, tem grande probabilidade de ser inundado. Terra, rio e céu estão todos sob ameaça em um país de um quarto de bilhão de pessoas. No total, no mundo todo, cerca de 1 bilhão de pessoas vivem a menos de dez metros acima das atuais linhas de maré alta.[15]

A população de humanos se expandiu a uma taxa alucinante. Existem agora mais de 7 bilhões de nós no planeta, e somos a força dominante em todos os ecossistemas, com poucas exceções. Uma das razões para isso são as taxas de mortalidade infantil mais baixas, uma coisa inegavelmente positiva, mas acompanhada pela preocupação comum do problema da superpopulação. Sendo todos iguais, mais humanos iriam com certeza consumir mais recursos, mas nem todos são iguais. Como alguém que comprou este livro, é provável que você tenha um estilo de vida em que o consumo seja relativamente alto. Em 2018, a média de emissões de carbono por pessoa no mundo todo foi de 4,8 toneladas de dióxido de carbono, mas os países ricos dominam esse padrão. Os americanos ficaram com uma média de 15,7 toneladas, os australianos com 16,5 toneladas e os qataris com 37,1 toneladas. Em comparação, os únicos países da África com emissões per capita acima da média foram a África do Sul e a Líbia, com a maioria emitindo menos de 0,5 tonelada por pessoa.[16]

Como problema, a superpopulação está se resolvendo por si só. As taxas de fertilidade no mundo todo vêm caindo há décadas, e prevê-se que a população global atinja o pico durante este século, junto com uma maior urbanização e mais educação das mulheres. O verdadeiro e premente problema é o que essa população consome. O relatório do IPCC de 2018 constatou que as emissões de dióxido de carbono teriam de cair 45% para limitar o aquecimento global a 1,5°C. Se a taxa média de emissões de carbono dos americanos pudesse ser reduzida para, por exemplo, a média da União Europeia — o que dificilmente causaria uma queda nos padrões de vida —, por si só isso reduziria as emissões globais de carbono em 7,6%. Em comparação, a interrupção total de todos os voos internacionais representaria uma queda de 1,5%. Mas as emissões não são tudo, e os países ricos também são responsáveis por taxas mais altas de consumo de nossos outros recursos.[17]

Juntamente com o $CO_2$, o plástico tornou-se a face pública do nosso impacto ambiental. Vemos imagens de uma enorme circulação de resíduos plásticos nos mares e ouvimos relatos de cada vez mais fragmentos encontrados no estômago de animais que vivem no mar. Os efeitos vão além da biologia. A perda da herança cultural para os marinheiros, o colapso da pesca com o efeito cumulativo de plástico nas populações de peixes se somam ao impacto mensurável na saúde mental devido à destruição das praias pelo lixo trazido pelas correntezas, tudo isso a um custo menos imediatamente visível. Deixando de lado a enorme perda biológica e social, estima-se que os danos causados pelo plástico nos mares acarretem custos econômicos globais anuais de até 2,5 trilhões de dólares americanos.[18]

A natureza onipresente do plástico se revela de forma mais radical na maneira como os micróbios estão evoluindo. O registro fossilífero nos mostra repetidas vezes que, sempre que um novo nicho se abre, sempre que houver um novo recurso a ser explorado, algo evolui para aproveitá-lo. A natureza não é nada senão inventiva, e a proliferação de produtos plásticos na última metade do século XX resultou em um novo recurso amplamente inexplorado. Em 2011, descobriu-se que um fungo da floresta tropical equatoriana, o *Pestalotiopsis microspora*, tinha alguma capacidade de digerir poliuretano. Em 2016, descobriu-se que a lama perto de uma usina de reciclagem de plástico em Sakai, no Japão, continha uma bactéria, *Ideonella sakaiensis*, que evoluiu para digerir o tereftalato de polietileno, decompondo-o em dois produtos que não agridem o meio ambiente. É a primeira forma de vida conhecida entre muitas outras por ser totalmente plastívora, capaz de decompor sem prejuízo uma garrafa de plástico inteira no mesmo período em que uma pilha de compostagem quente degrada matéria vegetal, com um potencial indiscutível no mundo da reciclagem. Desde o efluxo de oxigênio, há mais de 1 bilhão de anos, não houve uma mudança tão fundamental no tipo de recursos disponíveis para a atuação da bioquímica, e os menores organismos, de reprodução rápida, estão acompanhando a mudança.[19]

Como aconteceu com as criaturas da Estepe do Mamute, outra maneira de acompanhar a onipresente mudança é simplesmente migrar. Os pinguins de Brown Bluff, ao sul de Esperanza, demonstram esse tipo de migração impulsionada pelo clima. A maioria é formada por pinguins de adélia, que vivem na própria península, mas também povoam ilhas no mar de Ross. Vivendo em enormes colônias, seu guano se infiltrou no solo e, depositado ano após ano, as camadas de resíduos são um registro do tempo durante o qual os pinguins têm vivido no mesmo local. A Antártida tornou-se mais quente, mais habitável desde a última era glacial, e cavar ao longo de séculos de excrementos dos pinguins de adélia nos mostrou que as colônias insulares foram continuamente ocupadas por quase 3 mil anos. Em Brown Bluff, onde o manto de gelo se acumulou por mais tempo, a colônia de pinguins existe há apenas quatrocentos anos. As espécies podem mudar seus hábitats; temperaturas mais quentes fizeram de Brown Bluff um bom lugar para criar filhotes, e assim uma nova colônia se formou.[20]

Mas os pinguins são relativamente bons em se deslocar de um lugar para outro, e quando mudanças das correntes transformam seu paraíso marinho em uma extensão de água estéril, eles conseguem se adaptar e se mudar com o tempo. Outras espécies simplesmente não conseguem se mudar com rapidez suficiente para escapar das mudanças climáticas. As plantas de vida longa não conseguem seguir facilmente o clima, por exemplo, pois cada uma tem um limite de tolerância ambiental. Lembro-me de uma tília de folhas pequenas (*Tilia cordata*) que crescia numa colina perto da minha casa, no interior de Perthshire. Frutificava todos os anos, mas, ao contrário das sorveiras, das bétulas e dos pinheiros, foi a única desse tipo que já vi. Nativa em grande parte do Reino Unido, mas adaptada a um clima mais quente que antes, era improvável que seus frutos fossem férteis. Uma semente errante, dispersa para o norte por algum evento casual, penetrou a terra e cresceu, mas ficou presa além do limite de sua área reprodutiva. À medida que os climas mudam, o equilíbrio de poder também se altera, com o conjunto ideal de condições migrando e os alcances das espécies seguindo atrás. Entre 1970 e 2019, o ecossistema das Grandes Planícies da América do Norte moveu-se para o norte a uma distância média de 590 quilômetros — ou seja, em média, um metro a cada 45 minutos. Em um continente amplo e plano, há espaço para se movimentar, mas em uma pequena ilha, em um litoral de maior latitude ou numa montanha, adaptada a altas altitudes frias, não haverá para onde fugir. A dispersão de longa distância é rara no mundo natural e, quando empurradas para os limites de seu alcance, muitas espécies estão efetivamente andando na prancha.[21]

Também estamos introduzindo novos ecossistemas. Talvez o equivalente moderno dos ecossistemas pós-extinção, despidos de árvores e de grandes animais, com baixa produtividade, seja o das cidades. Muitas espécies simplesmente não conseguem sobreviver nesses novos mundos, e as que conseguem precisam se adaptar, até em seus comportamentos mais básicos. Mesmo a cacofonia de uma selva é praticamente silenciosa em comparação a uma cidade, e para espécies que sinalizam sua presença para potenciais parceiros ou rivais por meio do som, esse ruído é altamente perturbador. O volume do canto dos pássaros nas cidades é mais alto, mais rápido e mais curto do que o dos membros rurais da mesma espécie. Só os que guincham nessas altas frequências podem ser ouvidos acima do ronco grave dos maquinários. Sinais baseados no olfato também são afetados pelas mudanças climáticas. Em temperaturas mais altas, os rastros deixados pelos lagartos machos para atrair parceiras são mais voláteis, desaparecendo mais cedo, e por isso oportunidades de acasalamento são perdidas. À medida que o gelo marinho se fragmenta, as trilhas de odores deixadas pelas patas dos ursos-polares também desaparecem, afetando tudo, desde o comportamento reprodutivo até a territorialidade. A sobrevivência de uma espécie é mais do que a tolerância ambiental da fisiologia de um indivíduo. Também depende da resiliência de seus comportamentos. Não existe um canto da Terra onde não tenhamos afetado o modo de vida de seus habitantes de alguma forma.[22]

Pela pura força dos números, estamos em toda parte, e desde 2 de novembro de 2000 tem havido até uma presença humana contínua fora da atmosfera do planeta. Os humanos representam, em massa, 36% de todos os mamíferos. Outros 60% da massa de todos os mamíferos são animais domesticados — bovinos, suínos, ovinos, cavalos, cães e gatos. Apenas 4% da massa de mamíferos neste planeta são selvagens. Para as aves, é ainda mais grave. Sessenta por cento das aves da Terra são de uma única espécie — galinhas domésticas. Considerada como um todo, desde 2020, a massa de material produzido pelo homem é aproximadamente igual à massa de material vivo na Terra. Se fizéssemos uma amostra do planeta hoje da mesma maneira que fazemos uma amostra do registro fossilífero, observaríamos a distribuição dos ossos e concluiríamos que algo muito estranho estaria acontecendo, pois grande parte da biomassa dos vertebrados era composta de muito poucas espécies. Estaríamos falando em termos de danos ambientais catastróficos, de extinção em massa. De fato, a biomassa da vida selvagem diminuiu a uma taxa terrível. O mundo em que Emilio Marcos Palma nasceu em 1978 abrigava 2,5 vezes mais vertebrados selvagens que em 2018. Em um piscar de olhos geológico, perdemos mais da metade dos vertebrados vivos do planeta.

Desde a última era glacial, as maiores espécies foram eliminadas de todos os continentes ou estão a caminho da extinção. O planeta está começando a se assemelhar a um mundo pós-extinção, com o ecossistema humano sendo o refúgio dos táxons do desastre. Os que se adaptaram ao nosso mundo — animais versáteis capazes de viver de lixo, como ratos, raposas europeias, guaxinins, gaivotas prateadas ou o íbis branco australiano, ou animais com os quais nos associamos ou criamos para nossos propósitos, galinhas, gado e cães em particular — são os que prosperam. Muitas plantas e animais menos móveis se beneficiaram da dispersão de longa distância mediada pelo homem, acidental ou intencional. As rotas marítimas substituíram eventos incomuns de jangadas vegetais ao aproximar fisicamente continentes separados num movimento de dispersão. Ao retirarmos organismos de seu hábitat, muitas vezes os afastamos de seus concorrentes, permitindo que prosperem e superem outros organismos nativos ecologicamente importantes.[23]

Onde tantas espécies estão desaparecendo à taxa de extinções em massa, é fácil olhar para o que fizemos e nos desesperar. Mas não devemos ficar desanimados. A mudança induzida pelo homem não é, em si, nova e em grande parte pode ser considerada natural. Somos parte do reino biológico, habitando a árvore da vida. Há evidências sólidas de que os humanos, como tantas espécies que vieram antes de nós, sempre foram engenheiros do ecossistema natural. Os humanos criam pastagens há quase 8 mil anos. A queima de florestas e a introdução de pastagens para gado que aconteceram ao mesmo tempo mudaram a maneira como partes da Eurásia refletem a luz solar, afetando a absorção de calor e alterando o padrão de monções na Índia e no Sudeste Asiático. Os humanos vêm mudando intencionalmente espécies de lugar desde o Pleistoceno; há evidências nas ilhas Salomão de que o cuscus-malhado-comum, um gambá arbóreo e uma importante espécie de caça, foi introduzido nessas ilhas a partir da Nova Guiné há mais de 20 mil anos, aparentemente junto com o comércio humano de obsidiana.[24]

Somos engenheiros de ecossistema tão eficazes que a ideia de uma Terra intocada, não afetada pela biologia e cultura humanas é impossível. Esse Éden simplesmente não existe e, desde o surgimento dos humanos, nunca existiu. Embora o dano causado aos ecossistemas globais seja sem precedentes na vida da nossa espécie, os programas de conservação precisam decidir qual grau de impacto humano é desejável e alcançável para qualquer ecossistema. Pré-industrial? Pré-colonial? Pré-humano? São perguntas difíceis. O retorno dos ecossistemas atuais a um estado totalmente selvagem pode afetar de forma desproporcional e negativa comunidades indígenas e pobres que deles dependem, adicionando um contexto social complexo à tomada de decisões ambientais. O filósofo de Bangladesh Nabil Ahmed, em seu artigo "Entangled Earth" (Terra emaranhada), diz de seu país: "Não é possível diferenciar entre terra e rio, populações humanas, sedimentação, gás, grãos e florestas, política e mercados". Todos se fundem em uma única entidade e todos carregam o legado da interação entre atores políticos e naturais. Essa nação, ele argumenta, nasceu diretamente do ciclone Bhola de 1970 e conquistou sua independência a partir de uma reação política a um desastre natural e humanitário.[25]

Assim como no sufocante Permiano de Pangeia, quando supertempestades assolaram um oceano global, estamos vendo um aumento de tempestades tropicais no mundo todo. O número de furacões no Atlântico por temporada tem aumentado constantemente desde que começaram a ser registrados, no início do século XX, chegando em 2020 a trinta furacões com nomes de batismo, três vezes a média de longo prazo. Em 2018, houve até uma tempestade sem precedentes com força de furacão no Mediterrâneo. Isso está acontecendo porque a água mais quente aumenta a taxa de ascensão do ar em torno das latitudes tropicais e, por tabela, os furacões se tornam mais fortes mais rápido, com maior probabilidade de intensificar sua força ao atingir a terra, com graves consequências para os países no caminho.[26]

É impossível ignorar as implicações sociais das mudanças climáticas. Desde a corrida entre as nações ricas ao Círculo Ártico e regiões vizinhas para explorar os recursos no fundo do mar sob o gelo derretido, até a contínua disputa internacional sobre barragens que vêm sendo construídas na África Oriental para que se obtenha o controle de um suprimento de água cada vez menor, mudanças no meio ambiente vêm influenciando as decisões políticas há décadas. O fato de uma ser uma corrida pela riqueza e a outra uma batalha por um recurso fundamental é indicativo do grau em que os custos das mudanças climáticas afetam mais negativamente os que menos contribuíram com elas e colheram as menores recompensas. Hoje, podemos ver as mudanças que estão prestes a acontecer. A história geológica do nosso planeta ilustra, em pinceladas amplas porém inconfundíveis, um quadro de futuros possíveis. Estamos passando por um desastre humanitário e natural que abrange todo o planeta, mas isso é algo que podemos administrar.[27]

O fato de os mundos de ontem serem estranhos e belos é uma lição sobre a adaptabilidade da vida. No entanto, há uma segunda lição que as rochas ensinam — a da impermanência do nosso mundo. Comecei este livro com uma referência ao conhecido poema de Shelley, "Ozymandias".

Menos conhecido é o fato de que esse poema foi escrito em uma competição de sonetos com seu amigo Horace Smith, um jogo amistoso entre turistas literários inspirados no mesmo artefato. Onde Shelley olha para o passado, zombando da arrogância dos que estão no poder, Smith lança um olhar sombrio para o futuro num sentido mais explícito. Depois de usar as oito primeiras linhas numa consideração da cidade, indicada pelo pedestal mas há muito desaparecida, ele reflete sobre a transitoriedade da cidade que melhor conhece e diz:

> *We wonder — and some Hunter may express*
> *Wonder like ours, when thro' the wilderness*
> *Where London stood, holding the Wolf in chace*
> *He meets some fragment huge, and stops to guess*
> *What powerful but unrecorded race*
> *Once dwelt in that annihilated place.* *

Essas paisagens que consideramos como garantidas não são partes integrantes do mundo; a vida continuará sem elas, sem nós. O dióxido de carbono que emitimos acabará sendo absorvido, mais uma vez, no oceano profundo, e os ciclos da vida e dos minerais seguirão. Como qualquer outro habitante do nosso planeta, evoluímos ao lado do atual grupo de espécies, interagindo com elas de maneiras complexas. Fazemos parte do ecossistema global e sempre fizemos, e é uma tolice pensar que nós mesmos não seremos afetados pelas mudanças que estamos impondo ao mundo.

Como espécie, nos encontramos bem-posicionados para sobreviver ao evento de extinção em massa que estamos gerando atualmente. Com nossa tecnologia, de roupas a diques, de ar-condicionado a dessalinizadores, alteramos nosso meio ambiente para conseguir sobreviver. Mas os ecossistemas estruturados desde a última extinção em massa, 66 milhões de anos atrás, estão sob forte tensão. Ao destruir comunidades

---

* Surpreendemo-nos – e algum Caçador pode expressar / Surpresa como a nossa, quando pelo florestal / Onde se situava Londres, empreendendo a caça ao Lobo / Ao encontrar algum grande fragmento, e parar para ponderar / Qual raça poderosa porém não registrada / Outrora habitou aquele local aniquilado. [N.T.]

e mudar a química do mundo, estamos mais uma vez puxando os fios da teia de aranha, e vários fios já se romperam. Se o rompimento aumentar muito, as consequências para a forma como interagimos com o mundo podem se tornar uma catástrofe biológica e social diferente de qualquer outra já enfrentada. À primeira vista, isso pode parecer avassalador, paralisante. Mas o próprio fato de podermos refletir sobre o estado do nosso ambiente, de termos a capacidade analítica de olhar para o passado e encontrar analogias com o presente é uma razão pela qual podemos ser positivos.

Sabemos o que pode acontecer em períodos de turbulência ambiental como este em que vivemos. Ao mapear o passado, podemos prever o futuro e encontrar as rotas que evitam o desastre. Embora alguns resultados desastrosos sejam inevitáveis, podemos nos planejar para enfrentá-los, minimizar os danos e mitigá-los. Desde pelo menos os anos 1970, infraestruturas vêm sendo construídas tendo em mente os efeitos das mudanças climáticas. A Barreira do Tâmisa, a principal defesa contra inundações em Londres, foi projetada especificamente com a expectativa de que o nível do mar subiria noventa centímetros por volta de 2100, com capacidade para até 2,7 metros. Também sabemos que a colaboração internacional funciona; o Protocolo de Montreal de 1987, assinado por 197 governos, eliminou gradualmente a produção e o uso de clorofluorcarbonos, responsáveis pela redução da camada de ozônio. O "buraco" na camada de ozônio está se recuperando graças a essas medidas. São medidas pagas por um fundo com o qual os países que mais contribuíram per capita para o problema ajudam economicamente as nações em desenvolvimento, de forma compromissada.[28]

Enquanto escrevia este livro, aconteceram duas coisas que mostraram a importância de uma visão mais focada no passado e no futuro. No início de 2019, em meio a uma pequena fanfarra, uma placa foi afixada em Okjökull, a primeira das geleiras da Islândia a perder seu status de rio de gelo ao derreter a ponto de não se movimentar mais sob o próprio peso. A placa, em islandês e em inglês, se autointitula "Uma carta para o futuro", e após explicar o rebaixamento de Okjökull a um lago de gelo, continua: "Este monumento é para reconhecer que sabemos o que está acontecendo e o que precisa ser feito. Só você sabe se nós o fizemos".[29] Fique de olho nas nossas obras, diz.

O segundo evento, a disseminação pandêmica do coronavírus SARS-CoV-2, obrigou a humanidade a enfrentar mudanças radicais de forma mais imediata. No período de um mês, um terço da população mundial entrou em confinamento forçado ou voluntário, mudando fundamentalmente muitos aspectos de suas vidas para combater uma ameaça existencial. O efeito dessas mudanças foi imediato. Los Angeles, uma cidade sinônimo de engarrafamentos, registrou condições de ar limpo inauditas em gerações. Veneza, por tanto tempo entupida por barcos turísticos, teve águas mais claras do que nunca. As emissões de carbono caíram, ainda que apenas cerca de 8%, e o petróleo perdeu muito da utilidade com as lojas cheias de estoque e as entregas se acumulando. Vários meios de comunicação relataram esses casos como exemplos de "a Terra curando a si mesma", insinuando o subtexto de a humanidade ser o verdadeiro vírus. Tal misantropia não é necessária. Os humanos podem de fato viver da predação, mas há lições mais importantes aqui. Podemos alterar o nosso comportamento e reagir a uma crise, e as mudanças que fizermos podem ter efeitos benéficos imediatos. O sofrimento dos que vivem em outros países afeta todos nós, e é só trabalhando juntos e reunindo recursos e apoio onde for necessário que os danos causados por tais crises internacionais podem ser minimizados. Ao ouvir os especialistas, levando as ameaças a sério e priorizando o bem-estar, alguns países administraram a pandemia com muito mais eficácia que outros. A ação internacional coordenada para desenvolver vacinas funcionais em tempo recorde é uma prova da nossa capacidade de responder de forma rápida e eficaz a uma ameaça mortal. A falta de cooperação internacional na distribuição dessas vacinas e as ondas subsequentes de infecção e mortes demonstram a ingenuidade de uma resposta defensiva isolada a uma crise global.

Em face da mudança ambiental, mortal é a complacência. A abordagem *business as usual*, na qual nenhuma mudança é feita nas taxas de destruição do ecossistema ou emissão de gases de efeito estufa, irá gerar climas que nenhum hominíneo jamais enfrentou. No entanto, pessoas que falam de desgraça inevitável também não colaboram. Na preservação ambiental, o sucesso e o fracasso não são uma escolha binária. Quando os jornais noticiam que temos cinco anos, ou dez anos, para deter as mudanças climáticas, não se trata de prazos de tudo ou nada.

Fazer mudanças no prazo não significa que tudo ficará como antes, e deixar de fazer não significa aniquilação. Os ecossistemas que existiam na primeira metade do século XX e antes estão permanentemente alterados, mas os danos continuam a aumentar. Quanto mais cedo e com mais força agirmos, menos abrangentes serão esses danos. A escolha de agir coletivamente para combater as causas e efeitos da mudança climática depende de nós. A torre pode ter caído, mas a catedral ainda está de pé, e devemos decidir se vamos apagar as chamas.

Só alterando nossos hábitos e nos esforçando para viver de forma menos predadora poderemos evitar que as mudanças no meio ambiente se tornem uma catástrofe sem paralelo, outra Grande Morte. O planeta não tem como fornecer os recursos necessários para sustentar uma vida tão esbanjadora como a que se desfruta agora nas nações economicamente desenvolvidas, muito menos o suficiente para outras espécies se alimentarem, acasalarem e viverem suas próprias vidas. A única maneira confiável de evitar que os mundos selvagens de hoje se tornem mais um conjunto esquecido de ecossistemas, mais uma galeria nos museus de um tempo futuro, é reduzir o consumo e deixar de depender de fontes de energia que alteram o clima. Previsivelmente, essas soluções encontram resistência. As pessoas se sentem compreensivelmente preocupadas com o fato de isso talvez prejudicar nossa qualidade de vida a curto prazo e envolver algum esforço pessoal e social. No entanto, em algumas décadas, sem uma ação no nível das comunidades, dos países, e em termos globais, certamente sofreremos ainda mais. Para nosso bem-estar de longo prazo, como espécie e como indivíduos, precisamos entrar em um relacionamento mais mutualístico com os nossos ambientes globais. Só então poderemos preservar não apenas sua infinita variedade, mas também nosso lugar neles. A mudança é inevitável, mas podemos deixar o planeta seguir seu próprio tempo, se permitirmos que as areias movediças do tempo geológico nos conduzam suavemente aos mundos de amanhã. Sacrifício, um ato de permanência. Só assim também viveremos na esperança.

# NOTAS

### Introdução — A casa de milhões de anos

1. Bell, E. A. & outros. *PNAS* 2015; 112:14518–21; Chambers, J. E. *Earth and Planetary Science Letters* 2004; 223:241–52; El Albani, A. & outros. *Nature* 2010; 466:100–4; Miller, H. *My Schools and Schoolmasters*. Edimburgo, UK: George A. Morton; 1905.
2. Leblanc, C. *Museum International* 2005; 57:79–86; Parr, J. *Keats-Shelley Journal* 1957; 6:31–5.
3. Ullmann, M. "The Temples of Millions of Years at Western Thebes". Em: Wilkinson, R. H. e Weeks, K. R., eds. *The Oxford Handbook of the Valley of the Kings*. Oxford, UK: Oxford University Press, 2016, pp. 417–32.
4. Dunne, J. A. & outros. *PLoS Biol.* 2008; 6:693–708; Gingerich, P. D. *Paleobiology* 1981; 7:443–55; Gu, J. J. & outros. PNAS 2012; 109:3868–73; Pardo-Pérez, J. M. & outros. *J. Zool.* 2018; 304:21–33; Rayfield, E. J. *Annual Review of Earth and Planetary Sciences* 2007; 35:541–76; Smithwick, F. M. & outros. *Curr. Biol.* 2017; 27:3337.
5. Black, M. *The Scientific Monthly* 1945; 61:165–72; Cunningham, J. A. & outros. *Trends in Ecology and Evolution* 2014; 29:347–57.
6. Frey, R. W. *The Study of Trace Fossils: A Synthesis of Principles, Problems, and Procedures in Ichnology*. Berlim: Springer-Verlag, 1975; Halliday, T. J. D. & outros. *Acta Palaeontologica Polonica* 2013; 60:291–312; Nichols, G. *Sedimentology and Stratigraphy*. Oxford, UK: Blackwell; 2009.
7. Herendeen, P. S. & outros. *Nature Plants* 2017; 3:17015; Prasad, V. & outros. *Nature Communications* 2011; 2:480; Strömberg, C. A. E. *Annual Review of Earth and Planetary Science* 2011; 39:517–44.
8. Breen, S. P. W. & outros. *Frontiers in Environmental Science* 2018; 6:1–8; Ceballos, G. & outros. *PNAS* 2017; 114:E6089–96; Elmendorf, S. C. & outros. *Ecology Letters* 2012; 15:164–75.
9. Ezaki, Y. *Paleontological Research* 2009; 13:23–38.
10. Hutterer, R. e Peters, G. *Bonn Zool. Bull.* 2010; 59:3–27.
11. Ashe, T. *Memoirs of Mammoth*. Liverpool, UK: G. F. Harris; 1806; O'Connor, R. *The Earth on Show: Fossils and the Poetics of Popular Science, 1802–1856*. Chicago: University of Chicago Press, 2013; Peale, R. *An historical disquisition on the mammoth: or, great American incognitum, an extinct, immense, carnivorous animal, whose fossil remains have been found in North America*. C. Mercier and Co., 1803.

## 1. Degelo — Pleistoceno

1. Berger, A. & outros. *Applied Animal Behaviour Science* 1999; 64:1-17; Bernaldez-Sanchez, E. e Garcia-Vinas, E. *Anthropozoologica* 2019; 54:1-12; Beyer, R. M. & outros. *Scientific Data* 2020; 7:236; Burke, A. e Cinq-Mars, J. *Arctic* 1998; 51:105-15; Chen, J. & outros. *J. Equine Science* 2008; 19:1-7; Feh, C. "Relationships and communication in socially natural horse herds: social organization of horses and other equids". Em: MacDonnell, S. e Mills, D., eds. Dorothy Russell Havemeyer Foundation Workshop. Holar, Iceland 2002; Forsten, A. J. *Mammalogy* 1986; 67:422-3; Gaglioti, B. V. & outros. *Quat. Sci. Rev.* 2018, 182:175-90; Guthrie, R. D. e Stoker, S. *Arctic* 1990; 43:267-74; Janis, C. *Evolution* 1976; 30:757-74; Mann, D. H. & outros. *Quat. Sci. Rev.* 2013; 70:91-108; Turner Jr, J. W. e Kirkpatrick, J. F. *J. Equine Veterinary Science* 1986; 6:250-8; Ukraintseva, V. V. *The Selerikan horse. Mammoths and the Environment*. Cambridge, UK: Cambridge University Press, 2013, pp. 87-105.

2. Burke, A. e Castanet, J. J. *Archaeological Science* 1995; 22:479-93; Carter L. D. *Science* 1981; 211:381-3; Gaglioti, B. V. & outros. *Quat. Sci. Rev.* 2018; 182:175-90; Packer, C. & outros. *PLoS One* 2011; 6:e22285; Sander, P. M. e Andrássy, P. *Palaeontographica Abteilung A* 2006; 277:143-59; Wathan, J. e McComb, K. *Curr. Biol.* 2014; 24: R677-R679; Yamaguchi, N. & outros. *J. Zool.* 2004; 263:329-42.

3. Bar-Oz, G. e Lev-Yadun, S. *PNAS* 2012; 109:E1212; Barnett, R. & outros. *Molecular Ecology* 2009; 18:1668-77; Chernova, O. F. & outros. *Quat. Sci. Rev.* 2016; 142:61-73; Chimento, N. R. e Agnolin, F. L. *Comptes Rendus Palevol* 2017; 16:850-64; de Manuel, M. & outros. *PNAS* 2020; 117:10927-34; Nagel, D. & outros. *Scripta Geologica* 2003:227-40; Stuart, A. J. e Lister, A. M. *Quat. Sci. Rev.* 2011; 30:2329-40; Turner, A. *Annales Zoologici Fennici* 1984:1-8; Yamaguchi, N. & outros. *J. Zool.* 2004; 263:329-42.

4. Guthrie, R. D. *Frozen Fauna of the Mammoth Steppe: The Story of Blue Babe*. Chicago, USA: The University of Chicago Press, 1990; Kitchener, A. C. & outros. "Felid form and function". Em: Macdonald, D. W. e Loveridge, A. J., eds. *Biology and Conservation of Wild Felids*. Oxford, UK: Oxford University Press, 2010, pp. 83-106; Rothschild, B. M. e Diedrich, C. G. *International J. Paleopathology* 2012; 2:187-98.

5. Sissons, J. B. *Scottish J. Geology* 1974; 10:311-37.

6. Gazin, C. L. *Smithsonian Miscellaneous Collections* 1955; 128:1-96; Jass, C. N. e Allan, T. E. *Can. J. Earth Sci.* 2016; 53:485-93; Merriam, J. C. *University of California Publications of the Geological Society* 1913; 7:305-23; Upham, N. S. & outros. *PLoS Biol.* 2019; 17.

7. Bennett, M. R. & outros. *Science* 2021; 373:1528-31. Goebel, T. & outros. *Science* 2008; 319:1497-502; Kooyman, B. & outros. *American Antiquity* 2012; 77:115-24; Seersholm, F. V. & outros. *Nature Communications* 2020; 11:2770; Vachula, R. S. & outros. *Quat. Sci. Rev.* 2019; 205:35-44; Waters, M. R. & outros. *PNAS* 2015; 112:4263-7.

8. Krane, S. & outros. *Naturwissenschaften* 2003; 90:60-2; Madani, G. e Nekaris, K. A. I. *J. Venomous Animals and Toxins Including Tropical Diseases* 2014; 20; Nekaris, K. A. I. e Starr, C. R. *Endangered Species Research* 2015; 28:87-95; Nekaris, K. A. I. & outros. *J. Venomous Animals and Toxins Including Tropical Diseases* 2013; 19; Still, J. *Spolia Zeylanica* 1905; 3:155; Wuster, W. e Thorpe, R. S. *Herpetologica* 1992; 48:69-85; Zareyan, S. & outros. *Proc. R. Soc. B* 2019; 286:20191425.

9. Begon, M. & outros. *Ecology: From Individuals to Ecosystems*. Oxford, UK: Blackwell Publishing, 2006.

10. Alexander, R. M. *J. Zoology* 1993; 231:391-401; Ellis, A. D. "Biological basis of behaviour in relation to nutrition and feed intake in horses". Em: Ellis, A. D. & outros, eds. *The impact of nutrition on the health and welfare of horses*. Netherlands: Wageningen Academic Publishers, 2010, pp. 53-74; Kuitems, M. & outros. *Arch. and Anth. Sci.* 2015; 7:289-95; van Geel, B. & outros. *Quat. Sci. Rev.* 2011; 30:2289-303.

11. Beyer, R. M. & outros. *Scientific Data* 2020; 7:236; Hopkins, D. M. "Aspects of the Paleogeography of Beringia during the Late Pleistocene". Em: Hopkins, D. M. & outros, eds. *Paleoecology of Beringia*: Academic Press, 1982, pp. 3–28; Paterson, W. S. *Reviews of Geophysics and Space Physics* 1972; 10:885; Tinkler, K.J. & outros. *Quaternary Research* 1994; 42:20–9.
12. Ager, T. A. *Quaternary Research* 2003; 60:19–32; Anderson, L. L. & outros. *PNAS* 2006; 103:12447–50; Brubaker, L. B. & outros. *J. Biogeog.* 2005; 32:833–48; Fairbanks, R. G. *Nature* 1989; 342:637–42; Holder, K. & outros. *Evolution* 1999; 53:1936–50; Quinn, T. W. *Molecular Ecology* 1992; 1:105–17; Shaw A. J. & outros. *J. Biogeog.* 2015; 42:364–76; *Paleodrainage map of Beringia*: Yukon Geological Survey, 2019; Zazula, G. D. & outros. *Nature* 2003; 423:603.
13. Guthrie, R. D. *Quat. Sci. Rev.* 2001; 20:549–74; *Paleodrainage map of Beringia*: Yukon Geological Survey, 2019.
14. Batima, P. & outros. "Vulnerability of Mongolia's pastoralists to climate extremes and changes". Em: Leary, N. & outros, eds. *Climate Change and Vulnerability*. Londres: Earthscan, 2008, pp. 67–87; Clark, J. K. e Crabtree, S. A. *Land* 2015; 4:157–81; Fancy, S. G. & outros. *Can. J. Zool.* 1989; 67:644–50; Mann, D. H. & outros. *PNAS* 2015; 112:14301–6.
15. Clark, J. & outros. *J. Archaeological Science* 2014; 52:12–23; Lent, P. C. *Biological Conservation* 1971; 3:255–63; Sommer, R. S. & outros. *J. Biogeog.* 2014; 41:298–306.
16. Guthrie, R. D. e Stoker, S. *Arctic* 1990; 43:267–74.
17. Kuzmina, S. A. & outros. *Invertebrate Zoology*. 2019; 16:89–125; Mann, D. H. & outros. *Quat. Sci. Rev.* 2013; 70:91–108.
18. Begon, M. & outros. *Ecology: From Individuals to Ecosystems*. Oxford, UK: Blackwell Publishing, 2006; Beyer, R. M. & outros. *Scientific Data* 2020; 7:236; Kazakov, K. 2020. *Pogoda i klimat*. <http://www.pogodaiklimat.ru>.
19. Churcher, C. S. & outros. *Can. J. Earth Sci.* 1993; 30:1007–13; Emslie, S. D. e Czaplewski, N. J. *Nat. Hist. Mus. LA County Contributions in Science* 1985; 371:1–12; Figueirido, B. & outros. *J. Zool.* 2009; 277:70–80; Figueirido, B. & outros. *J. Vert. Paleo.* 2010; 30:262–75; Kurtén, B. *Acta Zoologica Fennica* 1967; 117:1–60; Sorkin, B. *J. Vert. Paleo.* 2004; 24:116A.
20. Chernova, O. F. & outros. *Proc. Zool. Inst. Russ. Acad. Sci.* 2015; 319:441–60; Harington, C. R. *Neotoma* 1991; 29:1–3; Matheus, P. E. *Quaternary Research* 1995; 44:447–53.
21. Grayson, J. H. *Folklore* 2015; 126:253–65; Hallowell, A. I. *American Anthropologist* 1926; 28:1–175; Huld, M. E. *Int. J. American Linguistics* 1983; 49:186–95.
22. Mann, D. H. & outros. *Quat. Sci. Rev.* 2013; 70:91–108; Zimov, S. A. & outros. "The past and future of the mammoth steppe ecosystem". Em: Louys, J., ed. *Paleontology in Ecology and Conservation*. Berlim: Springer Verlag, 2012, pp. 193–225.
23. Guthrie, R. D. *Quat. Sci. Rev.* 2001; 20:549–74.
24. Chytrý, M. & outros. *Boreas* 2019; 48:36–56; Guthrie, R. D. *Quat. Sci. Rev.* 2001; 20:549–74; Kane, D. L. & outros. *Northern Research Basins Water Balance* 2004; 290:224–36; Mann, D. H. & outros. *Quat. Sci. Rev.* 2013; 70:91–108.
25. Pečnerová, P. & outros. *Evolution Letters* 2017; 1:292–303; Rogers, R. L. e Slatkin, M. *PLoS Genetics* 2017; 13:e1006601; Vartanyan, S. L. & outros. *Nature* 1993; 362:337–40.
26. Currey, D. R. *Ecology* 1965; 46:564–6; Gunn, R. G. *Art of the Ancestors: spatial and temporal patterning in the ceiling rock art of Nawarla Gabarnmang, Arnhem Land, Australia*. Archaeopress Archaeology, 2019; Paillet, P. *Bulletin de la Société préhistorique française* 1995; 92:37–48; Valladas, H. & outros. *Radiocarbon* 2013; 55:1422–31.
27. Martínez-Meyer, E. e Peterson, A. T. *J. Biogeog.* 2006; 33:1779–89.

## 2. Origens — Plioceno

1. Kassagam, J. K. *What is this bird saying? — A study of names and cultural beliefs about birds amongst the Marakwet peoples of Kenya*. Kenya: Binary Computer Services, 1997.
2. Field, D. J. *J. Hum. Evol.* 2020; 140:102384; Hollmann, J. C. *South African Archaeological Society Goodwin Series* 2005; 9:21-33; Owen, E. *Welsh Folk-lore*. Woodall, Minshall, & Co.; 1887; Pellegrino, I. & outros. *Bird Study* 2017; 64:344-52; Rowley, D. B. e Currie, B. S. *Nature* 2006; 439:677-81; Ruddiman, W. F. & outros. *Proc. Ocean Drilling Program*, Scientific Results 1989; 108:463-84.
3. Chorowicz, J. *J. African Earth Sciences* 2005; 43:379-410; Feibel, C. S. *Evol. Anthro.* 2011; 20:206-16; Furman, T. & outros. *J. Petrology* 2004; 45:1069-88; Mohr, P. A. *J. Geophysical Research* 1970; 75:7340-52.
4. Feibel, C. S. *Evol. Anthro.* 2011; 20:206-16; Furman, T. & outros. *J. Petrology* 2006; 47:1221-44; Hernandez Fernandez, M. e Vrba, E. S. *J. Hum. Evol.* 2006; 50:595-626; Kolding, J. *Environmental Biology of Fishes* 1993; 37:25-46; Olaka, L. A. & outros. *J. Paleolimnology* 2010; 44:629-44; Van Bocxlaer, B. *J. Hum. Evol.* 2020; 140:102341; Yuretich, R. F. & outros. *Geochimica Et Cosmochimica Acta* 1983; 47:1099-109.
5. Alexeev, V. P. *The origin of the human race*. Moscou: Progress Publishers, 1986; Brown, F. & outros. *Nature* 1985; 316:788-92; Leakey, M. G. & outros. *Nature* 2001; 410:433-40; Lordkipanidze, D. & outros. *Science* 2013; 342:326-31; Ward, C. & outros. *Evolutionary Anthropology* 1999; 7:197-205.
6. Aldrovandi, U. *Ornithologiae*. Bologna: Francesco de Franceschi, 1599; Hedenström, A. & outros. *Curr. Biol.* 2016; 26:3066-70; Henningsson, P. & outros. *J. Avian Biol.* 2010; 41:94-8; Hutson, A. M. *J. Zool.* 1981; 194:305-16; Liechti, F. & outros. *Nature Communications* 2013; 4; Manthi, F. K. *The Pliocene micromammalian fauna from Kanapoi, northwestern Kenya, and its contribution to understanding the environment of Australopithecus anamensis*. Cape Town: University of Cape Town, 2006; Mayr, G. J. *Ornithology* 2015; 156:441-50; McCracken, G. F. & outros. *Royal Society Open Science* 2016; 3:160398; Zuki, A. B. Z. & outros. *Pertanika J. Tropical Agricultural Science* 2012; 35:613-22.
7. Delfino, M. *J. Hum. Evol.* 2020; 140:102353; Field, D. J. *J. Hum. Evol.* 2020; 140:102384; Kyle, K. e du Preez, L. H. *Afr. Zool.* 2020; 55:1-5; Manthi, F. K. e Winkler, A. J. *J. Hum. Evol.* 2020; 140:102338; Werdelin, L e Manthi, F. K. J. *African Earth Sciences* 2012; 64:1-8.
8. Geraads, D. & outros. *J. Vert. Paleo.* 2011; 31:447-53; Lewis, M. E. Comptes Rendus Palevol 2008; 7:607-27; Stewart, K. M. and Rufolo S. J. *J. Hum. Evol.* 2020; 140:102452; Van Bocxlaer, B. J. *Systematic Palaeontology* 2011; 9:523-50; Van Bocxlaer, B. *J. Hum. Evol.* 2020; 140:102341; Werdelin, L e Lewis, M. E. *J. Hum. Evol.* 2020; 140:102334; Werdelin, L. e Manthi, F. K. J. *African Earth Sciences* 2012; 64:1-8.
9. Stewart, K. *Nat. Hist. Mus. LA County Contributions in Science* 2003; 498:21-38; Stewart, K. M. e Rufolo, S. J. J. *Hum. Evol.* 2020; 140:102452.
10. Field, D. J. *J. Hum. Evol.* 2020; 140:102384; Owry, O. T. *Ornithological Monographs* 1967; 6:60-3; Rijke, A. M. e Jesser, W. A. *Condor* 2011; 113:245-54.
11. Field, D. J. *J. Hum. Evol.* 2020; 140:102384; Kozhinova, A. https://ispan.waw.pl/ireteslaw/handle/20.500.12528/1832017; Louchart, A. & outros. *Acta Palaeontologica Polonica* 2005; 50:549-63; Meijer, H. J. M. e Due, R. A. *Zoo. J. Linn. Soc.* 2010; 160:707-24; Ogada, D. L. & outros. *Conservation Biology* 2012; 26:453-60; Pomeroy, D. E. *Ibis* 1975; 117:69-81; Szyjewski, A. *Religia Słowian*. Varsóvia: Wydawnictwo WAM; 2010; Warren-Chadd, R. e Taylor, M. *Birds: Myth, lore & legend*. Londres: Bloomsbury. 2016, p. 304.
12. Basu, C. & outros. *Biology Letters* 2016; 12:20150940; Brochu, C. A. *J. Hum. Evol.* 2020; 140:102410; Geraads, D. & outros. *J. African Earth Sciences* 2013; 85:53-61; Geraads, D. e

Bobe, R. *J. Hum. Evol.* 2020; 140:102383; Harris, J. M. *Annals of the South African Museum* 1976; 69:325–53; Nanda, A. C. *J. Palaeont. Soc. India* 2013; 58:75–86.

13. Harris, J. M. *Annals of the South African Museum* 1976; 69:325–53; Solounias, N. *J. Mamm.* 1988; 69:845–8; Spinage, C. A. *J. Zool.* 1993; 230:1–5.
14. Sengani, F. e Mulenga, F. *Applied Sciences* 2020; 10:8824; Wynn, J. G. *J. Hum. Evol.* 2000; 39:411–32.
15. Cerling, T. E. & outros. *PNAS* 2015; 112:11467–72; Wagner, H. H. & outros. *Landscape Ecology* 2000; 15:219–27.
16. Farquhar, G. D. e Sharkey, T. D. *Annual Reviews* 1982; 33:317–45; Waggoner, P. E. and Simmonds, N. W. *Plant Physiology* 1966; 41:1268.
17. Pearcy, R. W. e Ehleringer, J. *Plant, Cell, and Environment* 1984; 7:1–13; Spreitzer, R. J. e Salvucci, M. E. *Ann. Rev. Plant Biol.* 2002; 53:449–75; Westhoff, P. e Gowik, U. *Plant Physiology* 2010; 154:598–601.
18. Caswell, H. & outros. *American Naturalist* 1973; 107:465–80; Cerling, T. E. & outros. *PNAS* 2015; 112:11467–72; Pearcy, R. W e Ehleringer, J. *Plant, Cell, and Environment* 1984; 7:1–13.
19. Cerling, T. E. & outros. *PNAS* 2015; 112:11467–72; Field, D. J. *J. Hum. Evol.* 2020; 140:102384; Franz-Odendaal, T. A e Solounias, N. *Geodiversitas* 2004; 26:675–85; Geraads, D. & outros. *J. African Earth Sciences* 2013; 85:53–61; Harris J. M. *Annals of the South African Museum* 1976; 69:325–53; Uno, K. T. & outros. *PNAS* 2011; 108:6509–14; Wynn, J. G. *J. Hum. Evol.* 2000; 39:411–32.
20. Cerling, T. E. & outros. *PNAS* 2015; 112:11467–72; Sanders, W. J. *J. Hum. Evol.* 2020; 140:102547; Valeix, M. & outros. *Biological Conservation* 2011; 144:902–12.
21. Žliobaitė, I. *Data Mining and Knowledge Discovery* 2019; 33:773–803.
22. Gunnell, G. F e Manthi, F. K. *J. Hum. Evol.* 2020; 140:102440; Wynn, J. G. *J. Hum. Evol.* 2000; 39:411–32.
23. Dávid-Barrett, T. e Dunbar, R. I. M. *J. Hum. Evol.* 2016; 94:72–82; Head, J. J. e Müller, J. *J. Hum. Evol.* 2020; 140:102451; Stave, J. & outros. *Biodiversity and Conservation* 2007; 16:1471–89; Ungar, P. S. & outros. *Phil. Trans. R. Soc.* B 2010; 365:3345–54; Ward, C. & outros. *Evolutionary Anthropology* 1999; 7:197–205; Ward, C. V. & outros. *J. Hum. Evol.* 2001; 41:255–368; Ward, C. V. & outros. *J. Hum. Evol.* 2013; 65:501–24.
24. Stave, J. & outros. *Biodiversity and Conservation* 2007; 16:1471–89.
25. Almécija, S. & outros. *Nature Communications* 2013; 4; Brunet, M. & outros. *Nature* 2002; 418:145–51; Haile-Selassie, Y. & outros. *American J. Physical Anthropology* 2010; 141:406–17; Parins-Fukuchi, C. & outros. *Paleobiology* 2019; 45:378–93; Pickford, M. e Senut, B. *Comptes Rendus A* 2001; 332:145–52; Sarmiento, E. E. e Meldrum, D. J. J. *Comparative Human Biology* 2011; 62:75–108; Ward, C. V. & outros. *Phil. Trans. R. Soc.* B 2010; 365:3333–44; Wolpoff, M. H. & outros. *Nature* 2002; 419:581–2.
26. Rose, D. "The Ship of Theseus Puzzle". Em: Lombrozo, T. & outros, eds. *Oxford Studies in Experimental Philosophy*. Volume 3. Oxford, UK: Oxford University Press, 2020, pp. 158–74.
27. Wagner, P. J. e Erwin, D. H. *Phylogenetic Patterns as Tests of Speciation Models*. Nova York: Columbia University Press, 1995, pp. 87–122.
28. Kimbel, W. H. & outros. *J. Hum. Evol.* 2006; 51:134–52.
29. Lewis, J. E. e Harmand, S. Phil. *Trans. R. Soc. B* 2016; 371:20150233; McHenry, H. M. *American J. Physical Anthropology* 1992; 87:407–31; Reno, P. L. & outros. *PNAS* 2003; 100:9404–9; Ward, C. V. & outros. *Phil. Trans. R. Soc.* B 2010; 365:3333–44.
30. Geraads, D. & outros. *J. African Earth Sciences* 2013; 85:53–61; Sanders, W. J. *J. Hum. Evol.* 2020; 140:102547.
31. Faith, J. T. & outros. *Quaternary Research* 2020; 96:88–104; Fortelius, M. & outros. *Phil. Trans. R. Soc. B* 2016; 371:20150232; Werdelin, L. e Lewis, M. E. *PLoS One* 2013; 8:e57944.

32. Bobe, R. e Carvalho, S. *J. Hum. Evol.* 2019; 126:91–105; Harmand, S. & outros. *Nature* 2015; 521:310; Departamento de Agricultura, Governo do Condado de Turkana, Quênia. https://www.turkana.go.ke/index.php/ ministry-of-pastoral-economies-fisheries/department-of-agriculture. Acessado em 08/07/2020.
33. Olff, H. & outros. *Nature* 2002; 415: 901-904; Ripple, W. J. & outros. *Science Advances* 2015; 1:e1400103.

### 3. Dilúvio — Mioceno

1. Audra, P. & outros. *Geodinamica Acta* 2004; 17:389–400; Fauquette, S. & outros. *Palaeo3* 2006; 238:281–301; Mao, K. S. & outros. *New Phytologist* 2010; 188:254–72; Young, R. A. "Pre- Colorado River drainage in western Grand Canyon: Potential influence on Miocene stratigraphy in Grand Wash Trough". Em: Reheis, M. C. & outros, eds. *Late Cenozoic Drainage History of the Southwestern Great Basin and Lower Colorado River Region: Geologic and Biotic Perspectives*: The Geological Society of America, 2008, pp. 319–33.
2. Cita, M.B. "The Messinian Salinity Crisis in the Mediterranean". Em: Briegel, U. e Xiao, W., eds. *Paradoxes in Geology*: Elsevier, 2001, pp. 353–60.
3. Hou, Z. G. e Li, S. Q. *Biological Reviews* 2018; 93:874–96.
4. Hsu, K. J. "The desiccated deep basin model for the Messinian events". Em: Drooger, C.W, ed. *Messinian Events in the Mediterranean*. Amsterdam: Noord-Halland Publ. Co., 1973, pp. 60–7; Madof, A. S. & outros. *Geology* 2019; 47:171–4; Popov, S. V. & outros. *Palaeo3* 2006; 238:91–106; Wang, F. X. e Polcher, J. *Sci. Reports* 2019; 9:8024.
5. Barber, P. M. *Marine Geology* 1981; 44:253–72; Cita, M. B. "The Messinian Salinity Crisis in the Mediterranean". Em: Briegel, U. e Xiao, W., eds. *Paradoxes in Geology*: Elsevier, 2001, pp. 353–60; El Fadli, K. I. & outros. *Bull. Am. Meteorological Soc.* 2013; 94:199–204; Haq, B. U. & outros. *Global and Planetary Change* 2020; 184:103052; Kontakiotis, G. & outros. *Palaeo3* 2019; 534; Murphy, L. N. & outros. *Palaeo3* 2009; 279:41–59; Natalicchio, M. & outros. *Organic Geochemistry* 2017; 113:242–53.
6. Anzidei, M. & outros. "Coastal structure, sea-level changes and vertical motion of the land in the Mediterranean". Em: Martini, I. P. e Wanless, H. R., eds. *Sedimentary Coastal Zones from High to Low Latitudes: Similarities and Differences*. Volume 388. Londres: Geological Society of London Special Publications, 2014; Dobson, M. e Wright, A. *J. Biogeog.* 2000; 27:417–24; Meulenkamp, J. E. & outros. *Tectonophysics* 1994; 234:53–72.
7. Fauquette, S. & outros. *Palaeo3* 2006; 238:281–301; Freudenthal, M. e Martin-Suarez, E. *Comptes Rendus Palevol* 2010; 9:95–100.
8. Kleyheeg, E. e van Leeuwen, C. H. A. *Aquatic Botany* 2015; 127:1–5; Meijer, H. J. M. *Comptes Rendus Palevol* 2014; 13:19–26; Pavia, M. & outros. *Royal Society Open Science* 2017; 4:160722.
9. Mas, G. & outros. *Geology* 2018; 46:527–30; van der Geer, A. & outros. *Gargano. Evolution of Island Mammals: Adaptation and Extinction of Placental Mammals on Islands*, 1ª edição: Blackwell Publishing Ltd, 2010, pp. 62–79; Willemsen, G. F. *Scripta Geologica* 1983; 72:1–9.
10. Kotrschal, K. & outros. "Making the best of a bad situation: homosociality in male greylag geese". Em: Sommer, V. e Vasey, P. L., eds. *Homosexual Behaviour in Animals: An Evolutionary Perspective*. Cambridge, UK: Cambridge University Press, 2006, pp. 45–76; Meijer, H. J. M. *Comptes Rendus Palevol* 2014; 13:19–26; Pavia, M. & outros. *Royal Society Open Science* 2017; 4:160722.
11. Alcover, J. A e McMinn, M. *Bioscience* 1994; 44:12–8; Ballmann, P. *Scripta Geologica* 1973; 17:1–75; Brathwaite, D. H. *Notornis* 1992; 39:239–47; Wehi, P. M. & outros. *Human Ecology* 2018; 46:461–70.

12. Guthrie, R. D. *J. Mamm.* 1971; 52:209-12; Mazza, P. P. A. e Rustioni, M. *Zoo. J. Linn. Soc.* 2011; 163:1304-33.
13. Bazely, D. R. *Trends in Ecology & Evolution* 1989; 4:155-6; Wang, Y. & outros. *Science* 2019; 364:1153.
14. Mazza, P. P. A. *Geobios* 2013; 46:33-42; Patton, T. H. e Taylor, B. E. *Bull. Am. Mus. Nat. Hist.* 1971; 145:119-218.
15. Jaksic, F. M. e Braker, H. E. *Can. J. Zool.* 1983; 61:2230-41; Leinders, J. J. M. *Scripta Geologica* 1983; 70:1-68; Mazza, P. & outros. *Palaeontographica Abteilung A* 2016; 307:105-47.
16. Freudenthal, M. *Scripta Geologica* 1971; 3:1-10.
17. Van Hinsbergen, D. J. J. & outros. *Gondwana Research* 2020; 81:79-229.
18. Angelone, C. e Čermák, S. *Palaeontologische Zeitschrift* 2015; 89:1023-38; Ballmann, P. *Scripta Geologica* 1973; 17:1-75; Delfino, M. & outros. *Zoo. J. Linn. Soc.* 2007; 149:293-307; Mazza, P. *Bull. Palaeont. Soc.* Itália 1987; 26:233-43; Moncunill-Sole, B. & outros. *Geobios* 2018; 51:359-66.
19. Benton, M. J. & outros. *Palaeo3* 2010; 293:438-54; Itescu, Y. & outros. *Global Ecology and Biogeography* 2014; 23:689-700; Lomolino, M. V. *J. Biogeog.* 2005; 32:1683-99; Marra, A. C. *Quaternary International* 2005; 129:5-14; Meiri, S. & outros. *Proc. R. Soc. B* 2008; 275:141-8; Mitchell, K. J. & outros. *Science* 2014; 344:898-900; Nopcsa, F. *Verhandlungen der zoologische-botanischen Gesellschaft.* Volume 54. Viena 1914, pp. 12-4; van Valen, L. M. *Evolutionary Theory* 1973; 1:31-49; Worthy, T. H. & outros. *Biology Letters* 2019; 15:20190467.
20. Alcover, J. A. & outros. *Biol. J. Linn. Soc.* 1999; 66:57-74; Bover, P. & outros. *Geological Magazine* 2010; 147:871-85; Kohler, M. & outros. *PNAS* 2009; 106:20354-8; Kurakina, I. O. & outros. *Chemistry of Natural Compounds* 1969; 5:337-9; Quintana, J. & outros. *J. Vert. Paleo.* 2011; 31:231-40; Welker, F. & outros. *Quaternary Research* 2014; 81:106-16; Winkler, D. E. & outros. *Mammalian Biology* 2013; 78:430-7.
21. Caro, T. *Phil. Trans. R. Soc. B* 2009; 364:537-48; Freudenthal, M. *Scripta Geol.* 1972; 14:1-19; Nowak, R. M. *Walker's Mammals of the World I.* 5ª ed. Baltimore, Maryland: Johns Hopkins University Press; 1991, pp. 1-162; Wilson, D. E. e Reeder, D. M. *Mammal Species of the World. A Taxonomic and Geographic Reference.* Baltimore, Maryland, USA: Johns Hopkins University Press, 2005.
22. Abril, J. M. e Perianez, R. *Marine Geology* 2016; 382:242-56; Balanya, J. C. & outros. *Tectonics* 2007; 26:TC2005; Garcia-Castellanos, D. & outros. *Nature* 2009; 462: 778-U. &96; Plínio, o Velho. *História Natural,* volume 11855.
23. Garcia-Castellanos, D. & outros. *Nature* 2009; 462:778-U96; Micallef, A. & outros. *Sci. Reports* 2018; 8:1078.
24. Marra, A. C. *Quaternary International* 2005; 129:5-14; Northcote, E.M. *Ibis* 1982; 124:148-58.
25. Ermakhanov, Z. K. & outros. *Lakes & Reservoirs* 2012; 17:3-9; Hammer, U. T. *Saline Lake Ecosystems of the World.* Springer Netherlands; 1986; Lehmann, P. N. *American Historical Review* 2016; 121:70-100; O'Hara S. L. & outros. *Lancet* 2000; 355:627-8; Rogl, F. e Steininger, F. F. "Neogene Paratethys, Mediterranean and Indopacific Seaways". Em: Brenchley, P., ed. *Fossils and Climate.* Londres: Wiley and Sons, 1984, pp. 171-200; Walthan, T. e Sholji, I. *Geology Today* 2002; 17:218-24; Yechieli, Y. *Ground Water* 2000; 38:615-23; Yoshida, M. *Geology* 2016; 44:755-8.
26. Billi, A. & outros. *Geosphere* 2007; 3:1-15.
27. Black, T. *Ecology of an island mouse, Apodemus sylvaticus hirtensis*: University of Edinburgh, 2013; Bover, P. & outros. *Holocene* 2016; 26:1887-91; Kidjo, N. & outros. *Bioacoustics* 2008; 18:159-81; Vigne, J. D. *Mammal Review* 1992; 22:87-96; Vigne, J. D. "Preliminary results on the exploitation of animal resources in Corsica during the Preneolithic". Em: Balmuth, M. S. e Tykot, R. H., eds. *Sardinian and Aegean Chronology.* Oxford, UK: Oxbow Books, 1998, pp. 57-62.

## 4. Terra natal — Oligoceno

1. Diester-Haass, L. e Zahn, R. *Geology* 1996; 24:163–6; Flynn, J. J & outros. *Palaeo3* 2003; 195:229–59; Kedves, M. *Acta Bot. Acad. Sci. Hung.* 1971; 17:371–8; Kohn, M. J. & outros. *Palaeo3* 2015; 435:24–37; Liu, Z. & outros. *Science* 2009; 323:1187–90; Prasad, V. & outros. *Science* 2005; 310:1177–80; Sarmiento, G. *Boletin Geologico Ingeominas* 1992; 32; Stromberg, C. A. E. *Annual Review of Earth and Planetary Science*s, vol. 39 2011; 39:517–44.
2. Croft, D. A. & outros. *Arquivos do Museu Nacional* 2008; 66:191–211; Folguera, A. e Ramos, V. A. *J. South American Earth Science*s 2011; 32:531–46; Lockley, M. & outros. *Cretaceous Research* 2002; 23:383–400.
3. Houston, J. e Hartley, A. J. *Int. J. Climatol.* 2003; 23:1453–64; Mattison, L. e Phillips, I. D. *Scottish Geographical Journal* 2016; 132:21–41; Nanzyo, M. & outros. "Physical characteristics of volcanic ash soils". Em: Shoji, S. & outros, eds. *Volcanic Ash Soils, Genesis, Properties, and Utilization*. Tokyo: Elsevier; 1993, pp. 189–207; Williams, M. A. J. "Cenozoic climate changes in deserts: a synthesis". Em: Abrahams, A. D. e Parsons, A. J., eds. *Geomorphology of Desert Environments*. Londres: Chapman and Hall, 1994, pp. 644–70.
4. Hernández-Hernández, T. & outros. *New Phytologist* 2014; 202:1382–97.
5. Croft, D. A. & outros. *Fieldiana* 2003; 1527:1–38; Hester, A. J. & outros. *Forestry* 2000; 73:381–91; McKenna, M. C. & outros. *Am. Mus.* Nov. 2006; 3536:1–18; Milchunas, D. G. & outros. *American Naturalist* 1988; 132:87–106; Scanlon, T. M. & outros. *Advances in Water Resources* 2005; 28:291–302; Simpson, G. G. *South American Mammals.* Em: Fittkau, J. J., ed. *Biogeography and Ecology in South America.* The Hague: Dr. W. Junk N. V; 1969, pp. 879–909.
6. De Muizon, C. & outros. *J. Vert. Paleo.* 2003; 23:886–94; De Muizon, C. & outros. *J. Vert. Paleo.* 2004; 24:398–410; Delsuc, F. & outros. *Curr. Biol.* 2019; 29:2031; McKenna, M. C. & outros. *Am. Mus.* Nov. 2006; 3536:1–18; Patino, S. & outros. *Hist. Biol.* 2019, DOI: 10.1080/08912963.2019.1664504; Urbani, B. e Bosque, C. *Mammalian Biology* 2007; 72:321–9.
7. Croft D. A. & outros. *Annual Review of Earth and Planetary Sciences* 2020; 48:259–90; Hautier L. & outros. *J. Mamm. Evol.* 2018; 25:507–23.
8. Barry, R. E. e Shoshani, J. *Mammalian Species* 2000; 645: 1-7; Croft, D. A. *Evolutionary Ecology Research* 2006; 8: 1193-1214; Croft, D. A. *Horned Armadillos and Rafting Monkeys: The Fascinating Fossil Mammals of South America. Bloomington and Indianapolis*: Indiana University Press, 2016; Flynn, J. J. & outros. *Palaeo3* 2003; 195:229–59.
9. Croft D. A. & outros. *Annual Review of Earth and Planetary Sciences* 2020; 48:259–90; Winemiller, K. O. & outros. *Ecology Letters* 2015; 18:737–51.
10. Rose, K. D. & outros. "Xenarthra and Pholidota". Em: Rose, K. D. e Archibald, J. D., eds. *The Rise of Placental Mammals: Origins and Relationships of the Major Extant Clades.* Baltimore, USA: Johns Hopkins University Press, 2005, pp. 106–26.
11. Costa, E. & outros. *Palaeo3* 2011; 301:97–107; Kohler, M. e Moya-Sola, S. *PNAS* 1999; 96:14664–7.
12. Guerrero, E. L. & outros. *Rodriguesia* 2018; 69.
13. Bond, M. & outros. *Nature* 2015; 520:538; Martin, T. *Paleobiology* 1994; 20:5–13.
14. Capobianco, A. e Friedman M. *Biological Reviews* 2019; 94:662–99; Chakrabarty, P. & outros. *PLoS One* 2012; 7:e44083; Martin, C. H. e Turner, B. J. *Proc. R. Soc. B* 2018; 285:20172436; Pyron, R. A. *Syst. Biol.* 2014; 63:779–97; Richetti, P. C. & outros. *Tectonophysics* 2018; 747:79–98.
15. Bertrand, O. C. & outros. *Am. Mus.* Nov. 2012; 3750:1–36.
16. Linder, H. P. & outros. *Biological Reviews* 2018; 93:1125–44.
17. Cully, A. C. & outros. *Conservation Biology* 2003; 17:990–8; Hooftman, D. A. P. & outros. *Basic and Applied Ecology* 2006; 7:507–19; Pereyra, P. J. *Conservation Biology* 2020; 34:373–7; Preston, C. D. & outros. *Bot. J. Linn. Soc.* 2004; 145:257–94; Thomas, C. D. e Palmer, G. *PNAS* 2015;

112:4387-92; van de Wiel, C. C. M. & outros. *Plant Genetic Resources* 2010; 8:171-81; Wildlife and Countryside Act. Parlamento do Reino Unido 1981.

18. Ameghino, F. *Anales del Museo Nacional* (Buenos Aires) 1907; 9:107-242; Benton, M. J. *Palaeontology* 2015; 58:1003-29; Gaudry, A. *Bulletin de la Societe Geologique de France* 1891; 19:1024-35; Podgorny, I. *Science in Context* 2005; 18:249-83; Vilhena, D. A. e Smith, A. B. *PLoS One* 2013; 8:e74470.

19. Hochadel, O. *Studies in Ethnicity and Nationalism* 2015; 15:389-410; McPherson, A. *State Geosymbols: Geological Symbols of the 50 United States*. Bloomington: AuthorHouse, 2011; Rowland, S. M. "Thomas Jefferson, extinction, and the evolving view of Earth history in the late eighteenth and early nineteenth centuries". Em: Rosenberg, G. D., ed. *The Revolution in Geology from the Renaissance to the Enlightenmen*t: Geological Society of America Memoir 2009; 203: pp. 225-46.

20. McKenna, M. C. & outros. *Am. Mus. Nov.* 2006; 3536:1-18; Waitt, R. B. *Bulletin of Volcanology* 1989; 52:138-57.

21. Flynn, J. J. & outros. *Palaeo3* 2003; 195:229-59; Travouillon, K. J. e Legendre, S. *Palaeo3* 2009; 272:69-84.

22. Barton, H. & outros. *J. Archaeological Science* 2018; 99:99-111; Lucas, P. W. & outros. *Annales Zoologici Fennici* 2014; 51: 143-52; Massey, F. P. & outros. *Oecologia* 2007; 152: 677-683; Massey, F. P. & outros. *Basic and Applied Ecology* 2009; 10:622-30; Rudall, P. J. & outros. *Botanical Review* 2014; 80:59-71; Veits, M. & outros. *Ecology Letters* 2019; 22:1483-92.

23. McHorse, B. K. & outros. *Integrative and Comparative Biol.* 2019; 59:638-55; Mihlbachler, M. C. & outros. *Science* 2011; 331:1178-81; Saarinen, J. *The Palaeontology of Browsing and Grazing*. Em: Gordon, I. J. e Prins H. H. T., eds. *The Ecology of Browsing and Grazing II*. Cham: Springer Nature Switzerland, 2019, pp. 5-59; Tapaltsyan, V. & outros. *Cell Reports* 2015; 11:673-80.

24. Bacon, C. D. & outros. *PNAS* 2015; 112:6110-5; Woodburne, M. O. *J. Mamm. Evol.* 2010; 17:245-64.

25. Barnosky, A. D. e Lindsey, E. L. *Quaternary International* 2010; 217:10-29; Barnosky, A. D. & outros. *PNAS* 2016; 113:856-61; Frank, H. T. & outros. *Revista Brasileira de Paleontologia* 2015; 18:273-84; MacPhee, R. D. E. & outros. *Am. Mus. Nov.* 1999; 3261:1-20; McKenna, M. C. e Bell, S. K. *Classification of Mammals Above the Species Level*. New York Columbia University Press, 1997; Vizcaino, S. F. & outros. *Acta Palaeontologica Polonica* 2001; 46:289-301.

26. MacPhee, R. & outros. *Society of Vertebrate Palaeontology 74th Annual Meeting*. Berlim, Alemanha 2014; Welker, F. & outros. *Nature* 2015; 522:81-4.

27. Bai, B. & outros. *Communications Biology* 2018; 1; Osborn, H. F. *Bull. Am. Mus. Nat. Hist.* 1898; 10:159-65; Rose, K. D. & outros. *Nature Communications* 2014; 5.

## 5. Ciclos — Eoceno

1. Bowman, V. C. & outros. *Palaeo3* 2014; 408:26-47; Case, J. A. *Geological Society of America Memoirs* 1988; 169:523-30; Doktor, M. & outros. *Acta Palaeontologica Polonica* 1996; 55:127-46; Marenssi, S. A. & outros. *Sedimentary Geology* 2002; 150:301-21; Poole, I. & outros. *Annals of Botany* 2001; 88:33-54; Poole, I. & outros. *Palaeo3* 2005; 222:95-121; Pujana, R. R. & outros. *Review of Palaeobotany and Palynology* 2014; 200:122-37; Seddon, P. J. e Davis, L. S. *Condor* 1989; 91: 653-59; Tatur, A. e Keck, A. *Proceedings of the NIPR Symposium on Polar Biology* 1990; 3:133-50; Zinsmeister, W. B. e Camacho, H. H. "Late Eocene (to possibly earliest Oligocene) molluscan fauna of the La Meseta Formation of Seymour Island, Antarctic Peninsula". Em: Craddock, C., ed. *Antarctic Geoscience*. Madison, Wisconsin: University of Wisconsin Press, 1982, pp. 299-304.

2. Buffo, J. & outros. *USDA Forest Service Research Paper* 1972; 142:1-74.
3. Wyatt, B. M. & outros. J. *Astrophysics and Astronomy* 2018; 39:0026.
4. Fricke, HC. & outros. *Earth and Planetary Science Letters* 1998; 160:193-208; Frieling, J. & outros. *Paleoceanography and Paleoclimatology* 2019; 34:546-66; Gehler, A. & outros. *PNAS* 2016; 113:7739-44; Gingerich, P. D. *Paleoceanography and Paleoclimatology* 2019; 34:329-35; Higgins, J. A. e Schrag D. P. *Earth and Planetary Science Letters* 2006; 245:523-37; Storey, M. & outros. *Science* 2007; 316:587-9; Zachos, J. C. & outros. *Science* 2003; 302:1551-4.
5. D'Ambrosia, A. R. & outros. *Science Advances* 2017; 3:e1601430; Hooker, J. J. and Collinson, M. E. *Austrian J. Earth Science*s 2012; 105:17-28; Porter, W. P. e Kearney, M. *PNAS* 2009; 106:19666-72; Shukla, A. & outros. *Palaeo3* 2014; 412:187-98; Sluijs, A. & outros. *Nature* 2006; 441:610-3; Zachos, J. C. & outros. *Science* 2005; 308:1611-5.
6. Bijl, P. K. & outros. *PNAS* 2013; 110:9645-50; Dutton, A. L. & outros. *Paleoceanography* 2002; 17: 6-1-6-13.
7. Slack, K. E. & outros. *Mol. Biol. Evo.* 2006; 23:1144-55; Tambussi, C. P. & outros. *Geobios* 2005; 38:667-75.
8. Acosta Hospitaleche, C. *Comptes Rendus Palevol* 2014; 13:555-60; Davis, S. N. & outros. *PeerJ* 2020; 8; Jadwiszczak, P. *Polish Polar Resear*ch 2006; 27:3-62; Levins, R. *Evolution in Changing Environments: Some Theoretical Explorations.* Princeton, Nova Jersey: Princeton University Press, 1968.
9. Acosta Hospitaleche, C. & outros. *Lethaia* 2020; 53:409-20; Dzik, J. e Gaździcki, A. *Palaeo3* 2001; 172:297-312; Jadwiszczak, P. e Gaździcki, A. *Antarctic Science* 2014; 26:279-80; Reguero, M. A. & outros. *Rev. Peru. Biol.* 2012; 19:275-84; Schwarzhans, W. & outros. *J. Systematic Palaeontology* 2017; 15:147-70.
10. Reguero, M. A. & outros. *Rev. Peru. Biol.* 2012; 19:275-84; Scher, H. D. & outros. *Science* 2006; 312:428-30.
11. Randall, D. *An Introduction to the Global Circulation of the Atmosphere.* Princeton: Princeton University Press, 2015.
12. Acosta Hospitaleche, C. e Reguero, M. *J. South American Earth Science*s 2020; 99; Bourdon, E. *Naturwissenschaften* 2005; 92:586-91; Ivany, L. C. & outros. *Bull. Geol. Soc. Am.* 2008; 120:659-78; Jadwiszczak P. & outros. *Antarctic Science* 2008; 20:413-4; Ksepka, D. T. *PNAS* 2014; 111:10624-9; Louchart, A. & outros. *PLoS One* 2013; 8:e80372; Phillips, G. C. *Survival Value of the White Coloration of Gulls and Other Sea Birds* : Oxford University, UK, 1962.
13. Ksepka, D. T. *PNAS* 2014; 111:10624-9; Mackley, E. K. & outros. *Marine Ecology Progress Series* 2010; 406:291-303.
14. Reguero, M. A. & outros. *Rev. Peru. Biol.* 2012; 19:275-84; Wueringer, B. E. & outros. *PLoS One* 2012; 7:e41605; Wueringer, B. E. & outros. *Curr. Biol.* 2012; 22:R150-R151.
15. Buono, M. R. & outros. *Ameghiniana* 2016; 53:296-315; Gingerich, P. D. & outros. *Science* 1983; 220:403-6; Nummela, S. & outros. *J. Vert. Paleo.* 2006; 26:746-59.
16. Ekdale, E. G. e Racicot, R. A. *J. Anatomy* 2015; 226:22-39; Park, T. & outros. *Proc. R. Soc. B* 2017; 284:20171836.
17. Bond, M. & outros. *Am. Mus.* Nov. 2011; 3718:1-16; Mors, T. & outros. *Sci. Reports* 2020; 10:5051.
18. Reguero, M. A. & outros. *Palaeo3* 2002; 179:189-210; Reguero M. A. & outros. *Global and Planetary Change* 2014; 123:400-13.
19. Gelfo, J. N. *Ameghiniana* 2016; 53:316-32; Gelfo, J. N. & outros. *Antarctic Science* 2017; 29:445-55.
20. Amico, G. e Aizen, M. A. *Nature* 2000; 408:929-30; Goin, F. J. & outros. *Revista de la Asociacion Geologica Argentina* 2007; 62:597-603; Goin, F. J. & outros. *J. Mamm. Evol.* 2020; 27:17-36;

Munoz-Pedreros, A. & outros. *Gayana* 2005; 69:225–33; Springer, M. S. & outros. *Proc. R. Soc. B* 1998; 265:2381–6.
21. Tambussi, C. P. & outros. *Polish Polar Research* 1994; 15: 15-20; Torres, C. R. e Clarke, J. A. *Proc. R. Soc. B* 2018; 285:20181540.
22. Alvarenga, H. M. F. & outros. *Pap. Avulsos Zool.* 2003; 43:55–91; Bertelli, S. & outros. *J. Vert. Paleo.* 2007; 27:409–19; Mazzetta, G. V. & outros. *J. Vert. Paleo.* 2009; 29:822–30; Tambussi, C. e Acosta Hospitaleche, C. *Revista de la Asociacion Geologica Argentina* 2007; 62:604–17; Worthy, T. H. & outros. *Royal Society Open Science* 2017; 4:170975.
23. Degrange, F. J. & outros. *International Congress on Vertebrate Morphology* 2016. Volume 299. Washington, DC, USA, 29 jun.–3 jul. 2016. P. 224.
24. Arendt, J. *Chronobiology International* 2012; 29:379–94; Geiser, F. *Clinical and Experimental Pharmacology and Physiology* 1998; 25:736–9; Grenvald, J. C. & outros. *Polar Biology* 2016; 39:1879–95; Peri, P. L. & outros. *Forest Ecology and Management* 2008; 255:2502–11; Williams, C. T. & outros. *Physiology* 2015; 30:86–96.
25. Goin, F. J. & outros. *Geological Society of London Special Publications* 2006; 258:135–44; Krause, D. W. & outros. *Nature* 2014; 515:512; Krause D. W. & outros. *Nature* 2020; 581:421–7; Monks, A. e Kelly D. *Austral Ecology* 2006; 31:366–75.
26. Case, J. A. *Geological Society of London Special Publications* 2006; 258:177–86.
27. Goldner, A. & outros. *Nature* 2014; 511:574; Ivany, L. C. & outros. *Geology* 2006; 34:377–80; Kennedy, A. T. & outros. *Phil. Trans. R. Soc. A* 2015; 373:20150092; Zachos, J. C. e Kump, L. R. *Global and Planetary Change* 2005; 47:51–66.
28. Burckle, L. H e Pokras, E. M. *Antarctic Science* 1991; 3:389–403; Holderegger, R. & outros. *Arctic Antarctic and Alpine Research* 2003; 35:214–7; Peat, H. J. & outros. *J. Biogeog.* 2007; 34:132–46; Veblen, T. T. & outros. *The Ecology and Biogeography of Nothofagus forests*. New Haven e Londres: Yale University Press, 1996; Zitterbart, D. P. & outros. *Antarctic Science* 2014; 26:563–4.
29. Bonadonna, F. & outros. *Proc. R. Soc. B* 2005; 272:489–95.

### 6. Renascimento — Paleoceno

1. Alvarez, L. W. & outros. *Science* 1980; 208:1095–108; Arthur, M. A. & outros. *Cretaceous Research* 1987; 8:43–54; Byrnes, J. S. & outros. *Science Advances* 2018; 4:eaao2994; Chiarenza, A. A. & outros. *PNAS* 2020; 117:17084–93; Collins, G. S. & outros. *Nature Communications* 2020; 11:1480; DePalma, R. A. & outros. *PNAS* 2019; 116:8190–9; Goto, K. & outros. "Deep sea tsunami deposits in the Proto-Caribbean Sea at the Cretaceous/Tertiary Boundary". Em: Shiki, T & outros, eds. *Tsunamites*: Elsevier, 2008, pp. 251–75; Jablonski, D. e Chaloner, W. G. *Trans. R. Soc. B* 1994; 344:11–6; Kaiho, K. & outros. *Sci. Reports* 2016; 6:28427; Morgan J. & outros. *Nature* 1997; 390:472–6; Sanford J. C. & outros. *J. Geophysical Research-Solid Earth* 2016; 121:1240–61; Tyrrell, T. & outros. *PNAS* 2015; 112:6556–61; Vajda, V. e McLoughlin S. *Science* 2004; 303:1489; Vajda, V. & outros. *Science* 2001; 294:1700–2; Vellekoop J. & outros. *PNAS* 2014; 111:7537–41; Witts, J. D. & outros. *Cretaceous Research* 2018; 91:147–67.
2. Alvarez, L. W. & outros. *Science* 1980; 208:1095–108; Field, D. J. & outros. *Curr. Biol.* 2018; 28:1825; Harrell, T. L. e Martin, J. E. *Netherlands J. Geosciences* 2015; 94:23–37; Henderson, M. D. e Petterson, J. E. *J. Vert. Paleo.* 2006; 26:192–5; Kaiho, K. e Oshima, N. *Sci. Reports* 2017; 7:14855; Robinson, L. N. e Honey, J. G. *PALAIOS* 1987; 2:87–90; Schimper, W. D. *Traite de paleontologie vegetale*. Paris: Balliere; 1874; Swisher III, C. C. & outros. *Can. J. Earth Sci.* 1993; 30:1981–96; Weishampel, D. B. & outros. "Dinosaur Distribution". Em: Weishampel, D. B. & outros, eds. *The Dinosauria*. 2ª ed.: University of California Press; 2004, pp. 517–606; Wilf, P. e Johnson, K. R. *Paleobiology* 2004; 30:347–68; Wilson, G. P. 2014; 503:365–92.

3. Smith, S. M. & outros. *Bull. Geol. Soc. Am.* 2018; 130:2000-14; Wells, H. G. *A Short History of the World.* Nova York: The MacMillan and Company, 1922.
4. Berry, K. *Rocky Mountain Geology* 2017; 52:1-16; Diemer, J. A. e Belt E. S. *Sedimentary Geology* 1991; 75:85-108; Fastovsky, D. E. *PALAIOS* 1987; 2:282-95; Fastovsky. D. E. e Bercovici, A. *Cretaceous Research* 2016; 57:368-90; Robertson, D. S. & outros. *J. Geophysical Research* 2013; 118:329-36; Russell, D. A. & outros. *Geological Society of America Special Paper* 361; 2002, pp. 169-76; Slattery, J. S. & outros. *Wyoming Geological Association Guidebook 2015*; 2015:22-60.
5. Correa, A. M. S. e Baker, A. C. *Global Change Biology* 2011; 17:68-75; Harries, P. J. & outros. *Biotic Recovery from Mass Extinction Events 1996*:41-60; Jolley, D. W. & outros. *J. Geol. Soc.* 2013; 170:477-82; Lehtonen, S. & outros. *Sci. Reports* 2017; 7:4831; Vajda, V. e Bercovici, A. *Global and Planetary Change* 2014; 122:29-49; Walker, K. R. e Alberstadt, L. P. *Paleobiology* 1975; 1:238-57.
6. Johnson, K. R. *Geological Society of America Special Papers* 361; 2002, pp. 329-91.
7. Arakaki, M. & outros. *PNAS* 2011; 108: 8379-8384; Ivey, C. T. e DeSilva, N. *Biotropica* 2001; 33:188-91; Malhado, A. C. M. & outros. 2012; 44:728-37.
8. Bush, R. T. e McInerney, F. A. *Geochimica Et Cosmochimica Acta 2013*; 117:161-79; Lichtfouse, E. & outros. *Organic Geochemistry* 1994; 22:349-51; Tipple, B. J. & outros. *PNAS* 2013; 110:2659-64.
9. Simpson, G. G. *J. Mamm.* 1933; 14:97-107; Wilson, G. P. & outros. *Nature* 2012; 483:457-60.
10. Ameghino, F. *Revista Argentina de Historia Natural* 1891; 1:289-328; Bonaparte, J. F. & outros. *Evolutionary Monographs* 1990; 14:1-61; Fox, R. C. & outros. *Nature* 1992; 358:233-5; Rich, T. H. & outros. *Alcheringa* 2016; 40:475-501; Wible, J. R. e Rougier, G. W. *Annals of Carnegie Museum* 2017; 84:183-252.
11. Behrensmeyer, A. K. & outros. *Paleobiology* 2000; 26:103-47; Grossnickle, D. M. & outros. *Trends in Ecology & Evolution* 2019; 34:936-49; Trueman, C. N. *Palaeontology* 2013; 56:475-86.
12. Friedman, M. *Proc. R. Soc. B* 2010; 277:1675-83; Grossnickle, D. M. e Newham, E. *Proc. R. Soc. B* 2016; 283:20160256; Wilson, G. P. & outros. *Nature Communications* 2016; 7:13734.
13. Dos Reis, M. & outros. *Biology Letters* 2014; 10:20131003; Goswami, A & outros. *PNAS* 2011; 108:16333-8; Halliday, T. J. D. & outros. *Proc. R. Soc. B* 2016; 283:20153026; O'Leary M. A. & outros. *Science* 2013; 339:662-7; Prasad, G. V. R. e Goswami, A. *12th Symposium on Mesozoic Terrestrial Ecosystems* 2015, pp. 75-7; Wible, J. R. & outros. *Bull. Am. Mus. Nat. Hist.* 2009; 327:1-123.
14. Halliday, T. J. D. & outros. *Biological Reviews* 2017; 92:521-50; Halliday, T. J. D. & outros. *Proc. R. Soc. B* 2016; 283:20153026.
15. Lindqvist, C. e Rajora, O. P. *Paleogenomics: Genome-Scale Analysis of Ancient DNA.* Cham, Suíça: Springer Nature, 2019.
16. Archibald, J. D. "Archaic ungulates ('Condylarthra')". Em: Janis, C. M. & outros, eds. *Evolution of Tertiary Mammals of North America. Terrestrial Carnivores, Ungulates, and Ungulate-like Mammals.* Cambridge, UK: Cambridge University Press, 1998, pp. 292-331; De Bast, E. e Smith, *T. J. Vert. Paleo.* 2013; 33:964-76.
17. Emerling, C. A. & outros. *Science Advances* 2018; 4:eaar6478.
18. Barbosa-Filho, J. M. & outros. "Alkaloids of the Menispermaceae". Em: Cordell, G. A., ed. *The Alkaloids: Chemistry and Biology.* Volume 54: Elsevier, 2000, pp. 1-190; Clemens, W. A. *PaleoBios* 2017; 34:1-26; Field, D. J. & outros. *Curr. Biol.* 2018; 28:1825; Johnson, K. R. *Geological Society of America Special Papers* 361; 2002, pp. 329-91; Parris, D. C. e Hope, S. *Proceedings of the 5th Symposium of the Society of Avian Paleontology and Evolution* 2002:113-24.
19. Anderson, A. O. e Allred, D. M. *The Great Basin Naturalist* 1964; 24:93-101; Botha-Brink, J. & outros. *Sci. Reports* 2016; 6:24053; Robertson, D. S. & outros. *Bull. Geol. Soc. Am.* 2004; 116:760-8.
20. Holroyd, P. A. & outros. *Geological Society of America Special Paper* 503; 2014, pp. 299-312; Mil-

ner, A. C. *Geological Society Special Publications* 140; 1998, pp. 247-57; O'Connor, P. M. & outros. *Nature* 2010; 466:748-51; Turner, A. H. e Sertich, J. J. W. *J. Vert. Paleo.* 2010; 30:177-236; Young, M. T. & outros. *Zoo. J. Linn. Soc.* 2010; 158:801-59.

21. Bryant, L. J. *Non-dinosaurian lower vertebrates across the Cretaceous-Tertiary Boundary in Northeastern Montana.* Berkeley: University of California Press, 1989; Katsura, Y. *Paleoenvironment and taphonomy of the fauna of the Tullock Formation (early Paleocene), McGuire Creek area, McCone County, Montana.* Bozeman: Montana State University, 1992; Keller, G. & outros. *Palaeo3* 2002; 178:257-97; Puertolas-Pascual, E. & outros. *Cretaceous Research* 2016; 57:565-90; Wilson, G. P. & outros. *Geological Society of America Special* Paper 503; 2014, pp. 271-97.

22. Johnson, K. R. *Geological Society of America Special Papers* 361; 2002, pp. 329-91; Lofgren, D. L. *The Bug Creek problem and the Cretaceous-Tertiary transition at McGuire Creek, Montana.* Berkeley, California: University of California Press, 1995; Shelley, S. L. & outros. *PLoS One* 2018; 13:e0200132; Wilson, M. V. H. *Quaestiones Entomologicae* 1978; 14:13-34.

23. Donovan, M. P. & outros. *PLoS One* 2014; 9:e103542.

24. Labandeira, C. C. & outros. *Geological Society of America Special Paper 361*; 2002, pp. 297-327.

25. Crossley-Holland, K. *The Penguin Book of Norse Myths: Gods of the Vikings.* Londres: Penguin Books Ltd., 1993.; van Valen, L. M. *Evolutionary Theory* 1978; 4:45-80.

26. Carroll, R. L. *Vertebrate Paleontology and Evolution.* Nova York, USA: W. H. Freeman and Company, 1988; Hostetter, C. F. *Mythlore* 1991; 3:5-10; van Valen, L. M. *Evolutionary Theory* 1978; 4:45-80.

27. Cooke, R. S. C. & outros. *Nature Communications* 2019; 10.

28. Halliday, T. J. D. e Goswami, A. *Biol. J. Linn. Soc.* 2016; 118:152-68; Halliday, T. J. D. & outros. *Biological Reviews* 2017; 92:521-50; Puechmaille, S. J. & outros. *Nature* Communications 2011; 2; Smith, F. A. & outros. *Science* 2010; 330:1216-9.

29. Coxall, H. K. & outros. *Geology* 2006; 34:297-300; Dashzeveg, D. e Russell, D. E. *Geobios* 1992; 25:647-50; Storer, J. E. *Can. J. Earth Sci.* 1993; 30:1613-7.

30. Koenen, E. J. M. & outros. *Syst. Biol.* 2020; 70: 508-26; Lowery, C. M. & outros. *Nature* 2018; 558:288; Lyson, T. R. & outros. *Science* 2019; 366:977-83.

## 7. Sinais — Cretáceo

1. Hone, D. W. E. e Henderson, D. M. *Palaeo3* 2014; 394:89-98; Henderson, D. M. *J. Vert. Paleo.* 2010; 30:768-85; Lu, J. *Memoir of the Fukui Prefecture Dinosaur Museum* 2003; 2:153-60; Lu, J. & outros. *Acta Geologica Sinica* 2005; 79:766-9; Martill, D. M. & outros. *Cretaceous Research* 2006; 27:603-10; Modesto, S. P. e Anderson, J. S. *Syst. Biol.* 2004; 53:815-21.

2. Chen, P. J. & outros. *Science in China Series D* 2005; 48:298-312; Fricke, H. C. & outros. *Nature* 2011; 480:513-5; Wang, X. R. & outros. *Acta Geologica Sinica* 2007; 81:911-6.

3. Falkingham, P. L. & outros. *PLoS One* 2014; 9:e93247; Mallison, H. "Rearing Giants: Kinetic-dynamic modeling of sauropod bipedal and tripedal poses". Em: Klein, N. & outros, eds. *Biology of the Sauropod Dinosaurs.* Indianapolis: Indiana University Press, 2011, pp. 237-50; Taylor M. P. & outros. *Acta Palaeontologica Polonica* 2009; 54:213-20.

4. Cerda, I. A. e Powell, J. E. *Acta Palaeontologica Polonica* 2010; 55:389-98; Gallina, P. A. & outros. *Sci. Reports* 2019; 9:1392; Gill, F. L. & outros. *Palaeontology* 2018; 61:647-58; Twyman, H. & outros. *Proc. R. Soc. B* 2016; 283:20161208; Wedel, M. J. *Paleobiology* 2003; 29:243-55; Wedel, M. J. *J. Exp. Zool. A* 2009; 311A:611-28.

5. Chen, P. J. & outros. *Science in China Series D* 2005; 48:298-312; Xing, L. D. & outros. *Lethaia* 2012; 45:500-6.

6. Gu, J. J. & outros. *PNAS* 2012; 109:3868-73; Heads, S. W. e Leuzinger, L. *Zookeys* 2011;

77:17−30; Li, J. J. & outros. *Mitochondrial DNA Part A* 2019; 30:385−96; Moyle, R. G. & outros. *Nature Communications* 2016; 7:12709; Wang, B. & outros. *J. Systematic Palaeontology* 2014; 12: 565-574; Wang, H. & outros. *Cretaceous Research* 2018; 89:148−53.

7. Frederiksen, N. O. *Geoscience and Man* 1972; 4:17−28; Hethke, M. & outros. *International J. Earth Sciences* 2013; 102:351−78; Labandeira, C. C. *Annals of the Missouri Botanical Garden* 2010; 97:469−513; Wu, S. Q. *Palaeoworld* 1999; 11:7−57; Yang, Y. & outros. *American J. Botany* 2005; 92:231−41.

8. Dilcher, D. L. & outros. *PNAS* 2007; 104:9370−4; Eriksson, O. & outros. *International J. Plant Sci.* 2000; 161:319−29; Friis, E. M. & outros. *Nature* ; 410:357−60; Gomez, B. & outros. *PNAS* 2015; 112:10985−8; Ji, Q. & outros. *Acta Geologica Sinica* 2004; 78:883−96.

9. Chinsamy, A. & outros. *Nature Communications* 2013; 4; Hou, L. H. & outros. *Chinese Science Bulletin* 1995; 40: 1545-1551; Ji, S. & outros. *Acta Geologica Sinica* 2007; 81:8−15; Xing, L. D. & outros. *J. Palaeogeography* 2018; 7:13.

10. Chen, P. J. & outros. *Science in China Series D* 2005; 48:298−312; Hedrick, A. V. *Proc. R. Soc. B* 2000; 267: 671−5; Igaune, K. & outros. *J. Avian Biology* 2008; 39:229−32; Yuan, W. & outros. *Naturwissenschaften* 2000; 87:417−20.

11. Chen, P. J. & outros. *Science in China Series* D 2005; 48:298−312; Clarke, J. A. & outros. *Nature* 2016; 538:502−5; Habib, M. B. *Zitteliana* 2008;B28:159−66; Kojima, T. & outros. *PLoS One* 2019; 14:e0223447; Senter, P. *Hist. Biol.* 2008; 20:255−87; Vinther, J. & outros. *Curr. Biol.* 2016; 26:2456−62; Woodruff, D. C. & outros. *Hist. Biol.* 2020: DOI: 10.1080/08912963.2020.1731806; Xu, X. & outros. *Nature* 2012; 484:92−5.

12. Bestwick, J. & outros. *Biological Reviews* 2018; 93:2021−48; Lu, J. C. & outros. *Acta Geologica Sinica* 2012; 86:287−93; Pan, H. Z. e Zhu, X. G. *Cretaceous Research* 2007; 28:215−24; Tong, H. Y. & outros. *Am. Mus.* Nov. 2004; 3438:1−20; Zhou, Z. H. & outros. *Can. J. Earth Sci.* 2005; 42:1331−8.

13. Gao, T. P. & outros. *J. Systematic Palaeontology* 2019; 17:379−91; Li, L. F. & outros. *Systematic Entomology* 2018; 43: 810-842; Zhang, J. F. *Cretaceous Research* 2012; 36:1−5.

14. Schuler, W. e Hesse, E. *Behavioral Ecology and Sociobiology* 1985; 16:249−55.

15. Lautenschlager, S. *Proc. R. Soc. B* 2014; 281:20140497; Xu, X. & outros. *PNAS* 2009; 106:832−4.

16. McNamara, M. E. & outros. *Nature Communications* 2018; 9:2072.

17. Nel, A. e Delfosse, E. *Acta Palaeontologica Polonica* 2011; 56:429−32; Shang, L. J. & outros. *European J. Entomology* 2011; 108:677−85; Wang, M. M. & outros. *PLoS One* 2014; 9:e91290; Wang, Y. J. & outros. *PNAS* 2010; 107:16212−5.

18. De Bona, S. & outros. *Proc. R. Soc. B* 2015; 282:20150202; Dong, R. *Acta Zootaxonomica Sinica* 2003; 28: 105−9.

19. Pérez-de la Fuente, R. & outros. *Palaeontology* 2019; 62:547−59; Wang, B. & outros. *Science Advances* 2016; 2:e1501918.

20. Hu, Y. M. & outros. *Nature* 1997; 390:137−42; Hurum, J. H. & outros. *Acta Palaeontologica Polonica* 2006; 51:1−11; Smithwick, F. M. & outros. *Curr. Biol.* 2017; 27:3337; Wong, E. S. W. & outros. *PLoS One* 2013; 8:e79092.

21. Li, J. L. & outros. *Chinese Science Bulletin* 2001; 46:782−6; Xu, X. e Norell, M. A. *Nature* 2004; 431:838−41; Hu, Y. M. & outros. *Nature* 2005; 433:149−52.

22. Angielczyk, K. D. e Schmitz, L. *Proc. R. Soc. B* 2014; 281:20141642; Cerda, I. A. e Powell, J. E. *Acta Palaeontologica Polonica* 2010; 55:389−98; Schmitz, L. e Motani, R. *Science* 2011; 332:705−7.

23. Arrese, C. A. & outros. *Curr. Biol.* 2002; 12:657−60; Hunt, D. M. & outros. *Vision Research* 1998; 38:3299−306; Onishi, A. & outros. *Nature* 1999; 402:139−40.

24. Evans, S. E. e Wang, Y. *J. Systematic Palaeontology* 2010; 8:81−95.

25. Evans, S. E. & outros. *Senckenbergiana Lethaea* 2007; 87:109−18; Hechenleitner, E. M. & outros. *Palaeontology* 2016; 59:433−46; Norell, M. A. & outros. *Nature* 2020; 583:406−10; Rogers, K. C.

& outros. *Science* 2016; 352:450-3; Sander, P. M. & outros. *Palaeontographica Abteilung A* 2008; 284:69-107; Vila, B. & outros. *Lethaia* 2010; 43:197-208; Wilson, J. A. & outros. *PLoS Biol.* 2010; 8:e1000322.

26. Amiot, R. & outros. *Palaeontology* 2017; 60:633-47; Ji, Q. & outros. *Nature* 1998; 393:753-61; Moreno, J. e Osorno, J. L. *Ecology Letters* 2003; 6:803-6; Wiemann, J. & outros. *PeerJ* 2017; 5; Wiemann, J. & outros. *Nature* 2018; 563:555; Yang, T.R. & outros. *Acta Palaeontologica Polonica* 2019; 64:581-96.
27. Yang, Y. e Ferguson, D. K. *Perspectives in Plant Ecology Evolution and Systematics* 2015; 17:331-46.
28. Jiang, B. Y. & outros. *Sedimentary Geology* 2012; 257:31-44.
29. Zhang, X. L. e Sha, J. G. *Cretaceous Research* 2012; 36:96-105.
30. Wu, C. E. *Journey to the West* (trad. Jenner, W. J. F.). Beijing: Collinson Fair; 1955.

## 8. Fundação — Jurássico

1. Bennett, S. C. *J. Paleontology* 1995; 69:569-80; Frey, E. e Tischlinger, H. *PLoS One* 2012; 7:e31945; Frey, E. & outros. *Geological Society of London Special Publications* 2003; 217:233-66; Hone, D. W. E. e Henderson, D. M. *Palaeo3* 2014; 394:89-98; Upchurch, P. & outros. *Hist. Biol.* 2015; 27:696-716; Wellnhofer, P. *Palaeontographica* A 1975; 149:1-30; Witton, M. P. *Geological Society of London Special Publication* 2018; 455:7-23.
2. Arkhangelsky, M S. & outros. *Paleontological Journal* 2018; 52:49-57; Lanyon, J. M. e Burgess E. A. *Reproductive Sciences in Animal Conservation* 2014; 753:241-74; Vallarino, O. e Weldon, P. J. *Zoo Biology* 1996; 15:309-14.
3. Davies, J. & outros. *Nature Communications* 2017; 8; Foffa, D. & outros. *J. Anatomy* 2014; 225:209-19; Foffa, D. & outros. *Nature Ecology & Evolution* 2018; 2: 1548-55; Jones, M. E. H. e Cree, A. *Curr. Biol.* 2012; 22:R986-R987; Schweigert, G. & outros. *Zitteliana* 2005; B26: 87-95; Stubbs, T. L. e Benton, M. J. *Paleobiology* 2016; 42:547-73; Thorne, P. M. & outros. *PNAS* 2011; 108:8339-44; Young, M. T. & outros. *PLoS One* 2012; 7:e44985.
4. Collini, C. A. *Acta Theodoro-Palatinae* Mannheim 1784; 5 Physicum:58-103; O'Connor, R. *The Earth on Show: Fossils and the Poetics of Popular Science 1802-1856*. Chicago: University of Chicago Press, 2013; Ruxton, G. D. e Johnsen, S. *Proc. R. Soc. B* 2016; 283:20161463; Torrens, H. *British Journal for the History of Science* 1995; 28:257-84.
5. Danise, S. e Holland, S. M. *Palaeontology* 2017; 60:213-32; Scotese, C. R. *Palaeo3* 1991; 87:493-501; Sellwood, B. W. e Valdes, P. J. *Proceedings of the Geologists' Association* 2008; 119:5-17; Vörös, A. e Escarguel, G. *Lethaia* 2020; 53:72-90.
6. Gill, G. A. & outros. *Sedimentary Geology* 2004; 166:311-34; Hosseinpour, M. & outros. *International Geology Review* 2016; 58:1616-45; Korte, C. & outros. *Nature Communications* 2015; 6; Maffione, M. e van Hinsbergen, D. J. J. *Tectonics* 2018; 37:858-87; Scotese, C. R. *Palaeo3* 1991; 87:493-501.
7. Armstrong, H. A. & outros. *Paleoceanography* 2016; 31:1041-53; Korte, C. & outros. *Nature Communications* 2015; 6.
8. Morton, N. *Episodes* 2012; 35:328-32.
9. Ereskovsky, A. V. e Dondua, A. K. *Zoologischer Anzeiger* 2006; 245:65-76; Lavrov, A. I. e Kosevich, I. A. *Russ. J. Dev. Biol.* 2014; 45:205-23; Leinfelder, R. R. "Jurassic Reef Ecosystems". Em: Stanley, G. D., ed. *The History and Sedimentology of Ancient Reef Systems*. Boston, MA, USA: Springer; 2001; Ludeman, D. A. & outros. *BMC Evol. Biol.* 2014; 14; Reitner, J. e Mehl, D. *Geol. Palaeont.* 1995. Mitt. Innsbruck: Helfried Mostler Festschrift; 335-47.
10. Leys, S. P. *Integrative and Comparative Biology* 2003; 43: 19-27; Leys S. P. & outros. *Advances in*

*Marine Biology*, Vol. 52 2007; 52:1–145; Muller, W. E. G. & outros. *Chemistry of Materials* 2008; 20:4703–11.

11. Colombie, C. & outros. *Global and Planetary Change* 2018; 170:126–45; Leinfelder, R. R. "Jurassic Reef Ecosystems". Em: Stanley, G. D., ed. *The History and Sedimentology of Ancient Reef Systems*. Boston, MA, USA: Springer, 2001.
12. Tompkins-MacDonald, G. J. e Leys. S. P. *Marine Biology* 2008; 154:973–84; Vogel, S. *PNAS* 1977; 74:2069–71; Yahel, G. & outros. *Limnology and Oceanography* 2007; 52:428–40.
13. Krautter, M. & outros. *Facies* 2001; 44: 265–82; Pisera, A. *Palaeontologia Polonica* 1997; 57:3–216.
14. Brunetti, M. & outros. *J. Palaeogeography-English* 2015; 4:371–83; Krautter, M. & outros. *Facies* 2001; 44:265–82; Leinfelder, R. R. "Jurassic Reef Ecosystems". Em: Stanley, G. D., ed. *The History and Sedimentology of Ancient Reef Systems*. Boston, MA, USA: Springer; 2001.
15. Dommergues, J. L. & outros. *Paleobiology* 2002; 28:423–34; Landois, H. *Jahresb. Des Westfälischen Provinzial-Vereins fur Wissenschaft und Kunst* 1895; 23:99–108.
16. Inoue, S. e Kondo, S. *Sci. Reports* 2016; 6:33489; Lukeneder, A. e Lukeneder, S. *Acta Palaeontologica Polonica* 2014; 59:663–80; Stahl, W. e Jordan, R. *Earth and Planetary Science Letters* 1969; 6:173; Ward, P. *Paleobiology* 1979; 5:415–22.
17. Kastens, K. A. e Cita, M. B. *Bull. Geol. Soc. Am.* 1981; 92:845–57; Schweigert, G. & outros. *Zitteliana* 2005; B26:87–95; Sole, M. & outros. *Biology Open* 2018; 7:bio033860; Zhang, Y. & outros. *Integrated Zoology* 2015; 10:141–51.
18. Allain, R. *J. Vert. Paleo*. 2005; 25:850–8; Mazin, J. M. & outros. *Geobios* 2016; 49:211–28; Meyer, C. A. e Thuring, B. *Comptes Rendus Palevol* 2003; 2:103–17; Moreau, J. D. & outros. *Bulletin de la Societe Geologique de France* 2016; 187:121–7; Owen R. *Rep. Brit. Ass. Adv. Sci* 1842; 11:32–7; Wellnhofer, P. *Palaeontographica A* 1975; 149:1–30; Witton, M. P. *Zitteliana* 2008; 28:143–59.
19. Elliott, G. F. *Geology Today* 1986; jan.-fev.: 20–3; Schweigert, G. e Dietl, G. *Jb. Mitt. Oberrhein Geol. Ver. NF* 2003; 85:473–83; Schweigert, G. & outros. *Zitteliana* 2005; B26:87–95; Uhl, D. & outros. *Palaeobiodiversity and Palaeoenvironments* 2012; 92:329–41.
20. Mazin, J. M. e Pouech, P. *Geobios* 2020; 58:39–53; Unwin, D. M. *Geological Society of London Special Publications* 2003; 217:139–90.
21. Bennett, S. C. *Neues Jahrbuch fur Geologie und Palaontologie-Abhandlungen* 2013; 267:23–41.
22. Bennett, S. C. *J. Paleontology* 1995; 69:569–80; Bennett, S. C. *J. Vert. Paleo*. 1996; 16:432–44; Bennett, S. C. *J. Paleontology* 2018; 92:254–71; Black, R. "A Flock of 'Flaplings". *Laelaps: Scientific American* ; 2017; Lu, J. C. & outros. *Science* 2011; 331:321–4; Prondvai, E. & outros. *PLoS One* 2012; 7:e31392; Unwin, D. e Deeming, C. *Proc. R. Soc. B* 2019; 286:20190409.
23. Frey, E. e Tischlinger, H. *PLoS One* 2012; 7 e31945; Hoffmann, R. & outros. *Sci. Reports* 2020; 10:1230.
24. Briggs, D. E. G. & outros. *Proc. R. Soc. B* 2005; 272:627–32; Klug, C. & outros. *Lethaia* 2010; 43:445–56; Mazin, J. M. e Pouech, P. *Geobios* 2020; 58:39–53; Mazin, J. M. & outros. *Proc. R. Soc. B* 2009; 276:3881–6.
25. Hoffmann, R. & outros. *J. Geol. Soc.* 2020; 177:82–102; Knaust, D. e Hoffmann, R. *Papers in Palaeontology* 2020; https://doi.org/10.1002/spp2.1311; Mehl, J. *Jahresberichte der Wetterauischen Gesellschaft fur Naturkunde* 1978; 85–9; Schweigert, G. *Berliner Palaobiologische Abhandlungen* 2009; 10:321–30; Vallon, L. *New Mexico Museum of Natural History and Science Bulletin* 2012; 57:131–5.
26. Baumiller, T. K. *Annual Review of Earth and Planetary Sciences* 2008; 36:221–49; Macurda, D. B. e Meyer, D. L. *Nature* 1974; 247:394–6; Matzke, A. T. e Maisch M. W. *Neues Jahrbuch fur Geologie und Palaontologie-Abhandlungen* 2019; 291:89–107.
27. Thiel, M and Gutow, L. "The Ecology of Rafting in the Marine Environment I:The Floating Substrata". Em: Gibson, R. N. & outros, eds. *Oceanography and Marine Biology: An Annual Review*. Vol. 42. Londres: CRC Press, 2004, p. 432.

28. Hunter, A. W. & outros. *Royal Society Open Science* 2020; 7:200142; McGaw, I. J. e Twitchit, T. A. *Comparative Biochemistry and Physiology A* 2012; 161:287-95; Robin, N. & outros. *Palaeontology* 2018; 61:905-18; Seilacher, A. e Hauff, R. B. *PALAIOS* 2004; 19:3-16.
29. Camerini, J. R. *Isis* 1993; 84: 700-727; Hunter, A. W. & outros. *Paleontological Research* 2011; 15:12-22; Philippe, M. & outros. *Review of Palaeobotany and Palynology* 2006; 142:15-32.

## 9. Contingência — Triássico

1. Levis, C. & outros. *Science* 2017; 355:925; Lloyd, G. T. & outros. *Biology Letters* 2016; 12:20160609; Moisan, P. & outros. *Review of Palaeobotany and Palynology* 2012; 187:29-37; Shcherbakov, D. E. *Alavesia* 2008; 2:113-24; Voigt, S. & outros. *Terrestrial Conservation Lagerstatten* 2017; 65-104.
2. Li, H. T. & outros. *Nature Plants* 2019; 5:461-70; Pole, M. & outros. *Palaeo3* 2016; 464:97-109.
3. Biffin, E. & outros. *Proc. R. Soc. B* 2012; 279:341-8; Dobruskina, I. A. *Bulletin of the New Mexico Museum of Natural History and Science* 1995; 5:1-49.
4. Dobruskina, I. A. *Bulletin of the New Mexico Museum of Natural History and Science* 1995; 5:1-49; Fedorenko, O. A. e Miletenko, N. V. *Atlas of Lithology--Paleogeographical, Structural, Palinspastic, and Geoenvironmental Maps of Central Eurasia*. Almaty: YUGGEO; 2002; Marler, T. E. *Plant Signaling and Behavior* 2012; 7:1484-7; Moisan, P. e Voigt S. *Review of Palaeobotany and Palynology* 2013; 192:42-64; Shcherbakov, D. E. *Alavesia* 2008; 2:113-24; Shcherbakov, D. E. *Alavesia* 2008; 2:125-31; Voigt, S. & outros. *Terrestrial Conservation Lagerstatten* 2017; 65-104.
5. Burtman, V. S. *Russian J. Earth Sciences* 2008; 10:ES1006; Dobruskina, I. A. *Bulletin of the New Mexico Museum of Natural History and Science* 1995; 5:1-49; Konopelko, D. & outros. *Lithos* 2018; 302:405-20; Moisan, P. & outros. *Review of Palaeobotany and Palynology* 2012; 187:29-37; Nevolko P. A. & outros. *Ore Geology Reviews* 2019; 105:551-71; Shcherbakov, D. E. *Alavesia* 2008; 2:113-24.
6. Dyke, G. J. & outros. *J. Evol. Biol.* 2006; 19:1040-43; Ericsson, L. E. *J. Aircraft* 1999; 36:349-56; Gans, C. & outros. *Paleobiology* 1987; 13:415-26; Sharov, A. G. *Akad. Nauk. SSSR. Trudy Paleont. Inst.* 1971; 130:104-13.
7. Dzik, J. e Sulej, T. *Acta Palaeontologica Polonica* 2016; 61:805-23.
8. Butler, R. J. & outros. *Biology Letters* 2009; 5:557-60; Chatterjee, S. and Templin, R. J. *PNAS* 2007; 104:1576-80; Fraser, N. C. & outros. *J. Vert. Paleo.* 2007; 27:261-5; Simmons, N. B. & outros. *Nature* 2008; 451:818-U6; Xu, X. & outros. *Nature* 2015; 521:70-U131; Zhou, Z. H. e Zhang, F. C. *PNAS* 2005; 102:18998-9002.
9. Bi, S. D. & outros. *Nature* 2014; 514:579; King, B. e Beck, R. M. D. *Proc. R. Soc. B* 2020; 287:20200943; Lucas, S. G. e Luo, Z. *J. Vert. Paleo.* 1993; 13:309-34; Luo, Z. X. *Nature* 2007; 450:1011-9; Ruta, M. & outros. *Proc. R. Soc. B* 2013; 280:20131865.
10. Bajdek, P. & outros. *Lethaia* 2016; 49:455-77; Bown, T. M. e Kraus, M. J. "Origin of the tribosphenic molar and metatherian and eutherian dental formulae". Em: Lillegraven, J. A. & outros, eds. *Mesozoic Mammals: The First Two-Thirds of Mammalian History*. Berkeley: University of California Press, 1979, pp. 172-81; Chudinov, P. K. "The skin covering of therapsids". Em: Flerov, K. K., ed. *Data on the Evolution of Terrestrial Vertebrates*. Moscou: Nauka; 1970, pp. 45-50; Maier, W. & outros. *J. Zoological Systematics and Evolutionary Research* 1996; 34:9-19; Oftedal, O. T. *Journal of Mammary Gland Biology and Neoplasia* 2002; 7:225-52; Oftedal, O. T. *Journal of Mammary Gland Biology and Neoplasia* 2002; 7:253-66; Tatarinov, L. P. *Paleontological Journal* 2005; 39:192-8.

11. De Ricqles, A. & outros. *Annales de Paleontologie* 2008; 94:57-76; Foth, C. & outros. *BMC Evol. Biol.* 2016; 16.
12. Pritchard, A. C. e Sues, H. D. *J. Syst. Palaeo.* 2019; 17:1525-45; Renesto, S. & outros. *Rivista Italiana Di Paleontologia E Stratigrafia* 2018; 124:23-33; Spiekman, S. N. F. & outros. *Curr. Biol.* 2020; 30:3889-95; Wild, R. *Schweizerische Palaontologische Abhandlungen* 1973; 95:1-162.
13. Alifanov, V. R. e Kurochkin, E. N. *Paleontological Journal* 2011; 45:639-47; Gonçalves, G. S. e Sidor, C. A. *PaleoBios* 2019; 36:1-10.
14. Buatois, L. A. & outros. *The Mesozoic Lacustrine Revolution. Trace-Fossil Record of Major Evolutionary Events, Vol. 2: Mesozoic and Cenozoic* 2016; 40:179-263; Dobruskina, I. A. *Bulletin of the New Mexico Museum of Natural History and Science* 1995; 5:1-49; Voigt, S. e Hoppe, D. *Ichnos* 2010; 17:1-11.
15. Dobruskina, I. A. *Bulletin of the New Mexico Museum of Natural History and Science* 1995; 5:1-49; Moisan P. & outros. *Review of Palaeobotany and Palynology* 2012; 187:29-37; Schoch, R. R. & outros. *PNAS* 2020; 117:11584-8; Shcherbakov, D. E. *Alavesia* 2008; 2:113-24; Wagner, P. & outros. *Paleontological Research* 2018; 22:57-63.
16. Gawin, N. & outros. *BMC Evol. Biol.* 2017; 17; Hengherr, S. e Schill, R. O. *J. Insect Physiology* 2011; 57:595-601; Shcherbakov, D. E. *Alavesia* 2008; 2:113-24.
17. Moser, M. e Schoch, R. R. *Palaeontology* 2007; 50:1245-66; Schoch, R. R. & outros. *Zoo. J. Linn. Soc.* 2010; 160:515-30; Tatarinov, L. P. *Seymouriamorphen aus der Fauna der UdSSR.* Em: Kuhn, O., ed. *Encyclopedia of Paleoherpetology*, Parte 5B: Batrachosauria (Anthracosauria) Gephyrostegida-Chroniosuchida. Stuttgart: Gustav Fischer, 1972, p. 80; Voigt, S. & outros. *Terrestrial Conservation Lagerstatten* 2017; 65-104; Lemanis, R. & outros. *PeerJ Preprints* 2019; 7:e27476v1.
18. Buchwitz, M. e Voigt, S. *J. Vert. Paleo.* 2010; 30:1697-708; Buchwitz, M. & outros. *Acta Zoologica* 2012; 93:260-80; Schoch, R. R. & outros. *Zoo. J. Linn. Soc.* 2010; 160:515-30.
19. Fischer J. & outros. *Palaontologie, Stratigraphie, Fazies* 2007; 15:41-6; Nakaya K. & outros. *Sci. Reports* 2020; 10:12280; Vorobyeva, E. I. *Paleontological Journal* 1967; 4:102-1.
20. Fischer, J. & outros. *J. Vert. Paleo.* 2011; 31:937-53; Rees, J. e Underwood, C. J. *Palaeontology* 2008; 51:117-47.
21. Kukalovapeck, J. *Can. J. Zool.* 1983; 61:1618-69; Pringle, J. W. S. *Phil. Trans. R. Soc. B* 1948; 233:347; Shcherbakov, D. E. & outros. *International J. Dipterological Research* 1995; 6:76-115; Sherman, A. e Dickinson, M. H. *J. Exp. Biol.* 2003; 206:295-302.
22. Bethoux, O. *Arthropod Systematics and Phylogeny* 2007; 65:135-56; Frost, S. W. *Insect Life and Natural History*. Nova York, USA: Dover Publications, 1959; Gorochov, A. V. *Paleontological Journal* 2003; 37:400-6; Grimaldi, D. e Engel, M. S. *Evolution of the Insects*. Cambridge, UK: Cambridge University Press; 2005; Huang, D. Y. & outros. *J. Syst. Palaeo.* 2020; 18:1217-22; Vishnyakova, V. N. *Paleontological Journal* 1998:69-76; Voigt, S. & outros. *Terrestrial Conservation Lagerstatten* 2017; 65-104.
23. Buchwitz, M. e Voigt, S. *Palaeontologische Zeitschrift* 2012; 86: 313-331; Unwin, D. M. & outros. "Enigmatic small reptiles from the Middle-Late Triassic of Kirgizstan". Em: Benton, M. J. & outros, eds. *The Age of Dinosaurs in Russia and Mongolia*. Cambridge, UK: Cambridge University Press, 2000, pp. 177-86.
24. Alroy, J. *PNAS* 2008; 105:11536-42; Erwin, D. H. *Annual Review of Ecology and Systematics* 1990; 21:69-91; Foth, C. & outros. *BMC Evol. Biol.* 2016; 16; Monnet, C. & outros. "Evolutionary trends of Triassic ammonoids". Em: Klug, C. & outros, eds. *Ammonoid Paleobiology: From macroevolution to paleogeography*. Dordrecht: Springer, pp. 25-50.
25. Button, D. J. & outros. *Nature Communications* 2017; 8; Halliday, T. J. D. & outros. "Leaving Gondwana: the changing position of the Indian Subcontinent in the global faunal network". Em: Prasad, G. V. e Patnaik, R., eds. *Biological Consequences of Plate Tectonics: New Perspectives on Post-*

*Gondwanan Break-up — A Tribute to Ashok Sahni, Vertebrate Paleobiology and Paleoanthropology.* Suíça: Springer; 2020, pp. 227–49.

26. Behrensmeyer, A. K. & outros. *Paleobiology* 2000; 26:103–47; Burtman, V. S. *Russian J. Earth Sciences* 2008; 10:ES1006; Padian, K. e Clemens, W. A. "Terrestrial vertebrate diversity: episodes and insights". Em: Valentine, J., ed. *Phanerozoic Diversity Patterns: Profiles in Macroevolution.* Guildford: Princeton University Press, 1985, pp. 41–86; Shcherbakov, D. E. *Alavesia* 2008; 2:113–24.

## 10. Estações — Permiano

1. Kato, K. M. & outros. *Phil. Trans. R. Soc. B* 2020; 375:20190144; Tabor, N. J. & outros. *Palaeo3* 2011; 299:200–13; Tsuji, L. A. & outros. *J. Vert. Paleo.* 2013; 33:747–63.
2. Bendel, E. M. & outros. *PLoS One* 2018; 13:e0207367; Kermack, K. A. *Phil. Trans. R. Soc. B* 1956; 240:95–133; Smiley, T. M. & outros. *J. Vert. Paleo.* 2008; 28:543–7; Whitney, M. R. & outros. *Jama Oncology* 2017; 3:998–1000.
3. Araujo, R. & outros. *PeerJ* 2017; 5; Smith, R. M. H. & outros. *Palaeo3* 2015; 440:128–41; Tabor, N. J. & outros. *Palaeo3* 2011; 299:200–13.
4. Bernardi, M. & outros. *Earth-Science Reviews* 2017; 175:18–43; Blakey, R. C. *Carboniferous-Permian paleogeography of the assembly of Pangaea.* 2003; Utrecht, Netherlands, pp. 443–56; Scotese, C. R. & outros. *J. Geology* 1979; 87:217–77; Tabor, N. J. & outros. *J. Vert. Paleo.* 2017; 37:240–53; Vai, G. B. *Palaeo3* 2003; 196:125–55; Wu, G. X. & outros. *Annales Geophysicae* 2009; 27:3631–44.
5. Chandler, M. A. & outros. *Bull. Geol. Soc. Am.* 1992; 104:543–59; Kutzbach, J. E e Gallimore, R. G. *J. Geophysical Research* 1989; 94:3341–57; Shields, C. A. e Kiehl, J. T. *Palaeo3* 2018; 491:123–36.
6. Smith, R. M. H. & outros. *Palaeo3* 2015; 440:128–41.
7. Looy, C. V. & outros. *Palaeo3* 2016; 451:210–26.
8. Blob, R. W. *Paleobiology* 2001; 27:14–38; Brink, A. S. e Kitching, J. W. *Palaeontologica Africana* 1953; 1:1–28; Eloff, F. C. *Koedoe* 1973; 16:149–54; Kammerer, C. F. *PeerJ* 2016; 4; Kluever, B. M. & outros. *Curr. Zool.* 2017; 63:121–9; Kummell, S. B. e Frey, E. *PLoS One* 2014; 9:e113911; Smith, R. M. H. & outros. *Palaeo3* 2015; 440:128–41.
9. Boitsova, E. A. & outros. *Biol. J. Linn. Soc.* 2019; 128:289–310; Tabor, N. J. & outros. *Palaeo3* 2011; 299:200–13; Tsuji, L. A. & outros. *J. Vert. Paleo.* 2013; 33:747–63; Turner, M. L. & outros. *J. Vert. Paleo.* 2015; 35:e994746; Valentini M. & outros. *Neues Jahrbuch fur Geologie und Palaontologie-Abhandlungen* 2009; 251:71–94.
10. Biewener, A. A. *Science* 1989; 245:45–8; Ford, D. P. e Benson, R. B. *J. Nature Ecology & Evolution* 2020; 4:57; Fuller, P. O. & outros. *Zoology* 2011; 114:104–12; Langman, V. A. & outros. *J. Exp. Biol.* 1995; 198:629–32; VanBuren, C. S. e Bonnan, M. *PLoS One* 2013; 8:e74842.
11. Cecil, C. B. *International J. Coal Geology* 2013; 119:21–31; Ferner, K. e Mess, A. *Respiratory Physiology & Neurobiology* 2011; 178:39–50; Gervasi, S. S. e Foufopoulos, J. *Functional Ecology* 2008; 22:100–8; Wolkers, W. F. & outros. *Comparative Biochemistry and Physiology A* 2002; 131:535–43.
12. Laurin, M. e de Buffrenil, V. *Comptes Rendus Palevol* 2016; 15:115–27; Pyron, R. A. *Syst. Biol.* 2011; 60:466–81.
13. Damiani, R. & outros. *J. Vert. Paleo.* 2006; 26:559–72; Liu, N. J. & outros. *Zoomorphology* 2016; 135:115–20; Marjanović, D. e Laurin, M. *PeerJ* 2019; 6; Sidor, C. A. *Comptes Rendus Palevol* 2013; 12:463–72; Sidor, C. A. & outros. *Nature* 2005; 434:886–9; Stewart, J. R. "Morphology and evolution of the egg of oviparous amniotes". Em: Sumida, S. e Martin, K., eds. *Amniote Origins – Completing the Transition to Land.* Londres: Academic Press, 1997, pp. 291–326; Steyer, J. S. & outros. *J. Vert. Paleo.* 2006; 26:18–28.

14. Brocklehurst, N. *PeerJ* 2017; 5; Hugot, J. P. & outros. *Parasites & Vectors* 2014; 7; Modesto, S. P. & outros. *J. Vert. Paleo.* 2019; 38:e1531877; O'Keefe, F. R. & outros. *J. Vert. Paleo.* 2005; 25:309-19; Reisz, R. R. e Sues, H. D. "Herbivory in Late Paleozoic and Triassic Terrestrial Vertebrates". Em: Sues, H. D., ed. *Evolution of Herbivory in Terrestrial Vertebrates.* Cambridge, UK: Cambridge University Press, 2000, pp. 9-41; Watanabe, H. e Tokuda, G. *Cellular and Molecular Life Sciences* 2001; 58:1167-78.
15. LeBlanc, A. R. H. & outros. *Sci. Reports* 2018; 8:3328; Smith, R. M. H. & outros. *Palaeo3* 2015; 440:128-41.
16. Looy, C. V. & outros. *Palaeo3* 2016; 451:210-26; Smith, R. M. H. & outros. *Palaeo3* 2015; 440:128-41.
17. Dixon, S. J. e Sear, D. A. *Water Resources Research* 2014; 50:9194-210; Kelley, D. B. & outros. *Southeastern Archaeology* 1996; 15:81-102; Watson, J. *East Texas Historical Journal* 1967; 5:104-11.
18. Frobisch, J. *Early Evolutionary History of the Synapsida* 2014:305-19; Frobisch, J. e Reisz, R. R. *Proc. R. Soc. B* 2009; 276:3611-8; Sennikov, A. G. e Golubev, V. K. *Paleontological Journal* 2017; 51:600-11.
19. Chandra, S. e Singh, K. J. *Review of Palaeobotany and Palynology* 1992; 75:183-218; Prevec, R. & outros. *Review of Palaeobotany and Palynology* 2009; 156:454-93; Tsuji, L. A. & outros. *J. Vert. Paleo.* 2013; 33:747-63.
20. Feder, A. & outros. *J. Maps* 2018; 14:630-43; Looy, C. V. & outros. *Palaeo3* 2016; 451:210-26; Tfwala, C. M. & outros. *Agricultural and Forest Meteorology* 2019; 275:296-304.
21. Grasby, S. E. & outros. *Nature Geoscience* 2011; 4:104-7.

### 11. Combustível — Carbonífero

1. Berner, R. A. & outros. *Science* 2007; 316:557-8; Clements, T. & outros. *J. Geol. Soc.* 2019; 176:1-11; Phillips, T. L. & outros. *International J. Coal Geology* 1985; 5:43; Potter, P. E. e Pryor, W. A. *Geol. Soc. Am.* 1961; 72:1195-249.
2. Andrews, H. N. e Murdy, W. H. *American J. Botany* 1958; 45:552-60; DiMichele, W. A. e DeMaris, P. J. *PALAIOS* 1987; 2:146-57; Evers, R. A. *American J. Botany* 1951; 38:7317; Thomas, B. A. *New Phytologist* 1966; 65:296-303.
3. Baird, G. C. & outros. *PALAIOS* 1986; 1: 271-285; DiMichele, W. A. e DeMaris, P. J. *PALAIOS* 1987; 2:146-57; Thomas B. A. & outros. *Geobios* 2019; 56:31-48.
4. Brown, R. *J. Geol. Soc.* 1848; 4:46-50; Eggert, D. A. e Kanemoto, N. Y. *Botanical Gazette* 1977; 138:102-11; Hetherington, A. J. & outros. *PNAS* 2016; 113:6695-700.
5. Banfield, J. F. & outros. *PNAS* 1999; 96:3404-11; Davies, N. S. e Gibling, M. R. *Nature Geoscience* 2011; 4:629-33; Gibling, M. R. e Davies, N. S. *Nature Geoscience* 2012; 5:99-105; Gibling, M. R. & outros. *Proceedings of the Geologists Association* 2014; 125:524-33; Le Hir, G. & outros. *Earth and Planetary Science Letters* 2011; 310:203-12; Pierret, A. & outros. *Vadose Zone Journal* 2007; 6:269-81; Quirk, J. & outros. *Biology Letters* 2012; 8:1006-11; Song, Z. L. & outros. *Botanical Review* 2011; 77:208-13; Ulrich, B. "Soil acidity and its relations to acid deposition". Em: Ulrich, B. e Pankrath, J., eds. 1982; Gottingen: Springer, pp. 127-46.
6. Baird, G.C. & outros. *PALAIOS* 1986; 1:271-85; Kuecher, G. J. & outros. *Sedimentary Geology* 1990; 68:211-21; Phillips, T. L. & outros. *International J. Coal Geology* 1985; 5:43; Potter, P. E. e Pryor, W. A. *Geol. Soc. Am.* 1961; 72:1195-249.
7. Armstrong, J. e Armstrong, W. *New Phytologist* 2009; 184:202-15; DiMichele, W. A. e DeMaris, P. J. *PALAIOS* 1987; 2:146-57; DiMichele, W. A. e Phillips, T. L. *Palaeo3* 1994; 106:39-90; Falcon-Lang, H. J. *J. Geol. Soc.* 1999; 156:137-48; Potter, P. E. e Pryor, W. A. *Geol. Soc. Am.* 1961; 72:1195-249.

8. Berner, R. A. & outros. *Science* 2007; 316:557-8; Came, R. E. & outros. *Nature* 2007; 449:198-U3; Glasspool, I. J. & outros. *Frontiers in Plant Science* 2015; 6; Ele, T. H. e Lamont, B. B. National *Science Review* 2018; 5:237-54; Viegas, D. X. e Simeoni, A. *Fire Technology* 2011; 47:303-20.
9. Fonda, R. W. *Forest Science* 2001; 47:390-6; Keeley, J. E. & outros. *Trends in Plant Science* 2011; 16:406-11; Thanos, C. A. e Rundel, P. W. *J. Ecology* 1995; 83:207-16.
10. Bethoux, O. *J. Paleontology* 2009; 83:931-7; Brockmann, H. J. & outros. *Animal Behaviour* 2018; 143:177-91; Fisher, D. C. *Mazon Creek Fossils* 1979; 379-447; Mundel, P. *Mazon Creek Fossils* 1979:361-78; Tenchov, Y. G. *Geologia Croatica* 2012; 65:361-6.
11. Aslan, A. e Behrensmeyer, A. K. *PALAIOS* 1996; 11:411-21; Behrensmeyer, A. K. & outros. *Paleobiology* 2000; 26:103-47; Clements, T. & outros. *J. Geol. Soc.* 2019; 176:1-11; Coombs, W. P. e Demere, T. A. *J. Paleontology* 1996; 70:311-26; Foster, M. W. *Mazon Creek Fossils* 1979; 191-267; Jablonski, N. G. & outros. *Hist. Biol.* 2012; 24:527-36; Kjellesvig-Waering, E. N. *State of Illinois Scientific Papers* 1948; 3:1-48; Mann, A. e Gee, B. M. *J. Vert. Paleo.* 2020:39;e1727490; Pfefferkorn, H. W. *Mazon Creek Fossils* 1979; 129-42; Shabica, C. *Mazon Creek Fossils* 1979; 13-40.
12. Boyce, C. K. e DiMichele, W. A. *Review of Palaeobotany and Palynology* 2016; 227:97-110; DiMichele, W. A. e DeMaris, P. J. *PALAIOS* 1987; 2:146-57; Poorter, L. & outros. *J. Ecology* 2005; 93:268-78.
13. Beattie, A. *The Danube: A Cultural History*. Oxford, UK: Oxford University Press, 2010; Castendyk, D. N. & outros. *Global and Planetary Change* 2016; 144:213-27; Fagan, W. E. & outros. *American Naturalist* 1999; 153:165-82; Harris, L. D. *Conservation Biology* 1988; 2:330-2; McLaughlin, F. A. & outros. *J. Geophysical Research* 1996; 101:1183-97; Partch, E. N. e Smith, J. D. *Estuarine and Coastal Marine Science* 1978; 6:3-19.
14. Wedel, M. *J. Morphology* 2007; 268:1147.
15. Clements, T. & outros. *Nature* 2016; 532:500; Foster, M. W. *Mazon Creek Fossils* 1979:269-301; Johnson, R. G. e Richardson, E. S. *J. Geology* 1966; 74:626-31; Johnson, R. G. e Richardson, E. S. *Fieldiana Geol* 1969; 12:119-49; Rauhut, O. W. M. & outros. *PeerJ* 2018; 6; McCoy, V. E. & outros. *Nature* 2016; 532:496.
16. Coad, B. *Encyclopedia of Canadian Fishes*. Waterdown, Ontario: Canadian Museum of Nature: Canadian Sportfishing Productions, 1995; Delamotte, I. e Burkhardt, D. *Naturwissenschaften* 1983; 70:451-61; Herring, P. J. *J. of the Marine Biological Association of the United Kingdom* 2007; 87:829-42; Moser, H. G. "Morphological and functional aspects of marine fish larvae". Em: Lasker, R., ed. *Marine Fish Larvae: Morphology, Ecology, and Relation to Fisheries*. Washington: Sea Grant Program, 1981, pp. 90-131; Sallan, L. & outros. *Palaeontology* 2017; 60:149-57.
17. Clements, T. & outros. *J. Geol. Soc.* 2019; 176:1-11.
18. Cascales-Minana, B. e Cleal, C. J. *Terra Nova* 2014; 26:195-200; Dunne, E. M. & outros. *Proc. R. Soc. B* 2018; 285:20172730; Feulner, G. *PNAS* 2017; 114:11333-7; Nelsen, M. P. & outros. *PNAS* 2016; 113:2442-7; Robinson, J. M. *Geology* 1990; 18:607-10; Weng, J. K. e Chapple, C. *New Phytologist* 2010; 187:273-85.

## 12. Colaboração — Devoniano

1. Gabrielsen, R. H. & outros. *J. Geol. Soc.* 2015; 172:777-91; Hall, A. M. *Trans. R. Soc. Edinburgh — Earth Sciences* 1991; 82:1-26; Miller, S. R. & outros. *Earth and Planetary Science Letters* 2013; 369:1-12; Rast N. & outros. *Geological Society Special Publications* 1988; 38:111-22.
2. Burg, J. P. e Podladchikov, Y. *International J. Earth Science*s 1999; 88:190-200; Dewey, J. F. "The geology of the southern termination of the Caledonides". Em: Nairn, A. E. M. e Stehli, F. G., eds. *The Ocean Basins and Margins: vol. 2 The North Atlantic*. Boston, MA, USA: Springer; 1974,

pp. 205–31; Dewey, J. F. e Kidd, W. S. F. *Geology* 1974; 2:543–6; Fossen, H. & outros. *Geology* 2014; 42:791–4; Gee, D. G. & outros. *Episodes* 2008; 31:44–51; Hacker, B. R. & outros. *Annual Review of Earth and Planetary Sciences* 2015; 43:167–205; Johnson, J. G. & outros. *Bull. Geol. Soc. Am.* 1985; 96:567–87; Lehtovaara, J. *Bull. Geol. Soc. Finland* 1989; 61:189–95; Mueller, P. A. & outros. *Gondwana Research* 2014; 26:365–73; Nance R. D. & outros. *Gondwana Research* 2014; 25:4–29; Pickering, K. T. & outros. *Trans. R. Soc. Edinburgh — Earth Science*s 1988; 79:361–82; Redfern, R. *Origins: The Evolution of Continents, Oceans, and Life*. University of Oklahoma Press, 2001; Stone, P. *Journal of the Open University Geological Society* 2012; 33:29–36; Ziegler, P. A. *CSPG Special Publications*; 1988, pp. 15–48.

3. Charlesworth, J. K. *Proc. R. Irish Acad. B* 1921; 36:174–314; Chew, D. M. e Strachan, R. A. *New Perspectives on the Caledonides of Scandinavia and Related Areas* 2014; 390:45–91; Lehtovaara, J. J. *Fennia* 1985; 163:365–8; Lehtovaara, J. *Bull. Geol. Soc. Finland* 1989; 61:189–95.

4. Dahl, T. W. & outros. PNAS 2010; 107:17911–5; Hastie, A. R. & outros. *Geology* 2016; 44:855–8.

5. Edwards, D. & outros. *Phil. Trans. R. Soc. B* 2018; 373:20160489; Mark, D. F. & outros. *Geochimica Et Cosmochimica Acta* 2011; 75:555–69; Trewin, N. H. e Rice, C. M. *Scottish J. Geology* 1992; 28:37–47.

6. Rice, C. M. & outros. *J. Geol. Soc.* 2002; 159:203–14; Strullu-Derrien, C. & outros. *Curr. Biol.* 2019; 29:461; Wellman, C. H. & outros. *Palz* 2019; 93:387–93.

7. Burt, R. M. *The geology of Ben Nevis, south-west Highlands, Scotland*: University of St Andrews; 1994; Moore, I. e Kokelaar, P. J. Geol. Soc. 1997; 154:765–8; Rice, C. M. & outros. *J. Geol. Soc.* 1995; 152:229–50; Trewin, N. H. *Earth and Environmental Science Transactions of the Royal Society of Edinburgh* 1993; 84:433–42; Trewin, N. H. *Evolution of Hydrothermal Ecosystems on Earth (and Mars?)* 1996; 202:131–49; Trewin, N. H. & outros. *Can. J. Earth Sci.* 2003; 40:1697–712.

8. Channing, A. *Phil. Trans. R. Soc.* B 2018; 373:20160490; Wellman, C. H. *Phil. Trans. R. Soc. B* 2018; 373:20160491.

9. Cox, A. & outros. *Chemical Geology* 2011; 280:344–51; Gorlenko, V. & outros. *Int. J. Syst. Evol. Microbiol.* 2004; 54: 739-743; Nugent, P. W. & outros. *Applied Optics* 2015; 54:B128–B139; Saiki, T. & outros. *Agricultural and Biological Chemistry* 1972; 36:2357–66.

10. Krings, M. e Sergeev, V. N. *Review of Palaeobotany and Palynology* 2019; 268:65–71; Sompong, U. & outros. *Fems Microbiology Ecology* 2005; 52:365–76; Sugiura, M. & outros. *Microbes and Environments* 2001; 16:255–61.

11. Channing, A. e Edwards, D. *Plant Ecology & Diversity* 2009; 2:111–43; Edgecombe, G. D. & outros. *PNAS* 2020; 117:8966–72; Powell, C. L. & outros. *Geological Society of London Special Publications* 2000; 180:439–57; Trewin, N. H. *Evolution of Hydrothermal Ecosystems on Earth (and Mars?)* 1996; 202:131–49.

12. Channing, A. e Edwards, D. *Trans. R. Soc. Edinburgh — Earth Sciences* 2004; 94:503–21.

13. Berbee, M. L. e Taylor, J. W. *Mol. Biol. Evol.* 1992; 9:278–84; Harrington, T. C. & outros. *Mycologia* 2001; 93:111–36; Honegger, R. & outros. *Phil. Trans. R. Soc. B* 2018; 373:20170146; Hueber, F. M. *Review of Palaeobotany and Palynology* 2001; 116:123–58; O'Donnell, K. & outros. *Mycologia* 1997; 89:48–65; Retallack, G. J. e Landing E. *Mycologia* 2014; 106:1143–58; Taylor, J. W. & outros. *Syst. Biol.* 1993; 42:440–57.

14. Nash, T. H. *Lichen Biology*. Cambridge, UK: Cambridge University Press, 1996.

15. Boyce, C. K. & outros. *Geology* 2007; 35:399–402; Hueber, F. M. *Review of Palaeobotany and Palynology* 2001; 116:123–58; Labandeira, C. *Insect Science* 2007; 14:259–75; Retallack, G. J. e Landing E. *Mycologia* 2014; 106:1143–58.

16. Ahmadjian, V. *The Lichen Symbiosis*. Nova York: John Wiley and Sons; 1993; Friedl, T. *Lichenologist* 1987; 19:183–91; Jones, G. P. *J. Experimental Marine Biology and Ecology* 1992; 159:217–35; Karatygin, I. V. & outros. *Paleontological Journal* 2009; 43:107–14; Offenberg, J. *Behavioral Ecology*

*and Sociobiology* 2001; 49:304-10; Rytter, W. e Shik, J. Z. *Animal Behaviour* 2016; 117:179-86; Taylor T. N. & outros. *American J. Botany* 1997; 84:992-1004; Schneider, S. A. *The meat-farming ants: predatory mutualism between* Melissotarsus *ants (Hymenoptera: Formicidae) and armored scale insects (Hemiptera: Diaspididae)*. Amherst: UM Amherst, 2016.

17. Edwards, D. S. *Bot. J. Linn. Soc.* 1986; 93:173-204; Remy, W. & outros. *PNAS* 1994; 91:11841-3; Schusler, A. & outros. *Mycological Research* 2001; 105:1413-21.
18. Haig, D. *Botanical Review* 2008; 74:395-418.
19. Brown, R. C. e Lemmon, B. E. *New Phytologist* 2011; 190:875-81.
20. Gambardella, R. *Planta* 1987; 172:431-8; Mascarenhas, J. P. *Plant Cell* 1989; 1:657-64; Rosenstiel, T. N. & outros. *Nature* 2012; 489:431-3.
21. Remy, W. e Hass, H. *Review of Palaeobotany and Palynology* 1996; 90:175-93.
22. Babikova, Z. & outros. *Ecology Letters* 2013; 16:835-43; Daviero-Gomez, V. & outros. *International J. Plant Sciences* 2005; 166:319-26.
23. Hetherington, A. J. e Dolan L. *Current Opinion in Plant Biology* 2019; 47:119-26; Kerp, H. & outros. *International J. Plant Sciences* 2013; 174:293-308; Roth-Nebelsick, A. & outros. *Paleobiology* 2000; 26:405-18; Wilson, J. P. e Fischer, W. W. *Geobiology* 2011; 9:121-30.
24. Ahlberg, P. E. *Zoo. J. Linn. Soc.* 1998; 122:99-141; Smithson T. R. & outros. *PNAS* 2012; 109:4532-7; Taylor T. N. & outros. *Mycologia* 2004; 96:1403-19.
25. Dunlop, J. A. e Garwood, R. J. *Phil. Trans. R. Soc. B* 2018; 373:20160493; Jezkova, T. e Wiens, J. J. *American Naturalist* 2017; 189:201-12; Wendruff, A. J. & outros. *Sci. Reports* 2020; 10:20441; Zhao F. C. & outros. *Science China* 2010; 53:1784-99.
26. Davies, W. M. *Quarterly J. Microscopical Science* 1927; 71:15-30; Freitas, L. & outros. *J. Evol. Biol.* 2018; 31:1623-31; Whalley, P. e Jarzembowski, E. A. *Nature* 1981; 291:317-17.
27. Kim, H. Y. & outros. *Physical Review Fluids* 2017; 2:100505.
28. Claridge, M. F. e Lyon, A. G. *Nature* 1961; 191:1190-1; Dunlop, J. A. e Garwood, R. J. *Phil. Trans. R. Soc. B* 2018; 373:20160493; Dunlop, J. A. & outros. *Zoomorphology* 2009; 128:305-13.
29. Fayers, S. R. e Trewin, N. H. *Trans. R. Soc. Edinburgh* 2003; 93:355-82; Scourfield, D. J. *Phil. Trans. R. Soc. B* 1926; 214:153-87; Womack, T. & outros. *Palaeo3* 2012; 344:39-48.
30. Kelman, R. & outros. *Trans. R. Soc. Edinburgh* 2004; 94:445-55; Strullu-Derrien, C. & outros. *PLoS One* 2016; 11:e0167301; Taylor, T. N. & outros. *Mycologia* 1992; 84:901-10.
31. Karling, J. S. *American J. Botany* 1928; 15:485-U7; Taylor, T. N. & outros. *Nature* 1992; 357:493-4.
32. Kerp, H. & outros. "New data on *Nothia aphylla* Lyon 1964 ex El-Saadawy et Lacey 1979, a poorly known plant from the Lower Devonian Rhynie chert". Em: Gensel, P. G. e Edwards, D., eds. *Plants Invade the Land – Evolutionary and Environmental Perspectives*. Nova York, NY, USA: Columbia University Press, 2001, pp. 52-82; Krings, M. & outros. *New Phytologist* 2007; 174:648-57; Poinar, G. & outros. *Nematology* 2008; 10:9-14; Krings, M. & outros. *Plant Signaling and Behaviour* 2007;125-6.

## 13. Profundezas — Siluriano

1. Graening, G. O. e Brown, A. V. *J. the American Water Resources Association* 2003; 39:1497-507; Noltie, D. B. e Wicks, C. M. *Environmental Biology of Fishes* 2001; 62:171-94; Ramsey, E. E. *J. Comparative Neurology* 1901; 11:40-47.
2. Broek, H. W. *J. Physical Oceanography* 2005; 35:388-94; del Giorgio, P. A. e Duarte, C. M. *Nature* 2002; 420:379-84; Lee, Z. & outros. *J. Geophysical Research-Oceans* 2007; 112:C03009; Lorenzen, C. J. *ICES J. Marine Science* 1972; 34:262-7; Morita, T. *Annals of the New York Academy of Sciences* 2010; 1189:91-4; Saunders, P. M. *J. Physical Oceanography* 1981; 11:573-4.

3. Clough, L. M. & outros. *Deep-Sea Research Part II-Topical Studies in Oceanography* 1997; 44:1683–704; Lonsdale, P. *Deep-Sea Research* 1977; 24:857; Scheckenbach, F. & outros. *PNAS* 2010; 107:115–20.
4. Bazhenov, M. L. & outros. *Gondwana Research* 2012; 22:974–91; Brewer, P. G. e Hester, K. *Oceanography* 2009; 22:86–93; Dziak, R. P. & outros. *Oceanography* 2017; 30:186–97; Filippova, I. B. & outros. *Russian J. Earth Sciences* 2001; 3:405–26; Maslennikov, V. V. & outros. *The trace element zonation in vent chimneys from the Silurian Yaman-Kasy VHMS deposit in the Southern Ural, Russia: insights from laser ablation inductively coupled plasma mass-spectrometry (LA-ICP-MS)*. Eliopoulous, D. G., ed. Netherlands: Millpress; 2003, pp. 151–4. Ryazantsev, A. V. & outros. *Geotectonics* 2016; 50: 553-78; Seltmann, R. & outros. *J. Asian Earth Sciences* 2014; 79:810–41; Simonov, V. A. & outros. *Geology of Ore Deposits* 2006; 48:369–83.
5. Beatty, J. T. & outros. *PNAS* 2005; 102:9306–10; Van Dover, C. L. & outros. *Geophysical Research Letters* 1996; 23:2049–52.
6. Burle, S. 04/06. Flood Map (www.floodmap.net). Acesso em: 6 abr. 2020; Charette, M. A. e Smith, W. H. F. *Oceanography* 2010; 23:112–4; Haq, B. U. e Schutter, S. R. *Science* 2008; 322:64–8.
7. Maslennikov, V. V. & outros. *The trace element zonation in vent chimneys from the Silurian Yaman-Kasy VHMS deposit in the Southern Ural, Russia: insights from laser ablation inductively coupled plasma mass-spectrometry (LA-ICP-MS)*. Eliopoulous, D. G., ed. Netherlands: Millpress, 2003, pp. 151–4; Zaikov V. V. & outros. *Geology of Ore Deposits* 1995; 37:446–63.
8. Georgieva, M. N. & outros. *J. Systematic Palaeontology* 2019; 17:287–329; Little, C. T. S. & outros. *Palaeontology* 1999; 42:1043–78; Ravaux, J. & outros. *Cahiers de Biologie Marine* 1998; 39:325–6; Schulze, A. *Zoologica Scripta* 2003; 32:321–42.
9. Allen, J. F. F. & outros. *Trends in Plant Science* 2011; 16:645–55; McFadden, G. I. *Plant Physiology* 2001; 125:50–3; Pfannschmidt, T. *Trends in Plant Science* 2003; 8:33–41; Raven, J. A. e Allen, J. F. *Genome Biology* 2003; 4:209.
10. Breusing, C. & outros. *PLoS One* 2020; 15:e0227053; Bright, M. e Sorgo, A. *Invertebrate Biology* 2003; 122:347–68; Cowart, D. A. & outros. *PLoS One* 2017; 12:e0172543; Forget, N. L. & outros. *Marine Ecology* 2015; 36:35–44; Georgieva, M. N. & outros. *Proc. R. Soc. B* 2018; 285:20182004; Miyamoto, N. & outros. *PLoS One* 2013; 8:e55151; Zal, F. & outros. *Cahiers de Biologie Marine* 2000; 41:413–23.
11. Maslennikov, V. V. & outros. *The trace element zonation in vent chimneys from the Silurian Yaman-Kasy VHMS deposit in the Southern Ural, Russia: insights from laser ablation inductively coupled plasma mass-spectrometry (LA-ICP-MS)*. Eliopoulous, D. G., ed. Rotterdam, Netherlands: Millpress, 2003, pp. 151–4. Nakamura, R. & outros. *Angewandte Chemie* 2010; 49:7692–4; Novoselov, K. A. & outros. *Mineralogy and Petrology* 2006; 87:327–49.
12. Belka, Z. e Berkowski, B. *Acta Geologica Polonica* 2005; 55:1–7; Little, C. T. S. e Vrijenhoek R. C. *Trends in Ecology & Evolution* 2003; 18:582–8.
13. Adams, D. K. & outros. *Oceanography* 2012; 25:256–68; Levins, R. *Bull. Entomol. Soc. Am.* 1969; 15:237–40; Sylvan, J. B. & outros. *mBio* 2012; 3: e00279-11; Vrijenhoek, R. C. *Molecular Ecology* 2010; 19:4391–411.
14. Finnegan, S. & outros. *Proc. R. Soc. B* 2016; 283:20160007; Finnegan, S. & outros. *Biology Letters* 2017; 13:20170400; Little, C. T. S. & outros. *Palaeontology* 1999; 42:1043–78; Rong, J. Y. e Shen, S. Z. *Palaeo3* 2002; 188:25–38; Sheehan, P. M. e Coorough, P. J. *Palaeozoic Palaeogeography and Biogeography* 1990; 12:181–7; Sutton, M. D. & outros. *Nature* 2005; 436:1013–5.
15. Jollivet, D. *Biodiversity and Conservation* 1996; 5:1619–53; Little, C. T. S. & outros. *Nature* 1997; 385:146–8; Vrijenhoek, R. C. *Deep-Sea Research* Part II-*Topical Studies in Oceanography* 2013; 92:189–200.
16. Ashford, O. S. & outros. *Proc. R. Soc. B* 2018; 285:20180923; Stratmann, T. & outros. *Limno-*

*logy and Oceanography* 2018; 63: 2140-53; Tsurumi, M. *Global Ecology and Biogeography* 2003; 12:181–90; Van Dover, C. L. *Biological Bulletin* 1994; 186:134–5.

17. McNichol, J. & outros. *PNAS* 2018; 115:6756–61; Nagano, Y. e Nagahama, T. *Fungal Ecology* 2012; 5:463–71; Orcutt, B. N. & outros. *Frontiers in Microbiology* 2015; 6.

18. Bonnett, A. *Off the Map: Lost Space, Invisible Cities, Forgotten Islands, Feral Places, and What They Tell Us about the World*. Londres: Aurum Press; 2014; Jutzeler, M. & outros. *Nature Communications* 2014; 5; Maschmeyer, C. H. & outros. *Geosciences* 2019; 9:245; Maslennikov, V. V. & outros. *The trace element zonation in vent chimneys from the Silurian Yaman-Kasy VHMS deposit in the Southern Ural, Russia: insights from laser ablation inductively coupled plasma mass-spectrometry (LA-ICP-MS)*. Eliopoulous, D. G., ed. Millpress, Rotterdam, Netherlands: Millpress, 2003, pp. 151–4.

19. Lindberg, D. R. *Evolution: Education and Outreach* 2009; 2:191–203; Little, C. T. S. & outros. *Palaeontology* 1999; 42:1043–78.

20. Gubanov, A. P. e Peel, J. S. *American Malacological Bulletin* 2000; 15:139–45; Hilgers, L. & outros. *Mol. Biol. Evol.* 2018; 35:1638-52.

21. Fara, E. *Geological Journal* 2001; 36:291–303; Lemche, H. *Nature* 1957; 179:413–6; Lindberg, D. R. *Evolution: Education and Outreach* 2009; 2:191–203; Lu, J. & outros. *Nature Communications* 2017; 8; Smith J. L. B. *Trans. R. Soc. S. Afr.* 1939; 27:47–50; Zhu, M. e Yu, X. B. *Biology Letters* 2009; 5:372-5.

22. Van Roy, P. & outros. *J. Geol. Soc.* 2015; 172:541–9.

23. Faure, G. *Origin of Igneous Rocks: The Isotopic Evidence*. Berlim: Springer; 2001; Folinsbee, R. E. & outros. *Geochimica Et Cosmochimica Acta* 1956; 10:60–8; Lancelot, J. & outros. *Earth and Planetary Science Letters* 1976; 29:357–66; Larsen, E. S. & outros. *Bull. Geol. Soc. Am.* 1952; 63:1045-52.

24. Tomczak, M. e Godfrey, J. S. *Regional Oceanography: an Introduction*. Pergamon; 1994; Webb, P. *Introduction to Oceanography*. Roger Williams University, 2019.

25. Jedlovszky, P. e Vallauri, R. *J. Chemical Physics* 2001; 115:3750–62; Moore, G. T. & outros. *Geology* 1993; 21:17–20; Sanchez-Vidal, A. & outros. *PLoS One* 2012; 7:e30395.

26. Duval, S. & outros. *Interface Focus* 2019; 9:20190063; Lane, N. *Bioessays* 2017; 39:1600217; Lane, N. & outros. *BioEssays* 2010; 32:271–80; Martin, W. e Russell, M. J. *Phil. Trans. R. Soc. B* 2007; 362:1887–925.

27. Lipmann, F. *Advances in Enzymology and Related Subjects of Biochemistry* 1941; 1:99–162.

### 14. Transformação — Ordoviciano

1. Blignault, H. J. e Theron, J. N. *S. Afr. J. Geol.* 2010; 113:335–60; Bromwich, D. H. *Bull. Am. Meteorological Soc.* 1989; 70:738–49; Gabbott, S. E. & outros. *Geology* 2010; 38:1103–6; Naumann, A. K. & outros. *Cryosphere* 2012; 6:729–41; Sansiviero, M. & outros. *J. Marine Systems* 2017; 166:4-25.

2. Fountain, A. G. & outros. *International J. Climatology* 2010; 30:633–42; Gabbott, S. E. & outros. *Geology* 2010; 38:1103–6; Leroux, C. e Fily, M. *J. Geophysical Research – Planets* 1998; 103:25779–88; Smalley, I. J. *J. Sedimentary Research* 1966; 36:669–76.

3. Bindoff, N. L. & outros. *Papers and Proceedings of the Royal Society of Tasmania* 2000; 133:51–6; Cordes, E. E. & outros. *Oceanography* 2016; 29:30–1; Lappegard, G. & outros. *J. Glaciology* 2006; 52:137–48; Parsons, D. R. & outros. *Geology* 2010; 38:1063–6; Urbanski, J. A. & outros. *Sci. Reports* 2017; 7:43999; Vrbka, L. e Jungwirth, P. *J. Molecular Liquids* 2007; 134:64–70.

4. Blignault, H. J. e Theron, J. N. *S. Afr. J. Geol.* 2010; 113:335–60; Deane, G. B. & outros. *Acoustics Today* 2019; 15:12–9; Muller, C. & outros. *Science* 2005; 310:1299; Pettit, E. C. & outros.

*Geophysical Research Letters* 2015; 42:2309-16; Scholander, P. F. e Nutt, D. C. *J. Glaciology* 1960; 3:671-8; Severinghaus, J. P. e Brook, E. J. *Science* 1999; 286:930-4.

5. Leu, E. & outros. *Progress in Oceanography* 2015; 139:151-70; Lovejoy, C. outros. *Aquatic Microbial Ecology* 2002; 29:267-78; Moore, G. W. K. & outros. *J. Physical Oceanography* 2002; 32:1685-98; Price, P. B. *Science* 1995; 267:1802-4.

6. Bassett, M. G. & outros. *J. Paleontology* 2009; 83:614-23; Gabbott, S. E. *Palaeontology* 1998; 41:631-67; Gabbott, S. E. & outros. *Geology* 2010; 38:1103-6; Moore, G. W. K. & outros. *J. Physical Oceanography* 2002; 32:1685-98; Smith, R. E. H. & outros. *Microbial Ecology* 1989; 17:63-76; von Quillfeldt, C. H. *J. Marine Systems* 1997; 10:211-40.

7. Clarke, A. e North, A. W. "Is the growth of polar fish limited by temperature?" Em: di Prisco, G. & outros, eds. *Biology of Antarctic Fish*. Berlim: Springer; 1991, pp. 54-69; Kim, S. & outros. *Integrative and Comparative Biology* 2010; 50:1031-40.

8. Blignault, H. J. e Theron, J. N. *S. Afr. J. Geol.* 2010; 113:335-60; Gabbott, S. E. & outros. *J. Geol. Soc.* 2017; 174:1-9; Harper, D. A. T. *Palaeo3* 2006; 232:148-66; Le Heron, D. P. & outros. "The Early Palaeozoic Glacial Deposits of Gondwana: Overview, Chronology, and Controversies". *Past Glacial Environments*, 2ª ed. 2018; 47-73; Pohl, A. & outros. *Paleoceanography* 2016; 31:800-21; Rohrssen, M. & outros. *Geology* 2013; 41:127-30; Servais, T. & outros. *Palaeo3* 2010; 294:99-119; Sheehan, P. M. *Annual Review of Earth and Planetary Science*s 2001; 29:331-64; Summerhayes, C. P. "Measuring and Modelling $CO_2$ Back Through Time: $CO_2$, temperature, solar luminosity, and the Ordovician Glaciation". *Paleoclimatology: From Snowball Earth to the Anthropocene*: John Wiley and Sons Ltd, 2020, pp. 204-15.

9. Finlay, A. J. & outros. *Earth and Planetary Science Letters* 2010; 293:339-48; Ling, M. X. & outros. *Solid Earth Science*s 2019; 4:190-8; Patzkowsky, M. E. & outros. *Geology* 1997; 25:911-4; Servais, T. & outros. *Palaeo3* 2019; 534; Sheehan, P. M. *Annual Review of Earth and Planetary Sciences* 2001; 29:331-64; Shen, J. H. & outros. *Nature Geoscience* 2018; 11:510.

10. Chiarenza, A. A. & outros. *PNAS* 2020:1-10; Lindsey, H. A. & outros. *Nature* 2013; 494:463-7; Reichow, M. K. & outros. *Earth and Planetary Science Letters* 2009; 277:9-20; Zou, C. N. & outros. *Geology* 2018; 46:535-8.

11. Gabbott, S. E. *Palaeontology* 1999; 42:123-48; Gabbott, S. E. & outros. *Proceedings of the Yorkshire Geological Society* 2001; 53:237-44; Gough, A. J. & outros. *J. Glaciology* 2012; 58:38-50; Price, P. B. *Science* 1995; 267:1802-4.

12. Cocks, L. R. M. e Fortey, R. A. *Geological Magazine* 1986; 123:437-44; Gabbott, S. E. *Palaeontology* 1999; 42:123-48; Goudemand, N. & outros. *PNAS* 2011; 108:8720-4; Lovejoy, C. & outros. *Aquatic Microbial Ecology* 2002; 29:267-78; Price, P. B. *Science* 1995; 267:1802-4; Rohrssen, M. & outros. *Geology* 2013; 41:127-30; Whittle, R. J. & outros. *Palaeontology* 2009; 52:561-7; Williams, A. & outros. *Phil. Trans. R. Soc. B* 1992; 337:83-104.

13. Klug, C. & outros. *Lethaia* 2015; 48:267-88; LoDuca, S. T. & outros. *Geobiology* 2017; 15:588-616; Rohrssen, M. & outros. *Geology* 2013; 41:127-30; Seilacher, A. *Palaeo3* 1968; 4:279.

14. Braddy, S. J. & outros. *Palaeontology* 1995; 38:563-81; Braddy, S. J. & outros. *Biology Letters* 2008; 4:106-9; Lamsdell, J. C. & outros. J. *Systematic Palaeontology* 2010; 8:49-61.

15. Braddy, S. J. & outros. *Palaeontology* 1995; 38:563-81; Budd, G. E. *Nature* 2002; 417:271-5; Hughes, C. L. & outros. *Evolution & Development* 2002; 4:459-99.

16. Aldridge, R. J. & outros. "The Soom Shale". Em: Briggs, D. E. G. e Crowther P. R., eds. *Palaeobiology II*: Blackwell Science Ltd, 2001, pp. 340-2.

17. Aldridge, R. J. & outros. *Phil. Trans. R. Soc. B* 1993; 340:405-21; Bergstrom, S. M. e Ferretti, A. *Lethaia* 2017; 50:424-39; Chernykh, V. V. & outros. *J. Paleontology* 1997; 71:162-4; Ellison, S. P. *AAPG Bulletin* 1946; 30:93-110; Yin, H. F. & outros. *Episodes* 2001; 24:102-14.

18. Aldridge, R. J. & outros. *Phil. Trans. R. Soc. B* 1993; 340:405-21; George, J. C. e Stevens, E. D. *Environmental Biology of Fishes* 1978; 3:185-91; Nishida, J. e Nishida, T. *British Poultry Science*

1985; 26:105-15; Pridmore, P. A. & outros. *Lethaia* 1996; 29:317-28; Suman, S. P. e Joseph, P. *Annual Review of Food Science and Technology*, Vol. 4, 2013; 4:79-99.
19. Gabbott, S. E. & outros. *Geology* 2010; 38:1103-6.
20. Blignault, H. J. e Theron, J. N. *S. Afr. J. Geol.* 2010; 113:335-60; Clark, J. A. *Geology* 1976; 4:310-2.
21. Allegre, C. J. & outros. *Nature* 1984; 307:17-22; Barth, G. A. e Mutter J. C. *J. Geophysical Research-Solid Earth* 1996; 101:17951-75; Chambat, F. e Valette, B. *Physics of the Earth and Planetary Interiors* 2001; 124:237-53; Shennan, I. & outros. *J. Quaternary Science* 2006; 21:585-99.
22. Bradley, S. L. & outros. *J. Quaternary Science* 2011; 26:541-52; de Geer, G. *Geologiska Foreningen i Stockholm Forhandlingar* 1924; 46:316-24.
23. Ross, J. R. e Ross, C. A. "Ordovician sea-level fluctuations". Em: Webby, B. D. e Laurie, J. R., eds. *Global Perspectives on Ordovician Geology*. Rotterdam: A. Balkema; 1992, pp. 327-35; Saupe, E. E. & outros. *Nature Geoscience* 2020; 13:65.
24. Saupe, E. E. & outros. *Nature Geoscience* 2020; 13:65; Scotese, C. R. & outros. *J. African Earth Sciences* 1999; 28:99-114; Smith, R. E. H. & outros. *Microbial Ecology* 1989; 17:63-76; Wiens, J. J. & outros. *Ecology Letters* 2010; 13:1310-24.
25. Bennett, M. M. e Glasser, N. F. *Glacial Geology: Ice Sheets and Landforms*. 2ª ed. Oxford, UK: John Wiley e Sons; 2009, p. 385; Blignault, H. J. e Theron, J. N. *S. Afr. J. Geol.* 2010; 113: 335-60; Blignault, H. J. e Theron, J. N. *S. Afr. J. Geology* 2017; 120:209-22; Goldstein, R. M. & outros. *Science* 1993; 262:1525-30; Ragan, D. M. *The J. Geology* 1969; 77:647-67.

## 15. Consumidores — Cambriano

1. Berner, R. A. e Kothavala, Z. *American J. Science* 2001; 301:182-204; Han, J. & outros. *Gondwana Research* 2008; 14: 269-76; Hearing, T. W. & outros. *Science Advances* 2018; 4:eaar5690; Hou, X. e Bergstrom, J. *Paleontological Research* 2003; 7:55-70; Labandeira, C. C. *Trends in Ecology & Evolution* 2005; 20:253-62; National Research Council of the United States — Committee on Toxicology. *Carbon Dioxide. Emergency and continuous exposure guidance levels for selected submarine contaminants*. Vol. 1. Washington, DC, USA: The National Academies Press, 2007, pp. 46-66.
2. Daczko, N. R. & outros. *Sci. Reports* 2018; 8:8371; Dott, R. H. *Geology* 1974; 2:243-46; Haq, B. U. e Schutter, S. R. *Science* 2008; 322:64-8; Hou, X. e Bergstrom, J. *Paleontological Research* 2003; 7:55-70.
3. Hou, X. e Bergstrom, J. *Paleontological Research* 2003; 7:55-70; MacKenzie, L. A. & outros. *Palaeo3* 2015; 420:96-115; Peters, S. E. e Loss, D. P. *Geology* 2012; 40:511-4.
4. Bergstrom, J. & outros. *GFF* 2008; 130:189-201; Briggs, D. E. G. *Phil. Trans. R. Soc. B* 1981; 291:541-84; Hou, X. G. & outros. *Zoologica Scripta* 1991; 20:395-411; Zhang, X. L. & outros. *Alcheringa* 2002; 26:1-8.
5. Chen, A. L. & outros. *Palaeoworld* 2015; 24:46-54; Hou, X. G. & outros. *Zoologica Scripta* 1991; 20:395-411; Hu, S. X. & outros. *Acta Geologica Sinica* 2008; 82:244-8; Huang, D. Y. & outros. *Palaeo3* 2014; 398:154-64; Ou, Q. & outros. *PNAS* 2017; 114:8835-40; Vannier, J. e Martin, E. L. O. *Palaeo3* 2017; 468:373-87; Zhang, X. G. & outros. *Geological Magazine* 2006; 143:743-8; Zhang, Z. F. & outros. *Acta Geologica Sinica* 2003; 77:288-93; Zhang, Z. F. & outros. *Proc. R. Soc. B* 2010; 277:175-81.
6. Budd, G. E. e Jackson, I. S. C. *Phil. Trans. R. Soc. B* 2016; 371:20150287; Conci, N. & outros. *Genome Biology and Evolution* 2019; 11:3068-81; Landing, E. & outros. *Geology* 2010; 38:547-50; Ortega-Hernandez, J. *Biological Reviews* 2016; 91:255-73; Paterson, J. R. & outros. *PNAS* 2019; 116:4394-9; Satoh, N. & outros. *Evolution & Development* 2012; 14:56-75.

7. Akam, M. *Cell* 1989; 57:347-9; Akam, M. *Phil. Trans. R. Soc. B* 1995; 349:313-9; Jezkova, T. e Wiens, J. J. *American Naturalist* 2017; 189:201-12.
8. Hughes, N. C. *Integrative and Comparative Biology* 2003; 43:185-206; Parat, A. *Les Grottes de la Cure cote d'Arcy XXI. Bull. Soc. Sci. Hist. & Nat. de l'Yonne* 1903, 1-53; Shu, D. G. & outros. *Nature* 1999; 402:42-6; *The Illustrated London News*, 22 set. 1949, pp. 190, 201, 204; Vannier, J. & outros. *Sci. Reports* 2019; 9:14941.
9. Dai, T. e Zhang, X. L. *Alcheringa* 2008; 32:465-8; Hou, X. G. & outros; *Earth and Environmental Science* Transactions of the Royal Society of Edinburgh 2009; 99:213-23.
10. Bromham, L. e Penny, D. *Nature Reviews Genetics* 2003; 4:216-24.
11. Dos Reis, M. & outros. *Curr. Biol.* 2015; 25:2939-50.
12. Kaldy, J. & outros. *Genes* 2020; 11:753.
13. Erwin, D. H. *Palaeontology* 2007; 50:57-73.
14. Budd, G. E. e Jackson, I. S. C. *Phil. Trans. R. Soc. B* 2016; 371:20150287.
15. Dunne, J. A. & outros. *PLoS Biology* 2008; 6:693-708; Penny, A. M. & outros. *Science* 2014; 344:1504-6.
16. Laderach, P. & outros. *Climatic Change* 2013; 119:841-54; Lagad, R. A. & outros. *Analytical Methods* 2013; 5:1604-11; Potrel, A. & outros. *J. Geol. Soc.* 1996; 153:507-10; Wooldridge, S. W. e Smetham, D. J. *The Geographical Journal* 1931; 78:243-65; Wright, J. B. & outros. *Geology and Mineral Resources of West Africa*. Netherlands: Springer; 1985; Zhao, F. C. & outros. *Geological Magazine* 2015; 152:378-82.
17. Bryson, B. *A Short History of Nearly Everything*. Londres: Black Swan; 2004; Koren, I. & outros. *Environmental Research Letters* 2006; 1:014005.
18. Chen, J. Y. e Zhou, G. Q. *Collection and Research* 1997; 10:11-105; Dunne, J. A. & outros. *PLoS Biology* 2008; 6:693-708; Han, J. & outros. *Alcheringa* 2006; 30:1-10; Han, J. A. & outros. *PALAIOS* 2007; 22: 691-4; Hou, X. G. & outros. *GFF* 1995; 117:163-83.
19. Baer, A. e Mayer, G. *J. Morphology* 2012; 273:1079-88; Barnes, A. e Daniels, S. R. *Zoologica Scripta* 2019; 48:243-62; Dunne, J. A. & outros. *PLoS Biology* 2008; 6:693-708; Morris, S. C. *Palaeontology* 1977; 20:623-40; Hou, X. G. & outros. *Zoologica Scripta* 1991; 20:395-411; Ramskold, L. *Lethaia* 1992; 25:221-4; Smith, M. R. e Ortega-Hernandez, J. *Nature* 2014; 514:363.
20. Liu, J. N. & outros. *Gondwana Research* 2008; 14:277-83; Smith, M. R. e Caron, J. B. *Nature* 2015; 523:75; Vannier, J. & outros. *Nature Communications* 2014; 5.
21. Fenchel, T. *Microbiology UK* 1994; 140:3109-16; Galvao, V. C. e Fankhauser, C. *Current Opinion in Neurobiology* 2015; 34:46-53; Jury, S. H. & outros. *J. Experimental Marine Biology and Ecology* 1994; 180:23-37; Magnuson, J. J. & outros. *American Zoologist* 1979; 19:331-43; Mollo, E. & outros. *Natural Product Reports* 2017; 34:496-513; Murayama, T. & outros. *Curr. Biol.* 2013; 23:1007-12; Nordzieke, D. E. & outros. *New Phytologist* 2019; 224:1600-12; Rozhok, A. *Orientation and Navigation in Vertebrates*. Berlim: Springer, 2008.
22. Galvão, V. C. e Fankhauser, C. *Current Opinion in Neurobiology* 2015; 34:46-53; Ma, X. Y. & outros. *Arthropod Structure & Development* 2012; 41:495-504.
23. Clarkson, E. N. K. e Levi-Setti, R. *Nature* 1975; 254:663-7; Clarkson, E. & outros. *Arthropod Structure & Development* 2006; 35:247-59; Gal, J. & outros. *Hist. Biol.* 2000; 14:193-204; Ma, X. Y. & outros. *Nature* 2012; 490:258; Richdale, K. & outros. *Optometry and Vision Science* 2012; 89:1507-11.
24. Hou, X. G. & outros. *Geological Journal* 2006; 41:259-69; Ortega-Hernandez, J. *Biological Reviews* 2016; 91:255-73; University of Bristol Press Release. 2016. https://www.bristol.ac.uk/news/2016/september/penisworm.html; Vinther, J. & outros. *Palaeontology* 2016; 59:841-9.
25. Chen, J. Y. e Zhou, G. Q. *Collection and Research* 1997; 10:11-105; Chen, J. Y. & outros. *Lethaia* 2004; 37:3-20; Tanaka, G. & outros. *Nature* 2013; 502:364.

26. Duan, Y. H. & outros. *Gondwana Research* 2014; 25:983-90; Fu, D. J. & outros. *BMC Evol. Biol.* 2018; 18; Shu, D. G. & outros. *Lethaia* 1999; 32:279-98.
27. Promislow, D. E. L. e Harvey, P. H. *J. Zool.* 1990; 220:417-37.
28. Gabbott, S. E. & outros. *Geology* 2004; 32:901-4; Zhu, M. Y. & outros. *Acta Palaeontologica Sinica* 2001; 40:80-105.
29. Cuthill, J. F. H. e Han, J. *Palaeontology* 2018; 61:813-23.

### 16. Emergência — Ediacarano

1. Fujioka, T. & outros. *Geology* 2009; 37:51-4; Giles, D. & outros. *Tectonophysics* 2004; 380: 27-41; Haines, P. W. e Flottmann T. *Australian J. Earth Science*s 1998; 45:559-70; MacKellar, D. *My Country. The Witch-Maid and Other Verses*. Londres: J. M. Dent and Sons, 1914, p. 29; Williams, P. J. *Economic Geology and the Bulletin of the Society of Economic Geologists* 1998; 93:1120-31.
2. Glansdorff, N. & outros. *Biology Direct* 2008; 3; Goin, F. J. & outros. *Revista de la Asociacion Geologica Argentina* 2007; 62:597-603; Hamm, G. & outros. *Nature* 2016; 539:280; Hiscock, P. & outros. *Australian Archaeology* 2016; 82:2-11; Palci, A. & outros. *Royal Society Open Science* 2018; 5:172012; Wells, R. T. e Camens, A. B. *PLoS One* 2018; 13:e0208020.
3. Jenkins, R. J. F. & outros. *J. Geol. Soc.* Austrália 1983; 30:101-19.
4. Ielpi, A. & outros. *Sedimentary Geology* 2018; 372:140-72; Kamber, B. S. Webb, G. E. *Geochimica Et Cosmochimica Acta* 2001; 65:2509-25; Santosh, M. & outros. *Geoscience Frontiers* 2017; 8:309-27.
5. Abuter, R. & outros. *Astronomy & Astrophysics* 2019; 625; Bond, H. E. & outros. *Astrophysical Journal* 2017; 840:70; Che, X. & outros. *Astrophysical Journal* 2011; 732:68; Dolan, M. M. & outros. *Astrophysical Journal* 2016; 819:7; Garcia-Sanchez, J. & outros. *Astronomy & Astrophysics* 2001; 379:634-59; Hummel, C. A. & outros. *Astronomy & Astrophysics* 2013; 554; Innanen, K. A. & outros. *Astrophysics and Space Science* 1978; 57:511-5; Nagataki, S. & outros. *Astrophysical Journal* 1998; 492:L45-L48; Przybilla, N. & outros. *Astronomy & Astrophysics* 2006; 445:1099-126; Quillen, A. C. e Minchev, I. *Astronomical Journal* 2005; 130:576-85; Rhee, J. H. & outros. *Astrophysical Journal* 2007; 660:1556-71; Tetzlaff, N. & outros. *Monthly Notices of the Royal Astronomical Society* 2011; 410:190-200; Voss, R. & outros. *Astronomy & Astrophysics* 2010; 520; Wielen, R. & outros. *Astronomy & Astrophysics* 2000; 360:399-410; Zasche, P. & outros. *Astronomical Journal* 2009; 138:664-79; Zorec, J. & outros. *Astronomy & Astrophysics* 2005; 441:235-U120.
6. Stevenson, D. J. e Halliday, A. N. *Phil. Trans. R. Soc. A* 2014; 372:20140289; Williams, G. E. *Reviews of Geophysics* 2000; 38:37-59.
7. Cloud, P. *Economic Geology* 1973; 68:1135-43; Godderis, Y. & outros. *Geological Record of Neoproterozoic Glaciations* 2011; 36:151-61; Hoffman, P. F. e Schrag, D. P. *Terra Nova* 2002; 14:129-55; Johnson, B. W. & outros. *Nature Communications* 2017; 8; Luo, G. M. & outros. *Science Advances* 2016; 2:e1600134; Tashiro, T. & outros. *Nature* 2017; 549:516.
8. Brocks, J. J. & outros. *Nature* 2017; 548:578; Lechte M. A. & outros. *PNAS* 2019; 116:25478-83; Herron, M. D. & outros. *Sci. Reports* 2019; 9:2328; Sahoo, S. K. & outros. *Geobiology* 2016; 14:457-68; Wood, R. & outros. *Nature Ecology & Evolution* 2019; 3:528-38.
9. Gibson, T. M. & outros. *Geology* 2018; 46:135-8; Tang, Q. & outros. *Nature Ecology and Evolution* 2020; 4:543-9.
10. Ispolatov, I. & outros. *Proc. R. Soc. B* 2012; 279:1768-76; Maliet, O. & outros. *Biology Letters* 2015; 11:20150157.
11. Cocks, L. R. M. e Fortey, R. A. *Geological Society of London Special Publications* 2009; 325:141-55; of Monmouth, G. *The History of the Kings of Britain*. 1136 (Penguin edition, 1966).

12. Clapham, M. E. & outros. *Paleobiology* 2003; 29:527-44; Shen, B. & outros. *Science* 2008; 319:81-4.
13. Jenkins, R. J. F. & outros. *J. Geol. Soc. Australia* 1983; 30:101-19; Zhu, M. Y. & outros. *Geology* 2008; 36:867-70.
14. Gehling, J. G. *PALAIOS* 1999; 14:40-57; Jenkins, R. J. F. & outros. *J. Geol. Soc. Australia* 1983; 30:101-19; Lemon, N. M. *Precambrian Research* 2000; 100:109-20; Noffke, N. & outros. *Geology* 2006; 34:253-6; Schneider, D. & outros. *PLoS One* 2013; 8:e66662.
15. Droser, M. L. & outros. *Australian J. Earth Science*s 2018; 67:915-21; Feng, T. & outros. *Acta Geologica Sinica* 2008; 82: 27-34; Gehling, J. G. e Droser, M. L. *Episodes* 2012; 35:236-46; Tang, F. & outros. *Evolution & Development* 2011; 13:408-14; Wang, Y. & outros. *Paleontological Research* 2020; 24:1-13; Welch, V. L. & outros. *Curr. Biol.* 2005; 15:R985-R986; Zhao, Y. & outros. *Curr. Biol.* 2019; 29:1112.
16. Dunn, F. S. & outros. *Biological Reviews* 2018; 93:914-32; Dunn, F. S. & outros. Papers in *Palaeontology* 2019; 5:157-76; Fedonkin, M. A. "Vendian body fossils and trace fossils". Em: Bengtson, S., editor. *Early Life on Earth*. Nova York: Columbia University Press, 1994, pp. 370-88; Ford, T. D. *Yorkshire Geological Society Proceedings* 1958; 31:211-7; Liu, A. G. e Dunn, F. S. *Curr. Biol.* 2020; 30:1322-8; Mason, R. "The discovery of *Charnia masoni*". Em: *Leicester's fossil celebrity:* Charnia *and the evolution of early life*. Leicester Literary and Philosophical Society Section C Symposium, 10 mar. 2007; Narbonne, G. M. e Gehling, J. G. *Geology* 2003; 31:27-30; Nedin, C. e Jenkins, R. J. F. *Alcheringa* 1998; 22:315-6; Sprigg, R. C. *Trans. Roy. Soc. S. Aust.* 1947; 72:212-24.
17. Droser, M. L. e Gehling, J. G. *Science* 2008; 319:1660-2; Gibson, T. M. & outros. *Geology* 2018; 46:135-8; Hartfield, M. *J. Evol. Biol.* 2016; 29:5-22; Normark, B. B. & outros. *Biol. J. Linn. Soc.* 2003; 79:69-84; Pence, C. H. e Ramsey, G. *Philosophy of Science* 2015; 82:1081-91; Smith, J. M. *J. Theor. Biol.* 1971; 30:319.
18. Bobrovskiy, I. & outros. *Science* 2018; 361:1246; Dunn, F. S. & outros. *Biological Reviews* 2018; 93:914-32; Evans, S. D. & outros. *PLoS One* 2017; 12:e0176874; Gehling, J. G. & outros. *Evolving Form and Function: Fossils and Development* 2005:43-66; Sperling, E. A. e Vinther, J. *Evolution & Development* 2010; 12:201-9.
19. Chen, Z. & outros. *Science Advances* 2018; 4:eaao6691; Evans, S. D. & outros. *PNAS* 2020; 117:7845-50; Gehling, J. G. e Droser, M. L. *Emerging Topics in Life Science* 2018; 2:213-22.
20. Clites, E. C. & outros. *Geology* 2012; 40:307-10; Coutts, F. J. & outros. *Alcheringa* 2016; 40:407-21; Droser, M. L. e Gehling, J. G. *PNAS* 2015; 112:4865-70; Gehling, J. G. e Droser, M. L. *Episodes* 2012; 35: 236-46; Joel, L. V. & outros. *J. Paleontology* 2014; 88:253-62; Mitchell, E. G. & outros. *Ecology Letters* 2019; 22:2028-38.
21. Wade, M. *Lethaia* 1968; 1:238-67; Zhu, M. Y, & outros. *Geology* 2008; 36:867-70.
22. Ivantsov, A. Y. *Paleontological Journal* 2009; 43:601-11.
23. Fedonkin, M. A. & outros. *Geological Society of London Special Publications* 2007; 286:157-79.
24. Budd, G. E. e Jensen, S. *Biological Reviews* 2017; 92:446-73; Erwin, D. H. e Tweedt, S. *Evolutionary Ecology* 2012; 26:417-33; Shu, D. G. & outros. *Science* 2006; 312:731-4.
25. Dunn, F. & outros. *5th International Paleontological Congres*s. Paris 2018, p. 289.
26. Medina, M. & outros. *Int. J. Astrobiol.* 2003; 2:203-11; Xiao, S. H. & outros. *American J. Botany* 2004; 91:214-27.
27. Burns, B. P. & outros. *Env. Microbiol.* 2004; 6:1096-101; Lowe, D. R. *Nature* 1980; 284:441-3; Puchkova, N. N. & outros. *Int. J. Syst. Evol. Microbiol.* 2000; 50:1441-7.

Epílogo — Uma cidade chamada Esperança

1.  Mills, W. J. *Hope Bay. Exploring Polar Frontiers: A Historical Encyclopedia*. Santa Barbara, California, USA: ABC Clio, 2003, pp. 308-9.
2.  Birkenmajer, K. *Polish Polar Research* 1992; 13:215-40; de Souza Carvalho, I. & outros. *Ichnos* 2005; 12:191-200; Erwin, D. H. *Annual Review of Ecology and Systematics* 1990; 21:69-91.
3.  De Souza Carvalho, I. & outros. *Ichnos* 2005; 12:191-200; Hays, L. E. & outros. *Palaeoworld* 2007; 16:39-50; Penn, J. L. & outros. 2018; 362:1130; Xiang, L. & outros. *Palaeo3* 2020; 544; Zhang, G. J. & outros. *PNAS* 2017; 114:1806-10.
4.  Keeling, R. F. e Garcia, H. E. *PNAS* 2002; 99:7847-53; Ren, A. S. & outros. *Sci. Reports* 2018; 8:7290; Schmidtko, S. & outros. *Nature* 2017; 542:335.
5.  Breitburg, D. & outros. *Science* 2018; 359:46.
6.  Jurikova, H. & outros. *Nature Geoscience* 2020; 13:745-50.
7.  Feely, R. A. & outros. *Sci. Brief* April 2006:1-3; Hoegh-Guldberg, O. & outros. *Frontiers in Marine Science* 2017; 4; Kleypas J. A. & outros. *Impacts of Ocean Acidification on Coral Reefs and Other Marine Calcifiers: A Guide for Future Research 2006*. National Science Foundation Report; van Woesik, R. & outros. *PeerJ* 2013; 1:e208.
8.  Fillinger, L. & outros. *Curr. Biol.* 2013; 23:1330-4; Leys, S. P. & outros. *Marine Ecology Progress Series* 2004; 283:133-49; Maldonado, M. & outros. "Sponge grounds as key marine habitats: a synthetic review of types, structure, functional roles, and conservation concerns". Em: *Marine Animal Forests: The Ecology of Benthic Biodiversity Hotspots* (Rossi, S. & outros, eds.) Berlim: Springer, 2017, pp. 145-83; Saito, T. & outros. *J. Mar. Biol. Ass.* UK 2001; 81:789-97.
9.  Clem, K. R. & outros. *Nature Climate Change* 2020; 10:762-70; Zhang, L. & outros. *Earth-Science Reviews* 2019; 189:147-58.
10. Kim, B. M. & outros. *Nature Communications* 2014; 5:4646; Overland, J. E. e Wang, M. *International Journal of Climatology* 2019; 39:5815-21; Robinson, S. A. & outros. *Global Change Biology* 2020; 26:3178-80.
11. Meehl, G. A. & outros. *Science* 2005; 307:1769-72; Meehl, G. A. & outros. "Global Climate Projections". Em: *Climate Change 2007: The Physical Science Basis. Contribution of Working Group I to the Fourth Assessment Report of the Intergovernmental Panel on Climate Change* (Solomon, S. & outros, eds.). Cambridge UK: Cambridge University Press, 2007; O'Brien, C. L. & outros. *PNAS* 2020; 117:25302-9.
12. Pugh, T. A. M. & outros. *PNAS* 2019; 116:4382-7; Scott, V. & outros. *Nature Climate Change* 2015; 5:419-23; Terrer, C. & outros. *Nature Climate Change* 2019; 9:684-9.
13. Couture, N. J. & outros. *Journal of Geophysical Research Biogeosciences* 2018; 123:406-22; Friedlingstein, P. & outros. *Earth Syst Sci Data* 2019; 11:1783-838; Nichols, J. E. e Peteet, D. M. *Nature Geoscience* 2019; 12:917-21.
14. Fujii, K. & outros. *Arctic Antarctic and Alpine Research* 2020; 52:47-59; Olid, C. & outros. *Global Change Biology* 2020; 26:5886-98.
15. Bolch, T. & outros. "Status and change of the cryosphere in the extended Hindu Kush Himalaya region". Em: Wester, P. & outros, eds., *The Hindu Kush Himalaya Assessment*. Cham: Springer, 2019 Church, J. A. & outros. *Journal of Climate* 1991; 4:438 P.56; Kulp, S. A. e Strauss, B. H. *Nature Communications* 2019; 10; Loo, Y. Y. & outros. *Geoscience Frontiers* 2015; 6:817 P.23; Nepal, S e Shrestha, A. B. *International Journal of Water Resources Development* 2015; 31:201 P.18; Yi, S. & outros. *The Cryosphere Discussions* 2019. https://doi.org/10.5194/tc-2019-211.
16. Muntean, M. & outros. *Fossil $CO_2$ emissions of all world countries*. Publications Office of the European Union 2018. DOI: 10.2760/30158.
17. Friends of the Earth. *Overconsumption? Our use of the world's natural resources*. 2009. 1-36.

18. Avery-Gomm, S. & outros. *Marine Pollution Bulletin* 2013; 72:257–9; Beaumont, N. J. & outros. *Marine Pollution Bulletin* 2019; 142:189–95.
19. Russell, J. R. & outros. *Applied and Environmental Microbiology* 2011; 77:6076–84; Tanasupawat, S. & outros. *Int. J. Syst. Evol. Microbiol.* 2016; 66:2813–8; Taniguchi, I. & outros. *Acs Catalysis* 2019; 9:4089–105.
20. Polito, M. J. & outros. *American Geophysical Union Fall Meeting 2018.* Abstract #PP13C-1340.
21. Habel, J. C. & outros "Review refugial areas and postglacial colonizations in the Western Palearctic". Em: Habel, J. C. & outros, eds. *Relict Species*. 2010. Springer, Berlim, Heidelberg: pp. 189–97; Roberts, C. P. & outros. *Nature Climate Change* 2019; 9:562.
22. Cardoso, G. C. e Atwell, J. W. *Animal Behaviour* 2011; 82:831–6; Martin, J. e Lopez, P. *Functional Ecology* 2013; 27:1332–40; Owen, M. A. & outros. *J. Zool.* 2015; 295:36–43.
23. Bar-On, Y. M. & outros. *PNAS* 2018; 115:6506–11; Bennett, C. E. & outros. *Royal Society Open Science* 2018; 5:180325; Elhacham, E. & outros. *Nature* 2020; doi.org/10.1038/s41586-020-3010-5; Giuliano, W. M. & outros. *Urban Ecosystems* 2004; 7:361–70; WWF. *Living Planet Report — 2018: Aiming Higher*. Grooten, M. e Almond, R. E. A., eds. Gland, Switzerland: WWF, 2018.
24. Kleinen, T. & outros. *Holocene* 2011; 21:723–34; Summerhayes, G. R. *IPPA Bulletin* 2009; 29:109–23.
25. Abate, R. S. e Kronk, E. A. *Climate change and Indigenous peoples: The search for legal remedies*. 2013. Cheltenham UK: Edward Elgar, 2013; Ahmed, N. *Entangled Earth.* Third Text 2013; 27:44–53.
26. Associated Press em St. Petersburg, Florida. "Hurricane Iota is 13th hurricane of record-breaking Atlantic season". *Guardian*, 15 nov. 2020; Gonzalez-Aleman, J. J. & outros. *Geophysical Research Letters* 2019; 46:1754–64; Knutson, T. R. & outros. *Nature Geoscience* 2010; 3:157–63.
27. Hodbod, J. & outros. *Ambio* 2019; 48:1099–115; Michaelson, R. "'It'll cause a water war': divisions run deep as filling of Nile dam nears". *Guardian*, 23 abr. 2020; Spohr, K. "The race to conquer the Arctic — the world's final frontier". *New Statesman*, 12 mar. 2018.
28. UK Environment Agency. *TE2100 5 Year Review Non-technical Summary*. 2016:1–7; Secretariat of the Multilateral Fund for the Implementation of the Montreal Protocol on Substances that Deplete the Ozone Layer. *Creating a real change for the environment*. 2007:1–24.
29. Henley, J. "Iceland holds funeral for first glacier lost to climate change". *Guardian*, 22 jul. 2019.

# AGRADECIMENTOS

À maneira desta obra, talvez eu devesse agradecer os envolvidos na linha do tempo que levou a este livro na ordem cronológica inversa. Sem o empenho de meus editores Laura Stickney e Rowan Cope da Penguin Press, de Hilary Redmon da Random House e de Nick Garrison da Penguin Canadá, esta leitura com certeza seria mais assustadora, mais saltitante e mais técnica. Trabalhar com Beth Zaiken enquanto ela criava as incríveis imagens das espécies de abertura dos capítulos deste livro foi um sonho, desde os primeiros esboços que, se eu não soubesse que eram trabalhos em progresso, teria me sentido feliz em aceitar como finalizados. Considerei os resultados finais deslumbrantes.

Agradeço a Marion Boyars, dr. Alice Tarbuck, Society of Biblical Literature, Miguelángel Meza, Tracy K. Lewis, John Curl, Canongate Books, Columbia University Press, Laurel Rasplica Rodd, Shambhala, University of Western Australia Press, Rachael Mead, Lascaux Publishers, Robert Ziller, à família de Natalia Molchanova, Viktor Hilkevich, Unesco, Diego Arguedas Ortiz, BBC Futures e Taylor e Francis pela autorização para usar trechos de suas obras ou daquelas cujos direitos autorais detêm. O trecho de *Life and Fate* de Vasily Grossman está publicado pela Vintage. Copyright © Editions L'Age d'Homme, 1980. Copyright da tradução em inglês © Collins Harvill, 1985. Reproduzido com autorização do Random House Group Ltd. O trecho da *Epopeia de Gilgamesh* tem o copyright © de Board of Trustees of the Leland Stanford Jr. University. Todos os direitos reservados. Utilizado com autorização da editora, Stanford University Press. O trecho da *Eneida* de Virgílio foi publicado pelo Penguin Group. Copyright © tradução e introdução David West, 1990, 2003. Reproduzido com autorização de Penguin Books Ltd. O trecho de *Miss Peregrine's Home for Peculiar Children* (2013, Quirk Books, Ransom Riggs) é cortesia de Ransom Riggs e Quirk Books. Agradeço a Emma Brown por seu trabalho na obtenção destas autorizações. O dr. John Halliday gentilmente traduziu do alemão o fragmento de *Dionysus Dithyrambs* de Nietzsche. Agradeço aos membros da African-Caribbean Research Collective pela assessoria em relação à referência apropriada da autobiografia de 1912 de Matthew A. Henson, *A Negro Explorer at the North Pole*, e ao dr. Sam Giles por me pôr em contato com eles. Todos os esforços foram empreendidos para localizar os detentores de direitos autorais e obter suas autorizações para uso do material.

Minha agente, Catherine Clarke, bem como o restante da equipe de Felicity Bryan Associates, fez um maravilhoso trabalho conduzindo este livro do estágio de projeto aos editores apropriados e me ajudando a tomar o que foi uma decisão maravilhosa. Obrigado, também, aos muitos subagentes que ajudaram esta obra a se tornar uma realidade fora dos confins do Reino Unido — Zoe Pagnamenta, da ZP Agency, e Barbara Barbieri, Juliana Galvis, Sabine Pfannenstiel, Marei Pittner, Rachael Sharples, Ludmilla Sushkova, Susan Xia e Jackie Yang da Andrew Nurnberg Associates.

Do ponto de vista prático, devo agradecer os que tornaram possível escrever este livro graças a provisões de espaço e tempo. Boa parte foi escrita hospedado com Chris Bryan e Jenny Ainsworth durante os dias de semana longe da minha família. A British Library e a Enfield Library foram espaços fantásticos não só para escrever, mas também para acessar material útil. Como muito deste livro foi escrito durante o *lockdown*, devo também agradecer à Biodiversity Heritage Library; sem seu compromisso de conceder acesso a antigo material científico eu não teria sido capaz de fazer as pesquisas necessárias.

Obrigado, também, aos muitos amigos e à família que leram os esboços dos capítulos e me proporcionaram valioso retorno — dra. Catherine Ainsworth, Eugenie Aitchison, dr. Gemma Benevento, dr. Andrew Button, Ivan Brett, prof. Hugh Bowden, Andrew Dickson, Martin

Dowling, Charlotte Halliday, Marianne Johnson, Johnny Mindlin, dr. Travis Park, Tammela Platt, Roxanne Scott e Steve Wright.

Ninguém consegue saber tudo sobre a história da vida, por isso meus sinceros agradecimentos aos meus colegas paleontólogos que cederam seu tempo para prover conhecimentos adicionais acerca do texto e das reconstruções ilustradas, ajudando-me a evitar erros notórios em localidades, períodos, espécies e em temas onde seus conhecimentos excedem aos meus: dr. Chris Basu, dr. Gemma Benevento, dr. Neil Brocklehurst, dr. Thomas Clements, dr. Mario Coiro, dr. Darin Croft, dra. Emma Dunne, dr. Daniel Field, profa. Sarah Gabbott, dra. Maggie Georgieva, dra. Sandy Hetherington, dr. Lars van den Hoek Ostende, dr. Dan Ksepka, dra. Liz Martin-Silverstone, dra. Emily Mitchell, dra. Elsa Panciroli, dra. Stephanie Smith e dr. Zhang Hanwen (Steven Zhang). Quaisquer erros que tenham permanecido no texto são sem dúvida meus. Meus agradecimentos ao dr. Douglas Boubert por sua assessoria em questões astronômicas, e ao dr. Will Tattersdill por me apresentar os textos dos primeiros popularizadores da geologia na era vitoriana, que foram de grande ajuda para entender os primeiros estratos desta forma de escrita.

Gostaria de estender meus agradecimentos à dra. Elsa Panciroli, sem a qual eu não teria participado da Hugh Miller Writing Competition, e também a outros julgadores dessa competição, particularmente a Larissa Reid. Minha experiência nessa competição é a causa próxima e direta das primeiras hesitantes sentenças deste livro. Ivan Bret me pôs na direção certa de como escrever a proposta de um livro, orientando-me adequadamente neste caminho, e também merece agradecimentos.

Tenho um débito perene ao apoio, à mentoria e à orientação de minha principal supervisora de doutorado, profa. Anjali Goswami, não só durante meu tempo como aluno de doutorado como também como pesquisador pós-doutorando e membro de sua equipe de campo na Índia e na Argentina. Pelo tempo dedicado ao meu desenvolvimento como cientista, devo agradecer também aos professores Paul Upchurch e Ziheng Yang, meus mentores durante o doutorado e nos primeiros cargos de pós-doutorado, bem como os que me supervisionaram ou orientaram durante outros projetos de pesquisa — os professores Richard Butler, Mike Benton e Andrew Balmford. No geral, aos meus amigos e colegas, muitos para citar os nomes, que tornaram a paleontologia uma das mais gratificantes sociedades das quais se pode fazer parte.

Um interesse pelo mundo natural deve ser mantido por educadores genuínos, e por isso não posso subestimar a influência das palestras do dr. Rob Asher, do prof. Nick Davies e da grande e falecida professora Jenny Clack, nem as lições de biologia de Geoff Morgan e Fiona Graham, tanto na sala de aula quanto no campo. Falando de campo, devo também mencionar Neo Kim Seng, que me ensinou a mergulhar e me introduziu aos espaços abaixo das ondas, e ao dr. Federico Agnolin, dr. Andrew Cuff, dr. Ryan Felice, profa. Anjali Goswami, Javier Ochoa, profa. Guntupalli Prasad, dr. Agustin Scanferla, sra. Thanglemmoi e dra. Aki Watanabe por sua camaradagem e conselhos fornecidos enquanto eu caçava fósseis.

Do fundo do meu Proterozoico, agradeço aos meus primeiros professores da escola que me ensinaram como estar enganado e aguentaram minha apresentação aos nove anos de idade da classificação lineana. Meus agradecimentos mais profundos vão todos para os meus pais, que em resposta às minhas perguntas de criança, mesmo se, em retrospecto, acho que sabiam a resposta, sempre me mandaram procurar em um livro. Eles e meus avós me fizeram observar pássaros, ou identificar árvores, procurar cogumelos ou medir a precipitação de chuva todas as manhãs. Seja recolhendo pedaços pesados do tamanho de uma bola de futebol de quartzito leitoso de montanhas, observando filhotes de águias pescadoras com um telescópio no sótão com um casal de avós, ou ajudando o outro a alimentar seus pombos e imitar os chamados de seus jardins, com certeza minha família tornou mais fácil observar e ouvir o mundo natural.

Finalmente, devo agradecer àqueles de cujas terras esses fósseis foram escavados, e agradecer aos próprios cientistas. Sem as incontáveis horas de pesquisas conduzidas pelos milhares de mulheres e homens que decifraram os registros nas rochas para que pudessem ser lidos, este livro jamais seria possível. Só as referências contidas neste livro estão relacionadas a mais de 4 mil cientistas. Destes, o trabalho dos seguintes foi citado inúmeras vezes: Josep Alcover, Mike Benton, Rene Bobe, Darin Croft, Michael Engel, John Flynn, Andrzej Gaździcki, Javier Gelfo, Phil Gingerich, Anjali Goswami, Dale Guthrie, Kirk Johnson, Conrad

Labandeira, Meave Leakey, Sally Leys, Lü Junchang, Fredrick Manthi, Sergio Marenssi, Jean-Michel Mazin, Marcelo Reguero, Ren Dong, Sergio Santillana, Gustav Schweigert, Claudia Tambussi, Carol Ward, Lars Werdelin, Greg Wilson, Andy Wyss, James Zachos e Zhang Haichun. A todos esses que extraíram, dissolveram, escanearam e peneiraram maravilhas, incluídos ou não nas páginas deste livro, eu presto meus agradecimentos.

Saltando de volta ao presente e ao futuro mais uma vez, devo agradecer minha esposa Charlotte por seu apoio durante a produção desta obra, e por sua capacidade de fazer exatamente as perguntas certas para deflagrar cada ideia seguinte. Depois de tudo isso, dedico este livro aos meus filhos — quando vocês tiverem idade para ler isto, o mundo já terá mudado. Esperemos que para melhor.

# AUTORIZAÇÕES

Página 11. Oodgeroo Noonuccal, "The Past", *The Dawn is at Hand* (Marion Boyars Publishers, 1990).

Página 11. Carson McCullers, "Look Homeward, Americans" (*Vogue*, dezembro de 1940).

Página 23. Vasily Grossman, *Life and Fate*, trad. Robert Chandler (Vintage, 2017).

Página 23. H. A. Hoffner, *Hittite Myths* (Society of Biblical Literature, 1990).

Página 31. J. K. Kassagam, *What is this Bird Saying?* (Binary Computer Services, 1997).

Página 43. Miguelángel Meza, "Ko'ẽ" , trad. Tracy K. Lewis (*Words Without Borders*, julho de 2020).

Página 77. *Epic of Gilgamesh*, tr. Maureen Kovacs (Stanford University Press, 1985).

Página 97. Virgil, *Aeneid*, trad. David West (Penguin Random House, 2003).

Página 115. Ransom Riggs, *Miss Peregrine's Home for Peculiar Children* (Quirk Books, 2013).

Página 133. Nezahualcoyōtl, *Ancient American Poets*, trad. John Curl (Bilingual Press, 2005).

Página 151. Rachel Carson, *The Sea Around Us* (Oxford University Press, 1951).

Página 151. Ichiyō Higuchi, "Koigokoro", trad. L. Rasplica Rodd, *The Modern Murasaki*, eds. Rebecca L. Copeland e Melek Ortabasi (Colombia University Press, 2006).

Página 169. Han Shan, *Cold Mountain Poems*, trad. J. P. Seaton (Shambhala, 2009).

Página 185. Rachael Mead, "Kati Thanda/Lake Eyre", *The Flaw in the Pattern* (University of Western Australia Press, 2018).

Página 199. Jean-Joseph Rabearivelo, *Traduit de la Nuit*, trad. Robert Ziller (Lascaux Editions, 2007).

Página 233. Natalia Molchanova, "И осознала я небытие", trad. Victor Hilkevich (http://molchanova.ru/ru).

Página 249. Abu al-Rayhan al-Biruni, *Chronology of Ancient Nations*, trad. Bobojon Ghafurov (*Unesco Courier*, junho de 1974).

Página 301. Diego Arguedas Ortiz, "Is it wrong to be hopeful about climate change?" (*BBC Future*, 10 de janeiro de 2020).

# ÍNDICE REMISSIVO

*Adelobasileus* (mamífero ancestral) 174
Adria, ilha continente de 155
*Aegirocassis* (anomalocaridídeo) 245
África
    África Oriental atual 315
    arrastada em direção à Europa no Jurássico 156
    crocodilos do Cretáceo 127
    declínio do Saara e de Sahel em deserto 45
    desertos atuais do norte da África 167
    e emissões dos dias atuais 309-10
    fenda da África Oriental 45, 57
    fratura por placas 45-5
    no período Plioceno 45-59
    Ordoviciano 249-63
    surgimento dos primeiros humanos 46-7, 59
    represas da África Oriental nos dias atuais 315-6
    terras altas da África Oriental 43
*Aglaophyton* 224, 226, 230-1
água
    absorção da luz 314
    camadas de água doce/água salgada 62, 64, 86, 127, 190, 208-9, 230, 238, 251, 286
    densidade e temperatura 106, 208, 246
    derretimento das geleiras do Himalaia 309
    e as primeiras plantas 205, 225, 227
    e folhas 51, 86, 227
    e fotossíntese 51, 117, 225, 235-6
    em Hell Creek do Paleoceno 129
    fontes/piscinas de Rhynie 220, 223, 227, 230, 237
    inundações-relâmpago em Tinguiririca 89-91
    no deserto Namibe 197
    no período Ediacarano 287-8
    represas da África Oriental nos dias atuais 196
    zona eufótica 235
    *ver também* animais marinhos/aquáticos; oceanos e mares; rios água-viva
Ahmed, Nabil, *Entangled Earth* 314
álamo (*Populus*) 121, 125
Alasca 23-39
albatrozes 104-5
alcalino-termófilos 221
Alemanha 88, 157, 212, 245
alísios, ventos 103
algas marinhas 162, 163, 193, 224, 257, 288
Allegheny, montanhas 199, 204
*Allosaurus* 162
amarantos 51, 81
amazônica, bacia 19, 238, 275
América do Norte 13, 17, 26-7, 30-1, 37-8, 86, 89, 93-5, 116, 119, 122, 131, 156, 217, 303, 306
    Apalaches 215
    bando Pahvant do povo Ute 271
    ecossistema das Grandes Planícies 312
    e dispersões de longa distância 86-7, 312-3
    impacto do asteroide de Chicxulub 115, 124, 130, 160
    Laramidia 119, 132

no Oligoceno 92-4
no período Paleoceno 115-31
ondas frias nos dias de hoje 306-7
separação de Gondwana 107, 156, 218, 254, 262
tribos cadoanas do Mississippi 195
Via Marítima Interior Ocidental 119, 126
América do Sul
   animais no Oligoceno 93, 131
   como ilha-continente 81
   criaturas africanas migram para 85
   dicraeossaurídeos na 137
   história biológica em comum com a Antártida 107
   marsupiais na 93, 108, 286
   mudança para o estado "casa de gelo" no Oligoceno 77-9, 306
   no período Paleoceno 120-1
   perda de espécies após o Grande Intercâmbio 93
   surgimento das primeiras grandes pastagens do planeta 77
Américas, as
   Grande Intercâmbio Biótico Americano 93
   junção da América do Norte com a América do Sul 93
   leões no Plistoceno 26
   primeiros povos a chegar às 28
   suposições racistas sobre animais das 89
amias 137
aminoácidos 94, 221, 248
amniotas
   alimentando-se de vegetação altamente fibrosa 192-4
   biologia dos ovos 178
   surgimento no Permiano 191
   tetrápodes atuais não amniotas 192
amônia 72, 247, 260
amonites 17, 160-1
*Andemys* 87
Andes, os 79-81, 87
*Andrias* (salamandra gigante) 192
anêmonas, família das 139
anfíbios 86, 126, 146, 178, 191-2, 195, 228
   em Moradi do Permiano 196-8
   surgimento dos amniotas 91
animais
   adaptados aos humanos nos dias de hoje 32

amplitude de formas diversas no Triássico 160-7
apelo mitológico do início do Paleoceno 129
atividades agropecuárias dos 224
classificação dos 54-5
colonização aleatória por sobre a água 66
conceito de exclusão competitiva 57n
crepusculares 110
da Ásia Central do Triássico 177
da Europa jurássica 154-6
de Mazon Creek 206, 208-9
de Tinguiririca do Oligoceno 80-6, 89-90
divergências iniciais no Ediacarano 297
diversificação de anfíbios e répteis 228
diversificação inicial da vida animal 228
do Carbonífero 173, 191, 212, 228
do Devoniano Inferior 228
em Moradi do Permiano 185-98
em Rhynie 218, 224, 231, 279
e o inverno na Antártida 101
e o Máximo Termal 106
explosão cambriana 17, 269, 281
granívoros 52
herbívoros do Ártico 32
marcas de crescimento em 26
Mediterrâneo como barreira 64-6
na África do Plioceno 46-59
na Antártida do Eoceno 113
nanismo insular 70
nas Américas do Paleoceno 119-31
no Cambriano 228, 245, 254, 258, 269, 272, 274-5, 277-8
noção de um só indivíduo 227
no Cretáceo Inferior 133
no Mediterrâneo do Mioceno 65-75, 111-2
no período do Pleistoceno 26, 28, 30, 35, 67, 75, 196
nos oceanos do pré-Fanerozoico 296
organização corporal dos trilobitas 270, 273
paladar e olfato 277
pequeno percentual de animais selvagens nos dias de hoje 313-4
perda de vertebrados 313-4
plano corporal dos cordados 269
polegares opostos 196
primeiro cordado 271
primeiro parente genuíno dos vertebrados 272
primeiros tetrápodes vertebrados em terra 228

primeiros a chocar ovos até a eclosão 279
primeiros vertebrados trepadores de árvores 196
que fingem ser perigosos 28-30
que processam gramíneas para alimentação 92
representações sensacionalistas de criaturas extintas 21
reprodução sexual 293
sobrevivência ao impacto do asteroide de Chicxulub 115, 124, 130, 160
surgimento da relação predador--presa 274
tamanho nas ilhas do Mioceno 48-50, 52-4, 92
uso de músculos 180, 259-60, 263, 269, 272, 278, 281
vestígios de associações históricas 29
ver também animais marinhos/aquáticos e verbetes de grupos/espécies
animais marinhos/aquáticos do Cambriano da Ásia Central do Triássico 177
dispersão oceânica 86
do Jurássico 20, 155, 157, 166
em Moradi do Permiano 175
e o peso esmagador do oceano 236
falta de oxigênio no Permiano--Triássico 303
lagartos 16, 123, 127, 137, 141, 144, 146, 148, 150, 194, 197, 312
na Antártida do Eoceno 113
no Ediacarano 290-2, 294, 297-8
no Ordoviciano 242, 245, 254, 262
no Quênia do Plioceno 46
preguiças no Mioceno 83
pterossauros marinhos 137, 140, 142, 154, 164-5, 167
sobrevivência ao impacto do asteroide de Chicxulub 115, 124, 130, 160
répteis totalmente marinhos no Mesozoico 153
tetrápodes marinhos 153
Anning, Mary 155
Anomalocarídídeos 276, 279
*Anomalocaris* (artrópodes de grandes apêndices) 279
*Antarctodon* (o astrapoteriano) 107, 110
Antártida
aquecimento nos dias de hoje 310
assentamentos civis permanentes 301
clima no período Eoceno 100, 105, 109
como encruzilhada de continentes do sul 107
declínio do gelo no Oligoceno 93, 112
e a noite polar 110
história biológica em comum com a América do Sul 107
pinguins de Brown Bluff 311
rio Onyx 208
separa-se de continentes vizinhos 77
ventos do oeste na 104-5
*Anthropornis nordenskjoeldi* 99, 102
antilocapras 93
antílopes 58, 84, 93
antóceros 139, 226
Apeninos 61, 65, 72-3
aracnídeos 191, 228-9
Aral, mar de 74
aranhas do mar 228
araucárias 98, 162, 167
*Archaefructus* 139
*Archaeopteryx* 210
*Archotuba* 269
arcossauros 118, 141, 174-5, 179, 181
*Arctocyonidae* 125, 130
*Arctodus simus* 25, 34
Ardósias Hunsrück, Alemanha 245
arenques, guelras de 313-4
Argentina 94, 109, 301
Arqueias 290
arte e cultura 16, 26, 215
Ártico, oceano 19, 23, 37, 208
artrópodes
aumento da diversidade no Cambriano 177
"grande apêndice" 279
no Cambriano 228
os primeiros 272
plano corporal 206
primeiros olhos a surgir 211
trilobitas como arquetípicos 268, 271
*Artocarpus lessigiana* 120
árvores
da Ásia Central no Triássico 171
de Mazon Creek do Carbonífero 205
do Mediterrâneo do Mioceno 65-6
e elefantes 52
em Beríngia do Pleistoceno 31-2, 38-9
e migração motivada pelo clima 33, 40
e o degelo do permafrost 307-8

e o impacto do asteroide de Chicxulub 115, 124, 130, 160
e pastoreio em pastagens semiáridas 81
folhas 120-1, 128, 138, 144, 169, 171-2, 202, 207, 227
gimnospermas 138-9, 144, 202
momento de semear 111
na África do Plioceno 46-7, 50-1, 53-5
na América do Norte do Paleoceno 117-20, 125-7, 131-2
na Antártida do Eoceno 113
na Europa do Jurássico 162-3, 165-8
no atual deserto Namibe 197
placas de raízes rasas 203
queda de árvores escamadas 192-3
*ver também* florestas
árvores escamadas 199-208, 211-3
ascomicetos 228
*Aspidorhynchus* 164
*Asteroxylon* 227, 229
astrapotérios 84
Atacama, deserto 80
atividade vulcânica
do Cretáceo Inferior 138
e a hidrotermal de Yaman-Kasy 236-7
e a extinção em massa do final do Permiano 256
elevação das Caledônias 255
em Tinguiririca do Oligoceno 79-80
erupção da Sibéria 303
na Escócia do Paleozoico 219-21
na Groenlândia do Eoceno 100
no lago Sihetun 149
no Quênia do Plioceno 46
Atlântico, oceano 31, 37, 64, 72, 74, 80, 84-5, 93, 126, 156, 159, 188, 208, 246
ATP ("moeda energética" universal da vida) 248
*Attenborites* 296
atum 259
*Auroralumina* 296
Austrália 85-6, 107-10, 137, 167, 254, 283, 285-6, 298-9
marsupiais na 108-9, 286
Áustria, Tirol 157
Avalônia 217, 289
avestruzes 109, 141
*Azhdarchidae,* pterossauros 118

babuínos 58

bactérias
capacidade quimiossensorial das 277
produção de sulfeto de hidrogênio das 197
das profundezas do mar 237-40, 242-5
e digestão de celulose 192-3
e digestão de plástico 310-1
extração de esponja de vidro 158
fitoplâncton como progenitores 274-5
*Baioconodon* 117, 124-5, 128-9
baleares 65-6
baleias 106, 130, 135, 153, 245
Báltica, massa de terra 156, 217, 237
bambu 95, 177, 204
Bangladesh 309, 314
baratas 142-3, 180
basilossauros ("serpentes do mar") 106
*Beipiaopterus* 135, 140
*Beipiaosaurus* 143-4
Ben Nevis 220
bericiformes 103
Beríngia 29, 31-40
besouros 16, 34, 128-9, 138, 164, 172, 180, 206
bilatérios 273-4, 295-6
bioermas 159
bisontes 25, 30-3, 36, 39
bois almiscarados 39
borboletas 128, 144-5, 180
Boreal, mar 156
borhienídeos 83
Bósforo 64, 74, 251
braquiópodes 20, 163, 242, 256-7, 269
briozoários (animais-musgos) 177-8
*Brontornithidae* ("pássaro-trovão") 109
*Bunostegos akokanensis* 187, 190
Burgess, Folhelo de, Canadá 269

cactos 27, 81, 222
Cal Orcko, Bolívia 79
*Calamites,* cavalinhas 204-5
calcita 278
cálcio 68-9, 105, 148, 156-7, 160, 166, 203, 256-7
Caledônias, cordilheira das montanhas 255
Califórnia, Corrente da 303, 305
camaleões 176
camarões 133, 177, 257, 276, 305
cambriana, explosão 17, 269, 281
Cambriano, período 228, 245, 254, 258, 269, 272-5, 277-8, 281, 291, 296, 298-9
camelo, árvores espinhos de camelos 197

Canadá 28, 30, 38, 269, 305, 307
*Canadaspis* 276
cangurus 40, 108, 272, 283
capivaras 86
captorrinídeos 192, 194, 196
caracóis 97, 128, 137, 142, 244
caracóis marinhos 244
caradriídeos 104
caranguejo 273
caranguejo-ferradura 165, 206
carbônico, ácido 304
Carbonífero, período 173, 191, 202, 205, 207, 211-2, 218, 228, 259, 307
cardo-mariano (*Lactuca serriola*) 88
caribu 26, 33, 41
carófitas 230
carvão
    depositado nas montanhas da Pangeia Central 211-3
    depositado no Carbonífero 207, 211-3, 307
Cáspio, mar 74
Cassiopeia, constelação de 287
*Castracollis* (camarão-girino) 230
casuares 109, 141
catarrinos 147
*Caudipteryx* 148-9
cavalinhas (*Neocalamitas*) 177
cavalos
    no período Pleistoceno 28, 30, 32-4, 36, 38-9, 41
caviomorfos, roedores 86
Cazaquistânia, continente de 237
cecílias 86
Cederberg, reserva florestal de, África do Sul 254
cefalópodes 160-1, 257
cegonhas 59
cegonhas marabu 49
celacantos 179, 245
celulose 192-3
Cenozoico, período 14, 20
centopeias 206 1
cervo 67-8, 70, 75, 83
cesta de flores de Vênus (*Euplectella aspergillum*) 305
champsosaurus (lagartos predadores) 127
*Charnia* (organismo do Ediacarano) 292, 294, 297
Charnwood, floresta de, Leicestershire 291, 296

Chengjiang, Yunnan, China 267-73, 275-6, 278-82, 296
Chicxulub, impacto do asteroide de 115, 124, 130, 160
chimpanzés 54-6
chinchilídeos 87
Chipre 65, 72
*Chroniosuchidae* 178-9
*Chronoperates* (simetrodonte) 122
cianobactérias 220-1, 224, 230, 239, 247, 277, 287-8, 290
cimolestídeos 123, 131
cinodontes 175
*Clarotes,* bagres marinhos 48
classificação/taxonomia
    ambiguidade da noção de espécie 56, 88
    analogia com o sistema de rios bifurcados 55-7
    ancestrais comuns 124, 130
    descrição de Dinosauria 162, 209
    e o experimento do Navio de Teseu 54-5
    escala de tempo geológico 15
    espécies "nativas" como noção arbitrária 29, 88
    expressões de parentesco 270-1
    filos 269-70, 272-3
    lacuna entre nome e realidade 20-1
    mutações e tempo 271
    novas espécies 55, 129, 182
    reinos 223, 227, 297-8
    rótulo "Condylarthra" 125
    rótulos taxonômicos 54
    vida retratada como uma árvore 270
clima
    altos níveis de aquecimento no Eoceno 82, 100-1, 105
    altos picos e padrões de chuvas 80-1, 90
    aquecimento global no Permiano--Triássico 303
    corrente de jato 306
    da Ásia Central do Triássico 171-2
    de Madygen, Quirguistão 172-6, 178-84
    de Rhynie do início do Devoniano 218-20
    distinção litorâneo-continental 33-5
    do Tinguiririca do Oligoceno 80
    e o impacto do asteroide Chicxulub 115, 124, 130, 160
    eras do gelo pré-fanerozoicas 287-9, 302-3

esfriamento global no Ordoviciano 254-5, 261-2
estados estáveis de "casa de gelo" e "estufa" 77, 79, 306
glaciação do Hirnantiano 256
Intervalo de Bolling-Allerød 37n
Máximo Termal 100, 106
mudança no final do Carbonífero 191-2, 211-2
no Carbonífero 203-6, 211-2
no Jurássico 155-9, 162-3
no Mediterrâneo do Mioceno 61-6
no período Cambriano 265-7
no período do Eoceno 81-2, 97-105, 305-8
no período do Pleistoceno 23-38
no período do Plioceno 43-8, 58-9
no período Permiano 185-97, 211-2, 315-6
Pangeia como terra de megamonções 189
uniformização durante períodos de efeito estufa 305-7
clorofluorcarbonos 317
cnidários 269, 291, 297
crise do clima/biodiversidade,
    aquecimento dos mares 100
    aumento de carbono e metano nos mares 304
    aumento de eventos de tempestades tropicais 315
    comparações dos dias de hoje com o Eoceno 305-7
    complacência como algo mortal 318
    declínio da biomassa da vida selvagem 313
    degelo de geleiras do Himalaia 308-9
    degelo de turfeiras do hemisfério norte 307
    descrita como a sexta extinção em massa 19
    dias atuais atmosfera semelhante à do Oligoceno 306
    dias atuais se assemelham a mundo pós-extinção 313
    e ecossistemas do passado 15
    e implicações sociais 315
    e plásticos 310-1
    e queima de combustíveis fósseis 307
    espelha o fim da Estepe do Mamute 33, 37-40, 307
    gerenciamento como algo possível 308-9, 315-9
    interferência humana não é nova 171
    necessidade de reversão do degelo do permafrost 307-8
    perda de vertebrados 313-4
    perturbação de sinais baseados no olfato 312
    questões para programas de preservação 318
    registro fóssil como alerta 19-21
    semelhanças com o final do Permiano 303
    sistema de corrente atmosférica 305-7
cobras 29, 40, 148, 153, 192
*Cocculus flabella* (menisperbo) 125
*Coelatura* (mexilhões de água doce) 48
coelhos 70, 130
cogumelos 108, 224, 269, 366
colaboração
    e comunidades em Rhynie 215-31
    e fungos 239
    em fontes hidrotermais 239-41, 243, 247, 287
    "holobionte" 240
    relações com micorrizas 230
    relações simbióticas 158-9, 220-31, 239-40
    sinergia de plantas e fungos 227
    tensão com competição 222
coloide 165
colonialismo, época do 87
competição
    cadeias de 129-30
    conceito de exclusão competitiva 57n
    e adaptação 84, 102, 111, 125
    e atividade humana 313-4
    e comunidades em Rhynie 220-1, 230-1
    e disponibilidade de recursos 102-3, 111-2, 118-9, 146-7, 177-8, 253-4
    e mudanças oceânicas 241-3, 287-9
    e repartição de nichos 102-3, 124-5
    espaços de nichos inacessíveis 244-5
    tensão com colaboração 222
*Confuciusornis sanctus* (Pássaro Sagrado de Confúcio) 139-40, 150
conodontes 258-9
corais
    colaboração com algas 193-4
    e ácido carbônico 304
    em fontes hidrotermais 239-41, 243, 247, 287
    e o filo cnidário 296-7
    ilhas construídas sobre 155-6, 168
    recifes de coral 19-20, 158, 224, 304-5
cordaites 205
cordados 258-9, 269-70, 272
Coreia 36
Coriolis, força de 104
*Coronacollina* 295-6
corrente de jato 306

Córsega 65
Covid-19, pandemia de 318
Creta 65, 73
Cretáceo, período 14, 19, 22, 70, 79--80, 122-3, 127, 129, 133, 136, 138, 141, 143, 145-6, 150, 160, 167, 183, 245, 255, 287
*Cretevania* (vespa parasitoide) 143
crinoides (ver lírios) 166
crisopídeos 138, 144-5
crocodilianos 141, 154, 162, 175, 179
crocodilos 11, 40, 49, 70, 118, 126-7, 148, 153-4, 178
crustáceos 104, 137, 206, 222, 228, 230, 236, 242, 258, 303
ctenochasmatídeos, família dos 133
*Cucullaea* 97
*Cultoraquaticus* 230
cupedídeos, besouros 172
cuscus (gambás arborícolas) 314
cutias 86-7
*Cycnorhamphus* 163-4
*Cygnus falconeri* (cisne gigante siciliano) 74

*Damalacra* 52
Deadvlei, Namíbia 197
Dengying, China 293-4
dentes 18, 26, 48, 67-8, 71, 84, 91-3, 105, 107, 121, 123, 127-8, 135, 151, 163, 175, 178, 186, 259, 260, 276, 278
dentes hipsodontes 92
Devoniano, período 173, 204, 216, 218--9, 226, 228, 239, 241, 245, 255, 257
*Diandongia* 269
dicinodontes 196
*Dickinsonia* 293-4, 296-7
Dicraeossaurídeos 137
*Dimetrodon* 146
*Dinogorgon* 189
*Dinomischus* 269
Dinossauros
  e nanismo insular 70, 75
  e os forusracídeos 109-10
  fisiologia dos saurópodes 136-7, 143
  *Garganoaetus freudenthali* 67
  membros dos 142, 162
  muda de pele 144
  no Cretáceo Inferior 19, 70, 80
  no período Jurássico 167
  olho e visão 137, 141

  ovos de 148-9
  pássaros como descendentes 12, 66-7
  planadores no Triássico 174
  poiakai da Nova Zelândia 67
  ruídos emitidos por 140-2
  saurópodes 148, 161-2
  tendência à ostentação visual 141
  terópodes 137, 143, 146, 162
  uso de cores para se esconderem 142
  vestígios de abaixo do nível de irídio 117-8
dióxido de carbono
  afundando no leito do mar 246-7, 255-6
  aumento de, nos mares no final do Permiano 304-5
  comparações dos dias de hoje com o Eoceno 306
  desigualdade nas emissões do 112, 204
  dias atuais 265, 309-10
  dióxido de enxofre 154
  durante a pandemia de Covid-19 318
  durante a Revolução Industrial 51
  e a erosão de silicatos 255
  e a extinção do Triássico-Jurássico 154
  e a fotossíntese 51
  e a rizosfera 203
  e árvores escamadas 199-208, 211-3
  em turfeiras congeladas do hemisfério norte 255
  e rochas recém-expostas 112
  fixado por comunidades em basalto 243
  no mar profundo 316
  no período Cambriano 265-6
  no período do Eoceno 100
  reliberação de 308
*Diplodocus* 19, 161
Djauan, povo 40
*Dongbeititan* (titanossauro) 136, 148
donzelas, peixes 224
Dorothy, Corda de (*Funisia dorothea*) 292-3
Doushantuo, China 297
Drake, Passagem de 103
drepanossauros 176, 180, 184
driolestídeos 122
dromaeossauros 137
*Drosophila*, moscas-das-frutas 269
Dudley, bichos de 271
dugongos 153
Dzhaylyaucho, lago 172, 178-81, 184

*Earendil undomiel* 130
*Ebullitiocaris oviformis* 230
ecológica, sucessão 204
ecossistema
    Antártida do Eoceno 113
    biota do Ediacarano 291, 297-8
    cenogramas de biota de Chengjiang 268-9, 275
    cidades modernas 49
    como entidades não sólidas 29-30
    dos dias atuais 14-5, 27-9, 59, 301-19
    do Tinguiririca do Oligoceno 79-85, 89-92
    e leis físicas imutáveis 99-102
    e o estado físico do planeta 111
    e o Máximo Termal 100, 106
    e narrativas políticas/morais 87-90
    espécies "nativas" como noção arbitrária 29, 88
    estruturas das teias alimentares 16, 18, 230, 275
    explosão cambriana 17, 269, 281
    formado aos pedaços 27-8
    fundo do mar 235-48
    Grandes Planícies da América do Norte 95, 312
    humanidade como força natural 58, 318
    meios ambientes perdidos 40-1
    na África do Plioceno 45-59
    no Devoniano Inferior 218-31
    novas espécies 55, 129, 182
    polar 101, 103, 113, 246, 306, 308
    pós-glacial 254
    predadores e produtores 36-7
    preservação dos 87-9, 314-5, 318-9
    regiões liminares de lagos de água doce 178
    represamento natural e ecologia dos rios 195-6
    tapete microbiano 290, 292-3, 295, 298
    tundra da estepe nos dias de hoje 38
    *ver também* conceito de nicho ectotérmico *Ectypodus* 131
*Ectypodus* 131
Ediacara, montes de, Austrália 286, 289, 291-4, 296-8
Ediacarano, período
    divergências iniciais da vida animal 297
    como mais de dois anos galácticos no passado 298
    e a reprodução sexual 293
    e o surgimento da multicelularidade 288-9, 298-9
    tapete microbiano sobre o leito do mar 290
Egito, antigo 12
Elefantes 27, 52, 57-8, 70, 73-5, 84, 130, 136
Elgin, Escócia 228
*Enhydriodon* (urso-lontra) 48
enxofre 220
*Eoalvinellodes* (vermes de hidrotermais) 239
*Eoandromeda* 291, 295-6
Eoceno, período 82, 86-7, 94, 100-1, 105, 109, 112-3, 118, 131, 137, 174, 275, 286, 305-7
*Eoenantiornis* 142
*Eoredlichia* (gênero trilobita) 268, 271-2
*Eoviscaccia* 87, 90
epífitas 98, 107
equatoriais, regiões no período Eoceno 101, 104
equidnas 122, 146
equinodermos 166
Escandinávia 37, 216-7
Escócia
    Floresta Negra de Rannoch 27-8
escorpiões marinhos 206, 228, 257-8, 279
escova de garrafa da Austrália 139
Espanha 63, 65, 69, 139
esperanças 137-8
Esperanza, aldeia de, Antártida 301-3, 311
esponjas 20, 160, 162, 168, 269, 276, 291, 293-5
esponjas de vidro (hexactinelídeos) 157-9, 177, 305
estações do ano
    e a Antártida 113
    e a inclinação da Terra 100
    em Chengjiang do Cambriano 280-1
Estados Unidos 216-9, 230-1
    emissões de carbono nos dias atuais 309-11
    fósseis oficiais dos estados 88-90
    plantas e animais "nativos" 88
estegossauros 162
estromatólitos 290, 298
esturjões russos 272
Eurásia 26, 36, 88, 95, 147, 155, 314
Europa, Jurássico
    África arrastada na direção da 156-7
    animais da 151-68, 305-6
    clima da 156-7, 162-3
    como uma encruzilhada 155
    como um arquipélago 155, 167, 168

de oceanos formadores de recifes da 155-7, 161-2
elevação do Jura da Suábia 163
e o registro fóssil 154-6
profundezas do mar na 156-7, 162-3
região dos Alpes da 63
Everest, monte 261
Evolução
como processo de adaptação 182
convergência (evolução paralela) 83-4
de chifres, galhadas e ossicones 68
dentro de restrições 183
dominada pela história no Norte Global 89
dos mamíferos 175
e a explosão cambriana 17, 269, 281
e exploração de novos nichos 191
e humanos 54
e ilhas 65-6, 69-71, 73-5, 111-2
e o estado físico do planeta 111
e o tamanho de animais insulares 209
modelo "*plus ça change*" 107-8
mutações e tempo 271
seleção natural 92-3, 167-8, 209-10, 273-4, 298-9
extinções em massa 129, 131
atitudes científicas em relação à 154-5
"Cinco Grandes" 14, 255
colapso das florestas tropicais do Carbonífero 212
como oportunidade para outras espécies se disseminarem 84
como parte inevitável da vida 316-7
conceito de exclusão competitiva 57n
de mãos dadas com a especiação 184
depois do Grande Intercâmbio Biótico Americano 93
devidas à falta de oportunidades de migração 32
e a rapidez da mudança 255
e conceito de nicho 29-31, 57-8, 108-9, 111-2
em comunidades insulares 38-40, 75-6
extinção do Triássico-Jurássico 154
extinção em massa do final do Cretáceo 14, 123, 183
extinção em massa do final do Permiano (a Grande Morte) 20, 179, 182
extinções/perda de espécies 245, 313
grande congelamento do Ordoviciano 242, 254
na Antártida do Oligoceno 111-3
nenhuma garantia de sobrevivência nos dias de hoje 313
que afetam plantas 212
recuperação de 118-9, 121-32, 181-4, 302-3
sexta extinção em massa 19
táxon de Lázaro 245
extremófilos 64, 237

Fanerozoico, éon 287, 296
Felinos 27, 57n, 58, 66, 71
Fergana, tubarão-lanceiro de 180
Fergana, vale 182
Fezouata, Marrocos 245
Finlândia 218
fitoplâncton 116, 274, 276
fitossauros 179
florestas
colapso das florestas tropicais do Carbonífero 205
coníferas no período Cretáceo 136
da Ásia Central do Triássico 169-73, 175-8, 181-2
dominadas pelo fogo 242-3
florestas de taiga, de abetos e lariços 33, 41
florestas latifoliadas litorâneas temperadas 97-102, 107-9
incêndios florestais no final do Paleozoico 204-6
na Europa do Jurássico 155-6, 167-8
subtropicais 29, 105
fontes hidrotermais 239-41, 247-8
como fontes de vida 242-3
formigas 224
formigas cortadeiras 224
forusracídeos 109-10
fósforo 253, 255
fossa 125, 156-7
fósseis, combustíveis *ver também* carvão
fósseis/paleontologia
avanços recentes 16
baixa frequência de preservação de lagos 183-4
cenogramas 91
contexto de fósseis 14-5
de Soom 259-61, 263
e as técnicas científicas modernas 16-7
e hidrotermais de Yaman-Kasy 239
e Madygen, Quirguistão 171-2
e Mazon Creek, Illinois 212

e os montes Ediacara 286, 289, 291-
-4, 296-8
e os pressupostos modernos 28
e políticas nacionais 88-9
e Rhynie, Escócia 230
evasão de registro no mar profundo 129-30
evidência do ato de andar 293
fezes de amonites 165
fósseis de criaturas quase familiares 209
fóssil índice 258-61
fossilização afetada pelo tempo 281
informações sobre a vida baseadas na morte 281
"Lucy" 54
mais antigos exemplos de cuidados parentais 279-80
no Ediacarano 292-4
pegadas 18, 28, 80, 165, 176, 293-4
período Cambriano 280-2
pinguins da ilha Seymour 102
preservação errática de ambientes 129
preservação no lago Sihetun 149-50
recriação de mundos em que se encontravam os fósseis 14-9, 21-2
registro de conodontes 258-9
regurgilito 165
rochas como um meio para 13-4, 16, 22, 57, 91, 165, 258, 294, 298, 315, 366
tecidos moles 281
tocas 18, 165, 303
trajeto de ser vivo a fóssil 195
UNAS permanecem na Patagônia 94
vestígios fósseis 281, 303
*ver também* registro paleontológico
fotobiontes 223-4
fotossíntese 51, 117, 205, 221, 225, 227, 235, 238-9, 288, 307
árvores escamadas de Mazon Creek no Carbonífero 199-202
e cianobactérias 277
e fontes hidrotermais 247
e níveis de $CO_2$ aumentados 307
fotossíntese $C_4$ 51-4, 118-9
zona eufótica 235
fougerita ("ferrugem verde") 247-8
Freudenthal de Gargano, águia de 67
fungos
e digestão de plástico 310-1

e o impacto do meteorito de Chicxulub 115, 124, 130, 160
no fundo do mar 243
primeiros esforços de mineração no Ordoviciano 255
*Fuxianhuia* 268, 279-80

gambás 93, 108, 111
gansos 65-7, 70
Gargano, Itália 21, 62, 65-73, 75-6, 112
*Garganornis* (gansos de asas curtas) 66-7
Gastornis 109
geologia
altitude média da superfície da Terra nos dias de hoje 238
basaltos expostos ao mar 243
"bioturbação" 296
células comedoras de rochas 221
cera de plantas no leito rochoso 121
colisão da Índia com a Ásia 107-8, 111-2
da América do Norte do Pleistoceno 30-1, 36-7
da América do Sul do Oligoceno 79-81
da Floresta Negra de Rannoch 27-8
de Madygen no Triássico 171-2
do Mediterrâneo do Mioceno 61-6, 68-70, 72-5
e a rizosfera 203
e fontes hidrotermais 239-41, 243, 247, 287
elevação do Himalaia 111-2
elevação do istmo do Panamá 93
elevação do Jura da Suíça e da Alemanha 157, 163
espessura da crosta da Terra 216-8, 261-2
fenda da África Oriental 45, 57-9
formação dos Andes 79-81, 87
geleiras como destruidoras e construtoras 262-3
peso de camadas de gelo 261
processos em Rhynie 220-3
rochas ígneas 246
geossauros 154
Gibraltar, estreito de 63-4, 72-4
*Gigatitan* 181
*Gilgamesh* 40
ginetas 58
ginkgos 128, 138
girafas 50, 52-3, 57-8, 81
girafídeos 49

ossicones dos 68
glaciais, paisagens 262-3
    do Pleistoceno 14, 275
    eras glaciais do pré-Fanerozoico 287-9, 302-3
    geleiras do Himalaia 308-10
    grande congelamento do Ordoviciano 254
Glen Coe 220
*Glossopteris* (samambaias) 196
*Glyptostrobus europaeus* (ciprestes dos pântanos) 120
gnetófitas 138
Gondwana 107, 156, 218, 254, 262, 267, 275
gondwanatérios 111
Gorgonopsia 186
gorilas 144
Grã-Bretanha 212, 217, 261, 289
    plantas e animais "nativos", *ver também* Escócia
gracilária, mariposa 128-9
gramíneas
    como dispersores excepcionais 87
    condições climáticas para 81-2
    da estepe da Mongólia 32-3
    de Beríngia do Pleistoceno 31-2, 34-7
    de Tinguiririca do Oligoceno 77, 79-82, 85, 91-5
    do Quênia do Plioceno 52-3
    dispersão/polinização de 91-3
    disseminação global das 80
    e anatomia dos animais 92
    flores imperceptíveis das 138-9
    plantas de safra 51-2, 91-3, 275-6
    primeiras pastagens do planeta 77, 81
    surgimento no final do Cretáceo 19
Grand Canyon 61
Grande Adria (massa de terra perdida) 69
Grande Barreira de Corais 19, 160
Grandes Lagos 31, 59
Groenlândia 69, 100, 217, 246, 309
Golfo, Corrente do 246
guaxinins 313

Haikou, peixe de (*Haikouichthys*) 270-1, 273
*Hallucigenia* (lobopódio) 276-7
Haţeg, Romênia 70
Hell Creek 119, 123, 127-9, 131, 141
Hepáticas 112, 173, 226
hibernação 112
Himalaia 37, 50, 112, 167, 220, 261, 308-9

Hindu Kush 309
hipopótamos 70, 73, 75, 81, 83-4
Hirnantiana, Glaciação 254
história geográfica/geológica
    alterações entre estados estáveis de "casa de gelo" e "estufa" 79, 306
    analogia da jornada pela Austrália 108
    Antártida como encruzilhada no Eoceno 107
    convergência de massas de terra 218
    de Madygen, Quirguistão 171-2, 182-3
    deposição de carvão 206-7, 211-3, 307-8
    escala de tempo geológico 287
    etimologias de períodos vinculados a lugares 156-8
    formação do Atlântico 156-7
    Grande Adria (massa de terra perdida) 69
    grandes períodos de tempo geológico 11-2
    linha de Wallace 167
    massas de terra na América do Norte do Paleoceno 119, 156
    massas de terra no Cambriano 265-7
    massas de terra no Devoniano 216-9
    massas de terra no Jurássico 155-7
    massas de terra no Mioceno 63-4, 68-70, 72-5
    massas de terra no Ordoviciano 255
    Pangeia no início do Jurássico 182-3
    períodos de tempo como nunca homogêneos 196-7
    registro de conodontes 258-9
    retratos de possíveis futuros 302
    sensacionalistas do começo do século XIX 21
    solidificação de continentes 286-7
    superfícies terrestres no Cambriano 265-6
    Último Máximo Glacial 167, 308
Holanda 88
Holoceno, período 28, 287
*Hoplitomeryx matthei* 63, 67-9, 71
humanos
    *Au. Afarensis* 54, 56-7
    aumento da população 309-10
    *Australopithecus anamensis* (macaco do sul do lago) 46, 53-4, 56-7
    como eutérios 123
    como força "natural" 57-9
    cultura no período do Pleistoceno 40
    e celulose 192-3
    e o experimento do Navio de Teseu 54-5
    e o tema amniota 192
    fisiologia dos primeiros hominíneos 313

fósseis e identidades nacionais 88-90
*Homo*, espécie 46-7, 56-9
implicações sociais da mudança climática 315
Mediterrâneo como conectivo 64-5
Menino do Turkana 46
mudanças induzidas por humanos como algo não novo 55-6
passado insetívoro dos 125
presença além da atmosfera do planeta 313
primeiros hominíneos surgem no Plioceno 46-7, 53-7, 59
processamento de gramíneas como alimento 91-3
recursos no leito do mar do círculo Ártico 315-6
ritmo circadiano interno 110
teias alimentares modernas 16, 18, 230, 275
Terra como um planeta humano 302
toda a vida é formada por minerais da Terra 275
visão de cores dos 147
*Hylaeosaurus* 168
hyraxes 83

Iapetus, oceano 216-7, 289
Íbis 104, 107, 313
icneumonídeos (vespas parasitoides) 143
ictiossauros 153, 155, 167, 176
*Iguanodon* 168
*Ikaria* 293
Ikpikpuk, rio 25, 29-30, 32, 34, 196
ilhas
    animais de porte peculiar nas 69-76, 111-2
    da Europa do Jurássico 152- 6, 159-68
    de coral 155-6, 168
    ecossistemas no Mediterrâneo do Mioceno 65-9
    e extinções de espécies 38-40, 75-6
    e placas tectônicas 183
    e subamostras do continente 66
    metapopulações em 241-2
    Wrangel (ilha da Beríngia) 39-40
Illinois 89, 199, 202, 212-3
Illinois, rio 199
impalas 52, 57
incêndios florestais 162, 205-6, 243
Índia
    colisão com a Ásia 107, 112
    como ilha continental 101, 123

Indo, civilizações do vale do 40
Indonésia, arquipélago da 19, 49
Industrial, Revolução 51
insetos
    "bichos do lixo" 145
    coloração de advertência dos 143, 148
    da Ásia Central do Triássico 172
    do Mazon Creek no Carbonífero 206
    em Rhynie do Devoniano Inferior 229
    fisiologia dos 143-5, 179-81, 258-9
    listras para tornar o contorno difuso 146
    manchas oculares 145
    moscas verdadeiras (dípteros) 180
    na África do Plioceno 43, 53
    no Cretáceo Inferior 138-45
    no período Pleistoceno 33-4
    partes bucais 229, 258
    sinais enganosos usados por 144
    sobrevivência ao impacto do asteroide de Chicxulub 115, 124, 130, 160
    zumbido dos 137
Irlanda 32, 38, 75, 216-7, 289
Islândia 246, 317

Jurássico, período
    e animais marinhos 20, 154, 157, 210, 305
    e os dinossauros 122, 162-3, 167
Kanapoi, Quênia 46-54, 57-9
Karoo da África do Sul 196
*Kazacharthra* (camarão) 177
*Kelenken* (forusracídeos) 110
*Kimberella* 295-6
kiwis 71, 109
Klekowski, pinguim de 102
*Kunmingella douvillei* 279-80
*Kyrgyzsaurus bukhanchenkoi* 176

Lagartos 16, 80, 123, 127, 137, 141, 144, 146, 148, 150, 194, 197, 312
*lahar* (pasta de concreto vulcânico) 90-1
lampreias 137, 256
Lascaux, pinturas na caverna de 39
Laurásia 156, 171
laurasiatérios (superordem placentária) 124n
Laurência 217, 267
Laurentide, camada de gelo 26, 31
leões 26-7, 41
leptictídeos 123
*Lepidocaris* (camarão escamado) 230

*Lepidodendron* 201-2, 204-7, 211-2
*Leptoceratops* 118
lhamas 28
Liaoning, lagos de (China) 133, 143-4
libélulas 127, 206
licopódios 206, 212-3, 307
lignina 211
liquens 15, 112, 119, 171, 223-4, 240
lírios-do-mar (crinoides) 166
lissanfíbios 192
litopternos 84, 94, 109
*Liushusaurus* (lagarto) 147
lobo-marinho 106, 140
lobópodes 256
Lokochot, lago 59
*Longisquama insignis* 181
*Longtancunella* (braquiópode peduncular) 269
lontras 47-8, 53, 57-8, 66, 131, 153
Lonyumun, lago 45-8, 50, 53, 56, 58
Lóris 29
Los Angeles 318
Louisiana 196
*Loxodonta adaurora* (proboscídeo) 52, 57
Lua 49, 110, 271, 279, 286-7, 295
luz solar 36, 112, 202, 221, 239, 314

macacos
    migração da África para a América do Sul 85-6
    visão de cores dos 147-8
Maciço Central, ilha do 155, 161
maciço de Aïr 189
Madagascar 71, 86, 109, 125, 127, 289
Madygen, Quirguistão 171-6, 178-84
*Madygenerpeton* 178-9, 182
*Madysaurus* (cinodonte) 175, 182
*Mafangscolex* (verme) 268
magma 45, 115, 154, 220, 237, 242, 244, 261
*Makapania* 52
Malta 65, 72-3
mamíferos
    apelo mitológico do início do Paleoceno 129
    arborícolas no Permiano e no Triássico 80, 126
    atividade noturna no Cretáceo Inferior 146
    ausência de carnívoros em Gargano 66
    chifres, galhadas e ossicones 68
    dentes dos 123, 186
    do Cretáceo Inferior 122, 137
    em ilhas flutuantes da África à América do Sul 85-6
    eutérios 123, 147
    extinção em massa do final do Cretáceo 17
    extinções logo após a chegada dos humanos 313
    membros dos 298
    na Antártida do Eoceno 113
    no Paleoceno 125, 129-32, 174-5
    nos atuais ecossistemas da tundra da estepe 38-9
    nos dias de hoje 313-4
    olho e visão dos 147
    Paleoceno e a Era dos Mamíferos 130-2, 173-4
    placentários 123-4, 128, 147, 298
    primeira comunidade endêmica da África 58
    processamento de gramíneas como alimento 91-4
    reações ao aquecimento do Eoceno 86, 174
    rótulo "Condylarthra" 125
    tamanho das ilhas do Mioceno 83
    Ungulados Nativos da América do Sul (UNAS) 83-4, 93-4
Mamute, Estepe do 26, 32-3, 36-40, 183, 286, 307, 311
mamutes lanudos
    como símbolo universal de um passado perdido 39
    Estepe do Mamute 26
    últimos sobreviventes em Wrangel 21
maniraptores 144-5
mangustos 47, 58
maori, folclore dos 67
*Mariopteris*, samambaias 206
mariposa imperador (bruxa branca) 181
marsupiais 83, 93, 108-9, 122-3, 146-7, 286
    metatérios como progenitores dos 122
martim-pescador 47, 49, 105
Mason, Roger 292
mastodontes 39
*Mastodonsaurus* (anfíbio gigante) 178
Mazon Creek, Illinois 204-6, 208-9, 212
Mediterrâneo
    abertura do estreito de Gibraltar 73
    como conexão para humanos 64-5
    (inundação de Zanclean) 75
    oceano Tétis se torna o 63-4
    saliência entre Malta e Sicília 65, 73
    seco no final do Mioceno 73

*Megadictyon* (lobopódio predador) 276
*Megalonyx jeffersonii* (preguiça) 89
*Megalosaurus* 162
*Mesodma* (multituberculado) 121-2, 125-6, 131
Mesozoico, período 15, 111, 122, 153, 182
Metano 100, 247, 304, 308
Metanol 247
*Metasequoia occidentalis* 120
metatérios 122, 147
México 26, 28, 86, 115, 245
Mexilhões 48, 58
Migração
    água como barreira para 65
    criaturas da Estepe do Mamute 183
    da África para a América do Sul 93
    da Ásia para a Europa no Oligoceno 84-5
    dispersão de longa distância 33
    dispersão oceânica 86
    e linguagem política 88
    e perissodáctilos 94, 124n
    Grande Intercâmbio Biótico Americano 93
    linha invisível na Europa do Jurássico 167
    motivada pelo clima 32-3, 311
    no início do Triássico 182-3
    pântanos como barreiras para 38
    para preencher áreas abandonadas 84
    pássaros no folclore eslavo medieval 49-50
    pássaros no Mioceno 66-7
    pássaros no Plioceno 43-5
mihirungos 109
Miller, Hugh 12
*Mimatuta* 127-30, 132
Mioceno, período
    abertura do estreito de Gibraltar (inundação de Zanclean) 64
    animais na região do Mediterrâneo 68
    evaporação do Mediterrâneo 309
    inundação de Zanclean 75
    marca o fim do 62
    tamanho de animais insulares no 71
miriápodes 206, 222
Mississippi, rio 195, 199, 251
Mistaken Point, Newfoundland 289, 292, 294
moas 67
*Moganopterus* 142
moluscos
    como construtores de recifes 157, 305
    condições ácidas como principal ameaça para 304

petrificação de conchas 48-9
*monitos* 108-12
monoplacóforos 244
monotremados 122
montanhas
    altos picos e padrões de chuvas 80
    Andes do Oligoceno 80
    área ao redor de Madygen 182
    cadeias montanhosas polares do Cambriano 63
    como estruturas geológicas 11
    cordilheira Brooks, norte do Alasca 23, 26
    cordilheiras nos flancos da Estepe do Mamute 32, 37
    da Groenlândia 309
    de Mazon Creek 204
    do Carbonífero 173
    elevação do Jura da Suíça e da Alemanha 157, 163
    elevação dos Alpes 87
    em Moradi do Permiano 186-9, 193-8
    e processo de subducção 79-80, 171-2, 216-8, 236-8, 285-6
    erosão de 46, 216
    montanhas Caledônias 255
    montes Flinders, Austrália 283, 285, 299
    no Mediterrâneo do Mioceno 61-4
    o manto abaixo da Terra 45
    temporárias 216
monte St. Helen, erupção do (1980) 90n
Montreal, Protocolo de (1987) 317
Moradi, Níger 186, 189-90, 192, 194-8
*Moradisaurus* ("lagarto de Moradi") 192-5
morcegos 47, 84, 124, 130, 174, 235
morcegos-mastins 53
Morto, mar 74
multituberculados 131, 139
musgo aquático 177, 179
musgos mutucas 142-3
*Myotragus* (cabra anã) 71

Namíbia 196-7
narrativa/linguagem política
    e migração 87-9
    fósseis e identidades nacionais 88-90
    imposição humana de fronteiras ao mundo 88
náutilos 103, 160, 257
Nawarla Gabarnmang, Austrália 40

*Necrolestes* ("ladrão de túmulos") 122
Negro, mar 64, 74, 251
Negus, Tina 291
Niagara, cataratas do 31
nicho, conceito de
　conceito de partição de nicho 102-3, 124-5
　e extinção/perda de espécies 29-31, 57-8, 108-9, 111-2
　espaços de nichos inacessíveis 191
　especialização de nicho 131
　formas de nichos no Ediacarano 293-4
　exploração de novos nichos 191
　nicho fundamental de espécies 30
　nicho realizado de espécies 30
*Nigerpeton* 192
Nilo, rio 48, 56, 63, 251
nível do mar
　e derretimento do gelo nos polos no período Mioceno 76
　elevação atual 238
　elevação depois da última era do gelo 260
　elevações locais em Mazon Creek do Carbonífero 212
　maiores níveis no Siluriano 217, 238
　no Jurássico 157
　no Ordoviciano Superior 260-3
　no período Cambriano 265-7
　no período Eoceno 101-2
　no período Pleistoceno 13-4, 30-2, 261-2
Nordenskjöld, pinguim de 102
nórdica, mitologia 130
Norte Chico, Peru 40
*Nothia aphylla* 231
*Nothofagus* (faias do sul) 97, 109-13
*Notiolofos* (animal semelhante a um camelo) 107, 110, 112
notoungulados 93
Nova Guiné 314
Nova Zelândia 67, 71, 102, 109, 115, 154
*Nuralagus* (coelho gigante) 71
Nusplingen, ilha 162-4

ocapis 50
Oceano Sul
　no período Eoceno 99-100, 102-8
　nos dias atuais 104-6
oceanos e mares
　absorção de luz 235-6
　acidificação e extinção do Triássico-Jurássico 154
　Antártida do Eoceno 113
　a planície abissal 236
　aquecimento de metano no Eoceno 100
　aquecimento nos dias atuais 310
　aumentos de dióxido de carbono no final do Permiano 304-5
　bacias de arco retrógrado 241
　base da onda 268
　"bioturbação" 296
　como estruturas geologicamente temporárias 216
　comunidades de basalto em mares profundos 243
　construtores de recife no Jurássico 157
　datando o tempo profundo nos 245-6
　deltas como margens/limites no Ediacarano 56
　do período Siluriano 217, 237-8
　ecossistemas nas profundezas 235-48
　e o resfriamento global no Ordoviciano 242
　e os táxons de Lázaro 245
　e placas tectônicas 183
　falta de oxigênio no Permiano-Triássico 303
　fontes hidrotermais 241, 247, 287
　formação original dos 286-7
　geografia do Jurássico 155-7
　Glaciação do Hirnantiano 256
　mares "endorreicos" 74
　movimento lento das águas nos rios 245-6
　"neve marinha" 247, 255
　no mundo pré-Fanerozoico 287-9
　no período Cambriano 265-71, 273-82
　Pantalássico 188, 249
　peso esmagador dos 236
　polínias (zonas abertas e descongeladas) 253
　prejuízos causados pelo plástico 310
　profundidade do mar na Europa do Jurássico 156-7
　profundidade média nos dias atuais 238
　profundezas como esconderijos eficazes 244-6
　recuo glacial do Ordoviciano 249-62
　recursos no fundo do mar do círculo Ártico 315
　submarinos 251
　surgimento da multicelularidade 288-9, 298-9

tapete microbiano no leito do mar 290
temperatura do mar em Beríngia do
	Pleistoceno 33-4
transgressão 261
troncos flutuantes 166
Via Marítima Interior Ocidental no
	Paleoceno 119, 126
*Odaraia* (crustáceo) 268
Okjokull (geleira da Islândia) 317
Oligoceno, período
	abrem-se planícies e pradarias 93
	descida do gelo na Antártida 111-3, 262-3
	migração da África para a América do Sul
		85-90
	mudança para o estado de "casa de gelo" 77,
		79, 93, 306
	semelhanças com a atmosfera dos dias de
		hoje 306-7
	surgem as primeiras gramíneas do planeta
		77-82, 84-5
	Tinguiririca, Chile 79-80, 84-6,
		90-1, 95, 107
olho e visão
	dos dinossauros 137
	dos mamíferos 147
	luz como fonte de informação 277-8
	olhos dos vertebrados 278
	primeiros olhos surgem no Cambriano 277
*Omnidens* (predadores de Chengjiang) 267, 278
Omomyidae 85
*Onychopterella* (escorpião do mar) 258
Onyx, rio, Antártida 208
*Opabinia* 210
Ordoviciano, período
	extinção em massa no final do 254
	Gabro 222
	grande congelamento do 254
	paisagens pós-glaciais 254
	resfriamento global no 242
*Oregramma* (espécie de crisopídeos) 135, 145
Orion, constelação 287
*Ornithomimus* 118
ornitorrincos 122, 146
ortocones 257
Ortocônico, cefalópode 251
*Osteodontornis* 104-5, 109
ostras
	recifes construídos por 158
oxigênio
	afundando nas águas geladas polares 246-7
	água pobre em oxigênio em Hell Creek 205
	bombeado na atmosfera por cianobactérias
		287-8
	Devoniano como pobre em 218
	e bactérias das profundezas 256
	e oceanos da Grande Morte 197-8
	e o esfriamento global do Ordoviciano 242
	escassez de, no oceano Permiano-
		-Triássico 183, 197, 303
	e músculos de cordados 259
	mares do Ediacarano quase sem 288
	níveis de, no Cambriano 265
	níveis de, no Carbonífero 199, 205
	no oceano do sul do Eoceno 103-4
	ovos de amniotas 191-2
	oxigenação dos oceanos 302
	perda de, nos oceanos dos dias atuais 303
	retorno às profundezas oceânicas no Triássico
		182-3
	sistemas fluviais no Plioceno 46
Ozark, montanhas de, Missouri 233
*Ozimek volans* 174n

*Pachycephalosaurus* 118, 128
Pacífico, oceano 30-1, 37, 79, 93, 173, 188, 208
Painel Intergovernamental sobre Mudanças
	Climáticas (IPCC) 306, 310
paisagens urbanas atuais 58
*Pakasuchus* da Tanzânia 127
Pakhuis, camada de gelo de 249, 252, 262
*Pakicetus* (primeira baleia) 106
*Palaeocharinus* (ancestral do camarão chicote)
	229
*Palaeocharinus rhyniensis* 217
*Palaeomutela* (moluscos) 190
Paleoescolécidos 268
Paleoceno, período
	apelo mitológico dos primeiros mamíferos
		129
	diversificação das linhagens sobreviventes
		121-5, 130-2, 298-9
	diversificação dos mamíferos 16-7, 119-32,
		298-9
	e a Era dos Mamíferos 130
	impacto do asteroide de Chicxulub 115, 124,
		130, 160
	limite Paleoceno-Eoceno 100-1
	mamíferos no hemisfério sul 120-1

na América do Norte 115-31
recuperação no 121-32
Via Marítima Ocidental Interior na América do Norte 119, 126
paleontológico, registro 12-20
ausência das gramíneas de Tinguiririca 91-2
ausência de insetos no 128-9
como alerta 19-21
e a preservação 120-2, 129-30, 149--50, 183-4, 210-2, 226n
e renovação após evento de extinção em massa 129-30
e sistemas cársticos 69
incompletude do 294
início do Paleoceno no 115-6
mais completo no Norte Global 89
mares e ilhas da Europa do Jurássico 154-6
nível de irídio 117-8
o Monstro de Tully 209
registros nas rochas de Moradi 197-8
*ver também* fósseis/paleontologia Paleozoico, período
Palma, Silvia Morella de 301
*Pan*, gênero 55-6
Pangeia (supercontinente)
carvão depositado nas Montanhas Centrais 212
juntando-se 218
ruptura no Jurássico 218
pangolins 84
Pantalássico (oceano gigante) 188, 249
*Panthera leo spelaea* (leão das cavernas eurasiano) 26
parasitismo
e comunidades em Rhynie 220-1, 225-31
plantas parasíticas 109-10
parasitoides 143
predação 220-1, 227-31
quitrídeos 230
reações de plantas ao 230-1
vermes nematoides 231
vermes parasíticos 193-4, 230-1
Paratethys, mar 64, 74
pareiassauros 190, 193
pássaros
ancestrais dinossauros 130-1, 137-8, 140-2
*Archaeopteryx* ("primeiro pássaro") 210
ave-elefante de Madagascar 71, 109
como arcossauros nos dias atuais 118, 141, 174-5, 179, 181
e a produção de sons terópodes 137, 143, 146, 162
em Gargano no Mioceno 65-70
e o impacto do asteroide Chicxulub 115, 124, 130, 160
na África do Plioceno 43-50, 58-9
na América do Norte do Paleoceno 126-7
na Antártida do Eoceno 113
no Cretáceo Inferior 137-43, 149-50
nos dias de hoje 59, 312-4
penas 16, 47, 49, 67, 71, 103, 109, 137, 139-41, 143-4, 148, 150, 282, 289
tempo de vida de pássaros marinhos 104-6
visão de cores dos 143
voo de andorinhões 43, 47
Passau, Baviera 208
patos 65, 67, 148
peixes
adaptados às profundezas no Cretáceo Inferior 236
atividades agropecuárias dos 224
dispersão oceânica 86
em Moradi do Permiano 188-9
explosão cambriana 281
na África do Plioceno 47-9
na Antártida do Eoceno 113
no Ordoviciano 256-7
no período Jurássico 152-4, 164-7
peixes das cavernas das montanhas de Ozark 233, 235
peixe de Haikou 270-1, 273
Peixe-dragão preto 210
peixe-espátula 272
peixe-violão 127
peixes-boi 153
peixes pulmonados 179, 190, 245
peixinho-do-buraco-do-diabo 86
profundezas do oceano como esconderijo eficaz 244-6
sobrevivência ao impacto do asteroide Chicxulub 115, 124, 130, 160
*Peligrotherium* ("animal preguiçoso") 122
*Periptychidos* 130
perissodáctilos 94, 124n
permafrost 307-8
Permiano, período 146-7, 171-2, 259--60, 308-9, 315-6

incêndios florestais no 204-5
Moradi, Níger 185-90, 192-8
surgimento dos amniotas 189-93, 211-2
*Pestalotiopsis microspora* 311
Petréis 104
*Phasmatodea* (bichos-pau) 144
pica-da-Sardenha 75
pinguins 102, 104, 106-7, 113, 305, 311
pirofosfato 248
pirotérios 84
placas tectônicas
    bacias de arco retrógrado 236-8, 244-5
    choques e deslizes 72-3
    convergência de massas de terra 63-4, 68-9, 72-3, 75, 107-8, 111-2, 156-7, 216-9
    e a Europa do Jurássico 155-7, 161-2
    e a inundação de Zanclean 75
    e ilhas 65-6, 155-6, 162-4
    e montanhas 79-80, 171-2, 216-8
    e oceanos 63-4, 68-70, 72-3, 216-8, 236-8, 241-2
    fratura da África do Plioceno 45-6
    no início do Triássico 241
    no Mediterrâneo 63-4, 68-90, 72-3, 75
    processo de subducção 79-80, 171-2, 216-8, 236-8, 285-6
plantas
    adaptadas a ambientes sujeitos a incêndios 205-6
    cera de plantas no solo 121
    colaboração com fungos 220-31, 239-40
    como o maior reservatório de carbono 307-8
    da Ásia Central no Triássico 171-2, 176-7
    da Estepe dos Mamutes na Eurásia 35-6
    defesas contra predação de insetos 172
    de Mazon Creek do Carbonífero 199, 204-5
    de Tinguiririca do Oligoceno 77-82, 84-7, 91-2
    dispersão/polinização das 139, 226
    dispersão de longas distâncias mediada por humanos 313-4
    do Mediterrâneo do Mioceno 65-6
    e eventos de extinção em massa 115-6, 211-2
    em Beríngia do Pleistoceno 31-2
    e migração motivada pelo clima 311-3
    em Moradi do Permiano 188-9, 193-5
    em Rhynie do Devoniano Inferior 218-9, 222-9
    em turfeiras 38, 41, 119, 307
    e o inverno da Antártida 110-1
    e pastagem em pastos semiáridos 81-2
    espécies angiospermas 139, 149, 172
    evolução do sistema sexual 293
    fitoplâncton como progenitores das 274-5
    folhas 120-1, 128, 138, 144, 169, 171-2, 202, 207, 227
    fotossíntese 51, 117, 205, 221, 225, 227, 235, 238-9, 275, 288, 307
    fotossíntese $C_4$ 51,121
    gimnospermas 138-9, 144, 202
    luz como fonte de informação 278
    na África do Plioceno 50-4
    na América do Norte do Paleoceno 117-20, 124-9
    na Antártida do Eoceno 97-8, 107-9, 110-1, 112-3
    no Cretáceo Inferior 137-41, 143-6, 149-50
    primeiros lírios-d'água e antóceros flores 166
    primeiros esforços de mineração no Ordoviciano 255
    primeiros solos 228
    produtividade principal moderna 51-2
    raízes 50, 54, 85, 92, 98, 118-20, 128, 140, 158, 161, 183, 194, 197, 203-4, 206-7, 216, 226-7, 261
    relações "agropecuárias" entre espécies 224
    relações "micorrizais" 224-8, 230-1
    safras 224
    samambaias como grandes oportunistas 119-20
    sobrevivência ao impacto do asteroide de Chicxulub 115, 124, 130, 160
    suculentas 81, 121
    táxons do desastre 313
    tempo e distância como inextricavelmente interligados 120
plásticos 310-1
*Platanus reynoldsii* 121
Platão 54
Pleistoceno, período
    animais no 23-41, 48-9, 196-7, 285-6
    cultura humana no 314
    derretimento de camadas de gelo 37-41
    eras de gelo 11, 13-4, 23-41, 261-2
    North Slope, Alasca 307
    pontes de terra 31
    surgimento das turfeiras 38
plesiossauros 12, 153-5, 162, 167, 176

*Plesioteuthis* 164-5
*Pleurosaurus* 154
Plínio, o Velho 72
Plioceno, período
    África 45-59
    inundação de Zanclean marca o início do 75
    surgimento dos primeiros humanos no 46, 55
pliossauros 154
Pó, rio 63
*Podozamites*, coníferas 171-2
Polar (estrela) 287
Polo Sul 113, 188, 254, 262
Polônia 88, 160, 174n
*Polynices,* gastrópodes 97
*Populus nebrascensis* 120
porcos 224
porcos-espinhos 84
porquinho-da-índia 86
Portugal 139, 289
potássio 203, 244, 246, 260
Pré-Cambriano, mundo
    eras de gelo do pré-Fanerozoico *ver também* período Ediacarano
preguiças 82-3, 93-4, 144
preguiças terrestres 21, 94
priapulídeos (vermes-pênis) 268, 276
*Pristis* (peixes-serra) 105
proboscídeos 52
*Procerberus* 125-6, 131
*Prognetella*, arbusto 146, 149
*Promissum pulchrum* 258-60
Proterozoico, éon 15
*Prototaxites* 222-3, 230
*Pseudhyrax* ("falso hyrax") 83
*Pseudoglyptodon* 82-3
*Psittacosaurus* 142
*Pterodactylus* 163
pterossauros 11-2, 133-7, 139-43, 173-6
    marinhos 137, 140, 142, 154, 164-5, 167
    surgimento dos pterodátilos no Jurássico 163-6
*Pyrodiscus* (crustáceo) 242

Qataris 310
quelicerados 279
Quênia 43, 46, 56, 59
*Quereuxia* flutuantes 127-8
quintral (um tipo de visco) 109
quitina 178, 239, 273

rabos-de-mola (colêmbolos) 229
Rannoch, Floresta Negra de 27-8
raposas 81, 313
ratitas 109-10
rato-da-lua (*Deinogalerix*) 71
ratos 41, 47, 75, 313
ratos-cangurus 126
renas 32
*Repenomamus* 146
répteis
    em Moradi do Permiano 185-90, 192-8
    extinção em massa do final do Cretáceo 126
    inteiramente marinhos no Mesozoico 153-4
    na América do Norte do Paleoceno 116-7, 127-8
    na Ásia Central do Triássico 174, 176
    no Cretáceo Inferior 133-50
    no início do Carbonífero 228-9
    no Quênia do Plioceno 53-4
    planadores no Triássico 118
    tendência à ostentação visual 141
    *ver também* dinossauros pterossauros
*Rhamphorhynchus* (pterossauro marinho) 151-3, 161-5, 210
Rhynie, Escócia 215-6, 218-20, 226, 228-31, 278-9
    e fungos/liquens 222-31
    fontes/piscinas naturais de 220-3, 227-31
*Rhyniella praecursor* 229
*Riftia* (verme gigante de hidrotermais) 239
rinocerontes 81, 84, 94
rinocerontes lanudos 93
rios
    árvores de margens erodidas 85
    deltas como margens/limites 207-9
    de Mazon Creek no Carbonífero 199, 203-5, 209-13
    de Madygen, Quirguistão 169-72, 176-8
    e a rizosfera 203
    em Moradi do Permiano 186-9, 193-6
    em Tinguiririca do Oligoceno 80-2, 89-92
    Ganga-Brahmaputra, delta 309
    Great Raft, represamento natural na Índia 196
    no Mediterrâneo do Mioceno 61-5
    no Quênia do Plioceno 45-53, 55-7, 59
    represamento natural e ecologia dos rios 195
    submarinos 251
rizomas 205

rizosfera (mundo-raiz)
  como transformadora de paisagens 202-5
  e a erosão de silicatos 255
  origens da 203
  relações "micorrizais" 224-8, 230-1
  *Stigmaria* (raízes de árvores escamadas) 203
rocha sedimentar 18
Ródano, rio 61, 63
Rodes 65
roedores
  migração da África para a América do Sul 86
Ross, mar de 311
*Rubidgeinae* 189
RuBisCO (enzima de plantas) 51
Rússia 31, 38-9, 181, 217, 289, 298, 303, 307
Rutherford, Ernest 16

Saara, deserto 45, 255
*Saharastega* 192
Saiga 41
Sakmara, ilhas de 237
Sakmara, mar 237, 244
salamandras 126-7, 192
salmão vermelho 180
Salomão, ilhas 314
*Saltasaurus* 137
samambaias 27, 98, 119-20, 124, 126, 128, 131, 136, 140, 145, 171-3, 176, 181, 199, 202, 204-6, 213
samambaias arbóreas 199, 204-5, 212-3
*Santiagorothia chilensis* 79
sapos 47, 140, 192
sapos de nariz de pá 47
Sardenha 65, 75
*Schinderhannes* (anomalocaridídeos) 245
*Seirocrinus*, colônias 166-7
serpentes do mar 106
Seymour, ilha, Antártida 305-6
*Sharovipteryx mirabilis* 171, 173, 174n
Shelley, Percy Bysshe, "Ozymandias" 12, 315-6
Sibéria
  erupção da 197, 303, 308
  ilha da 237, 267
Sicília 65, 69, 72-4
*Sidneyia* (artrópode) 268
Sierra de Atapuerca, Espanha 89
Sihetun, lago (China) 135-7, 139, 143-4, 146, 149-50
Silicatos 203-4, 255

Siluriano, período 216-8, 220-1, 255-6, 270-1
  mundo-oceano do 236-47
*Simatherium* 52
Simetrodontes 122
*Simosuchus* 127
Simpson, deserto, Austrália 285
*Sindacharax* (caracídeo comedor de moluscos) 48
*Sinocalliopteryx* 140
*Sinosauropteryx* 145-6
Sínter 221-2
Sirius (estrela) 287
sistemas cársticos 69
*Sivatherium* 45, 49-50, 52, 59
Smith, Horace 316
Solos
  depositados na última era do gelo 11
  e crescimento de turfa 37-8
  em florestas da Ásia Central do Triássico 169-71
  e táxons de desastre 120, 313
  os primeiros 220-1, 228-9
  química dos 51, 248
Sonora, deserto de 27
Soom, África do Sul 251-61, 263, 279, 304
Sossusvlei (bacia fluvial na Namíbia) Biótico Americano 197
*Spriggina floundersi* 285
St. Kilda 75
*Stromatoveris* 282
*Suminia* 196
sulfeto de hidrogênio 197, 256, 303
*Synthetoceras* 68

tamanduás 83
Tamengo, Brasil 297
Tâmisa, Barreira do 317
tanistrofeus 175, 184
tapires 94
Tarbuck, Alice 20
tartarugas 11, 126-7, 137, 148, 153
tatus 83-4, 93, 130
táxon de Lázaro 245
Tcheca, República 88
teias alimentares, estruturas das 16, 18, 230, 275
*Temnospondyli* 192, 207
terapsídeos 196
teredos 166
terópodes megalossaurídeos 137, 143, 146, 162

Terra Bola de Neve 288, 302
terremotos 237
tesourinhas 172
testes de armas nucleares 126
Tétis, oceano de 63, 106, 155-7, 159-60, 188
tetrápodes
    *Bunostegos* caminha ereto 185, 190
    criaturas não amniotas dos dias atuais 192
    diferenciação anfíbio-amniota 178, 192
    surgimento de amniotas 191, 212
*Tetrapogon* (grama) 53
*Thalattosuchia*, família dos 127
*Therizinosaurus* 144
*Thermoconus* 244
*Thylacoleo* ("leões marsupiais") 286
tibetano, planalto 37, 43
tilacosmilídeos 108
*Tilia cordata* (limoeiro de folhas pequenas) 312
Tim Mersoï, bacia de 189
Tinguiririca, Chile 79-80, 84-6, 90-1, 95, 107
tiranossaurídeos 137
titanópteros 181
titanossauros 135-6
toda a vida como formada de minerais da Terra 275
Tolkien, J. R. R. 130
*Torolutra* (lontra-touro) 47-8
Triássico, período 137, 154, 157, 161, 172-6, 179, 182-4, 193, 198, 218, 258, 287, 303
*Triassurus* 177
trigonotarbídeos 228-30, 279
trilobitas 17, 228, 256, 268, 270-1, 273, 277-8
tsunamis 115, 161
tuatara 154
tubarão jubarte 179
tubarões 179-80
*Tullimonstrum* 89, 210-1
Tully, Monstro de 209
Turfa 37-8, 177, 207, 213, 307
Turkana, lago 46, 59
Turquestão, mar do 173, 183
turritella, caracóis marinhos 97
*Typotheria* 90
*Tyrannosaurus* 19, 22, 118, 141, 162
*Tyto gigantea* (coruja gigante) 70

Último Ancestral Comum Universal (LUCA) 285
Ungulados Nativos da América do Sul (UNAS) 83-4, 93-4
Ural, oceano 237, 243, 246
ursos 34, 36, 66
ursos-polares 153, 313
urtigas anãs 88
Uruk, Mesopotâmia 40
usinas de energia nuclear 213
Utah, EUA 31, 271

vagens 131, 138-9
Vanda, lago 208
*Velociraptor* 137
ventos catabáticos 249
vermes
    das profundezas 165, 177, 236
vermes de veludo 276
Veneza 318
vespas 142-3
violino folclórico 215
Virgínia Ocidental 89
Viscachas 87
voltziales, coníferas 189

Wallace, Alfred Russel 167
Weddell, mar 107, 112
Wells, H. G. 118
*Winfrenatia* 223-4, 230
*Wiwaxia* (herbívoro cambriano) 275
Wrangel (ilha de Beríngia) 39-40

xenartros 83
*Xianguangia* (primeiras anêmonas do mar) 269

Yaman-Kasy, hidrotermal de, Rússia 236-7, 243-4, 247
*Yamankasia* (verme anelídeo) 235, 238-40
Yixian, Liaoning, China 141, 150
*Yunnanocephalus* (trilobita) 271
*Yutyrannus* 141-2

zebras 58, 81, 142

**Acreditamos
nos livros**

Este livro foi composto em Adobe Garamond
Pro e impresso pela Geográfica para a Editora
Planeta do Brasil em setembro de 2024.